U0376687

石油化工职业技能培训教材

聚乙烯装置操作工

中国石油化工集团公司人事部
中国石油天然气集团公司人事服务中心 编

中国石化出版社

内 容 提 要

《聚乙烯装置操作工》为《石油化工职业技能培训教材》系列之一，涵盖石油化工生产人员《国家职业标准》中，对该工种初级工、中级工、高级工、技师、高级技师五个级别的专业理论知识和操作技能的要求。主要内容包括：低密度聚乙烯、高密度聚乙烯、线型低密度聚乙烯的基础知识、工艺流程及技术特点、主要设备使用及维护、化工三剂、工艺操作、故障判断与处理、安全环保与节能等。

本书是聚乙烯装置操作人员进行职业技能培训的必备教材，也是专业技术人员必备的参考书。

图书在版编目(CIP)数据

聚乙烯装置操作工/中国石油化工集团公司人事部，中国石油天然气集团公司人事服务中心编．
—北京：中国石化出版社，2008(2021.5 重印)
石油化工职业技能培训教材
ISBN 978 - 7 - 80229 - 520 - 9

Ⅰ．聚… Ⅱ．①中…②中… Ⅲ．聚乙烯 - 化工设备 - 操作 - 技术培训 - 教材 Ⅳ．TQ325.1

中国版本图书馆 CIP 数据核字(2008)第 027948 号

中国石化出版社出版发行
地址：北京市东城区安定门外大街 58 号
邮编：100011 电话：(010)57512500
发行部电话：(010)57512575
http://www.sinopec-press.com
E-mail：press@ sinopec.com
北京艾普海德印刷有限公司印刷
全国各地新华书店经销
*
787×1092 毫米 16 开本 19.25 印张 474 千字
2021 年 5 月第 1 版第 4 次印刷
定价：60.00 元

《石油化工职业技能培训教材》

开发工作领导小组

组　长：周　原

成　员：（按姓氏笔画顺序）

于洪涛	王子康	王玉霖	王妙云	王者顺	王　彪
付　建	向守源	孙伟君	何敏君	余小余	冷胜军
吴　耘	张　凯	张继田	李　刚	杨继钢	邹建华
陆伟群	周赢冠	苟连杰	赵日峰	唐成建	钱衡格
蒋　凡					

编审专家组

（按姓氏笔画顺序）

王　强	史瑞生	孙宝慈	李兆斌	李志英	岑奇顺
杨　徐	郑世桂	姜殿虹	唐　杰	黎宗坚	

编审委员会

主　任：王者顺

副主任：向守源　周志明

成　员：（按姓氏笔画顺序）

王力健	王凤维	叶方军	任　伟	刘文玉	刘忠华
刘保书	刘瑞善	朱长根	朱家成	江毅平	许　坚
余立辉	吴　云	张云燕	张月娥	张全胜	肖铁岩
陆正伟	罗锡庆	倪春志	贾铁成	高　原	崔　昶
曹宗祥	职丽枫	黄义贤	彭干明	谢　东	谢学民
韩　伟	雷建忠	谭忠阁	潘　慧	穆晓秋	

　　为了进一步加强石油化工行业技能人才队伍建设，满足职业技能培训和鉴定的需要，中国石油化工集团公司人事部、中国石油天然气集团公司人事服务中心联合组织编写了《石油化工职业技能培训教材》。本套教材的编写依照劳动和社会保障部制定的石油化工生产人员《国家职业标准》及中国石油化工集团公司人事部编制的《石油化工职业技能培训考核大纲》，坚持以职业活动为导向，以职业技能为核心，以"实用、管用、够用"为编写原则，结合石油化工行业生产实际，以适应技术进步、技术创新、新工艺、新设备、新材料、新方法等要求，突出实用性、先进性、通用性，力求为石油化工行业生产人员职业技能培训提供一套高质量的教材。

　　根据国家职业分类和石油化工行业各工种的特点，本套教材采用共性知识集中编写，各工种特有知识单独分册编写的模式。全套教材共分为三个层次，涵盖石油化工生产人员《国家职业标准》各职业(工种)对初级、中级、高级、技师和高级技师各级别的要求。

　　第一层次《石油化工通用知识》为石油化工行业通用基础知识，涵盖石油化工生产人员《国家职业标准》对各职业(工种)共性知识的要求。主要内容包括：职业道德，相关法律法规知识，安全生产与环境保护，生产管理，质量管理，生产记录、公文和技术文件，制图与识图，计算机基础，职业培训与职业技能鉴定等方面的基本知识。

　　第二层次为专业基础知识，分为《炼油基础知识》和《化工化纤基础知识》两册。其中《炼油基础知识》涵盖燃料油生产工、润滑油(脂)生产工等职业(工种)的专业基础及相关知识，《化工化纤基础知识》涵盖脂肪烃生产工、烃类衍生物生产工等职业(工种)的专业基础及相关知识。

　　第三层次为各工种专业理论知识和操作技能，涵盖石油化工生产人员《国家职业标准》对各工种操作技能和相关知识的要求，包括工艺原理、工艺操作、设备使用与维护、事故判断与处理等内容。

　　《聚乙烯装置操作工》为第三层次教材，编写时根据国内聚乙烯工业生产的特点，分为低密度聚乙烯、高密度聚乙烯及线型低密度聚乙烯三部分，各部分独立成篇，且不分级别，对国内流行的各种聚乙烯生产工艺进行了介绍。在编写顺序上遵循先基础理论知识后技能操作的编写特点，并坚持以理论知识为基础，以技能知识为核心的原则，使得操作人员通过对本教材的学习后，达到自觉把所学知识应用到操作中的目的。

《聚乙烯装置操作工》教材由齐鲁石化负责组织编写，主编孙海涛(齐鲁石化)，参加编写的人员有郑春光(齐鲁石化)、谢凡(齐鲁石化)、邢井进(燕山石化)、段秋红(燕山石化)。本教材已经中国石油化工集团公司人事部、中国石油天然气集团公司人事服务中心组织的职业技能培训教材审定委员会审定通过，主审王强、彭国霖，参加审定的人员有万涛、杨徐、徐文俊、魏川、郭常辉、张宁、张庆雨、王双居、刘玉国、张晓霞、刘永锋、褚卫彬、李跃进、任翠霞。审定工作得到了燕山石化、上海石化、兰州石化及大庆石化的大力支持；中国石化出版社对教材的编写和出版工作给予了通力协作和配合，在此一并表示感谢。

由于石油化工职业技能培训教材涵盖的职业(工种)较多，同工种不同企业的生产装置之间也存在着差别，编写难度较大，加之编写时间紧迫，不足之处在所难免，敬请各使用单位及个人对教材提出宝贵意见和建议，以便教材修订时补充更正。

目　录

概　论

第1篇　低密度聚乙烯

第2篇　高密度聚乙烯

第3篇　线型低密度聚乙烯

综　述

1. 聚乙烯发展史简介

聚乙烯(PE)是以乙烯为原料经催化剂催化(引发剂引发)聚合而得的一种化合物。一般地讲，聚乙烯产品按照生产方式及分子结构的不同，分为低密度聚乙烯(LDPE，生产中常称为高压低密度聚乙烯)、高密度聚乙烯(HDPE)及线型低密度聚乙烯(LLDPE)三类。

聚乙烯的工业化生产是以高压低密度聚乙烯的研究开发为起点的。1939 年英国帝国化学工业公司(ICI)实现了年产百吨规模的高压釜式法聚乙烯的工业生产，其产品成功应用于电缆、雷达绝缘材料等方面。1938 年法国法本公司(Farben，今巴斯夫公司)研究成功高压管式法生产聚乙烯的技术。在这期间，聚乙烯是在压力 100~300MPa、温度 80~300℃下经催化聚合得到的，其密度在 915~940kg/m³，由于聚合过程中分子内和分子间的链转移，导致主链上支链较多且长短不一，结构规整性差、结晶度低，因此密度较低，称为低密度聚乙烯(LDPE)。

1953 年德国化学家齐格勒用三乙基铝 - 四氯化钛为催化剂，使乙烯在低压下聚合生成聚乙烯，并于 1954 年实现了工业化，这种方法后来人们称为齐格勒法或低压法。这类聚乙烯产品密度较高，在 940~970kg/m³ 之间，故称为高密度聚乙烯(HDPE)。现在工业上生产的高密度聚乙烯分为均聚高密度聚乙烯和共聚高密度聚乙烯两类，均聚物无支链，结构规整性强，结晶度高，密度在 960~970kg/m³ 之间；共聚物是用少量的 α - 烯烃(如 1 - 丁烯、1 - 己烯、1 - 辛烯)与乙烯共聚，分子链上由共聚单体引入少量的短支链，结晶度和密度有所下降，密度在 941~959kg/m³ 之间。

到 20 世纪 70 年代末，美国联合碳化物公司(UCC，以下简称联碳公司)和加拿大杜邦公司(Du Pont，Canada)用高效齐格勒催化剂使乙烯和 α - 烯烃(如 1 - 丁烯、1 - 己烯、1 - 辛烯)共聚，在低压下生产出密度为 914~940kg/m³ 的聚乙烯。这类聚乙烯分子的支链是由 α - 烯烃共聚单体在与乙烯共聚时引入到主链上的，支链的数目和长短取决于共聚单体的链长及加入量。这种聚乙烯由于分子排列呈线型，没有长支链，结构规整性及结晶度较高压聚乙烯高，故称为线型低密度聚乙烯(LLDPE)。

此外，如果用齐格勒催化剂在低压下生产 HDPE 时不用氢气或其他调节剂来调节分子量，可以得到分子量很高的聚乙烯。一般分子量在 60 万以上的称为高分子量聚乙烯(HMWPE)，分子量在 100 万以上的称为超高分子量聚乙烯(UHMWPE)。

2. 聚乙烯技术发展动向

近年来，世界聚乙烯技术进展主要表现在装置大型化、开发新催化剂和改进工艺流程方面。聚乙烯生产工艺的技术进展分述如下：

1) 低密度聚乙烯

(1) 大型化。单线生产能力不断扩大，最大管式法单线生产能力已达 300kt/a，釜式法单线生产能力已达 200kt/a。

（2）使用较长的高压管。减少反应器的法兰数，即由原来的每 10m 长一对法兰改为每 15m 长一对法兰。

（3）提高产品质量。采用计算机控制反应参数，明显降低了产品的分解和污染，大大提高了产品质量。

（4）多点注入引发剂，提高单程转化率。采用低温高活性引发剂和其他引发剂的混合引发剂，引发剂实行多点进料，提高单程转化率。

（5）使用急冷水冷却，提高转化率。许多管式法工艺在反应器夹套中使用冷却水，如用急冷水冷却，可提高转化率。使用德国巴斯夫公司专利的美国美孚公司的高压管式法装置使用急冷水撤热后，转化率比使用同样反应器的巴斯夫公司高压装置提高 10%，埃克森公司反应器使用急冷水撤热后，转化率提高 8%。

（6）安装蒸汽回收管路，降低蒸汽消耗。釜式法装置用蒸汽为反应器保温，其蒸汽单耗一般在 0.1t/t 产品，而目前一些大的釜式法装置消耗高压蒸汽但副产低压蒸汽，能耗更低；管式法装置具有较大的撤热面积，可通过发生低压蒸汽来冷却反应物料，许多管式法工艺都可以副产低压蒸汽。

（7）延长压缩机运转周期。高压压缩机一段柱塞表面采用涂碳化钨技术，二段柱塞采用碳化钨整体铸造，这一技术大大提高了压缩机的运转周期，柱塞寿命由原来的半年到一年半延长至目前的两年半。

（8）生产高熔融指数（也称融体流动速率）的产品，提高装置产量。通常高熔融指数（MI）的产品不适宜加工成薄膜，但荷兰国家能源矿产公司（DSM）已开发出了高熔融指数、低熔融温度树脂的薄膜吹塑技术，这种技术可用较低的能耗，制得强度高的透明薄膜。如果这种加工技术广泛采用，高压管式法装置的产量又可进一步提高。

2）高密度聚乙烯和线型低密度聚乙烯

近年来，世界 HDPE 和 LLDPE 的技术进展主要表现在开发催化剂和改进工艺流程方面。

（1）开发新型催化剂

① 目前的 HDPE 和 LLDPE 工业生产中，除了采用传统的铬系、钛系催化剂外，美国菲利浦公司（Phillips）新开发的双功能催化剂系统，具有乙烯共聚和齐聚两种作用。可只用乙烯一种单体在聚合反应器中使乙烯齐聚就地制得 α-烯烃，并同时完成乙烯与 α-烯烃的共聚生产 HDPE 共聚物，可简化工艺，降低生产成本。

② 茂金属催化剂是聚乙烯技术重要进展之一。茂金属催化剂具有单一催化活性中心，与齐格勒-纳塔催化剂的多活性中心相比，活性点分布均匀，并可得到分子量、共聚单体含量分布均匀的聚合物，从而提高现有聚合物品种的性能。此外，茂金属催化剂对乙烯及 α-烯烃的聚合催化活性约为当前广泛使用的齐格勒-纳塔高效催化剂的 4 倍，这就为现有装置的产能提高创造了有利条件。

（2）浆液法的工艺技术进展

① 日本三井油化公司经过二十多年的努力，在提高催化剂效率的基础上，增加部分设备，单线能力已从原设计的 60kt/a 提高到 120kt/a。

② 美国菲利浦公司开发了新一代浆液环管工艺，通过改进回收系统，使投资减少 25%，可以使用铬系催化剂、齐格勒催化剂和茂金属催化剂，从 HDPE 到 LLDPE 的切换时间仅 10h，乙烯单耗 1.007t/t，电耗 350kW·h/t。

③ 加拿大诺瓦公司（Novacor，原加拿大杜邦公司）开发出一种新技术 Advanced

2

Sclairtech，该技术采用一种催化剂，在一条生产线上可生产全密度聚乙烯，其密度范围为 905～970kg/m³。所采用的新齐格勒催化剂的活性是以往催化剂的 3 倍。使用两个带搅拌的反应器，经过重新设计，提高了混合效率。两个反应器以不同方式连接可预定产品特性，生产宽分子量分布、双峰分子量分布的 HDPE 和 LLDPE，加工性能优于茂金属催化剂生产的聚乙烯。由于使用 1 - 辛烯做共聚单体，产品的耐穿刺性高，透明性好，加工性能好，密封温度低。采用此技术已在加拿大建成 350kt/a 的工业化装置。

（3）气相法的工艺技术进展

① 联碳公司在 20 世纪 80 年代发现流化床可实现带液的冷凝态操作。当循环气中液体含量在 10% 时，可使装置能力提高 60%。1993 年该公司开发成功的 Unipol Ⅱ 工艺，采用冷凝态操作，将气相聚合过程的循环气冷却到足够低的温度，以液滴形式返回反应器，通过液滴气化，吸收大量的聚合反应热，从而强化冷却作用，提高生产效率。Unipol Ⅱ 工艺还采用两个气相反应器，生产具有高、低分子量的双峰聚乙烯树脂，高分子量部分提供高强度，低分子量部分提供高流动性。产品的分子量可在很宽的范围内自由调整，可根据需要生产不同分子量和不同分子量分布的全密度聚乙烯。该工艺可采用传统催化剂，也可使用茂金属催化剂，或者两者混用的催化剂体系。采用 Unipol Ⅱ 技术，1995 年在美国路易斯安那州 Taft 建成 300kt/a 的装置，1997 年在科威特建成 450kt/a 装置。

② 1995 年埃克森公司又开发成功超冷凝态技术，可使大量液体返回反应器，蒸发带走反应热，从而增加反应器生产能力，理论上可提高生产能力的 200%。

③ 英国石油公司（BP）改进了原有气相流化床的催化剂，省去了预聚合工序，催化剂直接进入反应器，使这一工艺更具经济性。此外，该公司还开发了高产率的气相聚合工艺，使反应器的生产能力翻番。新装置投资可节省一半。1996 年雪弗龙公司（Chevron）利用此技术使原 100kt/a HDPE 生产能力增加到 240kt/a。

（4）开发新工艺　蒙泰尔公司（Montell）在生产聚丙烯的 Spheripol 工艺基础上，使用一种高效催化剂，采用 1 - 辛烯为共聚单体，在一个液相环管反应器和一个或两个气相反应器中生产不需造粒的球形颗粒的 HDPE。由于产品呈球形，可直接供用户加工，使投资降低 20%。1995 年 200kt/a 的装置已投产。

此外，北欧化工公司（Borealis）开发出液相环管反应器与气相反应器相结合的北星工艺（Borstar），使用齐格勒催化剂，生产双峰分子量分布的 HDPE 和 LLDPE。该技术在环管反应器中制得低分子量聚乙烯，在气相反应器中制得高分子量聚乙烯，并可以非常精确的控制聚合物的双峰特性，所以能够使最终产品达到最佳的机械性能和挤出性能。该技术的特点是环管反应器采用超临界丙烷在温度 95℃和压力 6.4MPa 的条件下操作，以防止生成氢气泡，避免生成低分子蜡，从而有效提高收率。1995 年芬兰利用该技术建成 120kt/a 的装置，2000 年扩大到 160kt/a，2002 年上海石化引进该技术建成了 250 kt/a 的装置。聚乙烯工业生产的进展情况见图 1 所示。

3. 国内外聚乙烯工业现状及发展前景

1）世界聚乙烯工业的现状及发展前景

聚乙烯的工业化生产至今已有 60 多年的历史。LDPE 是在 20 世纪 30 年代实现工业化生产的，HDPE 是在 20 世纪 50 年代实现工业化生产的，到 70 年代 LLDPE 也实现了工业化生产。聚乙烯已成为合成树脂中产量最大，发展最快，品种开发最活跃的一种树脂。

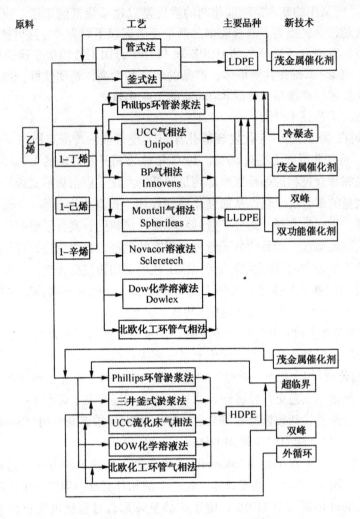

图1 世界聚乙烯生产工艺进展情况

随着近年来新催化剂与共聚技术的开发和应用，使聚乙烯逐步由通用型向高性能化方向发展，进而增强了同其他合成树脂的竞争力。

LDPE自20世纪70年代末开始受到了LLDPE的强有力的冲击，但由于它具有极好的透明性和加工性，使其在高透明薄膜、电线电缆和共混应用中的地位经久不衰。尤其是高压法LDPE产品无引发剂残渣，十分纯净，而且能生产如乙烯－醋酸乙烯、乙烯－丙烯酸丙酯、乙烯－甲基丙烯酸甲酯等共聚物，这是其他聚乙烯无法比拟的，加上工艺和设备的不断改进，使其在聚乙烯生产中仍保持一定比例稳步向前发展。

HDPE近年来由于改进了工艺技术，大力开发新牌号和专用料，如双峰分子量分布的HDPE，大型中空容器专用料等，使其仍处于其生命的成长阶段，特别是双峰HDPE产品薄膜强度高、加工性好，因此是一个很有前途的产品。

LLDPE自开发成功以来，在通用合成树脂中有着最高的增长速度，它目前已渗透到几乎所有的传统聚乙烯市场，包括薄膜、模塑、管材和电线电缆，预计在未来几年中将以年均6%的速度增长。

预计在近期内，LDPE、HDPE、LLDPE 三种聚乙烯的市场需求将继续增加，生产能力不断增长，并保持三分天下的势态。

2）国内聚乙烯工业的现状及发展前景

我国国内自 20 世纪 60 年代开始以酒精为原料获得乙烯来生产高密度聚乙烯，1970 年兰州化学公司引进英国 ICI 公司工艺建成 34.5kt/a 的 LDPE 装置投产，从而开始了以石油为原料生产聚乙烯的历史。70 年代中期以后，我国从国外引进技术，相继建设了一批聚乙烯装置。进入 80 年代以后，随着我国改革开放和国民经济飞速发展，在黑龙江、山东、江苏、上海、广东、吉林、新疆、河南、天津、辽宁等地建设了一批乙烯工程，并配套建设了一批聚乙烯装置，从而使我国聚乙烯生产能力进一步增加。

近年来我国聚乙烯的产量增长较快，1999 年产量为 2810kt，2003 年增加到 3880kt，2005 年已突破 6000kt，其中中石化、中石油两家公司 LDPE 生产能力 1180kt/a，采用的技术有釜式法和管式法；HDPE 和 LLDPE 两者合计生产能力为 3220kt/a，单纯生产 HDPE 的装置采用的技术主要是浆液法，国内用气相法单纯生产 HDPE 产品的只有齐鲁石化公司的采用联碳公司气相法工艺的高密度聚乙烯装置，LLDPE 采用的技术主要为气相法。目前国内新建的或改扩建大部分线型聚乙烯装置通过更换不同的催化剂体系（部分装置不更换催化剂体系），既可生产 HDPE 产品又可生产 LLDPE 产品，这类装置称作全密度聚乙烯装置，采用的工艺主要有联碳公司的气相法工艺和英国石油公司（BP）的气相法工艺。从 1999 年至 2005 年，聚乙烯产量年均递增率接近 10%，但仍远远不能满足国内的需求。

为了解决聚乙烯产能不足的问题，有关部门正在抓紧对现有乙烯装置进行扩建，相应增建一批聚乙烯装置。此外，在"十五"到"十一五"计划期间，还与外商合资建设了一批大型聚乙烯装置，如扬子－巴斯夫公司 400kt/a 的 LDPE 装置，引进德国巴塞尔公司（Basell）技术，2005 年已投产；上海赛科公司新建 600kt/a 全密度聚乙烯装置，采用 BP 工艺，现已投产；吉林石化公司采用巴塞尔 Hostalen 技术建设 300kt/a HDPE 装置，已于 2005 年建成投产；中海－壳牌 250kt/a LDPE 装置、200kt/a HDPE/LLDPE 装置已于 2006 年 5 月投产；兰州石化公司 150kt/a 的管式法高压聚乙烯装置，2006 年下半年投产；茂名石化 350kt/a 的 HDPE 装置，采用美国菲力浦公司（Phillips）环管淤浆法技术，2006 年 8 月投产，250kt/a 的管式法 LDPE 装置，引进德国巴塞尔公司技术，于 2007 年 3 月投产；福建炼化公司与美国埃克森及联碳公司合建 400kt/a 全密度聚乙烯装置，采用联碳公司工艺；天津石化引进德国巴塞尔公司高压管式法技术，拟建 300kt/a LDPE 装置，引进美国陶氏化学公司（Dow）技术，拟建 400kt/a 的全密度聚乙烯装置。截止到 2007 年我国聚乙烯生产装置情况见表 1。

表 1　2007 年我国主要聚乙烯装置情况

企 业 名 称	生 产 能 力/(kt/a)	采 用 技 术
LDPE　　　　总计 2138 kt/a		
燕山石化公司	180.0	日本住友化学公司釜式法
燕山石化公司	200.0	美国埃克森化学公司管式法
上海石化公司	78.0	日本三菱油化公司管式法
上海石化公司	80.0	日本三菱油化公司管式法
大庆石化公司	60.0	德国伊姆豪逊公司（Imhausen）管式法

企业名称	生产能力/(kt/a)	采用技术
LDPE　总计 2138kt/a		
大庆石化公司	200.0	德国巴塞尔(Basell)公司管式法
茂名石化公司	250.0	德国巴塞尔(Basell)公司管式法
茂名石化公司	100.0	美国匡腾公司(Quantum)管式法
兰州石化公司	200.0	德国巴塞尔(Basell)公司管式法
齐鲁石化公司	140.0	荷兰国家能源矿产公司(DSM)管式法
扬子巴斯夫公司	400.0	德国巴塞尔(Basell)公司管式法
中海壳牌公司	250.0	德国巴塞尔(Basell)公司管式法
HDPE　　　总计 1693kt/a		
燕山石化公司	140.0	日本三井油化公司浆液法
辽阳化纤公司	35.0	德国赫斯特公司浆液法
大庆石化公司	220.0(改造后)	日本三井油化公司浆液法
扬子石化公司	220.0(改造后)	日本三井油化公司浆液法
齐鲁石化公司	140.0	美国联碳公司(UCC)气相法
上海石化公司	100.0	美国菲利浦公司(Phillips)浆液法
兰州石化公司	170.0(改造后)	日本三井油化公司浆液法
吉林石化公司	300.0	德国巴塞尔(Basell)公司浆液法
茂名石化公司	350.0	美国菲利浦公司(Phillips)浆液法
北京助剂二厂	18.0(高分子量聚乙烯)	国内技术浆液法
LLDPE　　总计 2643kt/a		
天津联化公司	120.0(改造后)(全密度)	美国联碳公司(UCC)气相法
抚顺石化公司	80.0(全密度)	加拿大杜邦(Du Pont)公司溶液法
大庆石化公司	78.0(改造后)	美国联碳公司(UCC)气相法
茂名石化公司	200.0(改造后)(全密度)	美国联碳公司(UCC)气相法
齐鲁石化公司	100.0(改造后)	美国联碳公司(UCC)气相法
兰州石化公司	100.0	英国石油公司(BP)气相法
吉林石化公司	270.0(改造后)(全密度)	美国联碳公司(UCC)气相法
广州乙烯公司	200.0(改造后)(全密度)	美国联碳公司(UCC)气相法
中原石化公司	200.0(改造后)(全密度)	美国联碳公司(UCC)气相法
上海石化公司	250.0(双峰全密度)	北欧化工公司环管气相法
独山子石化公司	120.0	英国石油公司(BP)气相法
盘锦乙烯公司	125.0(全密度)	英国石油公司(BP)气相法
扬子石化公司	200.0(全密度)	美国联碳公司(UCC)气相法
上海赛科公司	600.0(全密度)	英国石油公司(BP)气相法

4. 国内与国外聚乙烯生产技术的差距

国内与国外聚乙烯生产技术的差距主要表现在以下几个方面：

1) 装置规模偏小

早期引进的装置大多数规模偏小，截止到 2007 年，我国聚乙烯装置单线的最大规模为 350kt/a，聚乙烯装置平均产能为 179.8kt/a，而国外一般均为 300~400kt/a。导致生产成本偏高，缺乏竞争力。

2）产品结构高附加值产品比例低

国外利用高压聚乙烯装置可生产很多共聚物，而我国只能生产乙烯－醋酸乙烯一种，且产量很少。在 HDPE 产品中，我国主要生产 1－丁烯共聚产品，1－己烯共聚产品只占较少的比例；国外主要是 1－己烯和 1－辛烯共聚产品，己基本不生产 1－丁烯基共聚产品。同样在 LLDPE 产品中我国主要生产 1－丁烯共聚产品，1－己烯共聚产品只占很少的比例；而国外 1－己烯和 1－辛烯共聚产品占 80% 以上。尽管国内有些厂家组织了高端专用料的生产，由于产品质量欠稳定，缺乏固定的用户，也很难打开市场。故很多专用料均要从国外进口，如管材专用料、电线电缆专用料、汽车油箱专用料、大型中空容器料等。

第1篇 低密度聚乙烯

第1章 基 础 知 识

1.1 低密度聚乙烯工艺的发展历史

LDPE 的发现可追溯至 1932 年，当时英国帝国化学工业公司(ICI)的制碱工业部正在研究高压对化学反应的影响。阿姆斯特丹大学的 A. Michels 成功地开发了高压实验技术，制成了可在 200℃ 达到 300MPa 的高压泵。ICI 公司的研究人员用该设备进行试验，用乙烯在 170℃、140MPa 条件下进行反应，得到沉积在反应器壁上的白色蜡状固体，该固体被鉴别为是乙烯的聚合物。1935 年 ICI 公司在 80ml 的试验装置中得到了熔点 115℃、分子量约为 3000 的乙烯聚合物，1936 年得到更多的样品，并发现该聚合物有很高的电阻并可转变为透明的薄膜。1937 年建立了连续操作的试验装置，并设计了小规模的中试装置。1939 年实现了年产百吨规模的高压釜式法聚乙烯的工业生产，其产品成功应用于电缆、雷达绝缘材料等方面。

1938 年法国法本公司(Farben，今巴斯夫公司)研究成功高压管式法生产聚乙烯的技术，战后巴斯夫公司取得了 ICI 公司的专利权，在德国开始了 LDPE 的工业生产，后来独立发展成高压管式法生产 LDPE 的技术。

第二次世界大战加速了聚乙烯的早期应用。聚乙烯具有良好的绝缘性，它被广泛用作通讯电缆的护套，这种应用又被雷达的开发进一步促进。在开发雷达过程中，聚乙烯产品刚一出厂，就被设计、制造成雷达部件，并安装在雷达的通讯设施上。美国的一些公司，如杜邦和联合碳化物等购买了 ICI 技术，1943 年这些公司也成功运转了高压聚乙烯装置，从中获得了巨大的利润。20 世纪 40 年代聚乙烯生产技术基本上由英国帝国化学、杜邦和联合碳化物三公司垄断。

第二次世界大战后，薄膜和成型制品等大规模应用是其重点开发的市场。吹塑薄膜因其透明性好，耐撕裂，在包装部门得到应用。20 世纪 50 年代美国开发了较大规模的注塑加工方法，从而得到了更大规模的发展。50 年代后期，ICI 公司广泛地转让其高压低密度聚乙烯的工艺技术许可证。在美国有阿科聚合物公司、Eastman 化学产品公司等采用该工艺。持有 ICI 技术许可证的大多数公司都开发有自己的专有技术，雷克森制品公司(原艾尔帕苏制品公司)、美国陶氏化学公司、雪弗龙化学公司及夸特姆化学公司等，所有这些公司都有他们自己改进的工艺，打破了由英国帝国化学公司、联碳公司、杜邦公司三家公司垄断聚乙烯生产的局面。另外，埃克森化学公司采用的是在艾尔帕苏和 USI 工艺基础上自己改进的技术。恩郎化学公司/诺切姆化学公司(现在属于夸特姆化学公司)采用的是 BASF 工艺，美孚化工公司也采用 BASF 工艺。

在 20 世纪 70 年代末期，低压气相法 LLDPE 实现了工业化，不少人认为，这将是 LDPE 停止发展的信号，然而 20 多年过去了，从全世界看，三种聚乙烯中获利最好的仍是 LDPE，而且 LLDPE 占整个低密度聚乙烯(LDPE/LLDPE)的市场份额也只有一半左右。从经济方面看，尽管建设一个新装置的投资对 LLDPE 有利，但实际操作成本和装置运转年限、规模、原材料来源、产品牌号及产品应用价值等诸多因素有关。这些因素综合作用的结果使许多 LDPE 装置的效益常比 LLDPE 装置的效益好。从技术方面看，LDPE 生产装置也在开发一些新技术，使 LDPE 在整体成本上可以和一个新建的 LLDPE 装置竞争。

目前对高压聚乙烯均聚物的研究开发工作主要集中在开发新型的自由基引发剂，以改进生产的经济性，更好的控制聚合物的分子结构。与此同时更多的注意力将集中于开发高压聚乙烯的共聚物，已发现更多具有改进性能的新产品。此外茂金属催化剂也已用于高压装置中，如埃克森公司使用茂金属催化剂在高压釜式法装置中生产 VLDPE(甚低密度聚乙烯)和 ULDPE(超低密度聚乙烯)，巴斯夫公司在高压管式法装置中用茂金属催化剂生产密度为 $880 \sim 932 kg/m^3$ 的弹性体聚合物。

如上所述，LDPE 是用釜式法和管式法两种工艺生产的，一般说，大规模装置倾向用管式法；生产专用牌号的装置更倾向用釜式法。除聚合反应器不同外，釜式法和管式法的工艺步骤相似。两种方法生产的产品性能各有千秋，釜式法工艺生产的聚合物具有狭窄的分子量分布，有较多的支链，故产品抗冲强度高；而管式法工艺的产品分子量分布较宽，支链较少，光学性好，更适合生产膜类和注塑类牌号。釜式法装置多建于 20 世纪五六十年代，管式法装置多建于 70 年代以后。与釜式法相比，管式法反应器结构简单，维修方便，温度易于控制，乙烯单程转化率高，投资低，故新建装置大多采用管式法。目前管式法装置生产能力已大大超过釜式法装置。

近几年，高压法聚乙烯的工业生产明显向大型化、管式化方向发展，又有一批大型、超大型管式法装置建成投产，目前，管式法最大单线反应器能力为 300kt/a(DSM 公司在荷兰的装置，2003 年建成投产)；釜式法最大单线反应器能力为 200kt/a(QGPC 公司用 CdF 技术建在卡塔尔的装置)。我国国内燕山石化 200kt/a 的管式法高压聚乙烯装置已于 2001 年 12 月投产；扬子石化与巴斯夫公司合资建设的 400kt/a 的管式法高压聚乙烯装置，大庆石化引进德国巴塞尔公司技术建设的 200kt/a 的管式法高压聚乙烯装置已于 2005 年投产；中海 - 壳牌采用德国巴塞尔公司技术建设的 250kt/a 管式法高压聚乙烯装置已于 2006 年 5 月投产；茂名石化采用德国巴塞尔公司技术建设的 250kt/a 管式法高压聚乙烯装置已于 2007 年 3 月投产；天津石化准备采用德国巴塞尔公司技术建设的 300kt/a 管式法高压聚乙烯装置，现已立项。

1.2 低密度聚乙烯聚合反应机理

1.2.1 聚合反应机理简述

工业化生产的 LDPE 是由乙烯在高压、高温和使用引发剂作用下形成的。生产 LDPE 的乙烯聚合反应服从经典的自由基聚合方程。基本反应由以下四个步骤组成。

不同的工艺采用有机过氧化物、纯氧、净化的空气或有机过氧化物和空气的混合物作为聚合反应的引发剂。

调节剂通过调聚反应来控制聚合物的分子量，调聚反应的生成物为分子量不大的低聚物，研究表明其聚合度一般在 $1 \sim 5$ 范围内。

乙烯自由基聚合的基元反应过程如下：

1. 链引发

引发剂分解形成自由基团，引发聚合反应

$$I \longrightarrow 2R \cdot （引发剂分解）$$

$$引发剂 \qquad\qquad 初级自由基$$

$$R \cdot + CH_2 =\!=\!CH_2 \longrightarrow R—CH_2—CH_2 \cdot$$

$$初级自由基 \qquad 乙烯 \qquad 活性基团$$

2. 链增长

活性基团连续与乙烯发生反应形成分子链

$$R—CH_2—CH_2 \cdot + nCH_2 =\!=\!CH_2 \longrightarrow R'—CH_2—CH_2$$

$$活性基团 \qquad\quad 乙烯 \qquad\quad 活性基团$$

3. 链终止

$$2R—CH_2—CH_2 \cdot \longrightarrow R—CH_2—CH_2—CH_2—CH_2—R（偶合终止）$$

$$活性基团 \qquad\qquad 聚合物$$

$$2R—CH_2—CH_2 \cdot \longrightarrow R—CH =\!=\!CH_2 + R—CH_2—CH_3（歧化终止）$$

$$活性基团 \qquad\qquad 聚合物 \qquad\qquad 聚合物$$

4. 链转移

1）向单体的链转移

$$R—CH_2—CH_2 \cdot + CH_2 =\!=\!CH_2 \longrightarrow R—CH =\!=\!CH_2 + CH_3—CH_2 \cdot$$

$$R—CH_2—CH_2 \cdot + CH_2 =\!=\!CH_2 \longrightarrow R—CH_2—CH_3 + CH_2 =\!=\!CH \cdot$$

$$活性基团 \qquad\quad 乙烯 \qquad\qquad 聚合物 \qquad\quad 活性基团$$

2）向调节剂的链转移（例如向丙烯的转移）

$$R—CH_2—CH_2 \cdot + CH_2 =\!=\!CH—CH_3 \longrightarrow R—CH_2—CH_3 + CH_2 =\!=\!C \cdot —CH_3$$

$$活性基团 \qquad\qquad 丙烯 \qquad\qquad 聚合物 \qquad\quad 活性基团$$

3）分子间的链转移

$$R—CH_2—CH_2 \cdot + R'—CH_2—R'' \longrightarrow R—CH_2—CH_3 + R'—CH \cdot —R''$$

$$活性基团 \qquad\qquad 聚合物 \qquad\qquad 聚合物 \qquad\quad 活性基团$$

4）分子内部链转移

$$R—CH_2—CH_2—CH_2—CH_2—CH_2 \cdot \longrightarrow R—CH \cdot —CH_2—CH_2—CH_2—CH_3$$

$$活性基团 \qquad\qquad\qquad 活性基团$$

1.2.2 动力学方程式

聚合反应速率与引发剂浓度的1/2次幂及乙烯的压力成正比

$$R_p = -\frac{dE}{dT} = \frac{k_i^{1/2}}{k_t^{1/2}} \times k_p [I]^{1/2} p_e$$

式中　R_p——聚合物速度；

$\quad k_i$——链引发速度常数；

$\quad k_p$——链增长速度常数；

$\quad k_t$——链终止速度常数；

$\quad [I]$——引发剂浓度；

$\quad p_e$——乙烯压力。

这些速度常数与聚合物的平均分子量，即聚合度（DP）相关。根据经典动力学，DP等于

10

链增长速度除以链终止速度的总和。由此可得出以下方程式。

$$\frac{1}{DP} = \frac{k_t R_p}{k_p^2 p_e^2} + \frac{k_{tre}}{k_p} + \frac{k_{trs}[S]}{k_p p_e} + \frac{k_\beta}{k_p p_e}$$

式中　DP——聚合度；

　　　　R_p——聚合反应速率；

　　　　k_p——链增长速度常数；

　　　　k_t——链终止速度常数；

　　　　p_e——乙烯分压；

　　　　k_{tre}——通过乙烯产生的链转移常数；

　　　　k_{trs}——通过溶剂产生的链转移常数；

　　　　k_β——通过聚合物自由基 β 断裂产生的链转移常数；

　　　　$[S]$——溶剂浓度；

　　　　k_{tre}/k_p——可定义为单体链转移常数；

　　　　k_{trs}/k_p——可定义为溶剂链转移常数。

1.3　主要原材料

1.3.1　乙烯

乙烯高压聚合过程中单程转化率仅为 20% ~40% 左右，所以大量的单体乙烯(60% ~ 80%)要循环使用，所用原料乙烯一部分是新鲜乙烯，一部分是循环回收的乙烯。对于乙烯的纯度要求大于 99.9%。新鲜乙烯(聚合级)的规格、质量指标见表 1 - 1(不同的工艺稍有差异)。

表 1 - 1　国内某高压聚乙烯装置的原料乙烯规格

组　　分	规　　格	组　　分	规　　格
乙烯	≥99.90%(体积)	氧	≤5 × 10⁻⁶(体积)
甲烷 + 乙烷	≤1000 × 10⁻⁶(体积)	氢	≤10 × 10⁻⁶(体积)
丙烯	≤5 × 10⁻⁶(体积)	硫(以 H_2S 计)	≤2 × 10⁻⁶(体积)
碳三和重组分	≤10 × 10⁻⁶(体积)	氯(以 HCl 计)	≤1 × 10⁻⁶(体积)
一氧化碳	≤3 × 10⁻⁶(体积)	醇类(以甲醇计)	≤5 × 10⁻⁶(体积)
二氧化碳	≤5 × 10⁻⁶(体积)	水	≤5 × 10⁻⁶(体积)

界区条件：压力≥2.4 ~2.8MPa；温度：常温

状态：气态、连续输送、无油、微量液体

乙烯常压下为无色略带香甜的气体，临界压力 5.12MPa；临界温度 9.90℃；爆炸极限 2.7% ~34%。纯乙烯在 350℃ 以下稳定，更高温度时最终分解为 C、H_2。

1.3.2　分子量调节剂

在工业生产中为了控制产品聚乙烯的熔融指数，必须加适当量的分子量调节剂，可用的调节剂包括烷烃(乙烷、丙烷、丁烷、己烷、环己烷)、烯烃(丙烯、异丁烯)、氢、丙酮和丙醛等，而以丙烯、丙烷、乙烷等最常应用。常用链转移剂的活性比较见表 1 - 2。在链转移过程中，叔碳原子上的氢最活泼，其次为仲碳原子上的氢，伯碳原子上的氢最不活泼，但是当与伯碳原子相结合的碳原子含双键时(例如丙烯的甲基)则活性大为增加，因此链转移活性表现为：丙烯 > 丙烷 > 乙烷。它们的质量、规格要求见表 1 - 3、表 1 - 4 及表 1 - 5。

表 1-2　乙烯聚合反应部分分子量调节剂的链转移常数

分子量调节剂（链转移剂）	链转移常数（C_s）	分子量调节剂	链转移常数（C_s）
丙　烯	122×10^{-4}	氢	159×10^{-4}
丙　烷	30×10^{-4}	丙　酮	168×10^{-4}
乙　烷	6×10^{-4}	丙　醛	3300×10^{-4}
异丁烯	210×10^{-4}	1-丁烯	470×10^{-4}
正丁烷	49×10^{-4}	异丁烷	72×10^{-4}

表中数据是温度为130℃、压力为137MPa时的数据。

表 1-3　国内某高压聚乙烯装置的调节剂乙烷规格

组　分	规　格	组　分	规　格
乙　烷	≥95%（体积）	乙炔/丙炔	$\leqslant 400 \times 10^{-6}$（体积）
甲　烷	≤1%（体积）	总　硫	$\leqslant 30 \times 10^{-6}$（体积）
丙　烯	≤0.3%（体积）	氧　气	$\leqslant 20 \times 10^{-6}$（体积）
丙　烷	≤0.5%（体积）		

表 1-4　国内某高压聚乙烯装置的调节剂丙烯规格

组　分	规　格	组　分	规　格
丙　烯	≥99.3%（体积）	二氧化碳	$\leqslant 5 \times 10^{-6}$（体积）
烷　烃	≤0.4%（体积）	氧	$\leqslant 4 \times 10^{-6}$（体积）
乙　烯	$\leqslant 1 \times 10^{-6}$（体积）	氢	$\leqslant 5 \times 10^{-6}$（体积）
丙二烯+甲基乙炔	$\leqslant 5 \times 10^{-6}$（体积）	硫	$\leqslant 1 \times 10^{-6}$（体积）
1-丁烯	$\leqslant 1 \times 10^{-6}$（体积）	氯（以 HCl 计）	$\leqslant 1 \times 10^{-6}$（体积）
丁二烯	$\leqslant 1 \times 10^{-6}$（体积）	醇类（以甲醇计）	$\leqslant 1 \times 10^{-6}$（体积）
一氧化碳	$\leqslant 3 \times 10^{-6}$（体积）	水	$\leqslant 2.5 \times 10^{-6}$（体积）

界区条件：压力≥2.8MPa，温度为常温
状态：液态输送方式，管道连续输送

表 1-5　国内某高压聚乙烯装置的调节剂丙烷规格

组　分	规　格
丙　烷	≥94.5%（质量）
乙烷+丁烷+异丁烷	≤5.0%（质量）
乙烯+丙烯+1-丁烯+异丁烯+反式2-丁烯	≤0.8%（质量）
乙炔+丙炔+丙二烯	$\leqslant 10 \times 10^{-6}$（摩尔）
总　硫	$\leqslant 200 \times 10^{-6}$（摩尔）
氧	$\leqslant 20 \times 10^{-6}$（体积）

界区条件：压力≥2.8MPa，温度为常温

根据装置采用工艺的不同及生产产品牌号的不同，调节剂的种类和用量也有所不同；不同的工艺调节剂加入系统的位置一般也是不同的，调节剂分别是从增压机的入口、一次压缩机的入口或二次压缩机的入口加入系统的。

1.4　产品特性、质量指标及应用

1.4.1　产品特性及质量指标

由于专利技术不同，测试方法有所不同，表 1-6～表 1~10 仅作为对厂家产品了解的

有关参考。

表 1-6 重包装膜产品的质量指标

厂　　家	燕山石化	大庆石化	上海石化	茂名石化	齐鲁石化
牌号	F101-1	18A	Z045	963-094	2100TN00
熔融指数/(g/10min)	0.3	0.3	0.45	0.7	0.3
密度/(kg/m^3)	923	919	919	920	921
拉伸屈服强度/MPa	22	16.3	20	21	27
伸长/%	650	600	550		580

表 1-7 透明膜产品的质量指标

厂　　家	燕山石化	大庆石化	上海石化	茂名石化	齐鲁石化
牌号	F208	24E	Q281	957-000	2402TC32
熔融指数/(g/10min)	1.5	2.0	2.8	2.5	2.5
密度/(kg/m^3)	924	924	924	920	924
拉伸屈服强度/MPa	17.0	11.2	11.0	14.0	23.0
伸长/%	600	600	550	400	580
浊度/%	6	6	10	9	6.9
光泽/%	95	60		45	83

表 1-8 地膜及复合膜产品的质量指标

厂　　家	燕山石化	大庆石化	上海石化	齐鲁石化
牌号	F403	18G	N400	2004TC00
熔融指数/(g/10min)	5.0	6.0	4.0	4.4
密度/(kg/m^3)	925	919	920	921
拉伸屈服强度/MPa	14	9.5	11.0	17
伸长/%	500	500	500	580
浊度/%	6.0			6.9
光泽/%	90			62

表 1-9 注塑产品的质量指标

厂　　家	燕山石化	上海石化	茂名石化	齐鲁石化
牌号	G801	ZH2000	860-000	2015T
熔融指数/(g/10min)	20	20	24	15
密度/(kg/m^3)	920	918	921	920
拉伸屈服强度/MPa	9.0	7.0	9.1	8/15
伸长/%	400		80	300

表 1-10 电缆绝缘料产品的质量指标

厂　　家	燕山石化	大庆石化	上海石化	茂名石化	齐鲁石化
牌号	C209	18D	D110	510-060	QL-T17
熔融指数/(g/10min)	1.3	1.5	1.1	2.1	2.1
密度/(kg/m^3)	924	919	920	918	920
拉伸屈服强度/MPa	18	9	12	9.1	11
伸长/%	550	600		500	600
介电损耗	3×10^{-4}	3×10^{-4}	4×10^{-4}		2×10^{-4}
光泽/%	2.4	2.4		2.3	2.3
厂家	燕山石化	大庆石化	上海石化	茂名石化	齐鲁石化
牌号	B1032	无	DJ-210	无	无
熔融指数/(g/10min)	0.2		2.1		
密度/(kg/m^3)	924		920		
拉伸屈服强度/MPa	18		9.6		
伸长/%	550				
介电损耗	3×10^{-4}		4×10^{-4}		

1.4.2 低密度聚乙烯树脂的应用

LDPE 可单独使用或与聚乙烯家族其他成员共混使用,广泛应用于包装、建筑、农业、工业等消费市场。

挤出薄膜:LDPE 最大的用途是制作薄膜。吹塑或者铸压工艺生产出的单一和复合 LDPE 薄膜占 LDPE 国内消费总量的 55% 以上。LDPE 制做的薄膜具有良好的光学性能、强度、挠曲性、密封性以及缓慢的气味扩散性和化学稳定性。LDPE 用来包装面包、农产品、快餐食品、纺织品、耐用性消费品及一些工业制品。LDPE 也可用作非包装薄膜,比如一次性尿布、农用薄膜和缩水膜等。

挤压贴胶:它是 LDPE 的另一个主要用途。由于 LDPE 分子的结构特点,它是聚乙烯树脂家族中唯一能够满足挤压贴胶加工工艺要求的树脂。贴胶提供了有助于成品包装密封的防护层,必不可少的优良的拉伸性能、持久的覆盖性和低的气味扩散性。典型的熔融指数范围为 3 ~ 15g/10min。LDPE 贴胶可覆盖在很多基质上面,如:纸、板、布料和其他高分子材料。LDPE 贴胶是保证基质热密封性和防湿性的一个经济而有效的手段。使用 LDPE 贴胶的市场有无菌防腐包装、食品包装、胶带和纸制品。

LDPE 复合挤压广泛作为高阻隔复合层压板的一种组分。重要的要求就是防湿和密封。要求不同,树脂的性能随之不同。它可用于无菌包装、药品与日用品的包装。

模塑:在聚乙烯树脂家族的竞争中,吹塑成型与注射成型使用常规 LDPE 已经相对稳定。LDPE 树脂由于它的抗曲挠性和加工特性而被用于模塑成型。树脂熔融指数范围为 0.5 ~ 2.0g/10min,密度变化范围 918 ~ 922kg/m³。LDPE 模塑料一般应用于制作要求挤压性能的医用和日用消费品。

电线与电缆:LDPE 最初是用作电线、电缆的包皮材料。LDPE 显示了优异的电性能和抗磨性能,这些性能是市场上严格要求的。树脂熔融指数范围为 0.25 ~ 2.0g/10min,密度为 918 ~ 932kg/m³。当今,LDPE 树脂被用作电讯电缆的外皮及绝缘层。

1.5 低密度聚乙烯装置工艺概述

1.5.1 齐鲁石化高压低密度聚乙烯装置

装置采用荷兰 DSM 公司的无脉冲高压管式法工艺,设计能力 140kt/a,设计运行时间 7200h/a,采用有机过氧化物作为引发剂,分四点注入反应器,乙烯为单点进料,反应温度为 265 ~ 295℃,反应压力为 250MPa,单体转化率为 25% ~ 35%。调节剂根据产品牌号不同,分别使用丙烷或丙烯,也有的牌号是两者一起使用。未反应的乙烯和聚合物一起经反应器出料阀节流膨胀,然后进入高压分离器分离。大部分未反应的乙烯经高压分离器分离后进入高压循环(以下简称高循)系统,经过冷却和净化分离,高循气体返回二次压缩机入口循环使用。从高压分离器出来的带有部分乙烯单体的熔融聚合物进入低压分离器,在低压分离器中乙烯单体和聚合物进一步分离,分离出的乙烯气体经冷却、净化分离后返回到增压机入口循环使用。装置可生产 50 多个牌号的产品。DSM 公司管式无脉冲高压聚乙烯工艺具有流程短,反应温度低,单点进料,反应物料流速快,使用混合过氧化物引发剂,单程转化率高,单线能力大,控制先进合理,操作安全等特点。该装置于 1998 年 11 月建成投产。

1.5.2 燕山石化第一高压低密度聚乙烯装置

装置采用日本住友公司高压釜式法专利,有三条生产线,每条生产线的设计能力为

60kt/a，三条线共 180kt/a，现在实际生产能力可以达到 200kt/a 以上。燕山一高压采用 0.75m³高压釜式反应器，两台反应釜串联，中间设冷却器撤出反应热。在 130～270℃的温度、160～190MPa 压力下采用有机过氧化物作为引发剂引发乙烯聚合，调节剂根据生产产品牌号的不同，分别使用乙烷和丙烯。转化率为 17%～24%。未反应的乙烯和聚合物一起经反应器出料阀节流膨胀，经冷却后进入高压分离器分离，大部分未反应的乙烯经高压分离器分离后进入高循系统，经过冷却和净化分离，高循气体返回二次压缩机入口循环使用。从高压分离器出来的带有部分乙烯单体的熔融聚合物进入低压分离器，在低压分离器中乙烯单体和聚合物进一步分离，分离出的乙烯气体经冷却和净化分离后返回到增压机入口循环使用。装置于 1976 年 6 月建成投产，至今已经运行了 30 多年。

1.5.3 燕山石化第二高压低密度聚乙烯装置

北京燕山石化第二高压聚烯装置采用埃克森－美孚公司（ExxonMobi）专利，高压管式脉冲反应器，设计能力为 200kt/a。二高压采用有机过氧化物作为引发剂，采用液态丙烯作为引发剂的溶剂，分五点注入反应器，相应地生成五个温峰，反应温度为 180～310℃，反应压力为 290～300MPa。调节剂采用丙烯和己烷。二次压缩机出口的乙烯分成三股，最大的一股直接进入反应器，另外的两股经冷却降温后分别作为反应一峰、二峰的急冷物料，形成第一、第二谷；反应的第三、四、五温峰使用反应冷却水通过夹套撤热。本装置设有高分、高循及低分、低循系统，未反应的乙烯和聚合物一起经反应器出料阀节流膨胀，经过冷却然后进入高压分离器分离，从高分出来的高循气经冷却和净化分离后返回二次压缩机入口循环使用。从高压分离器出来的带有部分乙烯单体的熔融聚合物进入低压分离器，在低压分离器中乙烯单体和聚合物进一步分离，从低分出来的低循气经冷却和净化分离后返回增压机入口循环使用。一次压缩机出口气体分为两股，一股主物流进入二次压缩机的入口，另一股经冷却后去反应器脉冲出料阀后与节流膨胀的物料汇合，对物料进行急冷，消除反焦耳－汤姆逊效应造成的物料温度升高。装置可生产均聚物和乙酸乙烯含量在 4%～9%的乙烯－醋酸乙烯共聚物。该装置于 2001 年 12 月开车投产。

1.5.4 大庆石化第一高压低密度聚乙烯装置

大庆石化公司第一高压聚乙烯装置采用德国伊姆豪逊公司高压脉冲管式法工艺，由德国伍德公司（UHDE）承建，设计能力 60.3kt/a，以乙烯、醋酸乙烯酯为原料，氧气为引发剂，丙烯、丙烷、1－丁烯为调节剂，采用一热三冷四点进料的管式法工艺，反应温度 270～330℃，反应压力 210～270MPa，反应单程转化率最高达 32%。本装置设有高分、高循和低分、低循系统，未反应的乙烯和聚合物一起经反应器出料阀节流膨胀，经过冷却然后进入高压分离器分离，从高分出来的高循气经冷却和净化分离后返回二次压缩机入口循环使用，从高压分离器出来的带有部分乙烯单体的熔融聚合物进入低压分离器，在低压分离器中乙烯单体和聚合物进一步分离，从低分出来的低循气经冷却和净化分离后返回增压机入口循环使用。装置可生产均聚、共聚总计 16 个牌号产品，于 1986 年 7 月建成投产。

1.5.5 大庆石化第二高压低密度聚乙烯装置

大庆石化公司第二高压聚乙烯装置采用德国巴塞尔公司高压脉冲管式法工艺，设计生产能力 200kt/a，采用乙烯单点进料，醋酸乙烯酯为共聚单体，过氧化物为引发剂，引发剂共分四点注入反应器，丙烯、丙醛为调节剂，本装置设有高分、高循和低分、低循系统，未反应的乙烯和聚合物一起经反应器出料阀节流膨胀，经过冷却然后进入高压分离器分离，从高分出来的高循气经冷却和净化分离后返回二次压缩机入口循环使用，从高压分离器出来的带有部分乙烯单体的熔融聚合物进入低压分离器，在低压分离器中乙烯单体和聚合物进一步分离，从低分出来的低循气经冷却和净化分离后返回增压机入口循环使用。装置可生产 5 大类43 个牌号的高压低密度聚乙烯产品，产品的密度范围 915 ~ 935kg/m³。反应温度 300 ~310℃，反应压力 250 ~ 310MPa，反应单程转化率最高达 35%。装置于 2005 年 6 月建成投产。

1.5.6 茂名石化第一高压低密度聚乙烯装置

茂名石化高压聚乙烯装置采用美国匡腾公司(Quantum)高压脉冲管式法工艺技术，一条生产线，两条包装线，设计能力 100kt/a，设计运行时间 7200h/a。该装置采用高压管式脉冲反应器，应用高温、高压技术，采用高纯度乙烯为原料，以空气和有机过氧化物为引发剂，丙烷和 1 - 丁烯为调节剂，一点进料、两点注入引发剂引发反应得到性能优良的低密度聚乙烯产品。本装置设有高分、高循和低分、低循系统，未反应的乙烯和聚合物一起经反应器出料阀节流膨胀，经过冷却然后进入高压分离器分离，从高分出来的高循气经冷却和净化分离后返回二次压缩机入口循环使用，从高压分离器出来的带有部分乙烯单体的熔融聚合物进入低压分离器，在低压分离器中乙烯单体和聚合物进一步分离，从低分出来的低循气经冷却和净化分离后返回增压机入口循环使用。该装置于 1996 年 9 月建成投产。

1.5.7 茂名石化第二高压低密度聚乙烯装置

茂名石化公司第二高压聚乙烯装置采用德国巴塞尔公司高压脉冲管式法工艺，设计生产能力为 250kt/a。该装置的管式反应器设计压力为 370MPa，是当今世界上设计操作压力最高、生产能力最大的一套 LDPE 装置。反应器正常操作压力为 280MPa，反应温度为 300℃，采用聚合级乙烯作为生产原料，丙烯或丙醛作为分子量调节剂，引发剂采用多种低温有机过氧化物，产品的密度范围 0.917 ~ 0.932kg/m³，可生产 16 个牌号的产品。该装置于 2007 年3 月建成投产。

1.5.8 上海石化第二高压低密度聚乙烯装置

由于上海石化第一高压聚乙烯和第二高压聚乙烯装置都是采用日本三菱油化公司的管式法工艺，因此本教材只对第二高压聚乙烯装置进行介绍。

装置采用日本三菱油化公司的高压脉冲管式法工艺，反应设计压力 250 ~ 270MPa，反应温度 310 ~ 330℃，转化率最高可达 27%，设计能力 80kt/a，现可达到 100kt/a，可生产 17个牌号的产品。采用空气和有机过氧化物共同引发反应，用丙烯与丙醛作为调节剂。新鲜乙烯经一次压缩机压缩至 25MPa，与高循气体汇合后，进入二次压缩机压缩到 280MPa，再分为主流和侧流，主流经主流预热器加热后进入第一反应段，由有机过氧化物和空气作引发剂引发反应，形成第一个温峰；侧流经侧流预热器加热后进入第二反应段，由有机过氧化物和空气作引发剂共同引发反应形成第二个温峰，最后再次注入有机过氧化物引发剂，形成第三个温峰。本装置设有高分、高循和低分、低循系统，未反应的乙烯和聚合物一起经反应器出料阀节流膨胀，经过冷却然后进入高压分离器分离，从高分出来的高循气经冷却和净化分离后返回二次压缩机入口循环使用，从高压分离器出来的带有部分乙烯单体的熔融聚合物进入低压分离器，在低压分离器中乙烯单体和聚合物进一步分离，从低分出来的低循气经冷却和净化分离后返回增压机入口循环使用。装置具有程序开停车、切换牌号的功能。该装置于1992 年 4 月建成投产。

第2章　工艺流程及技术特点

2.1　低密度聚乙烯装置工艺流程

尽管各种高压工艺基本流程相同，但在聚合反应器操作温度、压力，反应器进料点数的设置，引发剂、调节剂的品种和注入部位，助剂的注入方法及产品处理，返回乙烯的量和送出部位等方面都各不相同，形成工艺上的差异，使各厂家的生产工艺在复杂程度、自控水平、产品性质、产品种类、辅助设备的数量、能力、压力、温度要求等方面也不尽相同。目前国内的 LDPE 装置，除燕山石化第一高压聚乙烯装置、兰州石化高压聚乙烯装置(现已报废)采用釜式法工艺外，其余各高压聚乙烯装置都采用管式法工艺；其中除齐鲁石化高压聚乙烯装置引进荷兰 DSM 公司无脉冲管式法工艺外，其余的高压聚乙烯装置都采用脉冲的管式法工艺。

2.1.1　齐鲁石化 LDPE 装置

该装置流程示意图见图 2-1。

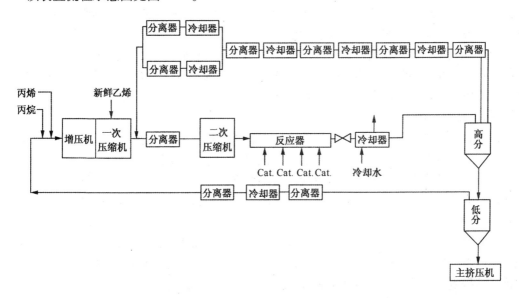

图 2-1　齐鲁石化 LDPE 装置流程简图

1. 压缩单元

增压/一次压缩机(联合机组，增压机有两个压缩段，一次压缩机有三个压缩段)的增压段处理三股物流：来自低压分离器的低压循环气、来自二次压缩机的泄漏气以及调节剂气体(丙烯或丙烷)，其入口压力通过增压段二段出口返回一段入口的调节阀控制在工艺规定值，增压机出口的气体与经压力调节阀减压的新鲜乙烯混合后以工艺规定的压力进入一次压缩机一段入口，经三段的压缩、冷却、分离，升至 25.0MPa 后，再与来自高压分离器的高压循环气经二次压缩机入口过滤器(除去多余的蜡)，旋风分离器(除掉油滴后)，进入二次压缩机的一段入口。混合气体经过二次压缩机的一段压缩，出口气体压力、温度达到规定值，然后气体经过二次压缩机中间冷却器冷却至规定温度，再进入二段进行压缩，二次压缩机出口达到规定温度、压力的乙烯及调节剂进入反应器。

2. 反应单元

来自二次压缩机出口的气体，首先进入反应器的预热一段和预热二段，分别经过反应热水回水及增湿减压蒸汽加热升温至第一反应段的引发温度。在该温度下，由第一注入点引发剂计量泵注入的引发剂开始引发乙烯聚合反应，随着部分乙烯的聚合，反应混合物温度逐渐升至工艺规定值，然后在反应器冷却夹套中冷却水的冷却作用下，冷却至工艺规定温度；再分别用第二、第三、第四注入点引发剂计量泵将引发剂注入到相应的反应段引发乙烯聚合反应，温度升高至工艺规定值，然后分别在反应器冷却夹套中冷却水的作用下温度降至工艺规定值；经过四段反应达到一定的转化率，混合物通过反应器压力控制阀节流降压后，进入产品冷却器进行冷却，然后进入高压分离器。

3. 气体分离和气体循环单元

聚合物和未转化乙烯的分离分两步完成，分别在高压分离器和低压分离器中进行。

1) 高压分离器和高压循环气

反应混合物在高压分离器中，由于重力的作用，大部分未反应的乙烯从聚合物中分离出来，随后在一组三台串联循环气体冷却器和四台串联分离器中冷却分离，分离出的低聚物、润滑油和其他夹带物被排入高循集蜡罐中，而冷却至一定温度的高压循环气体继续经两台并联的冷却器(一用一备)冷却到工艺规定值后进入二次压缩机循环使用。在进入二次压缩机入口之前，为了防止闭路循环系统存在的惰性组分积累，满足工艺要求，有一部分高压循环气体经返界区气体加热器加热，然后减压，经油气分离器充分分离出绝大部分油，通过流量控制阀，将含有部分调节剂、惰性组分的乙烯气体返回氯乙烯装置回收。在计划停车期间，装置中的乙烯通过该系统送至氯乙烯装置回收。

2) 低压分离器和低压循环气

在高压分离器中由于重力沉积下来的聚合物，通过高分出料阀进入低压分离器中，乙烯气体在低压分离器中靠重力分离，首先进入低压循环气热分离器，分离出夹带的部分聚合物，然后在低循气体冷却器中冷却，冷凝的杂质在低压循环气冷分离器中被分离。最后，这部分气体经低压循环气过滤器过滤，进入联合压缩机组的增压段入口以循环使用。

4. 挤压造粒单元

熔融的聚合物自低压分离器进入特殊设计的热熔融挤压机，同液体添加剂和来自侧线挤压机的母料在该挤压机中均匀混合，挤压机设置了后脱气系统，以便进一步脱除熔融聚合物的气体。挤压机的筒体温度通过闭路脱盐水系统控制，该系统由挤压机冷却水泵(两台)、冷却水罐和冷却器组成。挤出的聚合物通过切粒，被冷却水降温并输送至离心式颗粒干燥器干燥，最后经缓冲料斗由空气输送去脱气仓脱气，然后经批量掺混，再送包装仓包装出厂。

5. 引发剂、调节剂和添加剂单元

1) 引发剂单元

本装置使用的引发剂是有机过氧化物，性能不稳定，需加入溶剂矿物油稀释。本工艺需配制三种不同的引发剂溶液，引发剂分四点注入反应器，第一种引发剂溶液注入反应器第一注入点，第二种引发剂溶液注入反应器第二注入点，第三种引发剂溶液注入反应器第三、四注入点，配制工作是在引发剂配制罐中进行的。配制合格的引发剂溶液泄入引发剂进料罐，然后再经引发剂计量泵在略高于反应压力下送入反应器引发反应。为了防止引发剂在注入管

18

线中结晶，要确保引发剂伴热水系统正常投用。

2）调节剂单元

本装置使用的调节剂为丙烯和丙烷，现在在实际生产中只用丙烯，从界区来的聚合级丙烯首先进入丙烯储罐，丙烯储罐用一台低压蒸汽加热器循环加热罐内丙烯来维持丙烯的压力在工艺规定值，并靠丙烯储罐与增压机入口缓冲罐的压差把丙烯加入到增压机入口缓冲罐中，然后与低循气一起进入增压机进行压缩。

3）添加剂单元

生产需要加入助剂的牌号时，先把各种助剂按工艺规定值加入到侧线挤压机中，与部分产品粒料一起经侧线挤压机掺混均化后注入到主挤压机中。开口剂以母料形式从母料储罐利用添加剂加料器将其计量加入到侧线挤压机中；循环粒料罐中的产品粒料经计量后加入侧线挤压机。爽滑剂以液态加入系统中，在带蒸汽夹套的添加剂配制罐中熔融后，用计量泵直接加入侧线挤压机，配制罐设有内部搅拌器。

2.1.2 燕山石化第二 LDPE 装置

该装置流程简图见图 2-2。

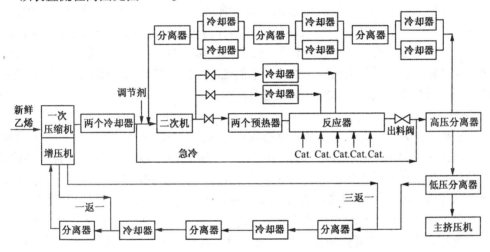

图 2-2 燕山石化第二 LDPE 装置流程简图

1. 压缩单元

低压循环乙烯气经过分离和降温后，从增压机一段入口分离罐进入增压机（共分三段）。低压循环乙烯气经增压机由一定值加压到工艺规定值。然后和乙烯装置送来的压力、温度为一定值的新鲜乙烯经过一次压缩机入口加热器预热和一次压缩机一段入口分离罐分离后，进入一次压缩机（分三段）加压到工艺规定值，再和高压分离器分离出来并经高压循环系统冷却和除蜡的未反应的高压循环气一同进入二次压缩机。增压机和一次压缩机安装在同一个基础上，是由一台功率为 4800kW 同步电机驱动的往复式对称平衡型压缩机。

为了减少压缩气体的脉冲，在增压机和一次压缩机每段出入口都设置了缓冲罐和多级孔板。缓冲罐也有气液分离的作用，所以在各缓冲罐（除一次压缩机六段出口缓冲罐）上设置了导淋排放阀门。由于进入一次压缩机的气体主要是新鲜乙烯气和已经过逐级分离和增压的低压循环乙烯气，所以一次压缩机除在入口设置一个分离罐外各段都没有设置分离罐。压缩机做功，气体温度会升高，为冷却气体，使三段汽缸排出气体最终温度达到工艺规定值，在一次压缩机三段冷却器后再设置了用冷冻水冷却的一次压缩机气体最终冷却器。为了考虑生产中密度牌号和EVA(乙烯-醋酸乙烯酯共聚物)牌号时回收或充分利用低压循环气中的己烷和VA(醋酸乙烯酯),增压机的段间冷却器的气体出口温度是可调的,可以提高己烷或VA在排放气中的饱和浓度,减少己烷或VA中乙烯气的析出。

增压机出口气体分成两股,一股气体去一次压缩机,另一股气体返回乙烯精制或去火炬,以保持系统内惰性气体的含量处于合理范围之内。一次压缩机出口气体一股经位于一次压缩机出口线上的高分温度控制阀与高压循环系统返回的气体混合后进入二次压缩机,另一股气体作为急冷物流进入高压泄料阀(反应器出料阀)后的管线,以冷却经高压泄料阀后的高温物流。

二次压缩机是用同步电动机驱动的对置平衡型两段压缩机,每段均有6个汽缸。在一段中乙烯气由一定值压缩至工艺规定值,从一段1、2、3汽缸排出的气体汇合在一起通过一组二次压缩机段间冷却器冷却至工艺规定温度后再进入二次压缩机二段的7、8、9汽缸;从4、5、6汽缸输送出来的气体汇合在一起通过另一组二次压缩机段间冷却器冷却至工艺规定温度再进入二次压缩机二段的10、11、12汽缸。再经二次压缩机二段把压力提高到工艺规定压力。从二次压缩机7、8、9汽缸出来的气体汇合成一股,10、11、12汽缸出来的气体汇合成一股。10、11、12汇成的一股气体的绝大部分通过反应器主进料阀进入反应器的预热器预热后送至反应器;另外一小部分和7、8、9汽缸出来的气体汇合后分成两股分别通过第一、第二反应器侧流进料阀进入反应器的两个侧流冷却器,经侧流冷却器冷却至工艺规定温度后送入反应器对第一反应段和第二应段进行冷却。

2. 反应单元

从二次压缩机出来的乙烯气体,分三路进入反应器。第一路为主物流,先进入主物流预热器,正常生产中,要保持40%以上的最小流量。主物流预热器为超高压套管式换热器。一号预热器用循环系统的废热锅炉产生的中压蒸汽来加热,二号预热器用高压蒸汽来加热。经过主物流预热器乙烯气体被加热到引发温度。另外两路作为反应器的第一和第二侧线进料,分别经第一侧流冷却器和第二侧流冷却器冷却到工艺规定温度后进入反应器。反应器共有五个引发剂注入点。当过氧化物注入后,很快使注入点的温度上升到最高温度(峰值温度)。反应器分成5个反应区。反应器中的温度分布是根据产品性能要求来设定的。

反应器是用高压管夹套中流动的有压力的水来冷却的,冷却水与反应物料成逆流,这是一个闭路公用水系统。夹套水的温度可以在一定范围之间进行调节,这主要取决于操作方式和反应段的不同。在正常的操作中,夹套水作为冷却介质带走尽可能多的热量,但在反应建立阶段,夹套水用来加热,此时反应器夹套无蒸汽产生。公用水系统包括公用水膨胀罐一个、冷却器四个及加热器一个,四台用于反应器夹套水系统的循环水泵,两台用于高压循环系统高温冷却器的循环水泵,一台用于挤压机筒体的循环水泵。为了减少对高压管线的腐蚀损害,该系统使用锅炉给水并定期进行水质监测,视水质情况及时补加药剂。

反应器在工艺规定的压力下运行,反应器中的单体和聚合物处于均相。反应器的压力靠其尾部的高压排放阀来控制,高压排放阀可用周期性的脉冲变化来操作。反应器在脉冲方式下操作,这种反应器称之为脉冲反应器。当聚合物的黏度增大(低熔融指数树脂)或反应物流中的聚合物浓度增大,聚合物从溶液中分离出来的趋势增大,由于黏度增大,反应器内壁结垢影响了热交换,同时降低了转化率。为了提高低熔融指数产品的转化率,必须采用脉冲出料。

管式反应器被围在一个坚固的围墙内。本装置使用相对宽敞、开放的围墙,尽可能避免

20

拥挤。这样，泄漏的气体可以尽快扩散、消失，从而降低了产生爆炸的危险。高压分离器和二次压缩机的中间冷却器也安装在反应围墙内。另外，在围墙内安装有乙烯气体探测器和消防水喷淋系统。

万一发生机械和工艺故障时，相关的联锁系统会使反应停止。通过自动打开放空阀向大气放空来保护反应器。为了在反应器紧急放空时减小噪音和防止聚合物粉尘扩散，装置设有一个充水的紧急放空罐。

3. 气体分离和气体循环单元

1）高压分离器与高压循环气

在反应器的高压排放阀后，未反应的气体与聚合物的混合物被注入的新鲜乙烯急冷。与使用产品冷却器相比较，采用急冷技术冷却热的聚合物大大地提高了最终产品的薄膜性能。本装置所生产的 LDPE 树脂的最大特点是凝胶（导致薄膜缺陷的主要因素）含量低。

冷却后的混合物进入高压分离器，在这里进行聚合物和气体的第一次分离，操作温度、压力为工艺规定值。分离出来的未反应的乙烯气体从分离器顶部出来进入高压循环系统，聚合物从底部排出进入低压分离器。

从高压分离器出来的气体首先通过中压废热锅炉，将气体冷却至一定温度，产生的中压蒸汽用于反应器预热器的预热。之后，再通过低压废热锅炉，产生低压蒸汽，气体进一步被冷却到一定温度。经过废热锅炉后，未反应气体经过三次冷却和三次分离，冷却到工艺规定温度并除去低聚物后，气体返回二次压缩机入口，循环使用。

第一冷却器使用闭合的公用热水系统。第二、第三冷却器分别用冷却水和冷冻水。每个冷却器后都有一个分离罐用来收集冷却过程中从气体中凝结下来的蜡状物。每一个分离罐都设有蒸汽伴热并与熔融蜡收集系统连接。从蜡收集系统出来的气体与低压分离器出来的气体一起进入排放气压缩机系统。

2）低压分离器与低压循环气

从低压分离罐出来的未反应的低压循环乙烯气通过聚合物分离罐、排放气冷却器、排放气中间分离罐、排放气最终冷却器，经过两次分离和两次降温后，从增压机一段入口分离罐进入增压机（分三段）。

因为低压循环乙烯气含有油类、低聚物等杂质，为避免将杂质带入汽缸，在增压机每段进口前设置分离罐，将油类、低聚物等杂质分离排掉。同时本装置也能生产 EVA，在生产 VA 含量高于 5% 的产品时要对 VA 进行回收，因此在增压机的分离罐之间设计了串级（即能使回收 VA 从压力较高的分离罐逐级排到压力较低的分离罐）流程，该流程可将 VA 回收到 VA 常压回收罐。

4. 挤压造粒单元

聚乙烯和部分未反应的乙烯经低压卸料阀进入低压分离器，在低分中再次分离。聚乙烯经闸板阀（低分出料阀）进入主挤压机。聚乙烯在主挤压机中与来自辅助（侧线）挤压机的母粒和来自液体添加剂系统的液体添加剂混合。聚乙烯经挤压切粒、干燥后由输送压缩机（输送风机）输送到掺混料仓。聚乙烯在经过掺混、净化后，再用压缩机（输送风机）输送到储存料仓净化后待包装。

5. 引发剂、调节剂和共聚单体、添加剂单元

1）引发剂单元

乙烯的自由基聚合是用有机过氧化物做引发剂，过氧化物在溶剂（丙烯或己烷）中溶解

21

稀释后加入反应器。纯引发剂加入引发剂加料罐后通过泵注入配制罐，在有搅拌的条件下溶解在溶剂中，溶解稀释后，过氧化物的溶液送至四个引发剂进料罐。所有引发剂罐需要配有冷冻水夹套，所有加料罐和加料罐去配制罐的管线的夹套需要用冷冻水来保持低温。上述加料罐和配制罐要用氮气进行氮封，过氧化物混合物从进料罐到注入泵之间的输送靠氮气的压力来实现。

五台引发剂注入泵将过氧化物溶液加压后，从五个位置不同的点分别注入反应器。共有十台引发剂泵，一开一备。引发剂注入的控制系统安装在反应围墙外面接近注入点的地方。

2）调节剂和共聚单体单元

调节剂用来控制产品的分子量，以得到所要求的产品的性能。调节剂是以与高压循环气体一样的压力加入系统的，由隔膜泵（两台，一开一备）增压至高压循环气压力后加入二次压缩机的入口。

EXXON公司的大型管式反应器可以生产VA含量达10%（质量）的EVA树脂。在生产5%~9%的EVA时，排出的VA能循环利用。从增压机三段的吸入口排放罐、出口排放罐和二段吸入排放罐中排出的VA，可以用于生产熔体流动速率为2或更高的EVA产品。在生产4.5%以下的EVA时，VA不必回收。

共聚单体VA用共聚单体注入泵（两台，一开一备）注入到二次压缩机的入口，与乙烯一起压缩后进入反应器系统。

3）添加剂单元

袋装添加剂加入已经加热的添加剂熔融罐中熔化，熔化后的添加剂用液体添加剂泵加入到主挤压机中，在挤压机螺杆作用下与聚乙烯混合。

母粒罐车将母粒输送至母粒中间储罐，再由输送风机输送到母粒储罐。储罐中的母粒经计量后送入辅助挤压机。母粒在辅助挤压机中经挤压熔融后输送到主挤压机中与聚乙烯混合。

2.1.3 大庆石化第一LDPE装置

该装置流程简图见图2-3。

1. 单体、调节剂和引发剂的压缩及配制单元

原料乙烯经新鲜气体过滤器过滤，然后与经过增压机增压的低压循环气一道被送至一次压缩机，使其压力升至工艺规定值。这种经压缩和冷却的乙烯气体再与经过冷却和净化的高压循环气体混合。一次压缩机的打气量由位于二次压缩机吸入管线上的压力控制器控制。

经冷却和净化后的低压循环气与来自二次压缩机泄漏气分离罐的气体以及排放气闪蒸罐的闪蒸气体一道进入增压机。此压缩机的打气量由吸入压力控制器控制。低压循环气经增压机压缩后进入一次压缩机。在生产特定牌号聚合物的过程中和从高熔融指数到低熔融指数或从高密度到低密度的产品切换过程中，为避免循环气中惰性气体的积累，可由增压机三段出口的气体中引出一股气流返回乙烯厂进行气体分离处理。该气体流量是由带压力和温度补偿的流量控制器进行控制的。

一次压缩机和增压机组成一台联合机组并由一台电动机驱动。这两台压缩机都设有所需的段间冷却器和分离器。在不同的位置将其他组分如调节剂（丙烯或丙烷）和引发剂（氧气）加入到二次压缩机吸入端的混合气流中。

首先，调节剂或共聚单体（醋酸乙烯酯）分别经过滤器过滤后，利用配料泵加入到二次压缩机吸入端。

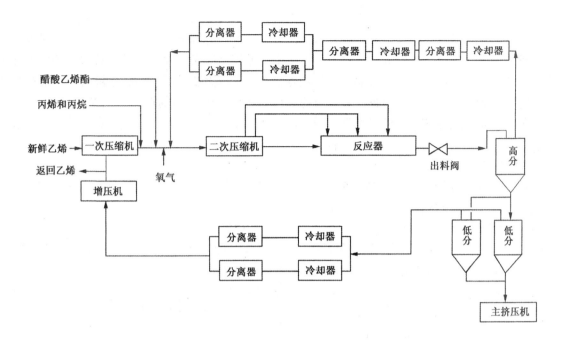

图 2 - 3　大庆石化第一 LDPE 装置流程简图

调节剂或共聚单体各自的进料量在控制室控制。引发剂氧气经过过滤器与原料乙烯的一股支流混合，这股乙烯气流是经过滤器过滤的，然后氧和乙烯的混合气流被送往隔膜式压缩机。所需氧气量经由两条测量线进行氧气/乙烯的配料比例控制。

氧和乙烯的混合物在隔膜式压缩机中压缩到略高于二次压缩机吸入端压力，再由专门的流量控制器把引发剂加入到二次压缩机吸入端的不同气流中。

这种引发剂含量不同的反应气流依照产品的牌号再在两级压缩的二次压缩机中压缩到反应器压力。

压缩后的气体分三股离开二次压缩机(一股是主气流或热气流，另外两股是冷气流)。这三股气流所含引发剂的浓度是不同的。

由一次压缩机、二次压缩机的柱塞密封填料漏出的气体收集在低压漏气罐中。

压缩工段的全部废气和放空气体与工厂其他废气一起经由放空废气罐送往界区外，然后用于发电厂或送往火炬。

2. 反应单元

从二次压缩机来的三股气流进入反应器。主气流(或热气流)进入反应器主线进料预热器，其温度与二次压缩机输出压力有关。在预热器中，气体被预热到反应的起始温度。

另外二股冷气流分别进入两台侧线进料冷却器，然后气体被冷却到工艺规定温度。

热气流被送到反应器的入口；两股冷气流(其中一股冷气流又分为两股)则送至沿反应器分布的三个同时操作的注入点。冷气流流量由三个冷气流流量控制器进行调节控制。

反应气体在反应器中连续进行聚合反应，为满足反应条件，把反应器设计成分别带有加热和冷却夹套的管式反应器。

在预热段，主气流(或热气流)通过热水进行加热，温度升至工艺规定温度。此热量取自高压循环气第一冷却器中的高压循环气。紧接着在反应段的第一部分中，气体进一步被蒸汽加热到反应的起始温度，在此温度下开始进行聚合反应。在反应段，一部分反应热由在夹套中循环的热水移出，另一部分则传给冷气体。

为获得稳定的反应条件，三股冷气流的注入量由上述的侧流流量控制器控制。为保证准确且稳定的冷气流流量，所需的压差值是由一个压差控制阀来控制的，此压差控制阀位于反应器主气流的入口端，并和反应器压力控制器相连。在压力变化时所有这些液压操作的控制阀能够很迅速地得到恒定的流量。聚合反应器压力是由一个专门的压力控制器进行控制的，它受到沿反应器的很多点上所测温度的影响。通过这个控制系统对反应进行自动控制，结果使反应器中的温度分布保持恒定。此控制系统避免了不希望出现的（可能导致危险的）温度或压力的上升。

为了长时间保持恒定的反应条件并排出聚乙烯的熔融产品，通过位于反应器末端的脉冲阀使反应压力按一定的周期自动产生脉冲。

在故障情况下，由于温升速度或温度、压力值超限，从而触发一个自动操作的安全系统。此时，反应器内的压力会通过液压操作的安全阀释放（其中一个安全阀带有一个单独的执行机构），当反应器压力降至一定值后，这些安全阀会自动关闭。

事故程序动作时，反应气体通过紧急放空罐在离地面约16米高处排入大气；同时，氮气罐中的高压氮自动排入紧急放空罐中，从而把带一定压力的水压到膨胀气流中。

3. 气体分离和气体循环单元

1）高压分离器与高压循环气

经安装在反应器末端的液压操作的控制阀节流膨胀后，反应混合物排入高压分离器中。压力降低后大量未反应的气体从混合物中分离出来。熔融聚合物液位是由射线液面计连续控制的，测量是根据聚合物对射线的吸收量并与相同压力下纯气体对射线的吸收量进行比较而实现的。另外，测量聚合物液位上限的一台独立的射线计量器与安全中心的自动装置相连接。

当高压分离器中压力超限时，就会启动位于高压分离器顶端的两个液压操作的安全阀。在高压分离器顶端还装有两个弹簧式安全阀，使其具有较大的安全性。

反应器与高压分离器之间管路的温度或高压分离器本身的温度超限时，就会触发一个紧急程序，通过立即打开相应的安全阀使压力适当地释放。

来自高压分离器的熔融聚合物经减压进入两台并联的低压分离器。

在循环气的冷却和净化工序中，把从高压分离器来的未反应气体中的低分子量聚合物及微量压缩机润滑油分离掉。这是通过在高压循环气冷却器的三个不同阶段进行连续冷却和依次在分离器中进行三次分离而实现的。

第一阶段，在高压循环气第一冷却器中，利用预热器和冷却器回路的热水与之进行热交换把高压循环气冷却到工艺规定温度。

第二阶段，一个带有温水的独立冷凝液系统供给高压循环气第二冷却器冷却介质。这个独立的冷凝液回路是由冷凝液罐、冷凝液泵和冷凝液冷却器组成的。离开第二冷却器的高压循环气的温度比第一冷却器出口又降低了110℃。

第三阶段，将高压循环气分成两股并联的气流而被冷却到二次压缩机入口规定温度。这是通过在两台并联的高压循环气第三冷却器中与冷却水进行换热而达到的。为此设置了一个包括冷却水循环泵在内的冷却介质的专用回路，在寒冷季节，该系统能对冷却介质进行加热。冷却水量由安装在二次压缩机吸入端的温度控制器进行控制。

低聚物在第一、二、三分离器中进行分离。这些低聚物被间歇地排放到一个排放气闪蒸罐中。由低压循环气分离器和一次压缩机、增压机的分离器分离出的低聚物和微量压缩机润滑油也被送到该闪蒸罐。在该闪蒸罐中已除去低分子量组分的低压气体进入增压机的吸入口。所积累的蜡状物间歇地排放到一个储蜡罐中。

2）低压分离器与低压循环气

在本工序中，来自低压分离器的未反应气体经冷却和分离将其杂质除去。

熔融的聚合物产品和部分未分离的单体经高分出料阀后进入低压分离器，在低压分离器中，未反应单体和熔融聚合物进一步分离，气体从低分顶部出来后形成低压循环气。低压循环气分成两股气流，在并联操作的两台低压循环气冷却器中冷却下来。在每个冷却器的第一部分，用高压循环气工序的第二冷却器的独立冷凝液回路分出来的温水进行换热。而另一部分则用循环冷却水使低压循环气最终冷却到工艺规定温度。在两台并联操作低压循环气分离器中，把杂质从气流中分离出来，这些杂质间歇地排放到闪蒸罐中（该闪蒸罐与高循排放气共用）。低压分离器的压力由增压机入口压力来控制。

4. 挤压造粒单元

在低压分离器中，剩余的大量溶解气体被排出。有一台分离器在正常操作条件下使用，而另一台则用于开车期间或非正常生产情况。已分离出绝大部分剩余单体的熔融聚合物在低压分离器底部排出。低压分离器的液位也采用射线测量仪进行测定。

在熔融挤压机中，聚合物与添加剂一起被均化，然后造粒。挤压机的转速可根据产品的牌号及产量由挤压机转速调节器来调节。挤压机设有必要的冷却及加热系统。切粒机的速度可根据颗粒的尺寸及形状由切粒机速度调节器来调节。用加料泵或加料秤和添加剂挤压机把添加剂（经预热的液体爽滑剂、稳定剂和开口剂的混合物）加入到熔融挤压机中。

颗粒状产品由一封闭式的颗粒水回路从水下切粒机输送到干燥器。在进入颗粒干燥器以前，大部分颗粒水在离心分离器中被分离掉。分离器和干燥器分离出的颗粒水收集在颗粒水循环槽中，然后用颗粒水循环泵经由颗粒水循环过滤器和颗粒水循环冷却器送到水下切粒机。干燥后的产品由一台振动筛分类，在卸料秤上称重，然后风送到分析和混合工序。

从卸料来的颗粒产品被一台风机风送到两个分析料仓中的一个。从振动筛和卸料称之间的产品流中固定地流出少量测试物料用来测定分析料仓中产品的熔融指数。

在运行期间，从一个分析料仓切换到另一个分析料仓的操作自动进行。一个分析料仓中的颗粒应一直保存到此料仓中物料的熔融指数测定完毕为止。指数合格的产品送往掺混仓掺混，然后送往成品仓包装出厂。

通过鼓风机站的鼓风机不断给分析料仓、混合料仓和储存料仓通风，其目的是排出这些料仓中粒料挥发出的乙烯气体。风送系统所需的空气由鼓风机站的另三台风机供给。

5. 添加剂和共聚单体单元

1）添加剂单元

固体添加剂系统由下列设备组成：带有加热装置的齿轮泵、过滤器、冷却器组成的油冷却系统的添加剂挤压机，添加剂料仓、计量秤、真空泵。

液体添加剂系统包括液体加热罐、液体加料储槽和液体添加剂计量泵。

含有稳定剂或开口剂的母料混合物通过添加剂料仓经计量秤计量后，通过不锈钢管进入添加剂挤压机。添加剂颗粒在挤压机中熔融，然后通过一个有蒸汽加热的套管进入熔融挤压机。

将爽滑剂加入带夹套的爽滑剂熔融罐（不锈钢容器）中，此容器由蒸汽凝液泵提供蒸气凝液进行加热。熔融的液体爽滑剂通过不锈钢套管进入带有夹套的爽滑剂加料罐(不锈钢容器)中。根据需要量,用泵将液体爽滑剂通过有热水伴热管的管道送入熔融挤压机。爽滑剂加料罐装有一台液位指示器。

2) 共聚单体单元

醋酸乙烯酯系统包括有:带夹套的储罐,计量泵以及储罐进料管线上的过滤器。

液体醋酸乙烯酯从界区外由循环泵送至储罐,再用计量泵从储罐抽取所需的醋酸乙烯酯。计量泵的出口管道上装有单向阀以防止乙烯在任何时候反窜。计量泵将一定量的醋酸乙烯酯注入到二次压缩机一段的吸气侧循环气和新鲜乙烯的混合气流中。

2.1.4 茂名石化 LDPE 装置

该装置流程简图见图 2-4。

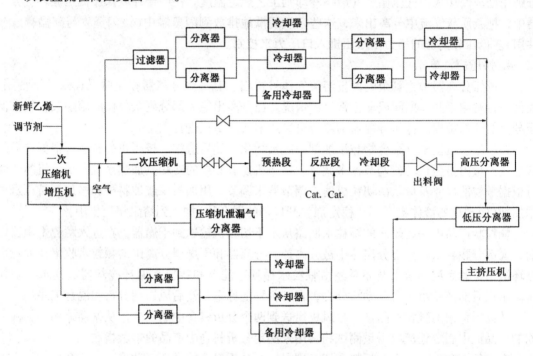

图 2-4 茂名石化 LDPE 装置流程简图

1. 压缩单元

界区管线送来的高纯度新鲜乙烯经一次压缩机入口控制阀减压到工艺规定值,然后与增压机出口来的闪蒸气乙烯混合后进入一次压缩机。在进入压缩机前先进入一次压缩机入口罐除去所有液体。从调节剂蒸发器来的调节剂直接加到一次压缩机入口罐,任何液体进入压缩机都会严重损坏压缩机。由于循环气流中调节剂的冷凝,或者是一次压缩机出口气流返回一次压缩机入口进行出口压力控制时,入口罐会出现液体,因此设置一次压缩机旁路加热器用于蒸发返回入口罐的液相乙烯。从入口罐来的气体经入口过滤网除去那些会损坏压缩机的杂质,然后进入入口缓冲罐。

一次压缩机由两段组成,压缩能力满足工艺要求。气体经压缩机一段压缩从一定压力提升到工艺规定值,经出口缓冲罐进入中间冷却器除去压缩热,在进入二段压缩前经段间分离罐除去冷凝液,然后进入能减少振动的二段入口缓冲罐,二段进一步压缩达到工艺规定的压力,气流出来后进入出口缓冲罐、后冷却器,再进入二次压缩机入口或经压力控制器和返回

26

加热器返回到一次压缩机入口罐。

一次压缩机的增压机部分由三段压缩组成，压缩能力满足工艺要求。挤压料斗和排放罐出来的压力、温度为一定值的低压气流汇合后进入分离罐除去夹带的液体和蜡，然后在闪蒸气冷却器中冷却到工艺规定温度后进入闪蒸吸入罐。压缩机泄漏气也进入这个吸入罐。气体经增压机三段压缩到稍高于一次压缩机入口压力，送到一次压缩机入口罐。

增压机出口压力由一个控制阀控制，维持高于一次压缩机入口罐的压力。此控制器上游的一部分闪蒸气体通过一个流量控制阀返回乙烯精制单元，防止各种杂质积累。

增压机的打气量是随着转化率、二次压缩机泄漏量的变化而变化。所以闪蒸压缩机的打气量可以手动的控制增减，打气量可以减小到设计能力 75%、50%、25%、0。能力的控制是通过打开和关闭双作用式汽缸两端的入口阀片及一段汽缸头部的隙囊实现的。

闪蒸压缩机一段出入口有一设定为某值的差压报警，此报警只有在 75% 或 25% 的能力控制级压缩时才触发动作。在汽缸出口设有温度高报警设定值。

气体经过三段压缩、经过段间冷却和分离，和界区来的新鲜乙烯混合后进入一次压缩机一段。

一次压缩机安装有泄漏气总管回收那些从填料函泄漏的乙烯，从汽缸活塞杆填料放出的泄漏气返回到闪蒸气入口罐。

一次压缩机排出的气体和高压循环气体汇合进入二次压缩机入口，从空压机来的空气引发剂根据反应条件经流量控制后注入到汇合气流中去，气流经过滤器除去外来微粒，然后分成独立的两股气流进入二次压缩机。这两股气流均进入二次压缩机一段，并在一段汽缸把气体压缩到工艺规定压力，此两股气体通过独立的中间冷却器移去压缩热。在经中间冷却器冷却之后，气体还需经过滤器过滤，再进入压缩二段，在二段汽缸把气体进一步压缩到反应器要求的压力。

二次压缩机排出的两股气体汇合在一起，通过一个能把反应器和压缩机隔断的角阀进入反应器。二段排出口有根独立的管线，它作为反应器的旁路直接和高压循环气管线连接，可用来控制反应器的气体流量。

二次压缩机用两段八个汽缸压缩乙烯气体，由一台同步无刷式电机驱动。在二次压缩机入口设有气相色谱分析仪来检测乙烯中的分子量调节剂浓度。

二次压缩机排出压力由反应器压力控制阀来控制。由于二次压缩机是恒速运转机械，因而进入反应器的气体流速是通过跨反应器到高压循环系统的流量控制阀来调节的。通常这个旁通线的流量控制阀是关闭的，通过循环气流冷却器，除去从压缩机出口压力膨胀到高压循环气体压力所产生的反焦耳－汤姆逊效应释放出的热。

一、二段汽缸是柱塞型的装配汽缸，一段柱塞是圆柱钢体外涂碳化钨，二段柱塞是整体碳化钨。每个汽缸设有泄漏气体收集系统，目的是回收那些从填料泄漏出来的乙烯气体，其他排到大气。有两个泄漏气管，均带有流量计，3 寸管收集所有汽缸的汇合泄漏气，1 寸管测定各个汽缸的泄漏气量。各个汽缸的泄漏气出口都有一个三通阀，能够从汇合总管切换到单独管线。

2. 反应单元

空气引发剂从二次压缩机的入口加入，二次压缩机把含有空气和调节剂混合气流压缩到反应器要求的压力，然后以一定的流量从二次压缩机进入反应器前部。

反应器分三个区域：预热段，反应段和冷却段。在预热段（在反应器第一部分），乙烯被加热到引发温度，这是由反应器夹套的预热热水完成，经过预热段后在第一注入点注入两种有机过氧化物引发反应（生产不同的牌号时注入反应器前部的第一股引发剂溶液都是相同的），第一注入点引发剂注入泵将引发剂加入到反应器59m处。此点引发反应的温度比单独用空气引发剂引发反应的温度要低。而空气进一步引发反应使温度升至正常的操作温度（根据所生产的产品牌号有所不同），反应器夹套的冷却水把反应热撤走。未反应的乙烯和聚合物从该温度冷却下来，冷却充分后，注入另三种有机过氧化物重新引发反应（第二种有机过氧化物混合物的浓度随着生产牌号的不同而不同），第二注入点引发剂注入泵将引发剂加入到反应器980m处，这三种有机过氧化物引发反应把温度升到工艺规定温度。在第二个反应温峰之后，温度开始下降，聚合物和未反应的乙烯由反应器夹套热水冷却到工艺规定温度，经反应器出料阀节流膨胀后进入产品冷却器，产品冷却器使用冷却段的热水作冷却介质。

反应器出料阀用来控制反应器压力及按预定的频率和压力幅度使反应器内的物流压力产生脉动。出料阀的操作由液压油提供动力，以周期性脉冲节制物料的流动。该阀具有专门的控制系统，该系统和DCS连接，允许信息和数据的适当交换。

3. 气体分离和气体循环单元

1）高压分离器与高压循环气

聚合物和未反应的乙烯通过反应出料阀进入产品冷却器再到高压分离器。聚合物和未反应的乙烯在高压分离器中进行初步分离，单体乙烯在工艺规定压力下从熔融聚合物中闪蒸出来。聚合物夹带着部分未分离的乙烯气体通过液位控制阀从高压分离器的底部排到挤压料斗（低压分离器）。

高压分离器分离出的乙烯气体从分离器顶部进入高压循环系统，经冷却分离后返回二次压缩机入口。这个系统的设备根据物料流向由两台热循环冷却器、热循环分离器、两台冷循环冷却器、冷循环分离器和排蜡罐组成。还有一台备用冷循环冷却器。从高分出来的乙烯在一定温度、压力下进入热循环冷却器，循环气体夹带的低分子蜡沉淀析出并由分离器移走，从二次压缩机出口总管来的反应器旁通气流与热循环冷却器上游的循环气体汇合。

循环气体进入热循环分离器之前由两台并联的热循环冷却器冷却到一定温度，然后流进两并联冷循环冷却器，在那里进一步冷却到工艺规定温度后进入冷循环分离器，在冷循环分离器中大部分蜡被分离出来。从分离器出来的气体与一次压缩机的出口气体汇合进入二次压缩机入口。

收集在各热、冷分离器中的低聚物和蜡定期排放到操作压力为一定值的排蜡罐中，乙烯从排蜡罐中闪蒸出来进入闪蒸气系统，排蜡罐中的蜡定期排桶处理。当冷却器壁上粘附过多的低聚物并影响传热效果时冷却器需要脱垢，一次只能对一个冷却器进行脱垢，备用的冷却器投用。

2）低压分离器与低压循环气

高分液位控制阀把熔融聚合物排到挤压料斗（低压分离器），通过这个阀控制排放到挤压料斗的流量以控制高分的液位，进入挤压料斗的聚合物饱含未反应的乙烯和调节剂，当压力从高分的操作压力降到挤压料斗的操作压力时，未反应乙烯和调节剂从熔融聚合物中闪蒸出来，挤压料斗和排放罐出来的压力、温度为一定值的低压气流汇合后进入分离罐除去夹带的液体和蜡，然后再在闪蒸气冷却器中冷却到工艺规定温度后进入闪蒸吸入罐再经增压机压缩后循环利用。

挤压料斗和排放罐出来的压力、温度为一定值的低压气流汇合后进入分离罐除去夹带的液体和蜡，然后在闪蒸气冷却器中冷却到工艺规定温度后进入闪蒸吸入罐。压缩机泄漏气也进入这个吸入罐。气体经增压机三段压缩到稍高于一次压缩机入口压力，送到一次压缩机入口罐。

4. 挤压造粒单元

1) 热熔挤压系统

热熔挤压系统由下列部分组成：挤压机的驱动装置、挤压机、切刀系统、颗粒水系统、振动筛和颗粒秤、添加剂注入系统。

熔融的聚乙烯从挤压料斗流到挤压机下料段，挤压机螺杆把聚乙烯平稳地挤压，经过筛网和模板挤出，然后水下切粒机把从模板中挤出的聚乙烯切成颗粒。颗粒由从切粒室底部进入的温水凝固和输送，从切粒室顶部进入预脱水筛和脱水筛，预脱水筛和脱水筛执行两个功能：首先从颗粒中分离出大部分颗粒循环水，接着移去大块料，潮湿的颗粒从预脱水筛送到离心干燥器，干燥的颗粒从干燥器顶部进入振动筛和料秤。

预先配制好的添加剂以稀浆状注入挤压料斗、挤压机下料段或挤压机筒体，加入的添加剂在挤压过程中与熔融聚乙烯充分混合。

挤压机电机是一台在一定范围内可调速的异步电机，有一个内侧轴承和外侧轴承，两个轴承上都有一个温度传感元件，高温时触发同一报警，并联锁停挤压机，电机线圈的不同地方也有6个电阻式温度计，高温时都能触发同一开关动作，开关动作触发控制室报警响。速度控制是由装在主变电配电站的一个可调频率操作盘完成的，VVVF电机速度现场显示，控制室也有一个显示器。

2) 产品下料输送系统、掺混料仓区和输送系统

颗粒经离心干燥器干燥后，经振动筛分离和颗粒下料秤称量，靠自身重力沉落到产品下料斗。此料斗向下给料输送系统一个稳定的流量，料斗的下部有一个旋转加料器，起着测量装置和气塞的作用，将颗粒加到气流中输送到产品料仓。下料输送系统最大设计能力每小时输送18000kg，来自加料器的颗粒通过铝管送到所选择的料仓中去，总共有20个料仓可以直接接受来自挤压厂房下料斗的LDPE产品。

在料仓区有4排料仓，每排5个。每排料仓中的5个料仓都自成一个输送系统，所有这些系统都是稀相输送系统。在每一排的5个料仓中，产品可以从一个料仓通过旋转加料器送到该排的其他任何料仓中，但无法将这一排5个料仓中的料送到另外15个料仓中去。

每排料仓系统用来将一个料仓的料送到另一个料仓中去或者是同一个料仓中的料进行自身循环而掺混以达到同批产品质量的均化。掺混料仓的输送系统有两条线，分别送到两个包装线上，包装输送系统的次序及分流阀控制是通过DCS实现的。每个掺混料仓都设有底部通风和粉尘收集器，每个料仓上都安装有用于料仓清洗的清洗设备。

5. 引发剂、调节剂和添加剂系统

1) 引发剂单元

(1) 空气引发剂系统　在该管式法高压聚乙烯工艺中，洁净的压缩空气被用作引发剂。空气注入到二次压缩机入口管线，空气源来自仪表风总管，压缩前经过过滤。两台独立但相同的空气压缩机(一台为备用)用来向反应器前端提供可计量的空气。

压缩机为电机驱动的两段隔膜式空气压缩机，包括一个单速电机、入口滤网、入口与出口缓冲罐、段间冷却器、后冷却器以及膜片泄漏检测系统。空气流量在每台压缩机的入口处被测量，进入反应器的空气引发剂的流量则由二段出口向一段入口返回加以控制。空气压缩

机出口管与二次压缩机入口管线连接。

（2）有机过氧化物引发剂　使用不同类型的有机过氧化物引发剂比单独使用空气引发剂更能使产率增加。在引发剂注入反应器前用溶剂来配制引发剂溶液，溶剂用管线或用罐送到装置溶剂储藏罐，溶剂自溶剂储藏罐经过滤器后进入溶剂加料泵被送到引发剂溶液配制/给料罐中。

第一种有机过氧化物混合物溶液注入到反应器前部，在较低温度下引发反应。此引发反应的温度比单独用空气引发剂引发的温度要低。为了制得引发剂溶液，将溶剂从溶剂储藏罐加到引发剂溶解配制供料罐中，然后将有机过氧化物经计量后加进配制/给料罐内，再启动配制罐的搅拌器以混合溶剂和有过机过氧化物，配制合格的引发剂溶液通过引发剂精细过滤器到达引发剂注入泵，用泵计量并将其注入到反应器的前部。生产不同牌号的产品时注入反应器前部的第一种引发剂溶液都是相同的。

第二种有机过氧化物混合物根据生产牌号的不同引发剂浓度也有所不同。第二种有机过氧化物混合物的配制在三个引发剂溶液混合/给料加入罐中进行，一个罐用于盛装改变产品牌号而准备有不同的有机过氧化物，其配制过程与注入反应器前部的引发剂相同，与加入到反应器前部的引发剂溶液一样。第二种引发剂经过一个洁净过滤器后到达引发剂加入泵，用泵计量并将其注入到反应器的第二引发剂注入点中。为了避免引发剂溶液带进其他物质，为放空阀、安全阀和排泄管线提供了一个引发剂溶液分离罐，来自返回罐和废引发剂清洗液槽的液体被送出界区进行处理。

2）调节剂单元

反应器设计使用两种调节剂：丙烷和 1 - 丁烯。装置通过不同的管线接收界区外的丙烷或 1 - 丁烯，然后将其储存在丙烷或 1 - 丁烯储罐里，储罐设有液位控制器、压力控制器及温度控制器。丙烷或 1 - 丁烯由丙烷或 1 - 丁烯输送泵泵送，经调节剂过滤器送至调节剂注入泵，调节剂注入泵是两种调节剂共用的注入泵，定量输送调节剂进入调节剂蒸发器，调节剂在那里蒸发成气体后进入一次压缩机入口罐。

3）添加剂单元

为了提高产品的加工性能和使用性能，往往需要向产品中加入添加剂。通常添加剂从挤压料斗入口加入，同时在挤压机筒体也有两个注入点。管式反应器的产品要求的大部分添加剂是由爽滑剂，开口剂组成。爽滑剂使粒料之间或粒料与金属表面间摩擦系数降低，开口剂（硅藻土或二氧化硅）能减少分开两张薄膜的阻力。

另外也注入抗氧剂。添加剂必须与溶剂混成浆体注入，这些浆体混合物要便于配制、贮存、循环和注入。

2.1.5　上海石化第二 LDPE 装置

该装置流程简图见图 2 - 5。

1. 压缩单元

1）一次压缩机

（1）一次压缩机分为五段，有两个功能：

其一：由低循来的循环气经前两段压缩，其中 90% 左右同来自乙烯厂的新鲜乙烯一起进入第三段，从第二段出来的剩余 10%，作为排出气体送回乙烯厂。

其二：后三段压缩有两条独立的相同流量的气体通道，将新鲜乙烯、低压循环气、引发剂空气和调节剂压缩后送至二次压缩机。

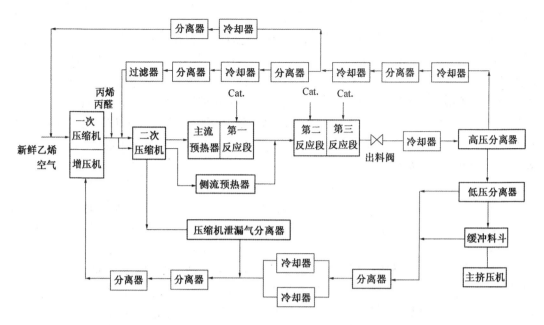

图 2 - 5　上海石化第二 LDPE 装置流程简图

（2）新鲜乙烯接受系统　从乙烯工厂来的新鲜乙烯和增压机二段来的低压循环气一起经过吸入分离器进入第三段。为了稳定二次压缩机的吸入流量，要通过调整一次压缩机新鲜乙烯的吸入流量来控制一次压缩机的排出量，用吸入压力控制阀来调节压力。

2）二次压缩机

从一次压缩机和高压循环气系统来的气体按一定比值的主、侧流在二次压缩机中经二段压缩，主流经主流加热器预热后进入第一反应器，侧流经过侧流加热器预热后进入第二反应器。

（1）二次压缩机吸入系统　高循气过滤系统分成主、侧流，过滤器装有高压蒸汽线吹扫清洗。在吸入管线上装有循环气体切断阀和二个入口切断阀，当生产停车时，切断高循管线和前段压缩与后段压缩机的联系。在吸入管线上还装有高压氮气管线。

（2）二次压缩机　在压缩机第一段，主流和侧流吸入量有一定的比值，经第一段压缩后出口压力、温度达到一定值，第一段出口气体经过脉冲缓冲器和后段压缩机中间冷却器温度降至工艺规定值，该温度由流经中间冷却器的水流量来控制，然后进入二段。在第二段，主、侧流出口压力均可达到反应器要求压力，温度为工艺规定值，然后分别进入主流预热器和侧流预热器。

各压缩段的汽缸润滑油由汽缸润滑油供给泵送到润滑油压头箱，通过后段压缩机汽缸润滑油注入装置注进各汽缸。从汽缸填料泄漏出来的乙烯气体进入带有油位控制的润滑油回收槽，然后泄漏气被送到低压循环气系统的低压循环气冷却器出口，与低压循环气汇合经分离净化后去往一次压缩机一段入口。

2. 反应单元

反应器由主流预热器，第一、二、三反应段及侧流预热器组成。反应压力的控制由反应器出口的一个减压阀来完成。反应温度由引发剂加入量来控制，并安装自动保护系统，当检测出来的温度不正常，即出现分解反应或其他不正常现象时，该系统立即开启安全阀放出气体泄压。

1) 第一反应段

主流气体在进料预热器用中压蒸汽加热到一定温度，在预热段用高压蒸汽进一步加热到聚合温度。用有机溶剂稀释的有机过氧化物溶液由引发剂注入泵注入第一反应段前部。引发剂配制罐中的有机过氧化物由注入泵升压到略高于反应器压力，流量由流量计和柱塞行程确定，注入反应器的总量取决于产品牌号。随聚合反应的进行，第一反应段中的气体温度逐渐升高，在第一反应段的出口，温度达到工艺规定值，但最高温度不允许超过最高操作温度10℃。反应的最佳温度随产品牌号的不同而变化。反应温度由反应热水温度、注入压缩和聚合的引发剂量和调节剂量来控制。

2) 第二反应段

在侧流气体中的空气引发剂及在混合点由注入泵注入的有机过氧化物引发剂的共同作用下，第二段反应开始，温度达到工艺规定值，但最高温度不允许超过最高操作温度10℃。

3) 第三反应段

根据工艺的要求，从第三反应段前部注入有机过氧化物，再次引发反应，达到工艺规定的温度，完成第三段反应。反应热由热水带走，热水流量可自动控制，由反应器出来的聚合物和未反应的气体由反应器出料阀节流降压至工艺规定值，进入后冷器。

4) 后冷器

经反应器出料阀，聚合物及未反应的乙烯由于反焦耳-汤姆逊效应温度升高约30~50℃，经后冷器热水撤热，混合物温度下降100℃左右，然后进入高压分离器。

3. 气体分离和气体循环单元

1) 高压分离器与高压循环气

从后冷器来的一定温度、压力的混合物进入高压分离器，分离出的气体由顶部出来进入高循第一冷却器，带有部分未分离单体的聚合物进入低压分离器。高压分离器料位由 γ 射线液位计提供信号的料位控制器来控制。

高压分离器出来的一定温度、压力的含少量低分子聚合物的气体进入四并流通道的第一冷却器。该冷却器前半部分用热水作冷却剂，气体冷却到一定的温度；后半部分用循环冷却水作冷却剂，气体温度又降低70℃左右，然后进入第一分离器。

第二冷却器也是四并流通道结构，用冷却水作冷却剂把气体温度冷却到工艺规定温度，然后进入第二分离器，再去第三冷却器。第三冷却器仍为四并流冷却水冷却通道，气体经冷却温度又降低35℃左右，出口温度由冷却水流量控制。各冷却器的冷却效果随时间递减，这是由于低聚物堵塞管道缘故。为清除结蜡，装有一根供内管加热的低压蒸汽配管（清扫周期一般为2~4个月）。各分离器分离出来的排出物自动送到循环气排除物膨胀槽。第二冷却器入口装有一根泄压管，当高压循环气压力升高时，气体自动不断地从第二冷却器入口流向低循。第三冷却器入口装有一根中循管线，通向膨胀气加热器，在开车和正常运转时使用。

2) 低压分离器与中低压循环气

（1）低压分离器和低压循环气 从高压分离器来的含有部分单体乙烯的聚合物进入低压分离器。低压分离器的操作压力小于一定值，温度为工艺规定值，以保证分离效果。低压分离器分离出的气体进入低压循环气第一分离器，分离出聚合物通过电动排料阀从低压分离器底部进入前处理挤压机。

从低压分离器出来的一定温度、压力的气体进入低压循环气第一分离器，然后进入低压循环气冷却器冷却至工艺规定温度，再进入低压循环气第二分离器，将气体进一步分离净化，然后气体经过低压循环气过滤器，进入一次压缩机第一段。

（2）中压循环气　该气体由高压气体减压而来，开车时，它供给一次压缩机气体，直到正常的聚合反应建立为止；而在正常运转时用来稳定高压循环气系统的压力。部分从高循来的气体经过膨胀器加热器升温到工艺规定温度，然后由中循控制阀降压到一定压力，温度降低100℃左右，调节后的气体经膨胀气分离器送到一次压缩机第三段吸入系统。中循气体正常流量为某一定值，开车时流量约为正常流量的3倍。

4. 挤压造粒单元

1）前处理挤压机

从低压分离器出来的聚合物经电动排料阀进入前处理挤压机，其能力与反应聚合物产量一致，前处理挤压机挤出量由调节螺杆转速来控制，一定温度、压力的熔融聚合物从模头挤出，进入水下切粒机造粒，然后粒料与水一起被送往干燥器脱水。

2）干燥器、振动筛

粒料经离心干燥器脱去水分，送到振动筛除去不合格产品，合格粒子送到脱气掺混仓，经脱气掺混后送往包装仓包装出厂。

3）后处理挤压机

某些牌号需要二次造粒，这由后处理挤压机处理。后处理挤压机的螺杆长径比比前处理挤压机要大，因此可对二次造粒提供足够的剪切强度。后处理挤压机分进料、熔融、混炼三段，筒体用一定温度的冷却水冷却，模头部分用中压蒸汽伴热。

5. 引发剂、调节剂单元

1）引发剂

（1）空气引发剂　在管式法高压聚乙烯工艺中，洁净的压缩空气被用作引发剂。仪表风（洁净的压缩空气）经引发剂空气压缩机压缩，压力调到工艺规定值。用流量计和流量控制阀控制一定的流量，然后送到一次压缩机第三段吸入系统的主侧流管线，注入量由产品牌号决定。

（2）有机过氧化物引发剂　本装置使用的有机过氧化物引发剂，性能不稳定，需加入溶剂矿物油稀释。装置需要配制两种有机过氧化物溶液，一种注入第一反应段，另一种注入第二反应段，对于不同的产品牌号引发剂的注入量是不同的。配制工作是在引发剂配制罐中进行的，配制合格的引发剂泄入引发剂进料罐，然后再经引发剂进料罐通过引发剂计量泵在略高于反应压力下送入反应器引发反应。

2）调节剂

在生产的产品需要注入丙烯时，从裂解装置来的丙烯由丙烯注入泵根据工艺需要以一定压力和流量注入到一次压缩机第三段吸入系统的主侧流管线。

在生产的产品需要注入丙醛时，由丙醛注入泵把丙醛从储罐以一定压力和流量注入到一次压缩机第三段吸入系统的主侧流管线。

2.1.6　燕山石化第一LDPE装置

该装置流程简图见图2-6。

燕山石化20世纪70年代引进日本住友化学公司釜式法技术的第一高压装置目前仍在运转，为釜式法工艺。该装置有三条流程相同的生产线。

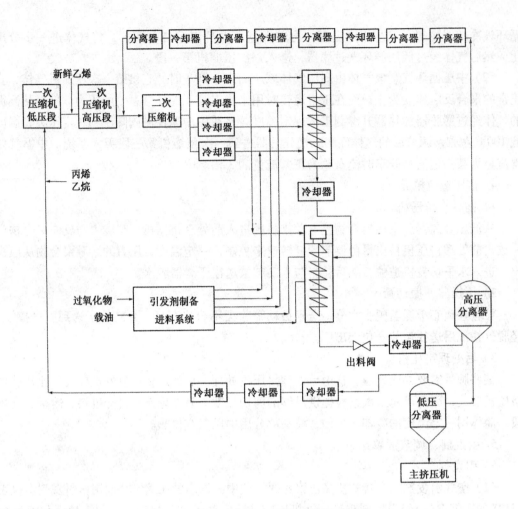

图 2-6 燕山石化第一 LDPE 装置流程简图

1. 压缩单元

压缩部分的任务是将从乙烯装置来的原料乙烯和本装置未反应的循环乙烯加压至反应压力。

从低压分离器分离出来的未反应的低压循环乙烯经低压受槽进入一次压缩机。此压缩机是由同步电动机驱动的往复式对称平衡型六段压缩机，包括低压段和高压段两部分，每部分各三段。低压循环乙烯在一次压缩机的低压段，经过三级压缩达到一定的压力，然后和乙烯装置送来的新鲜乙烯一同进入高压段经三级压缩加压到工艺规定压力，再和高压分离器分离出来的未反应高压循环气体一同进入二次机入口混合器，分离掉低聚物后送至二次压缩机。

为避免将油类、低聚物等杂质带入每段汽缸，因而在一次压缩机每段进口前设置了分离器，使低聚物等杂质得到分离、排掉。为使进口压力稳定，在一次压缩机一、二、三段进口前设置缓冲器，为了使出口压力稳定并降低脉冲现象，在各段出口均设置缓冲器。由于压缩使气体升温，为了冷却气体，使各压缩段气体进口温度下降到工艺要求温度，在各段间设置冷却器。

在进入二次压缩机前，经过二次压缩机入口气体混合器除去部分油和蜡。该混合器其内部设有 10^{-6}m 的多孔烧结的不锈钢制过滤器，在此能对高压循环气体中的低聚物进行有效的捕集，以防止对二次压缩机的不良影响。二次压缩机入口气体混合器共二台，并联设置，

34

一备一用，进行定期切换。内部设有加热盘管可通蒸汽加热，将过滤器附着的低聚物熔融，从过滤器的出口反吹，将熔融的低聚物排至该气体混合器的排出罐，即所谓的再生操作。

二次压缩机是用同步电动机驱动的对称平衡型两段压缩机。每段均有四个汽缸。在一段中，一定温度、压力的气体经压缩达到工艺规定条件后，经一段出口缓冲罐后由二次压缩机中间冷却器冷却至工艺规定温度，再经二次压缩机二段入口缓冲罐后送入二次压缩机二段，压力进一步提升到反应压力，出口温度比入口温度上升40℃左右。

在流程中新鲜乙烯高压受槽的压力通过新鲜乙烯压力调节阀控制乙烯的接受量来调节，控制在工艺规定值。

低压受槽是低压循环气接受槽。由于低压循环气量有变化（通常为总打气量的10%），低压受槽的压力用一次压缩机的低压段的减负荷装置控制，低压段的能力在此可自动地由0、50%、75%、100%四级进行调节。低压管线的压力下降，则有空气进入的危险，所以，一次压缩机的负荷为0时，而低压受槽的压力还下降时，则可通过位于新鲜乙烯高压受槽至低压受槽管线上压力调节阀引入适量新鲜乙烯。

二次压缩机一段的进口压力，须控制在工艺规定范围内。为达到此目的，采用一次压缩机高压段负荷下降和调节旁通的方法，前者是用四段进气阀进行节流，使一次压缩机的高压段吸入量减少，这个方法最多可使其吸入量下降5.5t/h。如果负荷下降到最低，二次压缩机入口气体混合器的压力仍然上升时，则采用打开一次压缩机出口返四段入口旁通阀的方法调节。这两种方法都是自动控制的，且通过二次压缩机入口压力控制器的分程调节来实现。

二次压缩机是打气量为一定能力的两段压缩机。在正常操作情况下，它的进口压力和流量均在一次压缩时进行调节，在二次压缩时一般不调节。

从每台二次压缩机二段的四个汽缸出料，气体分别由五条管线（其中一个汽缸的物料气体分成两股，各走一条管路），送至反应系统。

2. 反应单元

装置采用0.75m³釜式反应器，并采用双釜串联工艺生产低密度聚乙烯。经两次压缩达到反应压力的原料气体，分成五条管线，先后经过二次压缩机一次后冷器和二次后冷器冷却后进入反应器，其中对应于三个汽缸的三股物料（各约占总量的1/4）分别进入第一反应器的上、中、下三个进料口；从另一个汽缸出来的物料平分为两股（各占总量的1/8）分别进入两个反应器的顶部电机室来对电机进行直接冷却和润滑。

每条生产线中两台反应器串联使用，在第一级反应器中生成的聚乙烯和未反应气体经第一产品冷却器冷却后进入第二反应器和从反应器顶部电机室进来的1/8的原料气进一步反应，使原料转化率达到工艺规定要求。串联使用的两台反应器是规格相同的厚壁圆筒设备，外部带有夹套可用蒸汽或冷却水进行加热和冷却，以保证开车和正常生产操作；反应器内装有轴向搅拌器，搅拌器自上而下贯穿整个反应室，以保证其中的物料得到充分的搅拌。带动搅拌器的电机装在反应釜的上部即所谓电机室，由于装在反应器内部解决了气体密封的问题，但必须对电机进行有效的冷却，在此即用1/8的物料量进行直接冷却，其流量必须保持在工艺规定值以上。此外在马达室外也装有夹套用水作辅助性冷却。

反应的温度是通过控制引发剂泵的柱塞运行频率以增减送入反应器的引发剂量的方式来进行控制的，通常由于生产不同牌号的产品，温度控制上下有一定差值。反应器在正常操作中用水冷却，当开车时，因需保持住反应器内部开始反应所必需的温度，故需要进行加热，但电机部分不需加热。加热与冷却可在控制室内用遥控阀进行操作；两个反应器的冷却水流量分别用各自的调节阀来调节，反应压力是用第二反应器的出口阀控制的，通常由于生产不同牌号的产品，压力控制上下有一定差值。

本装置生产24种不同牌号不同用途的低密度聚乙烯。其主要关键在于控制不同的反应条件(压力、温度、引发剂、调节剂的种类和浓度)和加入不同的造粒助剂。

在第二反应器中的聚乙烯和未反应气体混合物经出料阀减压后，通过第二产品冷却器冷却后送至高压分离器。两组产品冷却器在正常生产中，用水冷却，但反应停止后残存的聚乙烯有凝固的可能性，故需进行加热，切换加热、冷却需在现场进行。产品冷却器冷却水出口阀是根据产品冷却器出口气体温度调节器的信号改变冷却水流量以控制产品冷却器的出口气体温度。二次压缩机二次后冷器通过切换其阀门，可分别使用冷却水和蒸汽。在控制室内遥控切换阀门，可以完成冷却水和高压蒸汽的切换。另外也可用现场操作阀来完成冷却水和低压蒸汽的切换。高压蒸汽是开车过程中加热进料气到反应引发温度所需的介质，低压蒸汽是在正常操作时使进料气体温度升高到反应引发温度所需的介质。进料气温度的控制，是通过来自进料气温度调节器的信号改变二次压缩机二次后冷器的冷却水流量调节阀开度，调节冷却水的流量而完成的。

3. 气体分离和气体循环单元

从反应器出来的物料经出料阀减压膨胀，冷却后进入高压分离器，在一定的温度、压力下使熔融的聚乙烯和未反应的原料气进行分离，物料从高压分离器底部进入，沿内管上升，到达顶端帽罩时，向下方喷流吹出。气体走到底部后返回上升，90%以上未反应的气体在这里分离，并从顶部排出。同时易于混杂在气体中，密度小的低聚物也和气体一起从顶部排出，经两台串联的高循气一次分离器分离低聚物后，在高压循环气体第一冷却器中冷却，在二次分离器再次分离低聚物，循环气体冷却器和分离器是相间串联排列的。然后通过循环气体二次冷却器再次冷却后返回二次压缩机入口气体混合器循环使用。在一次分离器和二次分离器中分离出的低聚物定期排到一个排出槽。高压循环气冷却器由于有低聚物附着，冷却效果会恶化。因此，定期的停止冷却水而升温以除去低聚物，此在操作上称为高压循环气冷却器的再生。聚乙烯从高压分离器底部经高分料位调节阀送至低压分离器。为保证气体在高压分离器中进行有效的分离，其中设有放射性的液位计，可用液位调节阀控制一定的高压分离器液位。

低压分离器在一定温度、压力下操作，由于压力降低，在高压分离器中未分离的气体在此进一步的从聚合物中分离出来，其量约为聚乙烯的三分之一，未反应气体的6%～9%。这部分气体经低压分离器排出罐，再经低压循环气冷却器送至一次压缩机低压段入口的低压受槽循环使用。此时熔融聚乙烯中的气体基本上分离干净，在控制一定液位的条件下，从低压分离器的底部送入热进料挤压机。低压分离器本体上设有夹套，在操作情况下通常用蒸汽加热，必要时也能用水冷却。

4. 挤压造粒单元

经低压分离器分离后，聚乙烯中的气体基本被分离干净，在控制液位的条件下，从低压分离器的底部送入热进料挤压机。熔融状态的聚乙烯在挤压机中靠螺杆的回转绞入，并送至螺杆的前端。在螺杆前端装有多孔的模板，聚乙烯从这里挤入水中，与此同时被刀切断，并由循环水冷却固化成颗粒。经脱水筛、离心干燥器与水分离并干燥，再经振动筛筛分出不合格品后即可用空气送至混合、空送部分。输送到混合系统的产品，首先进入产品计量料斗上部的旋风分离器，聚乙烯颗粒从分离器下部进入计量料斗，同时取样，以一定的重量为单位进行品质检查，合格品送入混合器，两次掺混后送往成品料仓进行包装。不合格品则送入等外品料斗。

在混合、空送的过程中尚有少量的乙烯气体从粒料中放出，为了排净这部分气体，在新制成品计量贮斗、混合器和其他料仓均从低部向上吹空气。

5. 调节剂、引发剂及添加剂单元

1）调节剂单元

本装置使用的调节剂有乙烷、丙烯两种。乙烷和丙烯是从乙烯装置通过管道供给罐区的储罐再供给压缩单元的。

乙烷是气态输送，用乙烷减压阀减压工艺规定压力使用。而丙烯是液体状态下输送，故需经过丙烯蒸发器使其气化以后，用丙烯减压阀减压到工艺规定压力使用。丙烯蒸发器蒸发量的调节，是利用丙烯减压阀把减压后的压力保持稳定来进行。当气温较低和丙烯使用量较多的情况下，采用蒸汽盘管加热来补充热量。

用减压阀减压后的调节剂通过丙烯、乙烷流量调节阀来调节流量，然后送入增压机一段入口管线内。两个调节阀的量程不同，一号阀的量程是二号阀的两倍，根据使用量的不同，可分别采用。如果需要同时使用两种调节剂，可将两种不同的调节剂按工艺配方同时加入。

2）引发剂单元

在本装置所使用的液体引发剂中，一种是75%的溶液，另一种是原液。

引发剂溶液由进货容器加入料斗，用齿轮泵打入引发剂配制槽。而引发剂原液不能用齿轮泵输送，故用漏斗直接加入到配置槽内。此外，溶剂从油品车间经管线引入溶剂罐。各引发剂配制罐都设有搅拌器。配制完的引发剂用输送泵送到相应的引发剂溶液槽，通过过滤器再用引发剂泵送至反应器进料管线内。引发剂的注入量的调节，靠来自反应器的各温度调节器的信号，调节各引发剂注入泵驱动汽缸的油量，进而调节柱塞的速度来实现。

3）添加剂系统

添加剂系统中抗氧剂和润滑剂是在切粒部分添加的。这些添加剂首先加入助剂配置槽。利用蒸汽盘管加热使其熔化。熔化后的添加剂用氮气压送到助剂供料槽，从助剂供料槽出来的添加剂用柱塞泵注入到低压分离器下部，调节注入量时可在控制室操纵远传控制器，改变助剂加入泵的冲程来进行。

包括配置槽和供料槽在内，所有的添加剂管线均设有夹套，并用低压蒸汽加热。还有在配置槽和供料槽中为了防止添加剂被氧化，需用氮气密封。

以上是国内各主要高压聚乙烯生产装置的的简要工艺介绍，其工艺特点的比较见表2-1。

2.2 低密度聚乙烯装置的技术特点

LDPE 树脂是通过高压法生产的，操作压力 100~400MPa，温度为 130~350℃；使用的反应器有两种类型：一种是长径比为(4:1)~(18:11)、带高速搅拌器的高压釜，容量可达 3m^3；另一种是长径比为(250:1)~(40000:1)的管式反应器，其内径为 25~75mm，长度 0.5~2.2km。

表 2 – 1　国内高压聚乙烯装置工艺特点比较

对比内容	齐鲁石化 LDPE 装置	大庆石化第二 LDPE 装置	茂名石化第一 LDPE 装置	燕山石化第二 LDPE 装置	上海石化第二 LDPE 装置
主要工艺特点	(1) 采用无脉冲出料, 流程短, 设备投资低, 单线能力大; (2) 产品品质好, 尤其是膜料的光学性能及机械强度特别高; (3) 采用混合过氧化物引发反应, 转化率高达 36%, 引发剂四点进料, 操作温度、压力较低, 增加了操作稳定性; (4) 反应器容积大, 反应物流速快, 反应器内外温差小, 防止了聚合物粘壁, 改善传热效果和产品质量; (5) 采用多级分离, 减少了乙烯夹带	(1) 装置以有机过氧化物为引发剂, 乙酸乙烯为共聚单体; (2) 管式反应器系统采用乙烯单点进料, 引发剂四点进料, 脉冲出料; (3) 产品范围宽, 应用范围广; (4) 产品牌号切换时间短, 过渡料少; (5) 原料消耗低, 副产品少, 利用反应热副产蒸汽, 公用工程消耗少; (6) 高压循环气系统带有自清洗、脱蜡系统; (7) 单程转化率达到 35%	(1) 脉冲出料、不粘壁; (2) 空气加有机过氧化物引发, 两种催化剂配合使用, 取长补短, 操作稳定, 且催化剂费用较低; (3) 低压循环气压力低, 有利于乙烯与低聚物充分分离, 且压缩机容量大, 允许较长时间的正常泄漏, 可延长压缩机运转时间; (4) 添加剂以液体方式加料, 流程较简单, 投资少, 操作方便; (5) 产品掺混有其特点, 既可掺混, 也可贮存	(1) 脉冲出料、不粘壁; (2) 采用混合过氧化物引发反应, 引发剂五点进料, 转化率达到 30%; (3) 装置可生产均聚物 (包括高透明薄膜料和中密度产品) 和乙酸乙烯含量在 4% ~ 9% 的乙烯 – 乙酸乙烯共聚物; (4) 反应第一、第二温峰用两股侧流乙烯进行急冷, 提高了转化率, 缩短了反应器冷却段长度; (5) 反应器出料阀后直接用一次压缩机来的冷乙烯物流进行急冷, 有效地克服了反焦耳 – 汤姆逊效应造成的物料温度升高, 提高了产品的质量	(1) 脉冲出料、不粘壁; (2) 应用 DCS 自动操作系统有效地避免人为误操作; (3) 产品品质好, 采用空气 – 过氧化物混合引发剂, 可生产的产品牌号范围广; (4) 采用 "二线分配三段" 反应器, 避免产品质量下降, 提高转化率 10% 以上; (5) 节能, 用反应热产生中压和低压蒸汽, 节约蒸汽用量; (6) 装置操作稳定性高, 在国内同类装置中运转周期最长

　　乙烯气密相聚合的反应热非常高, 大约为 3440kJ/kg, 与之对比苯乙烯的聚合热仅有 657kJ/kg。据测定每 1% 的乙烯转变为聚合物, 体系的温度就升高 12 ~ 13℃, 如果大量的聚合热不被及时移出, 反应混合物温度超过 350℃, 乙烯就会发生爆炸性分解, 造成严重的后果; 又由于高压反应器壁比较厚, 传热比表面积小, 因而只有一小部分反应热可以通过反应器器壁移出并由冷却水带走, 系统基本上在绝热条件下操作。为此, 工业上采取循环过量的冷单体, 并保持物料的高速流动及夹套撤热等措施来保证有效撤除反应热, 防止反应器内局部产生过热点, 从而有效地避免发生爆炸性分解反应。高压釜中乙烯物料单程停留时间为 10 ~ 120s, 转化率为 15% ~ 24%; 管式反应器物料流速为 10 ~ 16m/s, 停留时间约为 35 ~ 200s, 单程转化率为 20% ~ 36%。反应器的排出物料经过闪蒸, 未反应的单体经冷却并分离杂质后重新循环使用。熔融聚合物一般是直接送入单螺杆挤压机均化造粒。釜式法和管式法两种工艺生产的聚合物略有差别, 主要因为反应器的温度分布不同, 工业上许多相似的产品均可由任一种工艺生产。管式法和釜式法的特点比较见表 2 – 2。

表 2 – 2　管式法和釜式法的特点比较

釜 式 法	管 式 法
转化率最高到 24%	转化率可高达 36%
反应温度 130 ~ 270℃	反应温度 140 ~ 330℃
反应压力 110 ~ 190MPa, 可保持稳定	反应压力 200 ~ 400MPa, 管内产生压力降
反应器夹套冷却带走的热量小于 10%	反应器夹套冷却带走的热量小于 30%

釜 式 法	管 式 法
物料流动状况在各反应段之间接近柱塞流，在每一反应区内为全混流	物料流动状况接近柱塞式流动，无混返，反应管中心至管内壁为层流
平均停留时间 10～120s	平均停留时间 35～300s
用超大型压缩机但压力不太高	用高负载超大型压缩机，维修费用较高
每吨投资费用稍高于管式法，单体单耗稍高	单体单耗很低
净消耗蒸汽	无净蒸汽消耗，有时净产蒸汽
用有机过氧化物作引发剂比用氧操作麻烦，但单体转化率高，国内釜式法装置现已采用有机过氧化物作引发剂	开始用氧作引发剂，但现在有机过氧化物用得越来越多
如不仔细控制，有可能造成反应混合物的完全分解，不得不对整个装置进行拆卸，停车时间较长	很少发生完全分解，但部分分解为碳，一般停车时间较短
旧的单区反应器聚合物需要被均化，微粒凝胶少	适合于生产均匀的薄膜级制品，可抽出物比釜式少，微粒凝胶多
现代的多区反应器可以精密的控制分子量和支化度分布，熔体指数和密度可以被独立控制，产品分子量分布窄，长链分枝多	由于压力沿反应器降低，用较长的管式反应器制得的产品具有较宽的分子量分布和较少的长支链
可以两相操作，以控制聚合物的支化度	采用多点注入单体和引发剂操作方式，可进一步提高反应转化率
反应器内表面不需要特别清洗，可生产乙酸乙烯含量高达40%的EVA，且可与多种单体共聚	大部分管式反应器用脉冲阀改变压力，以保持反应器壁清洁；某些公司采用高速操作方法；还有些公司，如BASF两种方法均用，只可与少量第二单体共聚

釜式法和管式法两种工艺除聚合反应器外的生产流程相近。LDPE 装置通常都由五部分组成，流程示意见图 2-7。

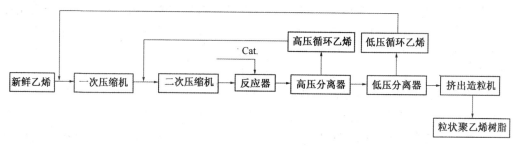

图 2-7 高压聚乙烯生产流程示意图

1. 乙烯压缩单元

用带有段间冷却器和分离器的多级压缩机压缩已被净化的乙烯。高压工艺中乙烯气体的压缩有三个主要的压力等级：首先低压循环气体冷却分离出杂质并经增压机（循环气压缩机）多级压缩升压后与来自乙烯装置的新鲜乙烯汇合进入一次压缩机一段入口；然后这股气体被一次压缩机多级压缩，一次压缩机的流出气体与经过冷却分离的高压循环气汇合进入二段压缩机入口；再经过二次压缩机两段压缩最后达到反应压力。不同的工艺一次压缩机、二次压缩机系统的结构、布局及操作参数有所不同。

2. 反应单元

在高温高压和引发剂作用下，乙烯在反应器中部分转变为聚合物，不同的工艺反应器的规格、引发剂种类、引发剂注入点数、操作温度、压力及单体的转化率有所不同。对于釜式法工艺，反应器压力可以达到250MPa，有些生产装置也可在较低的压力下（如80MPa）操作，在较低的压力下，反应器中乙烯有两个相（液相和气相）存在，一般认为，这种状况可改善分子量控制，降低动力消耗；对于管式法工艺，反应器的压力可高到400MPa，超高压操作可提高产品的密度和透明度。对于釜式法工艺，反应温度在130~270℃之间；对于管式法工艺，反应温度在140~330℃之间。单体转化率通常在15%~36%之间。一般来说，管式法工艺转化率较高，釜式法工艺转化率较低，公开资料报道有的管式法工艺转化率可以达到40%。不同的工艺较详细的情况可见表2-1。

3. 气体分离、循环单元

在压力降低的情况下将聚合物与未反应的乙烯分离。通常用两段进行顺序分离，压力分别为25~30MPa和0.5MPa以下。来自反应器的乙烯和聚乙烯通过减压阀进入压力为25~30MPa的高压分离器，在这里大约分离掉90%未反应的乙烯气体。部分工艺高压分离器是重力沉降分离器，部分工艺高压分离器是旋风分离器。循环的高压气体被冷却、分离掉低分子量的蜡，再返回二次压缩机入口，不同的工艺高循气体的冷却和分离的级数有所不同。从高压分离器流出的物料流入低压分离器，大部分残余的乙烯气体在0.05~0.3MPa压力下被闪蒸。部分工艺低压分离器是重力沉降分离器，部分工艺低压分离器是旋风分离器。熔融的LDPE被送到造粒挤压机，低压循环气体冷却分离出杂质并经增压机（循环气压缩机）多级压缩升压后进入一次压缩机一段入口。部分乙烯循环气体需要被排放，以防止惰性气体的积累。排放的乙烯返回乙烯装置，回收利用。不同的工艺高循系统、低循系统的设备结构、布局及操作参数也有所区别。

4. 挤出造粒单元

在高压分离器中初步脱气的聚乙烯在低压分离器中进一步脱气后，进入到挤压机造粒。因为原料已经熔融，与粉料造粒的挤压机相比，挤压机螺杆较短，用电较少。大部分LDPE生产厂使用单螺杆挤压机，与用于LLDPE和HDPE粉料的双螺杆挤压机相比，价格比较便宜，且容易维修。LDPE粒料中含有一些残余的乙烯，这些乙烯需要被排出，以防止在料仓中积聚。因而必须在料仓中对粒料进行脱气，通常是用空气进行脱气。然后经批量掺混，分析合格后送往包装仓包装。有些装置脱气和掺混是在同一组料仓中进行的。

5. 引发剂、调节剂和添加剂的制备和注入单元

该单元负责按工艺要求配制引发剂溶液和各种添加剂，并将其加入到系统中。对于引发剂来说，有的工艺在某些压缩段加入（氧气和空气及链转移剂），有的工艺直接注入反应器（有机过氧化物）；对于调节剂来说，一般都是从压缩单元加入，不同的工艺加入的具体位置有所不同；对于各种添加剂，一般都是从造粒单元加入，不同的添加剂加入的位置不同，对于相同或类似的添加剂，不同的工艺加入的位置也不尽相同。

第3章 生产过程主要设备使用及维护

低密度聚乙烯生产过程的主要设备包括反应器、一次压缩机、二次压缩机及挤压造粒机组。

3.1 反应器

反应器是 LDPE 生产中的核心设备。一般来说，在 LDPE 工业生产中，聚合反应不可能百分之百地完成，也不可能只生成 LDPE 一种产物。但是，人们可以通过对原料纯度、温度、压力、混合引发剂等加以适当的控制，在尽可能抑制副反应的前提下，适当提高转化率，这一点在工业生产上是非常重要的。乙烯的聚合热在各种可进行聚合反应的单体中是最高的。在均相的高压反应器中，随着单体转化率的提高，体系的黏度变得非常大，物料在反应器中流动阻力激增，撤热也变得非常困难。因此，在目前的技术条件下，LDPE 生产中追求过高的转化率是不现实的，只能考虑适当提高转化率。

提高转化率、减少副反应不仅可以提高反应器的生产能力，降低反应过程能量消耗，而且可以充分而有效地利用原料，减轻分离设备负荷，节省分离所需能源。一个好的反应器应能保证实现这些要求，并能为操作控制提供方便。在 LDPE 工业生产中，根据设备制造的复杂程度和某些工艺指标以及操作的安全可靠程度看，以管式反应器较为合适。

LDPE 生产要求高温、高压，压力、温度过低，造成反应速度慢；压力、温度过高会使反应失去控制。反应压力是由二次压缩机出口压力决定的，如何撤除乙烯的聚合热，控制反应温度就成了一个重要课题。为了撤除乙烯大量的聚合热，管式反应器除了用夹套水撤热外，还采取用二次压缩机向某些反应段注入冷乙烯的方法撤热，即所谓的侧流撤热；而釜式反应器则采用两釜串联使反应热分散，并在两个反应器之间设置中间冷却器来撤除反应热。

3.1.1 管式反应器

3.1.1.1 管式反应器的用途及特点

管式反应器主要应用于快速的气相和液相反应，由于反应管通常能够承受较高的压力，因此对有压力的反应尤为适用。在高压聚乙烯工业生产中，工艺要求反应压力高达 80 ~ 400MPa，因此装置采用超高压管式反应器进行聚乙烯的生产。该反应器使用耐高温高压、经过增强处理的合金钢材料制造。管式反应器长/径比为(250:1) ~ (40000:1)，原来的反应管长度 10m、内径 25 ~ 38mm，为了减少接头数目，增加反应空间，现在采用的反应管长度一般为 15m、内径50 ~ 75mm。反应管分为直管和弯管两种，见图 3 - 1。

管与管之间通过耐高温、高压金属材料制作的透镜垫相连接。透镜垫有两种，一种无插孔，一种有插孔。有插孔的透镜垫用于插入反应器测温用的热电偶、引发剂注入管线及测压用的引压

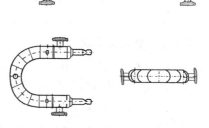

图 3 - 1 反应管示意图

管线。

与釜式反应器相比，管式反应器在达到相同生产能力和转化率时，所需的反应器体积最小，而单位反应器体积所具有的传热面最大。为了撤除反应热，在反应管外部带有夹套，夹套中通冷却水，通过冷却水带走部分反应热，一部分反应热由高速流动的物料带走(管式反应器中物料流速为 10~16m/s)，管与管之间的夹套用跨线相连，反应器夹套与反应管是通过收缩热套装的。总的来说，管式反应器结构比较简单，但对管材性能、质量、加工成型、自增强及热处理要求高。此外，反应器作为一个管系，振动问题是相当重要的，为克服从二次压缩机出来的有一定脉动的气体的影响，反应器管系都要用计算机模拟计算设计。国内高压装置管式反应器多采用德国伍德公司产品。

乙烯的聚合过程是激烈的放热反应。为使反应正常进行，必须移去反应过程中释放出来的大量反应热。如果操作不当，反应温度高于350℃时，聚乙烯将发生分解反应。这时反应器内介质体积迅速膨胀，压力急剧升高，达到无法控制的状态而酿成灾难性爆炸事故。为防止万一发生的分解反应带来的危险，管式反应器除在自动控制系统设有大量温度、压力联锁点外，还装有液压控制的安全排放阀和爆破膜作为安全保护装置，液压安全排放阀和联锁点相关联。国内各高压聚乙烯装置的管式反应器的操作参数及工艺特点见表3-1。

表3-1　国内各装置管式反应器比较

装　　置	上海石化二高压	大庆石化一高压	齐鲁石化高压	茂名石化高压	大庆石化二高压	燕山石化二高压
工艺特点	二点进料三段反应	四点进料四段反应	一点进料四段反应	一点进料两段反应	一点进料四段反应	三点进料五段反应
反应进气	2 点	4 点	1 点	1 点	1 点	3 点
引发剂进料	3 点	4 点	4 点	3 点	4 点	5 点
反应条件 最高压力 最高温度	270MPa 330℃	270MPa 330℃	252MPa 297℃	300MPa 310℃	310MPa 310℃	300MPa 310℃
单程转化率	22%~27%	23%~30%	25%~34%	30%	28%~35%	18%~30%
反应器总长/m	1870(有变径)	1480(无变径)	2200(无变径)	1470(无变径)	2000(无变径)	1960(有变径)
反应管制造商	日本	德国伍德	德国伍德	美国	德国伍德	中国包钢
反应管规格	每根管长 10m，管内径 40mm、50mm	每根管长 15m，管内径 46mm	每根管长 10m，管内径 56mm	每根管长 9.8m，管内径 50.8mm		每根管长 10m，管内径 38mm、50mm、60mm
引发剂种类	有机过氧化物和空气	纯氧	有机过氧化物	有机过氧化物和空气	有机过氧化物	有机过氧化物
分子量调节剂	丙烯、丙醛	丙烯、丙烷、1-丁烯	丙烯、丙烷	丙烷、1-丁烯	丙烯、丙醛	丙烯、己烷
生产能力/(kt/a)	100	60	140	100	200	200

3.1.1.2 管式反应器的维护

管式反应器是一台静设备，日常维护比较简单。由于正常生产时它处于高温、高压状态，为了安全起见，管式反应器一般用钢筋水泥防爆墙隔离起来，正常生产时把防爆门关闭，禁止人员出入。巡检时通过观察窗口监视反应器的情况，要注意观察有无泄漏，反应墙内声音有无异常，并可通过现场监视器在室内进行监控，通过监视器重点监视反应器入口单向阀及反应器出料阀等部位。对反应器温度、压力、温峰形状、反应器紧急放空罐的液位、安全阀放空线的伴热温度、吹扫氮气的流量等工况的监视主要由室内操作人员通过监控完成。正常生产时要保证反应器温度、压力、温峰形状正常，维持反应器紧急放空罐的液位、安全阀放空线的伴热温度、吹扫氮气的流量正常，保证反应器消防水系统随时可以投用。

在装置停车且反应器处于泄压状态时，有关工作人员可以进入，对仪表设备、电气设备、各种管线阀门等进行维修或更换。如果反应器水系统有漏点，则需要停反应水、产品水系统，并对系统排放泄压后进行消漏；如果蒸汽系统有漏点，则需要停蒸汽进行消漏；如果反应器连接件透镜垫处有泄漏，则须在反应器彻底泄压并进行氮气置换合格且相连系统完全隔离后更换透镜垫；如果液压油系统发生泄漏，则需停液压油泵进行处理；如果在紧急停车时反应器安全阀起跳，则需要对紧急放空罐进行排水、充水等操作。

3.1.2 釜式反应器

3.1.2.1 釜式反应器的用途及特点

釜式反应器是化工生产中最广泛使用的一种反应器型式，适用于液相、液–液相、气–液相及液–固相反应，因此部分高压聚乙烯装置采用高压釜式反应器（见图 3–2）。在高压聚乙烯生产的釜式工艺中，反应釜有细长型和矮胖型两种，长径比一般为（4:1）~（20:1），由含 3.5% 镍/铬/钼/钒的合金钢锻造加工而成。兰化公司 40.0kt/a 的装置（四条生产线）反应釜体积为 0.25m³。燕化公司 180kt/a 的装置反应釜体积为 0.75m³（单釜）（三条生产线）。国外 200kt/a 的装置反应釜体积为 1.5m³（单釜）。

高压釜式反应器是厚壁（壁厚超过 400mm）的容器，与管式法相比，其传热能力更有限，反应操作几乎在绝热状态下进行。因为撤热困难，单程转化率比管式法低，一般小于 25%。反应釜设有搅拌器及撤热冷却水夹套，反应介质由壳体内高速搅拌器搅拌（转速达 1000~2000r/min），使其充分混合以消除局部热点、防止超温。由于搅拌器的搅拌轴长且转速非常高，搅拌浆与釜内壁间隙很小（2~3mm），因此搅拌器除底部轴承外，还设有一中部轴承，以减轻搅拌器的径向摆动，保护设备。

为了解决高压设备的密封问题，驱动搅拌器的电动机装于釜内顶部。一部分乙烯气体自顶部进入高压釜，以冷却和润滑电动机，同时防止聚乙烯沉积在电动机室内。沿反应釜的不同点有一些直径很小的侧线进料口，这些口用于注入乙烯和引发剂，或安装热电偶。整个反应釜由中间釜体、上顶盖及下底盖组成，上下盖与中间釜体的连接密封由自紧式液压密封圈来保证。上下盖可以打开，从而在需要的时候拆卸并取出搅拌器进行检修。反应釜搅拌器实际生产中可连续运行 5000h 以上，搅拌器进行检修时，可除去反应釜内壁上的聚合物垢层。由于搅拌器与反应釜内壁间隙很小，且搅拌浆端部的线速度很高（经计算燕山石化高压釜搅拌浆端部线速度达 24.07m/s），对釜壁的冲刷非常严重，因此在正常生产时反应釜内壁上的粘壁层比反应管内壁的粘壁层薄。

由于反应介质充分返混，相应造成停留时间较长，约 30~120s。

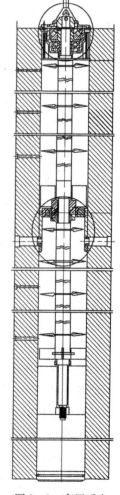

图 3–2　高压反应釜示意图

为了提高生产率，缩短物料在反应釜内的停留时间，又要保证物料混合均匀，釜式反应器常采用分区操作。进行分区操作时在搅拌轴上安装分区挡板，将釜体分隔为二室或三室，大部分乙烯气体连同引发剂分二股或三股进入釜体的各反应室。这样既能够保证物料在各个反应室之内充分混合，又能从前到后在各个反应室之间形成柱塞流，这种小返混的分区反应器，既缩短了物料在反应釜内的停留时间，又可生产分子量分布满足特殊要求的产品。

为了提高乙烯的单程转化率，现在的高压聚乙烯装置一般采用双釜串联的方式，反应物料自第一釜流出后经套管式中间冷却器冷却至170℃以上(防止温度过低，造成聚合物凝固)进入第二釜，仅自第二釜顶部通入少量乙烯以冷却搅拌电机，同时补加引发剂以提高转化率。两个釜的引发剂注入量根据反应温度进行自动控制。釜式反应器的聚合热大部分由未反应的乙烯单体和聚合产物带出，小部分聚合热由夹套冷却水带走。

3.1.2.2 釜式反应器维护

釜式反应器正常生产时是处于高温、高压状态下的设备，要严格按照操作规程操作，认真监控，密切监视反应釜的温度、压力，发现问题及时处理或上报。釜式反应器检修，相连系统要完全隔离，并彻底置换干净。严格遵守各项安全规章制度和各项安全技术规定，工作期间认真进行巡回检查，尤其是对釜式反应器搅拌的声音、震动、密封点泄漏情况要密切注意，发现问题及时处理。对系统联锁要定期进行检查、测试。

3.2 一次压缩机

3.2.1 一次压缩机的用途及特点

压缩机是用来提高气体压力和输送气体的机械。从能量转化的观点来看，压缩机是属于将原动机的动力能转变为气体压力能的机器。

1. 结构特点

增压/一次压缩机结构型式为往复式对称平衡型。即汽缸水平布置在曲轴箱两侧，相对相邻两列汽缸曲柄转角为180°。其特点是，在传动机构的驱动下，曲轴箱两侧汽缸中的活塞，同时对气体进行压缩，使活塞力和往复惯性力得到平衡，机器振动小，稳定性好。另外，由于曲轴受力均衡，使主轴瓦使用寿命延长。

往复对称平衡型压缩机根据其驱动所在位置不同，分为H型和M型两种。

H型—驱动电机在中间位置，汽缸及传动机构水平布置在电机两侧。特点是汽缸间距大，便于操作维护和检修。

M型—驱动电机布置在机身一侧。其特点是安装简单方便。

1) 传动机构

往复式压缩机传动机构主要包括曲轴箱、曲轴、连杆、中体及十字头等部件，其作用是传递原动机的动力，把原动机的旋转运动转变成活塞在汽缸中的往复运动，达到对气体进行压缩的目的。传动机构图见图3-3。

(1) 曲轴箱体及主轴承　曲轴箱体为整体铸造，内装有主轴承，用于曲轴的固定支撑。主轴承为滑动轴承，由上、下瓦块两部分组成，用螺栓连接并固定在曲轴箱壁上。轴瓦用巴氏合金材料制造，其特点是在较好的润滑条件下，有较长的使用寿命。

(2) 曲轴　曲轴安装在曲轴箱内部，由主轴承固定支撑。曲轴是传递动力的主要构件，承受巨大的弯曲和扭转应力，所以采用整体锻造及高精度的机械加工，轴承与曲拐表面光洁度高。为避免产生应力集中，曲轴与曲拐的接合处采用圆滑过渡加工形式。曲轴内部加工有通孔，与润滑油系统相通，对轴承进行强制润滑。

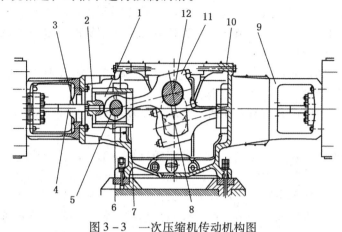

图 3 - 3 一次压缩机传动机构图

1—十字头（铸钢，带巴比合金滑块）；2—液压耦合活塞杆与十字头；3—刮油器；4—活塞杆；5—十字头销；6—十字头销轴承（三层式轴瓦，钢 - 青铜 - 巴比合金）；7—十字头导轨；8—精密主轴承（三层式轴瓦，铜 - 青铜 - 巴比合金）；9—长距单件定距块；10—曲轴箱（铸铁）；11—连杆（碳钢）；12—曲轴（碳钢）

（3）连杆 连杆是曲轴与十字头之间的连接件，其作用是将曲轴的旋转运动转变成十字头的往复运动。连杆分为连杆体、大头瓦和小头瓦三部分。大头瓦与曲拐连接，为便于安装，大头瓦采用剖分式结构，用螺栓连接，小头瓦与十字头通过十字头销连接，为整体式结构。大头瓦材质为巴氏合金，小头瓦材质为青铜。

（4）十字头 十字头是连接连杆与活塞的构件，其作用是承受连杆产生的侧向力，以保证活塞杆及活塞与汽缸对中，使活塞在汽缸中平行运动，使活塞环与缸套及活塞杆与金属填料之间滑动摩擦均匀，使用寿命延长。

十字头由十字头销与连杆小头瓦连接，一端与活塞杆连接，上下有滑板，表面上也衬有巴氏合金，在强制润滑条件下，在中体的十字头滑道内往复运动。

（5）中体 中体的作用是连接曲轴箱与汽缸及固定十字头滑道。其内部装有圆筒形十字头滑道，上面加工有油孔，用来通油润滑十字头滑板。在中体靠近汽缸侧的端部还设有填料盒，里面装有刮油环，用以防止曲轴箱及中体的润滑油漏出到机身外部。

2）汽缸组件

汽缸是对气体进行压缩的工作空间，它由汽缸活塞、填料函、进气阀及排气阀等组成。

（1）汽缸 汽缸为金属铸造圆形筒体，端盖用螺栓固定，可拆卸以便活塞的检修。该机的一次压缩机部分属高压压缩机，其操作压力较高，所以每个缸壳内部都装有高强度材质的内套，用以承受高压所产生的应力。汽缸外壳内为冷却水夹套，用以冷却气体压缩过程中产生的部分热量。汽缸壁加工有油孔，由专门的内部油系统提供润滑油进行活塞环与汽缸缸套之间的润滑。

活塞式压缩机的汽缸根据其结构和作用的不同，分为单作用和双作用两种形式。进出口阀门设置在汽缸一端，活塞往复运动过程中，只有对着进出口阀一侧的气体被吸入、压缩和排出的汽缸，为单作用汽缸。而汽缸两侧都设置有进出口阀，活塞在往复运动过程中，对活塞两侧气体都能进行吸入、压缩和排出作用的汽缸，为双作用汽缸。

（2）活塞 在汽缸内作往复运动，使气体的体积发生变化，达到压缩气体目的的构件为活塞。活塞为金属铸造的空心圆柱体，活塞杆从内串过，端部用螺帽固定。活塞外圆上加工有沟槽，装有活塞环和导向环。活塞环起气体压缩过程中活塞与汽缸内壁之间的密封作用，导向环起承担活塞重量及耐摩擦作用。

（3）进出口阀门　活塞式压缩机的进出口阀门，都是随着汽缸内气体压力的变化而自行开、闭的自动阀。每个阀由阀座、阀片、弹簧、升程限制器等零件组成。进出口阀受交变载荷作用，弹簧和阀片等零件是易损件，而当弹簧和阀片损坏时，需停机更换，这种损坏是造成压缩机故障停车的一种不利因素。

（4）填料函　填料函设置在汽缸靠近中体一侧的端部。其由外套、法兰压盖、填料盒及填料环等组成。每个填料函内装有数个填料盒，每个填料盒内装有一对切口互相错开的三瓣环，环外圆的半圆形槽内装有紧固弹簧。填料环是易损件，每次大检修时需进行更换。

3）附属设施

（1）润滑油系统　该机有传动机构润滑油和汽缸内部润滑油等两套独立的润滑油系统。

传动机构润滑油系统，由贮油箱、齿轮油泵、过滤器、油冷器及供油和回油管等组成。以强制循环方式承担曲轴主轴瓦、连杆大小头瓦、十字头滑板等运动部件的供油润滑。

汽缸内部润滑系统由油箱和多台单元柱塞泵组成。每个柱塞泵单元通过单独油管与汽缸内部连通，每个汽缸分别由 2～3 个柱塞泵单元分点注入润滑油进行润滑。柱塞泵单元的供油量通过泵体上的视窗观察并可手动调节。每根注油管在汽缸入口处装有单向阀，以便于个别柱塞泵单元发生故障或注油管发生泄漏时，在主机不停的情况下进行检修处理。

（2）流量控制调节系统　由于各种牌号产品聚合条件不同，需要对气体压缩系统进行流量调节及压力控制。该机采用旁路回流调节方法进行。

增压机旁路调节范围 0～100%。两段式增压机设有二返一一个旁路，三段式增压机设有一返一及三返一两个旁路，并对两个旁通阀采用分程控制。

两段式一次压缩机只有二返一一个旁路，三段式一次压缩机旁路调节有两条线，一条是一返一，另一条是三返一，两个旁通阀采用分程控制。

（3）冷却系统　该机的冷却设施包括有汽缸夹套、段间冷却器、传动机构润滑油冷却器及所属循环水管道配件等。

2. 多级压缩的优点

在高压聚乙烯工业生产中，增压/一次压缩机是核心设备之一，担负着把 0.05～0.3MPa 的低压循环气及 2.5～3.0MPa 新鲜乙烯加压到 25～30MPa 的任务，压缩比达到 100 以上。工业生产中一般在压缩比大于 8 时，即采用多级压缩。多级压缩就是把压缩机内两个或两个以上的汽缸串联起来，各汽缸直径逐级缩小，因为每次压缩之后，气体的体积都有所减小；在各压缩段之间设段间冷却器和段间分离器，它可以将某汽缸排出的气体冷却到与进入该汽缸时的温度相近，再经段间分离器从气体中分离出润滑油和低聚物，防止过多的油对下一级汽缸的阀片造成液击。冷却分离后的气体进入下一级汽缸，这样就使气体在压缩过程中的温度不致过高；低循气经过五到六级、新鲜乙烯经过二到三级的多级压缩达到所要求的最终压力。之所以采用多级压缩是因为多级压缩具有如下的特点：

（1）降低排气温度。当气体进口温度和压力一定时，压缩后气体的温度是随压缩比的增加而升高的。多级压缩中，每级的压缩比较低，级数选择得当，可使气体的终温不超过工艺的要求。在实际生产中，不允许被压缩气体的温度过高。因为，过高的气体温度会使操作恶化，甚至破坏汽缸内润滑油的性能，导致润滑油的黏度降低，失去其润滑性能，使运动部件间摩擦加剧，零件磨损加快，增加功耗。当气体温度高于汽缸润滑油闪点时（润滑油闪点一般在 200～240℃之间），将会使润滑油着火而引起爆炸，故排气温度必须在润滑油闪点之下，一般低于闪点 20～40℃。

（2）减少功耗。在同样的总压缩比要求下，由于多级压缩采用的中间冷却器，使消耗的总功比采用单级压缩时减少，所用的级数愈多，则消耗功愈少。

（3）提高汽缸容积利用率。当余隙系数一定时，压缩比愈高，容积系数愈小，汽缸容积利用率因之而降低。如为多级，则在总压缩比一定时，每级的压缩比将随着级数增多而减小，相应各级容积系数增大，从而可提高汽缸容积利用率。

（4）使压缩机的结构更为合理。若采用单级压缩，为了能承受很高终压的气体，汽缸要做得很厚，而同时为了能吸入初压很低而体积很大的气体，汽缸又要做得很大。如果采用了多级压缩，则气体经每级压缩后，压力逐级增大，体积逐级缩小，这样汽缸直径便可逐级减小，而缸壁可逐级增厚。此外由于采用了多级压缩，还减小了活塞力，从而使曲柄连杆尺寸也相应的减小，并减少零件的磨损。

（5）由于压缩机级数的增多，整个压缩系统结构就要复杂，零部件及辅助设备的数量几乎与级数成比例的增加。此外级数增加，也导致消耗于克服阀门、级间管路和设备的阻力而消耗的能量增加。所以过多的级数也是不合理的，必须根据具体情况，恰当确定所需级数。高压聚乙烯工业生产上常用的多为 5~6 级，每级的压缩比约为 2 至 5。

3. 国内使用情况

由于一次压缩机出口压力不超过 30MPa，所以能生产该机组的厂商较多。但现在国内 LDPE 装置所采用的一次压缩机都是由瑞士苏尔寿 - 布卡公司（Sulzer Burckhardt，以下简称布卡公司）、意大利新比隆公司（Nuovo Pignone，以下简称新比隆公司）及日本日立公司制造的。

国内引进的 LDPE 装置，一次压缩机采用布卡公司机器的有：大庆第一 LDPE 装置、上海石化第二 LDPE 装置及齐鲁 LDPE 装置；茂名 LDPE 装置、燕化第二 LDPE 装置则采用的是新比隆公司产品；建设较早的燕化第一 LDPE 装置、上海石化第一 LDPE 装置采用日本日立公司的产品，但该公司压缩机的生产技术源于布卡公司。

布卡和新比隆增压/一次压缩机都是根据 API618 标准来生产制造的，结构基本一样，又各有特色之处。布卡压缩机采用旁路调节流量，增压级出口返入口，一次压缩机三返一回路及一返一回路控制为分程控制，新比隆压缩机流量采用可调节气阀及余隙调节器调节。布卡公司和新比隆公司的一次压缩机性能对照见表 3-2。

表 3-2　布卡公司压缩机与新比隆公司压缩机性能对照

	设备名称	增压/一次压缩机		增压/一次压缩机	
基础数据	用户	齐鲁 LDPE 装置		茂名 LDPE 装置	
	型号	6B5A-1.53		6HZ/3-2	
	型式	对称平衡型		对称平衡型	
	介质	乙烯		乙烯	
	转速	425r/min		428.6r/min	
	电机功率	3400kW		2310kW	
	制造商	布卡		新比隆	
工艺规程数据	阶段	增压压缩机	一次压缩机	增压压缩机	一次压缩机
	流量	8.5t/h	34.4t/h	6.1t/h	23t/h
	吸入压力	0.34MPa	2.70MPa	0.11MPa	3.185MPa
	排出压力	2.8MPa	26.0MPa	3.410MPa	25.39MPa
	吸气温度	45℃	45℃	40.6℃	40.6℃
	排气温度	115℃	110℃	109℃	93℃
结构数据	作用形式	双作用式	双作用和级差式	双作用式	双作用和级差式
	段数	2	3	3	2
	填料、活塞环材质	聚四氟乙烯	聚四氟乙烯	聚四氟乙烯	聚四氟乙烯

3.2.2 一次压缩机的维护

压缩机在正常运转过程中，室外主要的维护工作是保证其外部油系统及内部油(汽缸油)系统运行正常，从而确保机器的润滑。日常巡检中对两个油系统的油温、油位、外部油泵的油压、内部油泵的注油情况等进行检查，检查电机冷却水、汽缸冷却水、外部油油冷器冷却水的温度、压力；检查曲轴箱及汽缸填料低压氮气压力是否正常；要定时检查机器的机体及配管的振动情况；检查机器及配管、安全阀有无泄漏；机器运行有无异音；定时检查压缩机各出入口阀片的温度并做好记录，对各段间分离器、各出入口缓冲罐(有的装置出口无缓冲罐)按时排油，避免阀片被严重液击；按照室内操作人员要求及时调整各压缩段入口温度；发现异常及时处理并汇报。

室内操作人员的主要工作是认真监控，密切监视压缩机各段出入口温度、压力和各段压差，各段活塞的振动、轴承温度及主电机电流；发现问题与室外操作人员协调及时处理并汇报。

如有电气、仪表、机械方面的故障，可在装置停车时进行修理或更换备件，应首先需要把设备断电并确认。如需更换活塞或填料，则应对压缩机彻底泄压并用氮气置换合格，并把压缩机与各系统隔离，才可进行下一步工作。

压缩机在启动时必须预先充压到合适的压力，视不同的工艺而定，既要杜绝机器空转产生高温损坏密封填料，又不能充压过高，使压缩机的启动负荷过大造成电机过载。

压缩机在长时间停车状态时，必须进行泄压，以防止气体通过活塞与填料间隙泄漏时膨胀产生低温，这种低温环境将使存在于气体中的微量聚合物颗粒冷却下来，并变得非常坚硬。如此将在压缩机开车时使密封填料和活塞产生很大的摩擦，损坏活塞及密封填料。另外，压缩机在长时间停车时，如果不进行泄压，乙烯气通过活塞与填料间隙泄漏时膨胀产生低温，会使内部润滑油温度下降很多，油的黏度增大，导致下一次开车时润滑效果变差。

3.3 二次压缩机

3.3.1 二次压缩机的用途及特点

在高压聚乙烯生产工艺中，超高压压缩机担负着把一次压缩机出口气体和高循气的混合气流从 25～30MPa 加压到乙烯单体自由基聚合反应所需的压力(115～400MPa)，并把气体注入反应器的任务。

1. 结构特点

二次压缩机是高压聚乙烯装置的关键设备，高压聚乙烯生产工艺所需乙烯气体的超高压压缩主要由其来完成。该机结构类型为对置式，分二段压缩，由于打气量不同，一段有 3、4 或 6 个缸，二段对应也有 3、4 或 6 个缸，一段对一段、二段对二段对称布置在曲轴箱两侧。二次压缩机结构见图 3 - 4。

1) 曲轴箱

曲轴箱由整体铸造的长方形箱体及内部的主轴承、框架式十字头、连杆等传动部件组成。

(1) 主轴承　由于汽缸数不同，曲轴箱内共装有 4、5 或 7 个主轴承，都采用滑动轴承。其中靠电机一侧的为止推滑动轴承。每个滑动轴承由分为上下两部分的轴瓦组成，上部由轴承盖通过液压紧固的螺栓固定。

（2）曲轴　曲轴为整体锻造，经精密机械加工制成。由曲拐和端部联轴节法兰等部分组成。曲拐转角为180°布置，曲拐与连杆的大头瓦相连。柱塞在汽缸中的行程由轴中心与曲拐中心的偏心距决定。

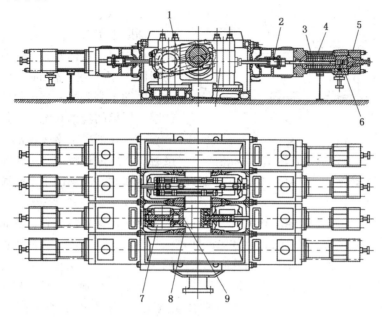

图3-4　二次压缩机

1—整体连杆；2—辅助十字头；3—柱塞；4—填料部分；5—缸头；6—中心阀；
7—十字头销；8—主轴承；9—曲柄销轴承

（3）连杆　连杆为叉式连杆，由连杆体、大头瓦和小头瓦三部分组成。连杆大头为整体形，小头为叉形，通过4根贯穿螺栓将大头瓦盖、连杆体、小头瓦盖三部分连为一体。大头瓦与曲拐连接，小头瓦与框架十字头销连接。曲轴转动时，曲拐带动连杆通过十字头销带动十字头在曲轴箱滑道内做往复运动。

（4）框架式十字头　该机采用组合框架式十字头。由十字头上体、中间体、十字头销、下滑板四部分组成框架式结构，由四根长螺栓紧固成一体。十字头滑板由安装在曲轴箱底部的滑道支承和导向。曲轴在框架十字头内穿过，由曲拐及连杆通过十字头销带动框架式十字头在滑道内作往复运动时，可同时驱动曲轴箱两侧在一条中心线上的两列汽缸的柱塞，对气体进行压缩做功。采用框架式十字头，由一个曲拐连杆机构，同时对两侧汽缸的柱塞进行驱动是该机的一大特点。其优点在于除使整机结构紧凑外，由于在一侧汽缸内的柱塞对气体压缩的同时，带动另一侧柱塞动作使汽缸进行吸气。吸入缸体内的气体压力作用在柱塞端面上，产生的推力协助驱动机构做功，既可节省了驱动功率，又使曲轴连杆机构的轴承受力减少，延长了使用寿命。十字头简图见图3-5。

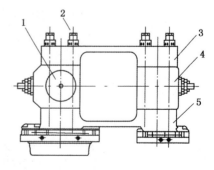

图3-5　十字头

1—十字头销；2—十字头螺栓及螺母；
3—十字头上体；4—十字头中间体；
5—十字头滑块

2）中体及辅助十字头（新比隆公司机器无辅助十字头）

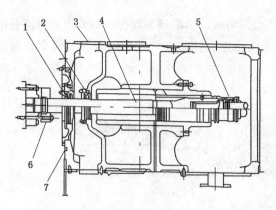

图 3-6 中体

1—刮油环；2—刮油填料环(一对)；3—中体；
4—压缩杆；5—柱塞螺母；6—杆联轴节螺母；7—O形环

中体是组装在曲轴箱与汽缸之间的长方形箱体，作用是固定支撑汽缸缸体及由它内部的滑道供辅助十字头作往复运动。中体简图见图3-6。

辅助十字头为圆筒形，与中间杆的一端套装在一起，由框架式十字头通过中间杆驱动辅助十字头在中体的圆形滑道内往复运动。辅助十字头另一端由螺纹压盖和卡环与柱塞杆尾部的沟槽相配合连接在一起。柱塞末端与装在辅助十字头内部的压缩杆端面相接触。在压缩过程中，由压缩杆推动柱塞做功。返回时，由辅助十字头通过螺母及压紧环带动柱塞返回。

在驱动机械上采用主、辅两套十字头，在辅助十字头内设置压缩杆，是布卡公司生产的超高压缩机的主要特点。其目的是充分保证柱塞杆与汽缸的同心度，从而确保压缩机的运行平稳和减少零部件的磨损，因此国内外高压聚乙烯装置中大多采用布卡公司压缩机。

压缩杆是一个两端直径大，中间部分直径小，由碳钢材料制成的短圆柱形杆体。它相当于一个挠性杆体。另外，由于碳钢材料的弹性模量是柱塞杆碳化钨材料弹性模量的三分之一，使得压缩杆抵抗弯曲应力变形的能力比柱塞杆小，更易产生弯曲变形。这样，在气体压缩过程中，柱塞杆跟高压乙烯气作用产生的弯曲应力主要由压缩杆产生弯曲变形来吸收，以保证柱塞杆在汽缸内平稳运行，减少磨损，同时提高了金属填料环的使用寿命。

3）汽缸组件

汽缸是压缩气体的工作空间。由于该机是超高压压缩机，所以采用组合式汽缸。它由汽缸外壳、组合式内套、组合阀及柱塞杆等主要部件组成。汽缸结构见图3-7。

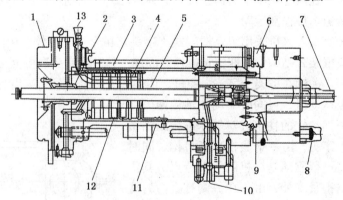

图 3-7 汽缸

1—O形环；2—基环；3—金属填料组；4—高压金属填料组；5—柱塞；6—汽缸盖；
7—气体出口；8—汽缸螺栓；9—油压活塞；10—气体入口；11—热压缸套；
12—填料箱；13—内部油入口

（1）缸体 缸体是铸钢制成圆形筒体。它由汽缸座、缸体、汽缸头、汽缸盖4部分组成，由长螺栓紧固为一体。

50

（2）组合式汽缸内套　安装在汽缸体内的汽缸内套，由高压缸套及填料盒两部分组成。由一薄型圆筒将二者组装在一起。压缩机检修时，可整体从汽缸体内取出。高压缸套由两个厚壁圆筒采用过盈配合制成。其内部空间作为工作容积，与柱塞相配合，对气体进行压缩做功。高压填料盒内部空间装有金属填料环，由七个或八个单元（七组或八组金属填料环）组成，七组金属填料环中有五组密封环、一组减压环及一组导向环。每组密封环由两个铜质材料的三瓣厚壁圆环或六瓣厚壁圆环配对组成。

（3）组合式气阀　组合式气阀是采用进出口阀片组装在同一阀体内，使其可同时满足汽缸吸入和排出气体的需要，而且由于组合阀轴向安装在汽缸头盖内，避免了在汽缸的径向开孔，从而避免了径向开孔产生的应力集中现象，这对超高压汽缸的使用寿命和安全至关重要。

（4）柱塞　该机采用圆柱形柱塞，其尾部外圆加工有沟槽，柱塞通过这个沟槽与辅助十字头连接。一级柱塞采用涂敷碳化钨制造，二级柱塞采用整体碳化钨制造。碳化钨材料具有较高的抗应力变形和耐磨损性能。柱塞表面加工光洁度高，减少了对金属填料的磨损，使压缩机的运行周期延长。

4）附属设施

（1）润滑油系统（外部油）　该油系统由油箱、螺杆油泵、油过滤器、油冷却器及供油、回油管线组成。

润滑油经螺杆泵从油箱吸入加压后，经过冷却和过滤，分别由供油管道输送至压缩机电机轴承箱、内部油泵驱动机构、曲轴箱主轴承、框架十字头下滑板等处进行强制润滑。进入框架十字头下滑板处的润滑油，从下滑板的油孔上升至十字头销处对连杆小端瓦进行润滑后，再沿着连杆贯穿紧固螺栓孔进入连杆大头瓦进行润滑，然后从连杆大头瓦进入曲轴箱内。各路润滑油分别经回油管道回到润滑油箱继续进行循环润滑。

（2）汽缸润滑油系统（内部油）　汽缸内部润滑油装置安装在曲轴箱的一侧。其由齿轮油泵、高压注油泵等组成。油箱安装在齿轮泵和高压注油泵组上部。齿轮泵与高压注油泵组由同一驱动电机通过一根长凸轮轴驱动。润滑油从油箱底部进入齿轮泵加压后，进入高压注油泵组。高压注油泵组由多个柱塞泵单元组成，这些柱塞泵单元通过各自单独的高压油管输油向一个注油点注油。注油量可通过现场调节柱塞的冲程进行控制。每根注油管在汽缸入口处装有单向阀，以便于个别柱塞泵单元发生故障或注油管发生泄漏时，在主机不停的情况下进行检修处理。

压缩机一段的每个汽缸有二个或三个注油点（齐鲁高压装置机器是两点，大庆二高压装置机器是三点）。压缩机二段的每个汽缸有三个注油点。润滑油被压缩的乙烯气体带走，按消耗定额，可定期进行补充。

（3）汽缸冷却油系统（冷却冲洗油）　该油系统由油箱、油泵、油冷却器、油过滤器及供油和回油管线组成。

冷却油经油泵升压后，再经过冷却和过滤，分成三路输出：第一路去汽缸夹套，冷却汽缸内套和金属填料函；第二路去中体端部，经油孔进入中体靠近汽缸侧的空间内，对在此往复运动的柱塞杆进行冷却冲洗；第三路去中体中部，经注油孔进入辅助十头滑道，进行润滑和冷却。各路油经回油管收集后返回至油箱，再继续进行循环润滑。

新比隆公司压缩机无辅助十字头，因此冷却冲洗油从油泵出来后分为两路：一路去汽缸夹套冷却被压缩的气体，另一路去冷却和冲洗填料。

（4）段间冷却器系统　为冷却移出气体压缩过程中产生的热量，该机器在两个压缩段之间，设置了多台套管式冷却器。套管式换热器由内管和外管套在一起组成。内、外套管间由定位销支撑定位，以保证内、外管的同心度。内、外管间采用螺纹法兰连接，金属透镜环密封。内、外管的接合采用过盈配合，以避免焊接而使内管机械强度降低。外管与外管之间采用跨线连通。乙烯走内管，循环冷却水走套管。套管式换热器的特点是能够承受较高的气体压力，所以在高压系统多数采用此种类型换热器。但由于套管换热器连接弯管的要求，管之间要保持较大的距离。所以套管式换热器具有结构不紧凑、占用空间大的弱点。

2. 超高压压缩机的特点比较

由于超高压压缩机出口压力高达 400MPa，压缩机的制造要求非常严格。在世界范围内现能生产超高压压缩机的生产商主要有两家，即瑞士的布卡公司和意大利的新比隆公司。二次压缩机生产制造主要是根据厂商制造标准进行。布卡公司和新比隆公司压缩机相比较有以下几个方面的不同：

（1）布卡公司机器连杆导向翼与曲轴不在同一水平面上；新比隆公司连杆导向翼与曲轴在同一水平面上。布卡公司机器在驱动机组上采用主辅二套十字头，其主要目的是充分保证柱塞杆与汽缸的同心度。另外，辅助十字头内设置压缩杆，材质为碳钢。弹性模量为柱塞弹性模量的 1/3，相当于一个挠性杆，吸收气体压缩过程中柱塞产生的弯曲应力，以保证柱塞杆在汽缸中水平运行，减少磨损，提高金属填料环的使用寿命。新比隆公司机器没有辅助十字头，柱塞杆尾部连接是有一定挠性的，以吸收气体压缩过程中柱塞产生的弯曲应力，保证柱塞杆与汽缸的同心度。

（2）新比隆公司机器柱塞杆与缸壁间隙比布卡公司机器大得多，压缩气体过程中柱塞杆承受气体反作用力均匀，可有效降低柱塞杆的弯曲应力；布卡和新比隆压缩机管系配置都采用计算机模拟计算，有效减少了管系振动；由于布卡机器有辅助十字头及中体，这就使缸头到机身的距离较新比隆机长，在同样激振条件下，布卡机器缸头振动大；布卡机器外形美观、干净，而新比隆机器外形较笨重。

（3）布卡公司生产超高压压缩机历史较长，其销售的超高压压缩机有 200 多台，设计思想比较成熟。超高压压缩机机型主要有 F 和 K 型，其中 F 型打气量可达 20～80t/h，K 型可达 32～125t/h，布卡公司现能生产 K12 型压缩机，电机功率可达 22000kW，可满足年产 300kt/a LDPE 需求。对于年产 200kt/a LDPE 装置来说，超高压压缩机打气量需 84t/h 左右。布卡公司相应的压缩机机型有 F12 型或 K8 型，但使用较多的为 K8 型，汽缸数量较少，可节省相当的备件数量，降低成本。

20 世纪 60 年代新比隆公司运用另一套思路开始设计超高压压缩机，其汽缸设计以新比隆公司在高压方面丰富的经验为基础，运动机构为保证柱塞的精确运动，十字头采用特殊结构，无需辅助十字头，使得新比隆压缩机在运动机构和汽缸组件方面有其较为特殊的地方。对于年产 200kt/a LDPE 装置来说，其压缩机机型主要为 12PK/2，打气量为 82.8～85t/h，电机功率 14300～16500kW，出口压力 300～310MPa。

（4）对于新比隆公司 12PK/2 压缩机，电机设置在中间，两头各有六个汽缸，其中一段汽缸曲轴箱与电机为弹性连接，二段汽缸曲轴箱与电机为刚性连接。新比隆 8PK/2 压缩机，其布局同布卡 F8 型压缩机，如图 3-8 所示；对于布卡压缩机，不管 K8 还是 F8 型，8 个汽缸在一头，电机在另一头，如图 3-9 和图 3-10 所示。

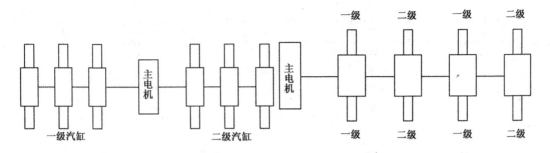

图 3-8 新比隆 12PK/2 型压缩机布局图   图 3-9 布卡 F8(K8)型压缩机布局图 1

3. 国内 LDPE 装置超高压压缩机的使用情况

在国内 LDPE 装置中，布卡公司和新比隆公司超高压压缩机都有应用，其中茂名年产 100kt/a LDPE 装置第一家使用新比隆压缩机，燕山石化 200kt/a LDPE 装置是第二家使用新比隆压缩机，建设较早的燕化第一 LDPE 装置、上海石化第一 LDPE 装置采用日本日立公司的产品，但该公司压缩机的生

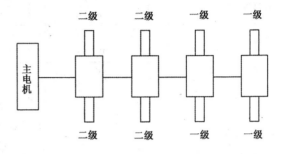

图 3-10 布卡 F8 型压缩机布局图 2

产技术源于布卡公司。其余的 LDPE 装置使用的都是布卡公司压缩机。具体情况参见表 3-3、表 3-4。

表 3-3 国内 LDPE 装置使用超高压压缩机的情况

装 置 名 称	压缩机生产商	型 式	台 数	出口压力/MPa	电机功率/kW	打气量/(t/h)
燕山 180kt/a LDPE	日 立	F-8	3	260	6400	38.1
燕山 200kt/a LDPE	新比隆	12PK/2	1	310	16500	85.0
茂名 100kt/a LDPE	新比隆	8PK/2	1	269	10200	57.6
齐鲁 140kt/aLDPE	布 卡	F-8	1	260	12000	65.0
上海 78kt/a LDPE	日 立	F-6	2	265	3450	21.1
上海 100kt/a LDPE	布 卡	F-8	1	280	9300	46.0
大庆 60kt/a LDPE	布 卡	F-8	1	300	6800	33.5
大庆 200kt/a LDPE	布 卡	K-8	1	290	16000	84.0

表 3-4 LDPE 装置超高压压缩机性能参数对比

生产厂家	新比隆	新比隆	布 卡	布 卡
用户	茂名石化 LDPE	燕山石化第二 LDPE	齐鲁石化 LDPE	大庆石化第二 LDPE
装置产能/(kt/a)	100	200	140	200
打气量/(t/h)	57.6	85	65	84
机型	8PK/2	12PK/2	F8	K8
转速/(r/min)	214	214	200	200
电机功率/kW	10200	16500	12000	16000
吸入压力/MPa	一级：24.24 二级：112.8	一级：28.6 二级：174.2	一级：25.0 二级：110	一级：28.5 二级：115

生产厂家	新比隆	新比隆	布　卡	布　卡
排出压力/MPa	一级：115.3 二级：269.1	一级：179.6 二级：310	一级：114.8 二级：260	一级：118.5 二级：290
吸入温度/℃	一级：40.6 二级：38.9	一级：30 二级：20	一级：45 二级：45	一级：42 二级：42
排出温度/℃	一级：100 二级：85	一级：102 二级：52	一级：108 二级：90	一级：100 二级：91
汽缸数	一级、二级各4个	一级、二级各6个	一级、二级各4个	一级、二级各4个
缸径/mm	一级：101 二级：86	一级：100 二级：88.5	一级：114 二级：94.5	一级：130 二级：107
冲程/mm	一级：400 二级：400	一级：375 二级：325	一级：395 二级：410	一级：365 二级：405
作用形式	单	单	单	单
汽缸材质	锻钢	锻钢	锻钢	锻钢
柱塞杆材质	一段涂碳化钨 二段整体碳化钨	一段涂碳化钨 二段整体碳化钨	一段涂碳化钨 二段整体碳化钨	一段涂碳化钨 二段整体碳化钨
最大允许工作压力/MPa	一级：160 二级：305	一级：225 二级：345	一级：180 二级：312.5	一级：180 二级：330

3.3.2　二次压缩机的维护

超高压压缩机在正常运转过程中，室外主要的维护工作是保证其外部油系统、冷却冲洗油及内部油(汽缸油)系统运行正常，从而确保机器的润滑。日常巡检中对三个油系统的油温、油位、外部油泵、冷却冲洗油泵的油压、内部油泵的注油情况等进行检查；检查电机冷却水、冲洗油油冷器、外部油油冷器冷却水的温度、压力；检查曲轴箱及各油槽低压氮气压力是否正常；要定时检查机器的机体及配管的振动情况；检查机器及配管、安全阀有无泄漏；机器运行有无异音；对二次压缩机入口过滤器、分离器按时排油，避免柱塞被严重损害；室内操作人员按照要求及时调整各压缩段入口温度；发现异常及时处理并汇报。

室内操作人员主要工作是认真监控，密切监视压缩机各段出入口温度、压力和各段压差，各段柱塞的振动、轴承温度及主电机电流；发现问题与室外操作人员协调及时处理并汇报。

如有电气、仪表、机械方面方面的故障，正常生产时无法排除，可在装置停车时进行处理或更换备件，应该首先需要把设备断电并确认；如需更换柱塞或填料，则应对压缩机彻底泄压并用氮气置换合格，并把压缩机与各系统隔离，才可进行下一步工作。

压缩机在启动时必须预先充压到合适的压力，既要杜绝机器空转产生高温损坏柱塞和密封填料，又不能充压过高，使压缩机的启动负荷过大造成电机过载。

压缩机在长时间停车状态时，必须进行泄压，以防气体通过柱塞与填料间隙泄漏时膨胀产生低温，这种低温环境将使存在于气体中的微量聚合物颗粒冷却下来，并变得非常坚硬，如此将在压缩机开车时使密封填料和柱塞产生很大的摩擦，损坏柱塞及密封填料；另外，压缩机在长时间停车时，如果不进行泄压，乙烯气通过柱塞与填料间隙泄漏时膨胀产生低温，会使内部润滑油、冷却冲洗油温度下降很多，油的黏度增大，导致下一次开车时润滑效果变差。

3.4　挤压造粒机组

3.4.1　挤压造粒机的用途及特点

在高压聚乙烯装置中，主挤压机是用来对熔融聚乙烯物料进行均化后挤出并由紧贴模板的切刀进行水下切粒的联合机组。由于从低压分离器出来的物料是熔融状态的，不再需要熔融混炼，只需要从加料段加入部分助剂，再进行简单的均化即可。因此，一般采用单螺杆挤压机。国内几家 LDPE 装置主挤压机的情况比较见表 3-5。

表 3-5　国内几家 LDPE 装置主挤压机的情况比较

用　户	齐鲁 LDPE 装置	燕山第二 LDPE 装置	上海第二 LDPE 装置	茂名 LDPE 装置
制造商	德国 Berstorff	日本 JSW	日本日立公司	日本 JSW
主要结构形式	单螺杆：$L/D = 16$，$D = 500mm$，尾部带脱气段，无换网器，有开车阀	单螺杆：$L/D = 13$，尾部无脱气段	单螺杆：$L/D = 12.01$，$D = 670mm$，尾部带废气箱	单螺杆：$L/D = 16$，$D = 460mm$，DIS 段，芯部有换热盲孔，热熔 LDPE，尾部带脱气段，有换网器开车阀
能力/(t/h)	20~26	25~35	13~17.1	15.3~16.8
主电机功率	1900kW，VVVF，调速	VVVF，调速	1150kW，VVVF，调速	1400kW，VVVF，调速
切粒机电机功率	180kW，VVVF，调速	VVVF，调速	VVVF，调速	ADC 型
主要附属设施	（1）模板处装有爆破膜 （2）筒体夹套蒸汽加热及循环冷却系统上装有安全阀 （3）润滑油系统 （4）蒸汽加热及循环水冷却系统	（1）模板处装有爆破膜 （2）筒体夹套蒸汽加热及循环冷却系统上装有安全阀 （3）润滑油系统 （4）蒸汽加热及循环水冷却系统	（1）模板处装有爆破膜 （2）筒体夹套蒸汽只在开车时加热用，筒体水停车时用于急冷操作 （3）润滑油系统	（1）模板、换网器处装有爆破膜 （2）筒体夹套蒸汽加热及循环冷却系统上装有安全阀 （3）润滑油系统及液压油系统 （4）蒸汽加热及循环水冷却系统

1. 结构特点

挤压造料机由可变速驱动电机、减速器、筒体与螺杆、模板和水下切粒机等主要部件组成。

1）电动机

驱动电机采用可变频调速，并设置有循环水冷却系统及通风冷却系统。

2）减速器

减速器为齿轮式减速传动机构。外部为金属壳体，内部设置有减速齿轮，箱体内齿轮下部的空间作为润滑油回收贮存部位。设置在减速箱外部一侧的齿轮油泵通过油管对各润滑点进行强制性循环润滑。减速箱输出轴与螺杆尾端采用花键连接，从而保证大转矩传递的可靠性，并便于检修时螺杆的抽出。减速箱输出轴一侧，设置有大型止推滚动轴承，用以承受螺杆挤压物料时产生的轴向力。

3）筒体

挤压机的筒体由多节钢制圆筒组成，其中靠近减速器侧的筒体设置有进料口。筒体内表面抛光，以利于物料的挤压通过。筒体外设置有夹套，用于蒸汽加热或通水冷却。

筒体间为法兰、螺栓连接，外部由支座固定。筒体与支座间采用滑动结构，以便在加热或冷却时，筒体可于轴向伸缩，保证筒体与螺杆的同心度。

4）螺杆

螺杆长径比为 $L/D = 12 \sim 16$，其表面螺纹为等距不等深结构。螺杆一般分为三段：

进料段：此段螺纹最深，主要起进料作用。

压缩段：此段螺纹逐渐变浅，使物料受挤压混炼。

均化段：此段螺纹最浅，使物料均化，并向模板送料。

螺杆的尾端通过滚动止推轴承与减速器输出轴花键连接。螺杆为悬浮式。

螺杆的尾部与筒体接合处，加工有反向螺纹。其作用是在螺杆转动时，既能防止物料从筒体内漏出，又能使筒体内的乙烯气释放出来。放出的乙烯排入装置废气系统或经冷却净化后去增压机入口。挤压机筒体及螺杆的结构见图 3-11。

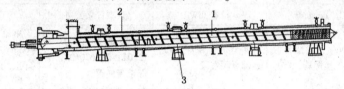

图 3-11　挤压机筒体及螺杆
1—螺杆；2—筒体；3—支架

5）模头

模头由分配段和模板组成。分配段的作用是使螺杆挤出的物料分配均匀进入模板。模板内设置有蒸汽或热油加热夹套。模头与螺杆间设有筛网，以便除去物料中的杂物。圆盘状模板在圆周处加工有数千个直径为 $\phi 2.5\text{mm}$ 的圆孔。物料由螺杆经分配段从模板的圆孔中挤出，被切粒机旋转的切刀切断，由颗粒水冷却后，随颗粒水从切粒室上部出口流出。

6）切粒机

切粒机由变速电机、传动机构、切粒室及切刀架组成，由一个整体结构的金属框架支座固定。框架支座底部设置有滑轮。在检修挤压机抽螺杆时，切粒机可以整机移走。

驱动电机为变频调速型（VVVF），其转速通过控制程序与挤压机转速相匹配，可随挤压机的生产能力和产品物性进行控制和调整。传动机构由支承轴承及传动轴组成。其作用是将电机转矩传递给切刀。切粒室为金属铸造壳体，通过法兰与模头连接固定。颗粒水从壳体底部入口进入，从顶部出口排出。切粒室两侧设置有便于开关的视窗，供操作人员观察颗粒生产情况及机修人员更换切刀用。切粒机的切刀一般由 $8 \sim 24$ 把刀组成，其均匀分布，由螺栓固定在圆盘状刀架的圆周上。刀架与传动轴端部连接固定。随着驱动机的旋转，切刀与模板端面相对平行运转，将模板圆孔中挤出的物料切成短圆柱状颗粒，随颗粒水流出。

2. 附属设施

1）安全设施

为防止挤压机筒体内挤出压力超高时，造成设备损坏，该挤压机模头处设置有爆破膜装置。其作用是如果操作不当等原因使筒体内的挤出压力超高达到设定压力时，爆破膜破裂，释放出筒体内压力。安装新的爆破膜时需短时间停机进行。

2）润滑油系统

该机的减速箱采用强制润滑，由齿轮油泵、油过滤器、油冷却器及所属油管线组成的润滑油系统完成。

3）颗粒水系统

颗粒水系统由水槽、循环泵、过滤器、冷却器及所属管道组成，专供切粒机水下切粒所用。颗粒与水一起从切粒室顶部出口排出后，进入离心干燥器。颗粒与水分离后，颗粒水返回水槽再循环使用。

4）蒸汽加热和筒体水冷却系统

挤压机筒体夹套通有闭路循环的筒体水，模头夹套通有增湿减压蒸汽，形成加热和冷却系统。开车时，用增湿减压蒸汽给模头加热升温，用筒体水给筒体加热升温，正常生产时，用增湿减压蒸汽给模头保温，用筒体水给经过挤压混炼的熔融物料撤热。

3.4.2　挤压机的维护

定期检查：室外操作人员检查挤压机运行情况；强制润滑系统的油温、油压、流量及油位；尾端脱气 N_2 封情况；机器是否有强噪音；是否有蒸汽及水的泄漏；蒸汽夹套及管线伴热是否正常；尾端脱气室保温正常是否；脱气室出口气体流量是否正常；挤压机的电流、转速、模头压力是否正常；切粒机的电流、转速及切粒状况是否正常；筒体水及颗粒水系统的温度、压力、流量及水罐液位是否正常，有无泄漏；助剂系统加入是否正常，发现异常及时处理并汇报。

室内操作人员的主要工作是认真监控，密切监视挤压机各段温度、压力，低分料位，主电机电流；发现问题与室外操作人员协调及时处理并汇报。如有电气、仪表、机械方面的故障，可在装置停车时进行修理或更换备件，应该首先需要把设备断电并确认。如需更换挤压机模头滤网、模板或切刀，则应把挤压机与其他各系统隔离，才可进行下一步工作。

第4章 化 工 三 剂

在石油化工生产中，通常将引发剂（催化剂）、溶剂、助剂（添加剂）统称为化工三剂。这类物质用量一般不大但对生产起着至关重要的作用，引发剂和溶剂直接决定着聚合反应能否稳定、顺利进行，并对产品质量起决定性作用；加入助剂能够改善产品的加工和使用性能。以下对低密度聚乙烯生产中常用的化工三剂做简要的介绍。

4.1 引发剂的性质、规格及使用

乙烯在高温、高压的聚合反应遵循自由基聚合机理，工业生产中需加入自由基引发剂引发反应。在我国的高压聚乙烯装置中，过氧化物、纯氧、干净的空气都可以作为引发剂使用。

选择引发剂的主要根据是引发剂的半衰期和反应引发温度。引发剂的半衰期即在指定温度下，引发剂分解到一半所需要的时间。部分常用有机过氧化物引发剂半衰期和温度的对应关系见表4－1。一般情况下，当希望反应温度升高时选择半衰期时间长的引发剂。在反应明显开始前，引发剂必须很好地分散在反应器中，以防混合不均匀，在反应器中形成局部热点。选择引发剂时还需要考虑若干其他因素，对于釜式反应器，这些因素包括：在每一区完成反应所允许的时间、反应器的搅拌情况、反应温度、引发剂在载体中的溶解性以及从活性氧方面考虑的引发剂成本。对于管式反应器，尚要考虑反应温峰的位置。

表4－1 有机过氧化物引发剂

过氧化物	半衰期温度/℃		活化能/	过氧化物	半衰期温度/℃		活化能/
	10h	1min	(kJ/mol)		10h	1min	(kJ/mol)
二环己基过氧化二碳酸酯	—	100	116	二苯甲酰基过氧化物	73	—	—
叔戊基过氧化新癸酸酯	46	124	102	叔丁基过氧化异丙基碳酸酯	99	—	141
叔丁基过氧化新癸酸酯	49	113	103	叔丁基过氧化乙酸酯	102	160	—
叔丁基过氧化新戊酸酯	55	123	119	叔丁基过氧化苯甲酸酯	105	170	—
叔戊基过氧化新戊酸酯	54	124	113	二异丙基过氧化物	115	—	170
二辛酰基过氧化物	—	127	129	叔丁基异丙基过氧化物	121	—	—
二癸酰基过氧化物	61	—	—	双叔丁基过氧化物	126	191	156
二异壬酰基过氧化物	59	—	—	叔戊基过氧化氢	165	—	—
叔丁基过氧化2－乙基己酸酯	73	130	—	叔丁基过氧化氢	172	260	—
叔丁基过氧化异丁酸酯	79	130	132				

纯的有机过氧化物化学稳定性较差，需要在较低的温度下贮存，几种有机过氧化物引发剂的贮存温度可参考表4－2。为了增加引发剂的稳定性，避免在进料罐中发生分解，一般采用较高碳原子数的烷烃作为溶剂，将有机过氧化物配制成稀溶液使用，这样一方面增加了引发剂的稳定性，另一方面也有利于引发剂进入反应器后与物料的有效混合。

由于氧（空气）在一次压缩机或二次压缩机进口处加入，所以不能迅速地用改变引发剂用量的办法控制反应温度，而且氧的反应活性受温度的影响很大（氧的引发温度在230℃以上，而低于200℃时反而阻聚），因此目前除了某些工艺的管式反应器中还用纯氧（空气）作引发剂外，釜式反应器已全部改为过氧化物引发剂。大庆石化的一高压装置是国内目前唯一使用纯氧作为一发剂的装置，其引发剂纯氧的规格见表4-3。

表4-2 国内某高压装置所用引发剂的规格

化 学 名 称		双叔丁基过氧化物	叔丁基过氧化苯甲酸酯	叔丁基过氧化-2-乙基己酸酯
过氧化物含量/%（质量）	≥	99.0	98	97
活性氧含量/%（质量）	≥	10.83	8.07	7.8
纯度		工业纯产品	工业纯产品	工业纯产品
外观		透明液体	透明液体	透明液体
色度/Apha	≤	45	43	45
密度/（kg/m³）	≤	800	1040	895
冰点/℃		≤ -30	约8	≤ -30
叔丁基过氧化氢含量/%（质量）		≤0.1	≤0.1	≤0.5
互溶性		脂肪族、芳香族	邻苯二甲酸盐	脂肪族、芳香族
水溶性/℃（质量）	<	0.1	0.1	1
引发温度/℃		215	175	165
SADT（自催化分解温度）/℃		80	60	35
建议的贮存温度/℃	≤	30	20	10

表4-3 大庆一高压装置引发剂氧气规格

组 分	规 格	组 分	规 格
氧/%（体积）	99.5±0.1	界区压力/MPa（G）	≥2.0
氮/氢/%（体积）	0.4	界区温度	环境温度
露点/℃	-40		

产品的聚合度受引发剂加入量的控制，在有引发剂存在时，链引发反应分两步进行。第一步是速度决定步骤，引发剂分解为初级自由基；第二步初级自由基加成一个单体单元，形成链自由基，即开始进行链增长。这种链自由基的产生是链反应的特点。除非有很强的自由基成对反应，形成共价键，使自由基失去活性，否则链增长就以这种方式持续到链终止为止。大部分引发剂的效率为60%~80%，效率的降低主要是由于笼蔽效应和诱导分解。

当前高压聚乙烯工业生产中，有机过氧化物使用越来越多。有机过氧化物引发剂有以下优点：降低引发温度；相对延长冷却区长度且防止温峰延滞；提高乙烯转化率（增加10%）；更加有效利用管长（缩短10%）。目前为了进一步提高乙烯的转化率，在生产实际中使用有机过氧类低温高活性引发剂的装置不断增加。

这些引发剂的分解速度差异很大，每种引发剂都有其最适用的温度范围。分解速度可根据半衰期（10h、1h和1min）的温度来分类。在工业化过程中反应区的时间可缩短至3~15s。在测定每种过氧化物的最佳范围时，1s或0.1s的半衰期温度也是相当重要的。

4.2 溶剂的性质、规格及使用

引发剂溶剂油是正构烷烃的混合物（目前国内也有多家装置开始使用异构烷烃），其化学性质比较稳定，它能够很好的溶解有机过氧化物，在乙烯高温高压自由基聚合反应中有一定的链转移作用，但它主要是作为引发剂的溶剂（载体）使用（有些工艺也称其为载油），确保引发剂与反应物料有效地混合。表4-4为国内某高压装置所用引发剂溶剂的规格。

表4-4 国内某高压装置所用溶剂的规格

正构链烷烃	$C_{10} \sim C_{14}$	黏度	$1.96cSt^{①}$（20℃）
碳九以下（正构）	≤0.5%（摩尔）	初馏点	195℃
碳十四以上（正构）	≤0.5%（摩尔）	50%馏分温度	206℃
密度	745 ~ 755kg/m³	干点	225℃
外观	透明无色	闪点	76℃
气味	无味	凝固点	-18℃
色度	≤5Apha	芳香烃	≤0.1%（摩尔）
溴值	0.01g/100g	水分	≤100mg/kg
总硫量	≤5mg/kg		

① $1cSt = 10^{-6}m^2/s$。

4.3 造 粒 助 剂

聚乙烯树脂在隔绝氧的条件下受热时在分解温度以下是稳定的，但在空气中受热则易被氧化。为了防止聚乙烯在成型过程中受热时被氧化以及使用过程中老化，所以聚乙烯生产中应添加抗氧剂（防老剂）。此外为了防止成型过程中粘接模具还需要加入爽滑剂。聚乙烯主要用来生产薄膜，为了使吹塑制成的聚乙烯塑料袋易于开口而需要添加开口剂。表4-5为国内高压装置中使用较多的爽滑剂、抗氧剂、开口剂的规格。

表4-5 国内高压装置造粒助剂的性质和规格

三　　剂	爽滑剂	抗　氧　剂		开口剂
化学名称	油酸酰胺	四[β-（3, 5-二叔丁基-4-羟基-苯基）丙酸] 季戊四醇酯	β-（3, 5-二叔丁基-4-羟基-苯基）丙酸 十八碳酸酯	硅铝酸盐
工业名称	—	抗氧剂1010	抗氧剂1076	—
分子量	238.0	1177.6	530.9	
熔点/℃	70 ~ 76	119 ~ 123	50 ~ 55	
外观	—	白色粉末	白色结晶粉末	
食品标准	147/85 - TOX			
pH 值	≤7			≥11（溶液50g/L水）
颗粒尺寸/μm	—			3 ~ 4
熔烧损失/%（质量）	—			20 ±5

4.3.1 爽滑剂的性质、规格及使用

为了防止加工成型过程中聚乙烯粘接模具而需要加入爽滑剂（润滑剂），可用油酸酰胺或硬脂酸铵、油酸铵、亚麻仁油酸铵三者的混合物作为聚乙烯的爽滑剂。这类助剂一般是加热熔融后用计量泵加入侧线挤压机，与其他助剂一起再加入部分产品粒料经双螺杆的侧线挤压机混炼均匀后，再由该挤压机注入主挤压机然后造粒，也有的工艺是将该助剂加热熔融后用计量泵直接加入低压分离器中的。这些物质的分子中都含有不饱和的碳碳双键，在长期贮存或使用过程中如果接触空气，容易被氧化而变质，因此在贮存过程一定要避免损坏包装防止氧化；在熔融过程及加料过程中，要保证爽滑剂加料罐正常通氮气，防止空气进入而使其氧化。

4.3.2　开口剂的性质、规格及使用

低密度聚乙烯的一个重要用途是用来生产薄膜,为了使吹塑制成的聚乙烯塑料袋易于开口而需要添加开口剂。为了提高工业生产卫生水平,减少粉尘,开口剂是以母料的形式加入到聚乙烯产品中的。开口剂的成分为高分散性的硅铝酸盐的混合物。其用量根据生产的聚乙烯产品的牌号用旋转加料器计量送入侧线挤压机(混炼机),再由该机器注入主挤压机混合造粒。

4.3.3　抗氧剂的性质、规格及使用

聚乙烯树脂在隔绝氧的条件下受热时是稳定的,但在空气中受热时则易被氧化。为了防止聚乙烯在成型过程中受热时被氧化和使用过程中老化,根据产品的牌号和用途在聚乙烯树脂中应添加抗氧剂(防老剂)。高压低密度聚乙烯工业生产中使用的抗氧剂有酚类、磷类、硫类、胺类四大类。国内高压聚乙烯装置常用的抗氧剂有:抗氧剂 1010、抗氧剂 1076,此二者都属于酚类抗氧剂。抗氧剂一般是通过旋转加料器计量后加入到侧线挤压机中,与部分产品粒料熔融混合后加入到主挤压机中,或者是经过计量后直接加入到低压分离器下锥部,与熔融的产品物料一起加入到主挤压机中,也有的装置是通过计量后直接加入到主挤压机中。

第5章 工艺操作

国内各高压装置工艺来源各不相同,工艺流程也存在一些差别,操作各不相同。因此本章只能就一些各装置大多具有的、比较重要的操作进行介绍,在各装置进行培训使用时还需结合本装置的实际情况。本章主要以齐鲁石化高压装置为例,内容包括压缩、反应及造粒风送三个单元的操作。

5.1 压缩单元

本单元的工艺操作包括一次压缩机(联合机组)、二次压缩机及其油系统和其他辅助系统的开车、正常生产、停车操作及紧急停车操作。

5.1.1 压缩单元的开车

5.1.1.1 压缩单元的开车准备

1. 一次压缩机

1)检查与确认

(1)确认一次压缩机系统设备管线、电气仪表具备投用条件;主电机正压供风系统投用,确认仪表风供给正常;调节剂系统准备完毕,可随时投用;液压油系统投用正常;一次压缩机、低分、低循置换都已完毕,分析合格。

(2)循环冷却水投用:打开压缩单元循环冷却水上水及回水总阀;投用增压机、一次压缩机各段汽缸夹套的循环冷却水,打开相关阀门;投用主电机冷却水,打开循环冷却水上水及回水阀门;投用一次压缩机(联合机组)各段间冷却器的冷却水,打开循环冷却水上水及回水阀门;投用一次压缩机外部油冷却器冷却水,打开循环冷却水水阀。

(3)氮气投用:打开一次压缩机(联合机组)内部油高位槽氮气供给线上的阀门;曲轴箱氮气供给线上的阀门;汽缸氮气缓冲器氮气供给线上的阀门。

(4)检查所有测量值正常传递给 PLC(可编程逻辑控制器),检查所有就地控制开关及监测仪表投用。

(5)确认室内一次压缩机(联合机组)紧急停车开关未触发;确认一次压缩机(联合机组)工艺参数联锁,报警值设定正常;确认一次压缩机(联合机组)系统控制回路功能正常;确认装置所有乙烯检测报警系统投用正常。

(6)确认废气罐投用:打开新鲜水线截止阀,至溢流线有水溢出后,将阀门关小;打开氮气供给线截止阀;打开废气罐通蒸汽线截止阀;打开废气罐顶部排放线蒸汽截止阀。

2)流程准备

(1)打开下列阀门:乙烯界区至一次压缩机一段入口各阀门;增压机、一次压缩机入口截止阀,三返一调节阀的旁通阀;室内全开一次压缩机旁路调节阀,增压机旁路调节阀,一次压缩机出口阀;打开一次压缩机排放气油气分离罐出口截止阀;二次压缩机泄漏气分离罐出口管线三通阀切向装置废气罐;高循系统流程打通,高循返界区流程打通。

(2)投用新鲜乙烯加热器:打开导淋阀排凝,微开低压蒸汽截止阀,投用疏水器,缓慢打开低压蒸汽引入截止阀，打开新鲜乙烯温度控制阀前后截止阀，将新鲜乙烯温度控制器设定为工艺要求温度。

（3）投用一次压缩机旁路气体加热器：打开一次压缩机旁路气体加热器凝液导淋，微开蒸汽截止阀排凝，等蒸汽引入，关闭导淋阀，打开蒸汽阀门和凝液阀门。

2. 二次压缩机

（1）检查二次压缩机系统设备，管线，仪表，电气具备投用条件，液压油系统投用正常，二次压缩机、反应器、高分、高循乙烯置换都已结束，分析合格。

（2）公用工程投用

① 循环冷却水投用：打开二次压缩机主电机循环冷却水上水及回水阀门，压缩机段间冷却器、外部油(框架油)冷却器、冲洗油冷却器循环冷却水上水及回水阀门，关闭其旁通线阀门，确认循环冷却水温度、压力正常。

② 电机正压供风系统投用：打开二次压缩机主电机强制冷却供风线路的阀门，确认仪表风供给正常。

③ 氮气投用：投用内部油高位槽、内部油油槽、外部油(框架油)油槽、冲洗油油槽的氮封，打开以上各处氮气供给线阀门，并确认压力正常；投用曲轴箱氮封、入口安全阀放空线氮气吹扫，打开以上各处氮气供给线阀门，并确认压力正常。

（3）检查二次压缩机控制盘紧急停车按钮在断开位置；检查所有阀门处于其原始位置。

（4）检查所有测量值已传递给 PLC，检查所有就地控制开关及探测仪表被激活。

（5）检查二次压缩机工艺参数，联锁报警设定正常；检查装置内所有乙烯检测报警系统投用正常。

（6）二次压缩机泄漏气系统已氮气置换，将泄漏气油气分离器蒸汽投用，三通阀切向现场放空。

（7）检查外部油(框架油)油箱、冷却冲洗油箱油位及油温正常；检查内部油高位槽、内部油油槽油位及油温正常；液压油系统运转正常；确认一次压缩机运行。

（8）打通相关流程：反应器出料阀开；二次压缩机入口过滤器前后阀门打开，入口过滤器旁通线阀门关闭；二次压缩机入口阀及其旁通线手阀关闭；二次压缩机旁通阀打开，二次压缩机出口阀打开。

5.1.1.2 压缩单元的开车步骤及注意事项

1. 一次压缩机

（1）通知电气人员给外部油泵、内部油泵、盘车电机、各油箱电加热器供电；投用各油箱电加热器；启动外部油泵，确认泵运行正常，油温、油压正常，两台泵能够互备。

（2）对一次压缩机进行盘车一周以上，盘车在一次压缩机泄压状态上完成；停止内部油泵，确认盘车器完全退出(燕山石化一高压装置压缩机盘车器是在压缩机主电机启动后被自动甩出并锁定)；增压机及一次压缩机充压至开车要求压力并保压(燕山石化一高压装置的一次压缩机在开车时不需要特意用乙烯充压，在乙烯置换合格后即可直接进行启动一次压缩机的操作，压缩机启动后再打开机器入口阀进行补气)。

（3）一次压缩机启动操作

① 通知调度准备启动一次压缩机，通知电气人员给主电机高压电源送电，准备启动一次压缩机；室内操作人员通知室外人员，启动一次压缩机内部油泵，一次压缩机总联锁复位；通知电气人员给一次压缩机复位。

② 室内操作人员确认内部油油泵运行，且运行时间达到规定要求，并再对外部油泵运行情况进行确认，确认没有处于激活状态的停车报警信号且主电机处于停止状态。

③ 通知室外操作人员可以启动一次压缩机；现场操作人员确认一次压缩机允许启动灯亮后，按下现场一次压缩机启动按钮。

④ 如因故不能及时启动一次压缩机，则应停止内部油泵，对压缩机进行盘车，防止汽缸中油太多，造成液击损坏压缩机阀片；并要考虑适当泄压或彻底泄压。

（4）启动后立即进行下列工作：

① 现场检查各段压力、温度、机械温度是否正常；检查一次压缩机机组有无泄漏和异常噪音；控制室根据一次压缩机入口压力和温度，及时进行相应的调整，相应参数稳定后投自动控制；从各排油点进行一次排油。

② 泄漏系统正常；如果发现异常，如管线结霜，温度下降，及时报告上级，紧急情况时对一次压缩机停车处理。

③ 一次压缩机启动一段时间后，现场人员与控制室联系将一次压缩机旁路压力控制阀的旁通阀关闭；关闭时要缓慢进行，不应造成一次压缩机入口压力较大波动；现场完全关闭上述旁通后，及时通知控制室。

④ 监视增压机入口缓冲罐压力，尽快将增压机入口压力投自动控制，如果增压机入口缓冲罐压力太低时，则采取相关措施对其充压，防止增压机入口压力低联锁停车；调节增压机段间冷却器及低循气冷却器冷却水流量，控制增压机入口温度稳定。

⑤ 联系聚合单元，尽快打开高压分离器出料阀，建立低压循环，流量控制在适当值；按配方要求，向系统加入调节剂（各种工艺调节剂的加入位置不同，开车时加入的时机不同，分别可在一次压缩机启动后从增压机入口或一次压缩机入口加入，从二次压缩机入口加入时须待二次压缩机启动才可），加入系统调节剂的量控制在工艺规定值。

（5）升压操作

① 室内操作人员确认一次压缩机各级温度压力正常；确认一次压缩机旁路压力控制阀的旁通阀已关闭。

② 如果由于各种原因不准备对后系统升压，则缓慢降低一次压缩机入口压力，使一次压缩机保持较低的打气量，维持低负荷运转。

③ 如果对后系统升压，则室内操作人员稳定提升一次压缩机入口压力，同时缓慢关小一次压缩机旁路控制阀开度，逐渐增加一次压缩机的打气量，开车过程要求稳定，速度不一定要快。

④ 如果一次压缩机是检修后更换了阀片、活塞或填料等部件开车，可以先进行一段时间的磨合，并对拆卸过的有关部位进行检漏，检查机器无异常后再进行升压操作。

2. 二次压缩机

（1）通知电气人员给外部油泵及外部油加热器供电；给冷却冲洗油泵及冷却冲洗油加热器供电；给内部油泵及内部油加热器供电；将上述各加热器投用，把油温控制在规定范围内。

（2）启动外部油A泵，确认泵出口压力、温度正常，过滤器压差小于规定值，目视检查，一无油泄漏，二无噪音，将外部油B泵切自动备用；启动冲洗油A泵，确认泵出口压力、温度正常，过滤器压差小于规定值，目视检查，一无油泄漏，二无噪音，将冲洗油B泵切自动备用。

（3）通知电气人员给盘车电机送电，现场人员确认盘车位置正确；启动内部油泵，调整各缸润滑油注入量，检查运转无噪音，流速设定正确；现场启动二次压缩机盘车电机，盘车一周检查无问题时，停止盘车，退出盘车器(燕山石化一高压装置压缩机盘车器是在压缩机主电机启动后被自动甩出并被锁定)，停内部油泵，室内人员要确认盘车器位置正确。

（4）增加一次压缩机打气量，同时打开二次压缩机入口阀的旁通手阀，给二次压缩机充压，室内人员监视二次压缩机入口压力，待二次压缩机入口阀前后压差较小时，打开二次压缩机入口阀(有的装置需复位有关联锁后才能开阀)，给二次压缩机入口充压到二次压缩机启动的规定压力，通知现场人员关闭二次压缩机入口阀的旁通手阀。

（5）二次压缩机启动操作

① 有关人员再次确认下列内容：没有处于激活状态的停车报警信号；具备启动条件；外部油(传动机构润滑油)系统运行正常；冷却冲洗油系统运行正常。

② 通知调度准备启动二次压缩机，并获同意；通知电气人员给二次压缩机主电机高压电源送电，准备启动二次压缩机；室内操作人员通知室外人员，启动二次压缩机内部油泵，预润滑时间达到规定时间；二次压缩机总联锁复位；通知电气人员给二次压缩机复位；室外操作人员确认二次压缩机准许启动灯亮。

③ 现场操作人员联系控制室，二次压缩机将要启动，控制室同意后，现场启动二次压缩机主电机。

④ 如因故不能及时启动二次压缩机，则应停止内部油泵，对压缩机进行盘车，防止汽缸中油太多，造成液击损坏压缩机柱塞；并要考虑适当泄压或彻底泄压。

（6）启动后立即进行下列工作：

现场操作人员检查下列内容：检查机体及配管、中间冷却器的振动和噪音情况，振动和噪音过大，停二次压缩机；检查内部油油位，注油器工作正常，注油速率正常；检查外部油泵出口压力正常，该系统无泄漏，油泵无异常噪音；检查冲洗油泵出口压力正常，该系统无泄漏，油泵无异常噪音；检查气体泄漏系统有无异常，管线是否有结霜现象；检查管道支撑是否有松动；检查电机冷却水温度、压力是否正常，正压通风是否正常。室内操作人员注意监视反应器入口压力；控制室及时调节一次压缩机打气量，防止二次压缩机入口压力低联锁；密切监视一段、二段入口温度，通过调整各冷却器水流量，把二次压缩机各段入口温度控制在工艺规定值。注意冬季开车时，由于环境温度的影响，各段入口温度较低，这时严禁升压过快，防止二次压缩机一段强制压缩造成高压差触发联锁。

（7）当二次压缩机入口压力升至工艺规定值并稳定时，关二次压缩机旁通阀。同时室内操作人员迅速关小一次压缩机旁通阀，开大一次压缩机入口阀，及时给二次压缩机补气，防止二次压缩机入口压力低联锁。此后根据工艺要求，为了将系统中调节剂、空气引发剂(氧气引发剂)与乙烯单体混合均匀并达到一定的浓度，二次压缩机将在低负荷下运转1小时左右(这一过程被称为1小时乙烯循环)。对于只用有机过氧化物作引发剂的装置，当循环乙烯中氧含量偏高时，可以利用这一段时间进一步除氧；对于用氧气或空气作引发剂的装置，可利用这一段时间进一步调整系统中氧气的浓度；如果二次压缩机是检修后更换了柱塞或填料开车，可以利用这段时间进行机械的磨合，并对高压管线的连接点进行检漏。

5.1.2 压缩单元的正常生产操作

5.1.2.1 一次压缩机的正常生产操作

1. 室外操作人员

（1）检查一次压缩机各段吸入及排出气体压力、温度是否正常；主电机冷却水温度小于工艺规定值；电机轴承箱油位是否正常；各段间冷却器水温、水压是否正常。

（2）检查内部油系统：高位槽液位是否正常，内部油油温是否正常，注油量是否正常。

（3）检查外部油系统：进曲轴箱前压力是否正常，曲轴箱油位是否正常，外部油泵出口压力是否正常，曲轴油温是否正常，外部油冷却器工作情况是否正常，外部油过滤器压差小于工艺规定值。

（4）检查一次压缩机电机电流是否正常；机器及油槽各处氮封压力是否正常。检查调节剂系统的温度、压力、液位是否正常。

（5）检查各段填料有无泄漏，泄漏量有无变化；检查电机、曲轴箱、汽缸以及配管等有无异常振动和异常噪声；检查工艺管线支撑，仪表测量管线有无泄漏；检查工艺管线上安全阀有无泄漏；油路系统有无泄漏；检查工艺管线伴热是否良好。

（6）每班工艺规定次数将压缩机各段间分离器、入口缓冲罐（有的装置出口缓冲罐也需要排油）的油排入一次压缩机排放气油气分离罐；将返界区气体分离出的蜡排入规定的容器；巡检过程中发现内部油的贮槽油位较低时，可打通流程对其加油至工艺规定油位。冬季还要对本单元的设备及管线的防冻防凝进行检查。

（7）按巡检路线及上述监视内容，按规定时间及频率对一次压缩机进行检查；按规定对工艺参数进行记录，并认真分析各参数变化情况；巡检外部油过滤器发现其压差大于工艺规定值时，可切换到另一台，并告诉班长；发现事故隐患及时上报处理；巡检中发现机器激烈的振动或撞击、工艺管线结霜严重或大量泄漏而无法处理时可对进行一次压缩机紧急停车。

2. 室内操作人员

（1）认真监控，做好工艺记录，认真监视界区乙烯压力是否正常，一次压缩机和增压机各段入口压力、出口压力是否正常，增压机一段、一次压缩机一段出入口压差是否正常，一次压缩机二、三段出入口压差是否正常，增压机和一次压缩机各段汽缸入口温度、出口温度是否正常。

（2）监视一次压缩机主电机的电流是否正常，检查机器各轴承和电机轴承的温度值是否正常；检查各活塞振动值是否正常。

（3）监视调聚剂储罐液位、压力是否正常，调聚剂加入量是否正常。各参数出现不正常或报警时及时查看，分析判断出原因，与室外操作人员和其他单元人员密切配合，及时调整，发现事故隐患及时上报处理。

5.1.2.2 二次压缩机的正常生产操作

1. 室外操作人员

（1）检查主电机冷却水温度、压力是否正常；电机轴承箱油位是否正常；段间冷却器水温、水压是否正常。

（2）检查内部油高位槽油位是否正常，内部油油箱油位、油温是否正常，内部油注油器入口压力是否正常，各注油器的注油量是否正常，及时调整注油量及油杯液位。

（3）检查外部油油槽油位是否正常，油温是否正常，油泵出口压力、温度是否正常，过滤器压差小于工艺规定值，外部油油冷器冷却水温度、压力是否正常；各油泵的电流、运转声音是否正常。

（4）检查冲洗油油箱油位是否正常，油温是否正常，油泵出口压力、温度是否正常，检查冲洗油过滤器的压差小于工艺规定值，冲洗油油冷器冷却水温度、压力是否正常；各油泵的电流、运转声音是否正常。

（5）检查各汽缸填料的气体泄漏情况是否正常，检查二次压缩机主电机的电流、运转声音是否正常，检查机器各轴承和电机轴承的温度是否正常；检查柱塞振动是否正常；机器及油槽各处氮封压力是否正常。

（6）检查二次压缩机机体振动情况是否正常；检查二次压缩机曲轴和汽缸有无撞击和异常振动；检查二次压缩机汽缸组合阀的工作是否正常。

（7）检查内部油、外部油、冷却冲洗油管线有无泄漏现象；检查工艺管线、安全线、仪表压力应变仪、热电偶有无泄漏，工艺管线有无异常振动；检查各油泵、内部油泵及注油器等电机和泵体有无异常振动；检查二次压缩机独立轴承回油器是否正常。

（8）发现内部油高位槽液位低时及时打通流程，从内部油站向高位槽补油；发现冲洗油油箱、外部油油槽油位低时及时补油，保持油位在工艺规定范围内；及时检查二次压缩机内部油油槽液位和氮气压力，确保供油正常。

（9）二次压缩机外部油过滤器、冷却冲洗油过滤器差压上升达到工艺规定值时，及时切换、清理过滤器并通知班长和车间设备人员，并做好工艺记录和交接班记录；每班按工艺规定次数对泄漏气系统进行排油操作。冬季还要对本单元的设备及管线的防冻防凝进行检查。

（10）按照巡检路线和上述巡检内容及要求巡检，按要求对二次压缩机工艺参数进行记录，并分析各工艺参数的变化情况；发现事故隐患及时上报处理；在巡检中如果发现工艺管线或填料有大量的气体泄漏，或机器发生激烈的振动或撞击，可对二次压缩机进行紧急停车。

2. 室内操作人员

（1）认真监控，做好工艺记录，认真监视二次压缩机一段入口压力、出口压力是否正常，一段出入口压差是否正常，一段各汽缸入口温度、出口温度是否正常。

（2）监视二次压缩机二段入口压力、出口压力是否正常，二段出入口差压是否正常；二段各汽缸入口温度、出口温度是否正常。

（3）监视二次压缩机主电机的电流是否正常，监视各汽缸填料的气体泄漏量是否正常，监视机器各轴承和电机轴承的温度值是否正常；监视各柱塞振动值是否正常，按时排油排蜡。

（4）根据产品分析结果，及时调节产品的熔融指数，配合反应人员进行牌号切换、反应器脱垢、循环系统脱垢等操作，各参数出现不正常或报警时及时查看，分析判断出原因，与室外操作人员和其他单元人员密切配合，及时调整，发现事故隐患及时上报处理。

5.1.3 压缩单元的停车

5.1.3.1 压缩单元的计划停车准备

1. 对于一次压缩机

按照有关部门的指令，应在反应终止之后，进行一次压缩机停车操作；停车前，各分离器及时彻底的排蜡、排油一次；一次压缩机旁路中间加热器排凝，并投用其中压蒸汽。

2. 对于二次压缩机

通过逐步降低压力设定值，降低二次压缩机出口压力，当反应器入口压力降至一定值以下时反应器出料阀节流作用已很小，这时将出料阀切手动，增大阀位输出，继续通过返回乙烯降低系统乙烯压力。为了降低单耗，应尽可能地向裂解装置返回乙烯。待循环气压力较低时，再停止二次压缩机。

5.1.3.2 压缩单元的计划停车

对于一次压缩机和二次压缩机的计划停车操作，出于工艺安全及保护设备等方面的考虑，国内各装置停车顺序各不相同，齐鲁石化高压聚乙烯装置可以先停一次压缩机，也可以先停二次压缩机；上海石化的两套高压聚乙烯装置是先停一次压缩机，再停二次压缩机；燕山石化的两套高压聚乙烯装置是先停二次压缩机，再停一次压缩机。本书中按先停二次压缩机进行叙述。

1. 二次压缩机的计划停车操作

（1）停车指令发出，室内操作人员通知室外操作人员关闭界区手阀，直至全关，室内渐渐降低一次压缩机入口压力设定值；当一次压缩机入口压力降至较低值时，停液体引发剂泵，停止向反应器中注入液体引发剂，停止向二次压缩机入口注入气体引发剂（如果该装置用空气或氧气引发剂）、调节剂和共聚单体，终止反应，然后在高分、高循及二次压缩机入口压力允许的条件下，迅速给反应器降压至工艺规定值；反应降压将引起二次压缩机入口压力大幅上升，这时将一次压缩机旁通阀切手动控制，增大阀位输出，减少向二次压缩机的供气量，降低二次压缩机的入口压力，避免二次压缩机入口压力高联锁；停止向系统中加入调节剂，如果停车时间较长，关界区调节剂阀，防止调节剂储罐液位超高。

（2）将返界区流量调节阀阀位输出增大，提高返回乙烯量，由于返回乙烯气有节流膨胀现象，因此注意及时调节返界区乙烯的温度。通过向界区外返乙烯，逐渐降低反应器、循环气体及二次压缩机出入口的压力。当二次压缩机出口压力和入口压力降低到一定值时，复位有关联锁，然后打开二次压缩机旁通阀，这时二次压缩机入口压力会大幅升高。如果返界区乙烯是从高循系统向界区外返的，二次压缩机旁通阀打开后，返界区乙烯的压力也会急剧上升。为保护管线及设备，必须预先关小返界区乙烯管线上的流量调节阀，防止超压。

（3）当二次压缩机旁通阀打开并且入口压力再次降至较低值时，室内操作人员通知现场操作人员停二次压缩机，现场操作人员从现场控制盘上按下停车按钮，二次压缩机将被停止。为了降低单耗，此时应继续向裂解装置返乙烯。现场操作人员将二次压缩机停止后把内部油泵也停掉，再通知室内操作人员。

（4）室内操作人员关闭二次压缩机入口阀及出口阀，室外操作人员从有关位置给二次压缩机放空泄压，当二次压缩机短期停车时，放空至 $2\sim3$ MPa 保压，外部油泵及加热器不停，冲洗油泵及加热器也不停，以备开车。

（5）对于二次压缩机长期停车，需进行下列操作：室外操作人员从有关位置给二次压缩机放空泄压，待二次压缩机系统压力降至零时，关闭放空阀。用高压氮气给二次压缩机置换数次，使系统中乙烯含量 $<1000\times10^{-6}$，充氮气至一定的压力保压；如果需要检修，用氮气彻底置换并分析合格，然后可进行检修工作。

（6）现场操作人员停外部油泵及其电加热器，停冲洗油泵及其电加热器。冬季停车时，将二次压缩机中间冷却器、主电机冷却器、外部油和冷却冲洗油油冷器的上水阀及回水阀关闭，打开导淋阀将水放净后关闭该阀，同时把旁通阀略开以防管线结冰。

（7）停车后，有关人员要到电气车间填写停车断电票，使压缩机处于安全停车状态。

2. 一次压缩机的计划停车操作

（1）停车指令发出后，室外操作人员确认乙烯界区手阀已关闭；室内操作人员通过将一次压缩机旁通阀切手动控制，通过增大阀位输出来降低出口压力，这时操作要平稳，防止入口压力上升过猛造成入口安全阀起跳。

（2）调节剂已于二次压缩机停车时停止注入；当一次压缩机出口压力降至工艺规定值时，室内操作人员通知室外操作人员从现场停一次压缩机；然后室内操作人员迅速关闭增压机旁通阀、一次压缩机旁通阀和出口阀，防止增压机、一次压缩机出口高压气体通过旁路流到各自入口，导致入口安全阀起跳；停外部油泵、内部油泵并确认；注意停车前从各排油点彻底排油一次。

（3）室外操作人员从现场对联合机组系统泄压；当增压机、一次压缩机入口压力降至很低时，室内操作人员可打开增压机和一次压缩机旁通阀，平衡机器的出口和入口压力；停车时间较长需要检修时，系统乙烯压力降至零，然后用氮气置换并分析合格，即可展开检修工作；停车时间较短时，一次压缩机入口压力降至适当值，关放空阀保压。

（4）注意：当二次压缩机保压压力较高时，来自二次压缩机泄漏气分离罐的泄漏气会使增压机入口压力升高，为防止安全阀起跳，需要将与其相关的放空阀保持一定开度。

5.1.3.3 压缩单元的紧急停车和联锁停车

1. 一次压缩机的紧急停车和联锁停车

1）紧急停车

当出现如下情况之一时可紧急停一次压缩机：

一次压缩机系统发生严重机械故障；一次压缩机系统或其配管发生严重泄漏；装置其他部位发生严重事故不允许压缩机继续运行；发生不可抗拒的自然灾害。

2）联锁停车

当出现如下情况之一时可导致一次压缩机联锁停车：

（1）紧急停车按钮按下；电力供应中断；循环冷却水供应故障；仪表风供应故障。

（2）增压机入口压力超低；增压机一段压差超高；一次压缩机一段压差超高；一次压缩机二、三段压差超高；一次压缩机三段出口压力超高（如果只有两个压缩段，则为二段出口压力超高）；增压机及一次压缩机各压缩段的某一汽缸出口温度超高；一次压缩机入口新鲜乙烯缓冲罐及各段间分离罐某一个液位超高；内部油油温低；内部油泵停；外部油油温低；外部油油泵停；曲轴箱油压低；机器各段轴承中的某一个温度超高、各压缩段中某一个活塞杆下沉位移过大；曲柄轴承振动速率高；主电机轴承振动速率高；主电机冷却水流量低；主电机正压通风风量低；盘车齿轮位置开关报警；电气故障。

（3）联锁停车后的动作：一次压缩机停止运行；对于从增压机入口或一次压缩机入口加入调节剂的装置，调节剂注入阀关闭；一次压缩机旁路各压力控制阀关闭。

2. 二次压缩机的紧急停车和联锁停车

1）紧急停车

当出现如下情况之一时可紧急停二次压缩机：

二次压缩机系统发生严重机械故障；二次压缩机系统或其配管发生严重泄漏；二次压缩机系统发生火灾；装置其他部位发生严重事故不允许压缩机继续运行；发生不可抗拒的自然灾害。

2）联锁停车

当出现如下各条中情况之一时可导致二次压缩机联锁停车：

（1）紧急停车按钮按下；电力供应中断；循环冷却水供应故障；仪表风供应故障。

（2）二次压缩机自身的故障：入口压力超低；入口压力超高；一段或二段每一汽缸的出口温度超高；一段出口压力超高；二段出口压力超高；二段出口压力超低且引发剂泵未全

停；段间爆破膜爆破；出口爆破膜爆破；入口安全阀起跳；二段出、入口压差超高；两台冷却冲洗油油泵同时停；冷却冲洗油温度低；冷却冲洗油压力超低；两台外部油油泵同时停；外部油温度低；外部油压力超低；内部油油泵停；内部油温度低；内部油油泵入口压力超低；由于运动件过热，导致熔断杆熔断；通往二次压缩机熔断杆的低压氮气压力过低；每一个柱塞轴向振动值超高；每一个柱塞径向振动值超高；每一柱塞温度超高；曲柄轴承振动速率超高；主电机轴承振动速率超高；盘车齿轮位置开关报警；主电机冷却水流量低；主电机正压通风风量低；二次压缩机旁通阀不响应超过规定时间；电气故障。

（3）反应器系统的故障：反应器预热段（反应器入口）压力低且引发剂泵未全停；反应器中各安全阀中有一个或一个以上打开；反应器超温；反应器入口（预热段）超压；反应墙内气体检测指标超高。

（4）联锁停车后的动作：二次压缩机停止运行；反应器各引发剂泵停止运行；使用空气和氧气作为引发剂的装置各空压机和氧压机停止运行；反应器放空阀打开，紧急泄压。

5.2 反 应 单 元

5.2.1 反应单元的开车

5.2.1.1 反应单元的开车准备

反应单元的升压开车需要具备以下条件：

（1）一次压缩机、二次压缩机运转正常，反应器压力达到一定的要求，高循系统、低循系统压力达到一定的要求；循环乙烯中氧气、氢气、水等杂质含量符合工艺要求，调节剂含量达到开车要求；对于用氧气或空气作引发剂的装置，把流程打通后启动空压机（氧压机），使系统中气体引发剂的含量也要达到反应开车要求；仪表人员已投用各在线仪表。

（2）液体引发剂配制完毕分析合格；引发剂配制罐至引发剂进料罐流程打通，引发剂进料罐至引发剂泵流程打通；液体引发剂至反应器注入管线充填导通完毕，引发剂计量泵具备投用条件。

（3）反应器预热段加热介质投用（不同的装置加热介质有所不同），预热器二段出口温度达到要求；反应器热水系统投用，温度、压力、液位和流量达到要求；产品冷却器热水循环系统投用，温度、压力、液位和流量达到要求；高压循环气水系统投用，温度、压力和液位达到要求（有些装置上述水系统为一总系统，那么就将这一总的水系统准备好，使其具备投用条件）；热油系统投用（有的装置无热油系统），温度、压力和液位达到要求。

5.2.1.2 反应单元的开车步骤

1.1 小时乙烯循环

（1）手动调节高压分离器下料阀至适当开度，使低循气流量控制在工艺规定值；为了将系统中调节剂、空气引发剂（氧气引发剂）与乙烯单体混合均匀并达到一定的浓度，二次压缩机将在低负荷下运转 1 小时左右；对于只用有机过氧化物作引发剂的装置，当循环乙烯中氧含量偏高时，可以利用这一段时间进一步除氧；对于用氧气或空气作引发剂的装置，可利用这一段时间进一步调整系统中氧气的浓度。

（2）及时调整二次压缩机入口压力，将其稳定在工艺要求值；将高循气体的温度调节至工艺规定值；一次压缩机出口气体温度调整至工艺规定值；确认返界区乙烯流程打通，返界区乙烯气体加热器投用（有些返低循气的装置无加热器），返界区乙烯分离器伴热投用；高循各分离器到集蜡罐的手阀全部打开。

（3）再次确认下列内容：

① 反应器入口压力和二次压缩机入口压力正常；系统中杂质氧气、氢气和水等的含量达到工艺要求值。

② 调节剂含量达到工艺要求；气体引发剂的含量达到工艺要求；液体引发剂系统具备投用条件；各辅助水系统运行正常，温度、压力、流量及液位等都达到反应升压开车要求。

③ 本单元需要复位的联锁都已复位；反应器紧急放空罐充水到合适液位；反应器预热器出口温度达到工艺要求；液压油系统、热油系统运行正常，温度、压力均达到要求。

④ 挤压机筒体水系统运行正常，温度、液位、流量、压力均达到要求；颗粒水循环系统运行正常，温度、液位、流量、压力均达到要求；挤压造粒及风送、包装系统均按操作方案具备开车条件。

⑤ 若乙烯循环 1 小时后，反应器仍不具备升压条件，根据指令可以考虑停二次压缩机。

2. 系统升压

（1）将高压分离器下料阀手动关闭，同时注意调节增压机入口压力，防止压力过低联锁停联合机组；将反应器出料阀切自动，通过提高反应器入口压力控制器的设定值以适当的速率升高反应器压力至注引发剂要求的数值。

（2）注意升压过程在工艺允许的范围内要尽可能的快，以减少单体热聚合造成的反应器结垢；升压过程中要注意通过及时改变一次压缩机旁通阀和入口阀的开度来调节一次压缩机和二次压缩机的打气量，满足反应器快速升压的要求。

3. 管式反应器建立温峰

不同的装置，反应器的温峰数目不同，目前国内装置有两峰、三峰、四峰及五峰操作，其中以四个温峰的装置居多，有的装置使用有机过氧化物作引发剂，有的装置使用有机过氧化物和空气的混合物作引发剂，有的装置使用纯氧作引发剂。因此温峰的建立过程各不相同。下面按有机过氧化物、有机过氧化物和空气的混合物、纯氧分别论述：

1）管式反应器使用有机过氧化物作引发剂

（1）当反应器入口压力达到注引发剂要求的数值时，通过手动调节第一温峰控制器的输出值调节第一注入点引发剂计量泵的冲程，向反应一段注入引发剂，尽快将第一温峰峰值温度升至工艺配方值以下 5~10℃，但建立温峰过程中引发剂注入不要过猛，否则容易注入过量的引发剂引起超温分解，最终导致联锁停车。

（2）为保证出料阀后物料的良好流动性，将产品水水温设定比正常生产时高 20℃ 左右。建立温峰时，注意二次压缩机入口压力，若压力过低，通过调节一次压缩机旁通阀和入口阀及时补气。

（3）第一温峰建立后，参照第一峰建立情况，尽快建立后面的温峰。全部温峰建立后，逐渐将反应器压力和各峰值温度调节至工艺要求的正常值，随后采用脉冲工艺的装置根据具体情况可将反应器出料阀的脉冲程序投用。建立温峰过程中要注意，随着后续温峰的建立，乙烯的转化率增加，导致乙烯需求量大增，这时要手动调节一次压缩机旁通阀和入口阀的开度，维持二次压缩机出入口压力的稳定，及时通过二次压缩机向反应器补气。

（4）及时调节反应水水温、各区水流量至工艺配方值。及时调节产品水水温、水流量至工艺配方值。操作人员要根据增压机和二次压缩机入口温度情况及时调节低循气和高循气温度，确保压缩机正常工作。

（5）在建立反应的过程中，还需要注意的是，不能只建立前面的温峰，而是要尽快建立全部的温峰。因为由于前面的温峰引发温度低和单体浓度高的原因，导致前面温峰的产品分子量大，熔融指数低。如果只建立前面的温峰，后面的温峰由于种种原因不能建立或建立的速度太慢，这样会使开车初期的产品平均分子量太大，熔融指数太低，从而导致挤压机开车困难甚至无法开车。

（6）要及时与乙烯供应单位联系，确保建立反应过程中的乙烯供应。建立反应过程中要密切注意高压分离器的料位，在料位适当时，打开高压分离器下料阀将物料排入低压分离器，此过程中要注意低压分离器压力，防止压力超高。

2）管式反应器使用有机过氧化物和空气的混合物作引发剂

（1）在使用有机过氧化物和空气的混合物做引发剂的装置，在 1 小时乙烯循环过程中，先经计算后按照开车牌号的要求快速注入适量的调节剂，在调节剂循环一段时间后，启动空压机向系统中注入空气（上海石化高压装置从一次压缩机三段入口注入，茂名石化高压装置从二次压缩机一段入口注入），注入总量及注入速率经过计算，要求在 1 小时乙烯循环结束后恰好达到反应开车的浓度要求，空气的注入速率是用空压机的旁路调节阀来控制的。

（2）系统中空气引发剂浓度达到开车要求后，启动第一注入点液体引发剂泵向反应器注入引发剂，尽快建立第一温峰。第一温峰建立后，参照第一峰建立情况，尽快建立后面的温峰。其他建立温峰过程的注意事项见前面的叙述。

3）管式反应器使用纯氧作引发剂（共聚牌号）

（1）首先计算出开车牌号所需的调节剂量及共聚单体醋酸乙烯的量，然后启动调节剂计量泵满负荷工作以便尽快达到所要求的浓度。在调节剂加入适当的时间后，启动醋酸乙烯泵满负荷向系统中加入醋酸乙烯以便尽快达到所要求的浓度，当进行乙烯循环时，调节剂和醋酸乙烯均匀地分布到系统中。调节剂和共聚单体醋酸乙烯都是从二次压缩机入口的不同位置加入的。

（2）当反应器压力升至操作压力时，要注意此时调节剂浓度值和醋酸乙烯的浓度值可以高于正常操作时的浓度值（大约可高 1%）以抵偿填充的新鲜乙烯的稀释作用；当反应器进料中调节剂浓度和醋酸乙烯的浓度达到要求时，为维持此浓度值，通过调节剂流量控制阀使调节剂的流量减少，通过共聚单体流量控制阀使醋酸乙烯的流量减为零。

（3）在上述过程完成后，用新鲜乙烯充压启动氧气压缩机（氧气压缩机是在无氧的情况下启动的），然后通过调节阀使去往二次压缩机入口的三股侧流流量稳定在工艺规定值，接着开启氧气流量调节阀，将开车所需要的部分氧气注入到氧气压缩机入口的乙烯气流中，氧气压缩机出口的混合气流注入到二次压缩机入口。按生产共聚产品开车时氧气量应比正常需要量多出 30%。为使氧和乙烯混合物的流量恒定，大约有 10%～20% 的流量经由氧气压缩机旁路调节阀回流。随着压力和温度的增加，根据规定先降低丙烯的量，然后降低氧气量，以使反应器的温度保持在控制所要求的值。

（4）继续调整氧的流量直到反应器进料中的氧气浓度值恰好是生产合格产品所要求的浓度值为止，这一工作要求在反应器达到反应开车要求的压力时完成。尽快提高反应器温度和压力，注意当压力和温度已达到工艺指标时，必须将氧气的流量尽快降低到指定产品所要求的值，醋酸乙烯酯的流量也必须调节到生产所要求的流量。前者是为了避免爆聚，后者是为了减少开车过渡料。

（5）在开车期间的任何情况下，冷气体注入阀都必须开启并且大致调节到所要求的冷气流量。当温度和压力值达到要求时，脉冲阀的时间周期即可建立。然后主温度控制器投自动操作。反应器压力、温度、引发剂浓度、调节剂浓度和共聚单体浓度要及时调节以便达到所要求的熔融指数和密度。其他开车建立反应的注意事项见前述。

4. 釜式反应器建立反应

现代的高压釜式反应器一般采用双釜串联操作，每个釜又采用分区操作(燕山石化高压装置每釜分三个温控区)，一般使用有机过氧化物作为引发剂，每个反应区使用一种有机过氧化物(各区过氧化物种类不同)。反应釜带有冷却水夹套，通入冷却水撤出部分反应热，两个釜之间设有中间冷却器，撤出部分反应热，大部分反应热依靠聚合物和未反应的过量单体带出反应器。釜式反应器建立反应的过程与管式反应器有所不同。

(1) 釜式反应器高压装置在一次压缩机启动后，根据开车时的产品牌号和计算结果，从一次压缩机一段入口快速向系统中注入调节剂，启动二次压缩机之后确认无异常即可升压。

(2) 为了减少反应器结垢、保护高速搅拌器的中间轴承及底部轴承、提高反应器内温度以利于引发剂引发反应，在开车过程中反应器夹套是用高压蒸汽加热的。为了防止开车过程中反应器冷却器温度低造成聚合物冷却堵塞反应器中间冷却器和反应器后冷却器，两个冷却器在开车过程中也用蒸汽加热。为了保证反应器达到开车建立反应的温度，建立反应前半小时左右将反应器入口换热器加热。

(3) 在反应釜开始进料的同时启动搅拌器(首先向反应釜顶部的电机冷却室进料)。当反应釜压力达到建立反应所需压力时，启动引发剂泵向第一釜第一反应区投引发剂，注意升温速率不能过快，首先是防止爆聚，其次是防止反应釜的热应力过大导致泄漏。在第一釜第一区温度达到一定值时，向第二釜第一区注入引发剂建立反应，然后向第一釜注入第二股引发剂建立反应，最后向第二釜注入第二股引发剂建立反应。

(4) 两釜反应都建立后，反应器中间冷却器和反应器后冷却器逐渐由加热状态切换为冷却状态，反应器入口换热器也由加热状态切换为冷却状态。注意切换过程不能过快，以防过大的热应力损坏换热器。在上述切换过程中会造成两个反应釜温度下降，注意对其及时进行调节。其他开车建立反应的注意事项见前述。

5.2.2 反应单元的正常生产操作

1. 反应器脱垢操作

1) 反应器粘壁产生原因及生产中减少粘壁的措施

管式法高压聚乙烯在开车阶段及正常生产中，不可避免的生成部分分子量大、熔融指数低的产品，这部分产品熔融流动性差，且物流在管壁处流速最小，管内壁的温度相对于管内部也最低，因此部分产品容易附着(物理吸附和化学吸附兼而有之)在反应管的内壁上，形成结垢(粘壁)。反应管撤热区后部温度最低，粘壁最严重。反应管内壁形成垢层后，造成传热阻力增大，严重影响反应器的撤热，一则使生产负荷降低，再则在反应器中易形成局部热点，增加了发生分解反应的可能性。为了降低粘壁量，提高传热效率，防止局部过热，实际生产中采用以下各种措施：

(1) 维持物料的高流速　为适应高温高压操作，反应管的壁很厚，使传热阻力增加。为了提高传热效率，应使物料维持很高的流速，一般可达到每秒十几米。另一方面提高流速可使物料在管中的流速分布趋于平坦，流型更接近于平推流，因而使径向浓度与温度分布更趋均匀，粘壁物减少，产品质量提高。

(2) 采用压力脉冲反应器　当反应器正常运行时，为了尽可能减少粘壁物，可采用压力脉冲反应器，早期的脉冲反应器脉冲深度为 7~10MPa，现在的脉冲反应器脉冲深度为 20~50MPa，即通过周期性的突然改变反应器出料阀的开度，使反应管内压力周期性地突然下降 20~50MPa，然后再逐渐回复到原来的压力。当压力脉冲在管内传递时，引起流速突然增大，因而能将粘附于壁上的积存物冲刷下来，从而减少热阻，改善传热性能。当反应器结垢加重时，可通过加大脉冲深度及脉冲频率来加强除垢。

（3）避免冷却水温度过低　管式反应器依靠夹套来传递热量，由于物料的黏度受温度的影响很大，故冷却水的温度不能太低，以防因冷却水温度过低而使管壁处物料黏度变大，粘壁量增加而造成传热恶化。

（4）合理安排生产　在工业生产中，高流动指数牌号的产品和低流动指数牌号的产品交叉排产，避免长时间内连续生产低流动指数牌号的产品，也可以在一定程度上减轻反应器的粘壁。

即使采取了以上种种措施，管式反应器的结垢仍是难以避免的，因此在反应器结垢严重时就对反应器采取脱垢操作。由于国内不同的装置采用不同的工艺，反应器脱垢操作的基本指导思路相近，都是采取各种措施减少撤热量，使反应器内壁及粘壁层的温度升高，增强粘壁层流动性，然后被高速流动的物料冲刷带走。但具体操作手段有些差别。

2）脱垢操作

（1）检查与确认：反应温度稳定，压力正常；出料阀脉冲正常；反应热水系统运行正常；压缩单元运行正常；造粒风送单元运行正常。

（2）将反应水上水温度升高，不同的装置升温方式、幅度各不相同，从 10℃ 到 100℃ 都有；降低各冷却区的水流量（各引发区水流量一般保持不变），也有些装置对水流量不作调整；通过采取这些措施减少对反应器的撤热量，使反应器内壁及粘壁层温度适当上升，增强粘壁物的流动性，并保持出料阀的脉冲状态，这样反应器内高速流动的脉动物流（齐鲁石化高压装置反应器出料阀无脉动，上海石化两高压装置反应器出料阀为脉冲阀，但平常及反应器脱垢时一般不使用脉冲操作）将会把这些粘壁物带走，从而达到脱垢的目的。

（3）升温降水流量过程中需要注意以下几点：

① 严密注意反应温峰。对控制方式在自动的温峰要观察其自动调节状况，如果温峰随水温上升过快，说明温峰调节慢，可切至手动降低引发剂注入量，并根据需要降低反应水的升温速率。对控制方式在手动的温峰要及时降低引发剂注入量，防止由于水温升高而造成反应超温。

② 对于用反应水回水加热反应器预热段的装置，由于回水温度上升，要及时调节预热段温度，防止温峰过度前移。

③ 监视反应水水罐的压力和液位，由于反应水回水温度升高，水罐的压力和液位都会升高，需要及时调节，防止水罐超压。

④ 注意高循气体温度，及时调节高循冷却器的冷却水（冷冻水）流量，维持二次压缩机入口温度的稳定。

（4）当反应水回水上升到一定的温度，并且维持该温度适当时间后，可认为脱垢完毕。

（5）开始逐渐将反应水温度及水流量调至正常值，该过程中需要注意以下几点：

① 对于用反应水回水加热反应器预热段的装置，由于回水温度降低，要及时调节预热段温度，防止预热段出口温度过低，温峰过度后移。否则将触发有关联锁，导致停车。

② 严密注意反应水水罐的液位、压力，维持其液位及压力的正常。

③ 监视反应器峰值温度，适当增减引发剂注入量，尽量维持温峰稳定。

④ 脱垢过程由于负荷将发生变化，所以需要与其他单元配合好，通过调整调节剂浓度减少脱垢过程对产品质量的影响。如果产品指数不合格，造粒、风送切换至等外仓（过渡仓）进料。

2. 气体循环系统脱垢操作

1）循环气冷却器结垢的产生原因

不管是高压分离器还是低压分离器，在正常分离过程中，由于不同的物相之间的相互吸附，气相单体和熔融相聚合物的分离总是不彻底的。熔融聚合物中总是溶有少量的乙烯等气体小分子，气体中总是夹带有少量未分离出的低聚物（有的装置低分设计不合理，低循气甚至夹带少量的产品），这部分低聚物随循环气体进入高循系统或低循系统，当循环气体被冷却器冷却温度降低时，气体中夹带的低聚物冷却聚集变为油或蜡，一部分蜡溶解在油中可从旋风分离器分离出来，而另一部分蜡则粘附在冷却器管程内壁上，形成结垢。装置经过长时间运行后，循环气冷却器的结垢会逐渐加重，影响对循环气体的冷却，进而影响一次压缩机低压段（增压机）或二次压缩机入口温度的稳定。因此应根据情况对高循气系统或低循气系统进行脱垢操作。

2）循环气冷却器脱垢操作

循环气冷却器的脱垢操作是通过三种手段来实现的。一种方法是通过逐渐减少冷却器的冷却水流量，使流经冷却器的循环气体温度上升，从而使粘附在冷却器管程内壁上的低聚物熔化，然后被气流带到下游的分离器分离，最后排到废蜡罐中。这种方法适用于冷却器在线除垢。

另一种方法是先将冷却器切出，并把壳程中的冷却水放净，然后将热的乙烯气流直接通入冷却器管程中，借助于乙烯气流的热量使粘附在冷却器管程内壁上的低聚物熔化，然后被气流带到下游的分离器分离，最后排到废蜡罐中。这种方法适用于将两个并联的冷却器之中的一个切出进行脱垢。

第三种方法是先将冷却器切出，并把壳程中的冷却水放净，然后把高压蒸汽直接引入冷却器的壳程中，借助于高压蒸汽的热量使粘附在冷却器管程内壁上的低聚物熔化，然后熔融的低聚物通过一条排放线直接排到废蜡罐中。这种方法适用于将并联的冷却器之中的一个切出进行脱垢。

3）循环气冷却器脱垢操作注意事项

循环气冷却器脱垢过程中，第一要注意通过各种手段尽量减少脱垢过程造成的循环气体的温度波动；第二要注意监视脱垢过程中各分离器的液位，及时向废蜡罐排出熔融的蜡，防止分离器中过多的蜡被带到压缩机中损坏压缩机，或者被气流带到下一冷却器造成冷却器堵塞，从而造成循环气体流量、压力大幅波动，甚至造成联锁停车。国内某高压装置在这一方面是有教训的。

3. 产品熔融指数（平均分子量）、密度和单体转化率的控制操作

自由基聚合各单元反应是在反应器中连续发生的，当反应达到正常状态以后，保持动态平衡，对各单元反应起作用的是压力、温度、气体组成等因素，这些条件决定了所生成的聚乙烯的分子结构及物性。因此只有合理的控制各种反应参数，最后才可能得到性能指标合格的产品。

高压装置产品的性能控制指标主要有熔融指数或平均分子量、密度及粒料的规整度和洁

净度，其中指数、密度由反应参数来控制，粒料的洁净度也受反应单元的影响。另外在生产出合格产品的同时，较高的单体转化率也是我们所希望的。下面对各种控制指标分别叙述：

1）熔融指数的控制

在高压低密度聚乙烯生产中，反应温度（引发剂加入量）、压力、气体组成对产品熔融指数都有影响。

（1）压力的影响　当提高压力时，乙烯气体的密度（浓度）升高，乙烯活化分子的浓度也将提高，从而提高了活化乙烯分子与自由基之间的有效碰撞频率，促进了链增长反应，而终止反应不受影响。因此增加了产品分子量，降低了产品的熔融指数，并提高了单体的单程转化率。在国内的高压低密度聚乙烯生产中，部分装置将反应器压力作为调节产品熔融指数的手段，这只是说不同的产品牌号有不同的反应器操作压力，而不是说指数产生波动时，通过改变反应器压力来进行调整；也有部分高压装置的反应器压力是恒定的，这些装置不用反应器压力来调节不同牌号产品熔融指数。

（2）温度的影响　乙烯自由基聚合链增长反应、链转移反应的活化能各为 33.44kJ/mol、62.7kJ/mol 左右，由阿仑尼乌斯方程可知温度上升使链增长反应和链转移反应同时加速，但由于链转移反应速率常数的温度依赖性比链增长反应速率常数大，所以链转移反应加速更显著，因此温度上升促进了链转移反应，所以，平均分子量降低，熔融指数就升高。这样当产品熔融指数偏高时可适当降低反应温度（减少引发剂加入量）来进行调节。

（3）气体组成的影响　在使用极纯的乙烯时，分子量几乎完全是由压力、温度来决定的。在乙烯中含有惰性气体时，由于乙烯分压降低，产生和压力降低后同样的效果。惰性气体的浓度越高，分子量越低。在实际生产中，由原料带来的惰性气体在系统中逐渐积累浓度增加，导致乙烯单体分压降低，会使产品的熔融指数增大（平均分子量下降）。为了减少惰性气体对产品熔融指数的影响，把一部分循环气体（高循气或低循气）返回到乙烯装置，通过这种手段带走部分惰性气体，使系统中惰性气体浓度维持在工艺要求的范围内。

（4）在高压低密度聚乙烯生产中，加入适量的调节剂是调节产品熔融指数的主要手段。调节剂促进了链转移反应，使产品分子量降低，熔融指数就增加。因此在生产中产品熔融指数偏高时，可通过减少调节剂的加入量来进行调节。

2）产品密度的控制

产品的密度和它的结晶度密切关联，结晶度高密度就大。产品的结晶度主要是由产品的短链支化度（即短支链数目）来决定的，同时也受长链支化度的影响。短链支化是由分子内链转移所形成的，长链支化主要是由于分子间链转移反应而形成的，但也有的是由于大分子链中存在双键（乙炔、一氧化碳等与乙烯共聚时可将双键导入大分子链）而生成。长链支化除影响产品的密度外，还对产品的光学性能和加工性能等有重要的影响，下面介绍各种因素对产品密度的影响及产品密度的控制措施。

（1）压力　如果压力增大，单体的浓度应增加，分子内的链转移反应，相应地受到抑制，所以短链分支减少，产品密度增加。在高压低密度聚乙烯工业生产中，产品的密度主要是由压力来决定的，高密度牌号产品操作压力高，低密度牌号产品操作压力低。

（2）温度　温度上升使链增长反应和链转移反应同时加速，但链转移反应加速更显著，因此温度上升促进了分子内链转移反应，所以短链分支增加，密度降低，并使冲击强度升高。在高压低密度聚乙烯工业生产中，一般不把温度作为调节产品密度的主要手段。

（3）气体组成　在丙烯、1－丁烯等有共聚作用的单体作为链转移剂时，将共聚物的短

76

链分支导入大分子内形成短支链，所以产品密度降低。链转移剂分子碳原子数目越多，用量越大，最后产品的密度越低。

　　3）乙烯转化率（产量）的控制

　　单体的转化率是由引发温度和最高的安全操作上限温度之差值来决定的。引发剂加入量增大，反应温度升高，单体的转化率上升。但反应温度不能超过安全生产的上限，这样提高转化率就需要降低反应的引发温度。目前高压聚乙烯装置采用低温高活性引发剂，就是为了降低引发温度提高单体转化率。另外在高压管式反应器生产中，降低谷值温度，也是为了降低引发温度，提高转化率。

　　4. 反应条件的界限

　　高压低密度聚乙烯生产中选择最佳工艺反应条件，对提高乙烯聚合反应单程转化率和产品质量，稳定操作，都有很重要的意义。

　　1）反应压力

　　国内釜式法反应器的反应压力控制在 115～238MPa 的范围内，管式法反应器控制在 230～300MPa 的范围内，在此以下的压力当然也能聚合，但生产效率低，且得不到足够高分子量的聚合物。

　　用超过反应压力的上限压力来进行反应，虽然是可行的，但对产品的长链支化影响甚微，对改进产品质量也是极微小的。此外引发剂的消耗随压力的升高而降低，但压缩机的动力消耗、机器的成本等明显的增加。因此确定反应上限压力为 300MPa 左右，从经济及产品质量两方面讲是合理的，但有些工艺为了生产高质量的产品，将反应压力上限提到 400MPa。

　　2）反应温度

　　国内管式反应器的操作温度范围是 160～340℃，釜式反应器的操作温度范围是 160～270℃。反应温度的下限从理论上来说可以降低到聚乙烯的熔点，但实际上它是由所用引发剂的活性（引发温度）来决定，在太低的温度下，引发剂的活性降低，聚合速度下降，就得不到维持反应速度的反应热，至使反应停止。

　　另一方面，反应温度的上限是由反应的安全性决定的，反应器内的流体，几乎处在完全混合状态，由于引发剂浓度的偏高易产生局部过热反应（即产生"热点"而引起分解反应）。通常，釜式反应器中温度到 280℃以上，产物就要产生缓慢分解，生成的聚合物就要被污染，因此操作上限温度一般为 270℃；管式反应器由于撤热比釜式反应器快，最高操作温度可达 340℃，当然这还与反应器操作压力有关，反应器操作压力越高，最高安全操作温度越高。

　　进料温度在要求范围内越低，转化率就越高。如果进料气体温度太低，反应温度分布紊乱，使反应容易停止。进料温度越高，越好控制反应，但转化率低，另外对釜式反应器而言，不利于搅拌电机的冷却。釜式反应器进料温度一般在 30～50℃范围内，管式反应器进料温度一般在 55～100℃范围内。

　　5. 牌号切换操作

　　牌号切换是一个重要的日常操作，装置根据生产指令进行牌号切换操作。该操作要遵循这样一条原则：首先各单元要密切配合，确保装置在牌号切换过程中运行稳定，在稳定的基础上加快牌号切换的速度，尽量减少过渡料，提高装置的优级品产率。

　　（1）各单元人员确认一次压缩机、二次压缩机、引发剂泵（包括空压机、氧压机）、挤压机等工况正常；料仓系统正常；共聚单体泵工作正常；新牌号所需调节剂供应正常；新牌号所需引发剂配制完毕；造粒助剂系统具备投用条件。

（2）根据工艺配方的要求和计算的结果，快速改变系统中的调节剂的种类和浓度；如果生产共聚产品，快速向系统中注入共聚单体；及时调整反应器的温度和压力，迅速向新牌号的配方值靠拢；如果需要，对反应水水温进行相应的调整。在牌号切换过程中，如果两个牌号之间转化率差别较大，则高循气流量和低循气流量会有较大的变化，相应的对二次压缩机和增压机入口的温度和压力造成影响，应注意及时调整；造粒人员根据产品熔融指数的变化及时将产品进料切向过渡料仓。

（3）根据新牌号的产能，及时调整高压分离器和低压分离器料位，防止料位过高或过低；造粒人员根据低压分离器料位及时调整主挤压机和切刀电机的转速，调节过程中注意电机的电流和挤压机模头压力；根据新牌号工艺配方的要求，及时对挤压机筒体水和颗粒水水温做出相应的调整；如果需要，启动侧线挤压机、液体添加剂计量泵，根据工艺要求加入助剂。

（4）在牌号切换过程中，分析人员要加大分析频率，待产品指数合格且造粒人员对料仓进行确认后，及时将产品进料切向合格品料仓；有些高压装置在主挤压机上装有在线熔融指数分析仪，需要有关人员及时联系仪表人员更换在线指数分析仪毛细管。

6. 引发剂泵切换操作

（1）引发剂泵是液压油驱动的超高压往复泵，负责向反应器注入引发剂，该泵的能力由泵柱塞的冲程控制。引发剂的注入量控制反应器温度峰值和单体转化率，同时对产品分子量及分子量分布有重要影响。如果在线引发剂泵出现故障，严重影响反应器的稳定操作，对产品质量也造成严重影响，因此必须尽快切换至备用泵。

（2）国内高压装置的引发剂泵设置情况比较复杂，简介如下：

① 齐鲁石化高压装置的反应器用有机过氧化物引发反应，有四个引发剂注入点，前两个注入点引发剂泵有四台，设置一开一备，后面两个注入点引发剂泵有三台，设置两开一备。

② 燕山石化一高压装置串联两个反应釜，用有机过氧化物引发反应，第一釜有三个液体引发剂注入点，第二釜有两个液体引发剂注入点，共有六台引发剂泵，设置是五开一备。

③ 燕山石化二高压装置的反应器用有机过氧化物引发反应，有五个液体引发剂注入点，共有十台引发剂泵，设置是一开一备。

④ 上海石化一高压装置用空气和有机过氧化物的混合物引发反应，有两个液体引发剂注入点，装置改造后有两台新的引发剂泵，一般情况下第一反应段注入有机过氧化物和空气的混合物引发反应，第二反应段只注入空气引发反应，引发剂泵是一开一备的。

⑤ 上海石化二高压装置用空气和有机过氧化物的混合物引发反应，有三个液体引发剂注入点，共有五台引发剂泵，前两个注入点有三台引发剂泵，两开一备（备用泵一般备第一点），第三注入点有两台引发剂泵，一开一备。

⑥ 茂名石化高压装置用空气和有机过氧化物的混合物引发反应，有两个液体引发剂注入点，共有四台引发剂泵，每个注入点都是一开一备。

（3）切换操作

① 进行引发剂泵切换时，室内操作人员和室外操作人员要密切配合，首先室外操作人员要确认备用泵状况良好，液压油油位、润滑油油位、油质正常，引发剂泵冷却水投用正常，引发剂进料罐至备用泵入口流程打通，备用泵是否出于备压状态。

② 对于一备一的引发剂泵，这两台引发剂泵是由一台主电机和一台液压油泵来驱动的，

在线泵出现故障时，由室外操作人员到现场对备用泵的备用状态和流程进行确认后，室内操作人员首先检查并调节该泵冲程控制至正常值（在线运行泵出现故障时，由于泵故障导致引发剂输出量减少，反应器峰值温度下降，这样处于自动控制状态的温峰控制器会逐渐提高该泵的冲程，为了防止泵切换后冲程过大，导致过量的引发剂注入反应器造成分解反应，室内操作人员必须在切泵前检查并适当降低泵的冲程控制输出值），然后通过调整该泵液压油伺服阀的换向器，即可直接切至备用泵运行，将故障泵切出并泄压，然后维修。

③ 对于一备多的引发剂泵，室外操作人员除必须检查打通泵入口流程外，还要对泵出口流程进行确认，严防启泵后引发剂注错位置，否则将不可避免地造成分解反应。泵出口流程确认完毕后，通知室内操作人员进行切换。室内操作人员启动备用泵的主电机和液压油泵电机，将两泵的温峰控制器都切至手动控制，为安全起见，先逐渐降低故障泵的冲程，再逐渐提高备用泵的冲程，边降边提，稳步进行，避免反应器温度出现大的波动。切换完成后，将温峰控制器投自动，调整温峰设定至工艺规定值。停掉故障泵的主电机和液压油泵电机，将该泵切出并泄压，通知电气人员断电，然后维修。

7. 反应热水泵切换操作

（1）反应热水泵担负着向反应器夹套输送反应热水，撤除部分反应热的任务，它运行状况稳定与否对反应器的稳定操作有很大影响，还对二次压缩机的工况稳定有间接影响。因此，当在线反应热水泵出现故障时，必须尽快切换至备用泵运行。

（2）国内高压装置的反应器热水泵设置情况也是各不相同，现分述如下：

① 齐鲁石化高压装置是两台泵一开一备，泵入口设一个水罐。

② 大庆石化第一高压装置是两台泵一开一备，泵入口设一个水罐。

③ 燕山石化二高压装置是三台热水泵共用一台备用泵，泵入口设一个水罐。

④ 上海石化一高压装置是七台热水泵共用一台备用泵，泵入口设七个水罐。

⑤ 上海石化二高压装置是八台热水泵，分为两组，每组都是三台泵共用一台备用泵，两组泵入口各设一个水罐。

⑥ 茂名石化高压装置有三台反应热水泵，两开一备，泵入口设一个热水罐。

（3）切换操作 进行热水泵切换时，首先室外操作人员要确认备用泵状况良好，润滑油油位、油质正常，机械密封和轴承冷却水投用正常

① 对于一备一的热水泵，泵入口罐至备用泵入口流程及泵出口流程打通。

② 对于一备多的热水泵，泵入口罐至备用泵入口流程打通，然后必须对出口流程进行打通确认，严防启泵后热水注错位置，对反应器温峰造成影响。

③ 在水泵一开一停的切换过程中，水流量不可避免地出现一定的波动，从而对反应器温度造成影响。为避免反应器温度出现大的波动，室外操作人员在流程准备就绪切泵之前，通知室内操作人员准备切换，室内操作人员先将反应器各区水流量控制阀切手动控制，之后再通知室外操作人员切泵。在切换过程中，先启动备用泵，再停故障泵，在备用泵运行平稳后，室内操作人员再将各区水流量调整至工艺规定值，室外操作人员对备用泵的运行状况进行检查确认。切换完成后，停掉故障泵的电机，通知电气人员断电，然后进行维修。

8. 高压分离器、低压分离器(以下简称高分、低分)料位零点测试操作

1）进行高分、低分料位零点测试操作的重要性

国内某高压装置刚投产时，高分及低分液位测定均采用电容式料位计。该种类型的料位计测量值易受温度、压力波动等因素的影响，造成测量值与实际值产生较大偏差。有时料位

零点会产生较大的漂移。如果实际值比测量值低很多，易造成低分与高分料位被拉空。高分料位被拉空时，易造成低压分离器超压，甚至造成低分爆破膜爆破或安全阀起跳，可能导致停车。低分料位被拉空时，易导致大量乙烯气窜入挤压机，通过脱气段排入大气或通过挤压机进入切粒机水室产生危险。如果实际值比测量值高很多，易导致高分和低分内实际料位过高，这样高分和低分内的聚合物易被高循气体或低循气体分别带到高循系统和低循系统，造成系统严重堵塞。为了保证高分与低分料位测量的准确性，需要定期进行料位零点测试。鉴于这种缺陷，该装置高分和低分已改用核料位计(现在国内高压聚乙烯装置的高分和低分一般都采用核料位计，但茂名石化高压装置的高分还采用电容料位计)，但改装后为了安全起见，仍进行高分和低分的零点测试。目前国内多家高压装置进行此项操作。

国内某高压装置在以前曾因高分电容料位计测量值偏低，导致高分料位超高从而堵塞了高循系统，在高循系统进行导通时发生闪爆，造成严重的伤亡事故。可见不管从工艺角度还是从安全的角度考虑，保证高分和低分料位测量的准确性都是非常必要的。因此根据工艺需要定期对高分和低分料位进行零点测试。

2) 高分零点测试操作

室内操作人员通过手动或自动控制，逐渐降低高分的料位，同时严密监视低分的压力，在低分压力突然明显上升时，证明高分料位即将拉空或已被拉空，此时迅速将高分下料阀的开度关小，这时的高分料位即是零点料位，如果测量值显示为零，证明料位计测量准确；如果不为零，即存在零点漂移，应在计划停车后联系仪表人员进行调校。

3) 低分零点测试操作

室内操作人员通过手动或自动控制，逐渐提高挤压机转速，降低低分的料位，同时严密监视挤压机转速，待挤压机的转速出现大幅度波动时，证明低分料位即将拉空或已被拉空，此时迅速将挤压机的转速降低，并适度关小低分下料阀的开度，这时的低分料位即是零点料位，如果测量值显示为零，证明料位计测量准确；如果不为零，即存在零点漂移，应当联系仪表人员进行调校。

9. 液体引发剂的配制操作

为了保证引发剂在加入过程中的稳定性，并保证引发剂加入反应器后与原料乙烯充分地混合，使聚合反应稳定地进行，高压聚乙烯装置所用的液体引发剂通常是用碳原子数较高的正构烷烃(或异构烷烃)为溶剂配制成引发剂溶液，然后用引发剂计量泵按工艺要求的量从一定的位置加入到反应器中的。

(1) 按照工艺配方计算和称重后，从引发剂储存间将液体引发剂搬运到引发剂配制间，确认各引发剂配制罐空，将引发剂配制罐底部出口阀关闭。

(2) 确认溶剂储存罐液位，打通溶剂储存罐至引发剂配制罐流程。按工艺配方将溶剂用溶剂进料泵加入到各引发剂配制罐中，将各种液体引发剂按工艺配方加入到规定的配制罐中，待溶剂和引发剂都加入完后启动配制罐的搅拌器进行搅拌。

(3) 引发剂溶液搅拌至工艺规定时间后，通知分析人员进行取样分析，待分析合格后打开配制罐底部出料阀，将引发剂溶液排放到相应的引发剂进料罐中。配制一个批次的引发剂溶液一般能够满足一天的生产需要。

10. 反应单元日常巡检及其他操作

1) 室外操作人员

(1) 室外操作人员按时沿巡检路线巡检，认真做好工艺记录。

（2）检查热油系统、液压油系统温度、压力、压差是否正常。

（3）本单元的各蒸汽系统压力、温度是否正常，反应水、产品水、高循水及引发剂伴热水等水系统温度、压力、液位、流量是否正常(有的装置上述水系统为一个总系统)。

（4）检查引发剂泵工作状况是否正常(包括泵出口压力，润滑油的液位，液压油的液位和温度，润滑油、液压油油位低时及时补油，引发剂进料罐的液位，引发剂泵房环境温度)。

（5）反应器有无工艺气体、蒸汽或水泄漏，有无异常声音，反应器出料阀有无异常状况。

（6）高循和低循系统是否正常、有无泄漏，按时排油排蜡。

（7）各水系统水罐液位低时室外操作人员及时补水，压力不正常室内操作人员及时调整，蒸汽系统压力不正常时及时进行调节。

（8）在线水泵或引发剂泵不正常时及时进行切换，冬季还要对本单元的设备及管线的防冻防凝进行检查，发现事故隐患及时上报。

2）室内操作人员

（1）室内操作人员要认真监控，做好工艺记录，认真监视反应器各点的温度、压力，产品的熔融指数，反应器出料阀后冷却器各点的温度，引发剂各注入点压力。

（2）高分、高循各点的温度、压力、液位，低分、低循各点的温度、压力、液位，低循流量，热油、液压油系统的温度、压力、液位，高循系统按时排蜡。

（3）本单元各水系统的温度、压力、液位、流量等参数。

（4）各参数出现不正常或报警时，及时查看并分析判断出原因，与室外操作人员和其他单元人员密切配合，及时调整，发现事故隐患及时上报处理。

5.2.3 反应单元的停车

5.2.3.1 反应单元的计划停车准备

1. 管式法高压装置反应单元的计划停车准备

停车前半小时参照当前产品的熔融指数，将产品的熔融指数控制在合适的范围；适当提高反应热水温度，减少停车过程中反应器内壁的结垢；对于管式反应器适当提高产品冷却水水温，避免反应停止后热量减少而造成剩余聚合物在产品冷却器中粘壁(对于无产品冷却器的装置则无此操作)。

2. 釜式法高压装置反应单元的计划停车准备

在正常停车的条件下，预先准备生产高熔融指数聚乙烯，通过加大调节剂的注入量，通过调整反应器出料阀开度降低反应器压力，通过调整引发剂加入量提高反应器温度，将产品熔融指数提高到2g/10min以上。

5.2.3.2 反应单元的计划停车步骤

1. 管式反应器高压装置的计划停车

（1）关界区乙烯进料阀，在一次压缩机入口压力降至适当值时，停所有引发剂泵(空压机或氧压机)，确认温峰消除；停止调节剂的加入；通过增大反应器出料阀开度尽快降低反应器压力至适当值，关引发剂注入线根部阀(国内某高压装置为了避免引发剂管线堵塞，反应停止后引发剂泵不停，并将引发剂进料切为己烷进料，因此其引发剂注入线根部阀是不能关闭的)；逐渐增大返回裂解乙烯量，以此来降低各系统的压力；操作人员关闭界区乙烯手阀；调节增压机、一次压缩机旁路调节阀，稳定增压机、一次压缩机和二次压缩机入口压力。

（2）倒空高压分离器，将高分出料阀切手动控制，通过调节其输出向低压分离器排料，排料过程中注意低分压力，若发现超压，则减小高分出料阀开度，确保低分爆破膜的安全，高压分离器倒空后，进一步关小高分出料阀开度，同时严密监视低分压力，当低分压力大幅度上升时，立即关闭高分出料阀，防止低分压力过高。反应停止后，主挤压机继续运行来降低低分料位，在低分料位降至适当值时停主挤压机。

（3）如果反应停车时间较长，则考虑停一次压缩机和二次压缩机。在二次压缩机入口压力和反应器压力降至适当值时，室内告知室外现场停二次压缩机，确认停机后，室内关闭二次压缩机入口及出口阀，开启二次压缩机旁通阀，并从适当位置给二次压缩机泄压。停二次压缩机后继续保持向界区外排放乙烯，直至返回乙烯没有流量再关阀。

（4）室内操作人员在一次压缩机出入口压力调整至适当值时，告知现场操作人员停一次压缩机，若停一次压缩机时，低分压力较高，则通过打开低分至废气罐管线自动阀泄压，在低分低于一定值后，关该自动阀。一次压缩机停车后，一次压缩机旁通调节阀、增压机旁通调节阀关闭，室外操作人员关闭增压机、一次压缩机入口截止阀，室内操作人员关闭一次压缩机入口压力调节阀，室外操作人员打开一次压缩机各段间分离罐及各入口缓冲罐排油阀进行排油。室内操作人员在一次压缩机出口压力降至适当值时，缓慢开启一次压缩机旁通调节阀、增压机旁通调节阀，打开适当位置的截止阀给一次压缩机泄压，并可根据需要进行氮气置换。

（5）注意监视增压机入口缓冲罐压力，反应停止后的二次压缩机运行期间，泄漏气保持进入增压机入口缓冲罐，如果此时二次压缩机泄漏量过大导致该罐压力太高，为避免安全阀启跳，应通过适当方法进行泄压。

（6）保持反应器冷却水上水温度比正常操作时高 20℃ 左右，并降低各区水流量至规定值，以备下次开车。若需要长期停车，则停反应热水系统、产品冷却器热水系统、高循水系统及热油系统。对需要检修的系统或单元进行隔离，彻底放空、置换并分析合格后进行相关工作。

2. 釜式反应器高压装置的计划停车

（1）将冷却状态调整到放冷状态（停止冷却，放空冷却水），在生产低压分区产品（所谓低压分区产品，是指第一釜指数特别低的产品）时反应釜中间冷却器还要加热；停新鲜乙烯进料，降低一次压缩机和二次压缩机入口压力。

（2）手动关调节剂注入阀，停止向反应釜加入调节剂；停引发剂泵，各引发剂泵手动输出值回零；A 反应釜的出料阀全开，增大 B 反应釜出料阀的开度，给两个反应釜降压；当反应釜压力、温度降到一定值时，打开二次压缩机旁通阀，停止向反应釜进料。

（3）切换开关，摘除反应釜联锁，然后停掉反应釜的搅拌器；确认反应釜的温度、压力没有上升；把反应器紧急放空阀、反应放空线消防水注入阀打到手动关闭；停止向界区外返乙烯；反应釜保温保压。

（4）如果是短期停车，二次压缩机出口冷却器、反应器入口冷却器改为加热状态，反应釜夹套、反应釜中间冷却器也改为加热状态，逐渐提高一次压缩机和二次压缩机入口压力，准备下次开车；如果是长期停车，反应釜夹套冷却介质放空、引发剂泵放空、二次压缩机出口冷却器、反应器入口冷却器冷却介质放空，反应器彻底泄压，将高分和低分内的气体和聚合物排净，停止对高分和低分加热。

5.2.3.3 反应单元的紧急停车和联锁停车

1. 紧急停车

当出现如下情况之一时可紧急终止反应:

反应器系统发生工艺气体、加热蒸汽、冷却水的严重泄漏;反应介质由内管向反应管夹套泄漏;出料阀物料向保温蒸汽夹套泄漏;反应器系统发生火灾;装置其他部位发生严重事故不允许反应器继续运行;发生不可抗拒的自然灾害。紧急停车后的处理见本篇第6章。

2. 联锁停车

导致反应器联锁停车的原因很多,联锁后动作不同,处理方式不一(处理见第六章),不同的装置联锁设置也有一些差别,下面分类叙述。

1) 公用工程系统故障导致的停车

紧急停车按钮按下;电力供应中断;循环冷却水供应故障;仪表风供应故障;上述故障之一将导致反应单元联锁停车。

联锁停车后的动作:一次压缩机入口管线上的自动阀关闭;调节剂注入系统管线上的各自动阀关闭,返界区管线上的各自动阀关闭;一次压缩机、二次压缩机停车;一次压缩机旁通阀、增压机旁通阀关闭;反应器安全阀打开、出料阀关闭;引发剂注入设备(包括液体引发剂泵、空气引发剂压缩机、氧气引发剂压缩机)停;引发剂注入阀关闭、排放阀打开;主挤压机及侧线挤压机停;各添加剂加料器及加料泵停。

2) 反应单元故障导致的联锁停车

(1) 反应器入口压力高且二次压缩机停止运行,这种情况将导致反应器安全阀打开。

(2) 反应器预热段压力超高(反应器入口超压),这种情况将导致反应器安全阀打开,并且所有引发剂注入设备停止运行。

(3) 反应器预热段压力低且引发剂泵未全部停止运行,这种情况将导致二次压缩机停止运行,反应器安全阀打开,所有引发剂注入设备至反应器的注入阀关闭,排放阀打开。

(4) 反应水水罐液位低,这种情况将导致所有引发剂注入设备停止运行。

(5) 引发剂第一注入点温度低,这种情况将导致所有引发剂注入设备停止运行;引发剂其他注入点温度低,这种情况将导致该注入点后所有引发剂注入设备停止运行。

(6) 反应器超温(反应器所有热电偶的某一支超温),这种情况将导致反应器安全阀打开,并且所有引发剂注入设备停止运行。

(7) 反应器冷却水水泵停止运行,这种情况将导致所有引发剂注入设备停止运行。

(8) 反应墙内可燃气体浓度超高,这种情况将导致反应器安全阀打开,并且所有引发剂注入设备停止运行。

(9) 管式反应器每一个安全阀放空线伴热温度低,反应器每一个安全阀放空线氮气流量低(有延时),上述情况之一将导致所有引发剂注入设备停止运行。

(10) 对于釜式反应器,反应器搅拌器停,将导致所有引发剂注入设备停止运行,二次压缩机停止运行,反应器安全阀打开。

3) 其他单元故障导致的联锁停车

(1) 二次压缩机联锁停车,这种情况将导致所有引发剂注入设备停止运行且反应器安全阀打开。

(2) 二次压缩机入口压力低,这种情况将导致所有引发剂注入设备停止运行且反应器安全阀打开。

（3）液压油压力超低，这种情况将导致所有引发剂注入设备停止运行。

（4）高压分离器液位超高，这种情况将导致所有引发剂注入设备停止运行。

（5）高压分离器压力超高，这种情况将导致所有引发剂注入设备停止运行且高分安全阀打开。

（6）低压分离器液位超高，这种情况将导致所有引发剂注入设备停止运行。

4）关于联锁停车动作的三点说明

（1）当反应器由于联锁触发最后一个安全阀起跳时，反应器压力没有在规定时间内降至工艺要求的压力时，反应器的倒数第二个安全阀打开；两个安全阀打开后，反应器压力仍没有在规定时间内降至工艺要求的压力时，反应器的倒数第三个安全阀打开；但所有安全阀不能同时打开（国内某高压装置，由于反应器的所有安全阀在极短的时间内都起跳，导致紧急放空罐基座松动）。

（2）当反应器由于联锁触发安全阀起跳时，通往紧急放空罐的高压蒸汽管线上的自动阀打开，反应器紧急放空罐通蒸汽。

（3）当反应器由于联锁触发安全阀起跳时，二次压缩机将联锁停车，这一点所有高压装置都是相同的；反应器由于联锁触发安全阀起跳时，部分高压装置一次压缩机也将联锁停车。

反应器联锁后的处理操作见第6章反应单元的故障处理。

5.3 造粒、风送单元

5.3.1 造粒、风送单元的开车

5.3.1.1 造粒、风送单元的开车准备

1. 主挤压机和切粒机、侧线挤压机、干燥器及振动筛开车准备

（1）公用工程系统已正常投用；电气、仪表满足开车条件；热油系统（有的装置无热油系统）已投用，温度、压力正常；挤压机启动前规定时间筒体模板升温至规定值。

（2）挤压机筒体水水罐充水至规定液位，水罐蒸汽喷射器具备投用条件；水泵轴承已加润滑油，静电接地到位，电力供应正常；筒体水冷却器具备投用条件；单机试车正常，系统流程已打通，各处导淋阀关闭；投用挤压机筒体循环水系统，同时投用水泵轴承和机械密封冷却水；筒体水水温控制比正常生产时高，以利于开车时挤压机出料。

（3）颗粒水水槽充水至规定液位，水槽滤网安装到位；水泵轴承已加润滑油，静电接地到位，电力供应正常；颗粒水冷却器、过滤器具备投用条件；单机试车正常，系统流程已打通，各处导淋阀关闭；投用颗粒循环水系统，水走旁路，温度、流量符合工艺要求。

（4）确认低压分离器（挤压机进料料斗）已充填完毕，恒温熔融足够长时间；润滑油单元要在挤压机启动前规定时间内启动，确认油泵出口压力、温度、曲轴箱油位正常；该系统油冷器的冷却水投用正常；挤压机齿轮箱氮气保护投用；电机冷却水投用；挤压机尾部脱气罐出口气体流程切至放空，并对该罐用氮气吹扫。

（5）低压分离器（挤压机进料料斗）下料阀手动关闭；检查切刀已调整好；添加剂系统已做好开车准备操作；粒料干燥器及其排风机运转正常。

（6）颗粒干燥器及振动筛已加油加脂（有的装置无振动筛），具备投用条件，颗粒干燥器风机投用，启动颗粒干燥器，并确认其转动方向正确；粒料缓冲料斗吹扫风机投用；粒料

输送和贮存系统已做好接收来自粒料缓冲料斗颗粒的准备，粒料缓冲料斗至脱气料仓的送料风机已启动，出口风温、风压达到工艺要求。

（7）主挤压机试车

① 将挤压机控制开关切至"现场"控制；联锁选择器不投用；打开切粒机水室门，打开切粒机水室的补水手阀，充水至模板的下沿，确保水不到达模板，关上水阀。

② 先在低转速下对挤压机进行拉料试车（最初的启动转速已由电气人员设定好）。主电机低速启动后打开低分下料阀，螺杆槽充料，几分钟后模板拉料，直至排出的聚合物无油和脏东西为止，并确认挤压机工作正常，确认完毕，停挤压机。

③ 用刮刀清理模板和水室，模板涂硅油，关闭水室门，锁住。用现场操作箱上的开关，将刀轴完全退后。

（8）主挤压机和切粒机、颗粒干燥器及振动筛的试车

① 联锁选择器投用；粒料干燥器进料切至排地；将切刀进至备用位置。

② 先启动切粒机电机，将转速提高至适当值，进刀至模板；控制室复位相关联锁；颗粒水切至大循环，颗粒水流量达到要求；水进水室后，挤压机主电机启动信号灯亮，启动挤压机主电机并打开低分下料阀。

③ 根据电机电流将切粒机电机和主电机转速提高到合适的值，注意将模头压力控制在规定范围内；切粒开始后，粒料干燥器处有人处理排地块料，切粒正常后投用粒料干燥器和振动筛，检查两台动设备是否工作正常。

④ 试车结束前，关闭低分下料阀，降低挤压机转速；当模头出料少时，停挤压机，切粒机退刀，停切粒机；颗粒循环水切至小循环；打开水室排放阀排水后，打开水室门清理检查。试车结束后，停所有辅助系统。

（9）侧线挤压机开车准备

① 公用工程系统已正常投用；电气、仪表满足开车条件。

② 挤压机启动前规定时间筒体模板升温至规定值；润滑油单元至少在挤压机启动前规定时间内启动，确认油泵出口压力、温度、曲轴箱油位正常；系统油冷器的冷却水投用正常。

③ 侧线挤压机入口各旋转加料器可正常投用，各料仓内已加入相应的粒料。

2. 脱气风机及输送风机的开车准备

某些高压装置，料仓脱气风机采用离心风机，粒料输送风机采用罗茨风机（容积式风机）；也有的高压聚乙烯装置，料仓脱气风机和粒料输送风机都采用罗茨风机。

（1）如果该风机是离心风机，开车前风机入口滤网清洁并且安装到位；静电接地完好；风机轴承已加润滑脂；出口至相应料仓的流程已打通；风机电力供应正常。

（2）如果该风机是罗茨风机，开车前风机入口滤网清洁并且安装到位；静电接地完好；风机轴承已加润滑脂，齿轮箱已加注润滑油；风机传送带松紧适当；出口气体冷却器已投用；出口安全阀安装到位，风机出口阀打开；出口至相应料仓的流程已打通；风机电力供应正常。

5.3.1.2 造粒、风送单元的开车步骤

1. 主挤压机、干燥器及振动筛开车操作

挤压切粒系统试车无异常，待反应已建立，低压分离器达到一定料位后，该系统进行开车。

（1）开车前通知电气和厂调度人员；挤压机控制系统开关切至"现场"控制，联锁选择器投用；粒料干燥器已启动，进料切排地；振动筛已启动；检查所有与挤压机启动有关的联锁是否都已复位；打开切粒机水室门，打开切粒机水室的补水手阀充水至模板下沿，确认低分液位已达适当值；确认允许启动灯灯亮，启动挤压机主电机并打开低分下料阀，挤压机先在低转速下拉料，直至模孔出料正常后停挤压机，清理模板和水室，模板涂硅油，关闭水室水阀，关闭水室门，锁住；将切刀进至备用位置。

（2）先启动切粒机电机，同时颗粒水切至大循环，水进入水室后，挤压机主电机启动信号灯亮，启动挤压机主电机；先根据电机电流将切粒机电机转速提高一个合适的值后，再根据主电机电流尽快提高挤压机转速至一个合适的值。颗粒水切至大循环后及时向颗粒水槽补水，防止水槽液位低导致颗粒水泵停，进而联锁停挤压机系统。

（3）将挤压机模头压力、主电机和切粒机电机电流控制在工艺规定范围内，避免以上参数超高。切粒开始后，粒料干燥器处有人处理开车排地块料，待切粒状况正常后，投用粒料干燥器。开车过程中粉料可能较多，要及时清理颗粒水槽中的粉料，避免过多的粉料进入颗粒水过滤器造成颗粒水流量低，进而联锁停挤压机。

（4）如果生产的产品牌号需要，投用添加剂系统，用计量泵注入液体添加剂，通过侧线挤压机加入母料，根据配方值调整添加剂加料量。

（5）挤压造粒系统运行平稳后，调整挤压机筒体水、颗粒循环水温度至配方值；根据低分料位，调整挤压机主电机转速和切粒机电机转速；根据切粒状况微调切粒机转速，挤压机控制器切至控制室控制。

（6）通知分析取样，熔融指数合格后，将料仓由过渡料仓切向合格品脱气料仓。

（7）室内操作人员根据低分料位和产品指数的不同，调整低分下料阀的开度，在保证挤压机吃料正常，低分料位稳定的情况下，尽可能关小阀位输出，以达到最佳脱气效果，如果是生产高熔融指数产品，可观察在线指数仪出料和取样点粒料中气泡的多少，尽可能关小低分出料阀。

2. 脱气风机及输送风机的开车操作

（1）如果该风机是离心风机，确认风机出口阀关闭；启动该风机，缓慢打开出口阀，注意观察电机电流有无异常，风机和电机声音有无异常；确认通风量是否达到工艺要求。

（2）如果该风机是罗茨风机，确认风机出口阀开；出口至相应料仓的流程已打通；启动风机，注意观察电机电流有无异常，风机和电机声音有无异常；出口风温、风压是否正常。

5.3.2 造粒、风送单元的正常生产操作

1. 脱气风机和输送风机的切换操作

脱气风机担负着脱除料仓内从粒料中挥发出来的残留乙烯单体的任务，通风量达到工艺要求才能确保料仓的安全，当在线运行风机出现故障时，将导致通风量低报，威胁到料仓的安全，必须尽快切换至备用风机运行。

在切换前对备用风机进行检查和流程确认后，然后按照离心风机或罗茨风机的开车操作启动备用风机，然后将故障风机切出，通知电气人员断电，然后进行维修。

2. 颗粒水过滤器的切换及清理操作

颗粒水过滤器的切换操作(A→B)

（1）打开两颗粒水过滤器之间的连通阀向 B 过滤器充水，打开 B 顶部排气阀排气直至水冒出后关闭排气阀。

（2）关闭 A 与 B 之间的连通阀，缓慢打开颗粒水过滤器 B 出入口阀，注意颗粒水流量。

（3）关闭颗粒水过滤器 A 出入口阀，打开颗粒水过滤器 A 高点排气阀和底部排放阀，把水排净；打开颗粒水过滤器 A，将滤网取出清理干净。

（4）将 A 滤网复位，关闭底部排放阀；打开 A 与 B 之间的连通阀，A 排气后关闭排气阀，使 A 处于备用状态。

3. 颗粒水冷却器的脱垢操作

颗粒水冷却器 A 脱垢操作（在线脱垢）：

（1）首先确认颗粒水冷却器 B 是否备用，如备用，打通流程投用颗粒水冷却器 B。

（2）关闭 A 冷却器循环冷却水出入口阀，将残余冷却水通过导淋阀排放掉。

（3）关小颗粒水冷却器颗粒水线的出入口阀，留少量开度，注意控制好颗粒水的温度。

（4）脱垢到规定时间后结束，关该冷却器颗粒水出入口阀，投用颗粒水冷却器 A 的冷却水（关导淋，高点排气），给颗粒水冷却器 A 充水备用。

（5）如果用在线脱垢方式除垢效果不佳，则将颗粒水冷却器 A 切出后打开彻底清理。

4. 切粒机进刀操作

当切粒状况不佳，粒料中夹带的丝发料较多时，切粒机需要进刀。松开锁紧手柄；向里推进刀手柄进刀；达到要求后将锁紧手柄锁死。注意每次进刀不能超过两道（一道 = 10^{-5}m）。

5. 造粒、风送单元日常巡检及其他操作

1）室外操作人员

（1）按时沿巡检路线巡检，认真做好工艺记录。

（2）检查挤压机、侧线挤压机系统和其各自的润滑油系统温度、压力及曲轴箱油位是否正常，有无漏点，如果油系统过滤器压差超过规定值时，则应切换油过滤器。

（3）检查本单元的筒体水、颗粒水等水系统温度、压力、液位、流量是否正常，有无漏点，各水泵及其电机工作状况是否正常。

（4）检查粒料干燥器及其风机、粒料振动筛工作状况是否正常，有无漏点，电机和风机运转声音是否正常。

（5）检查缓冲料斗下料是否正常，缓冲料斗通风风机工作是否正常；从粒料取样点检查粒料外形是否正常，有无不规则粒子和杂色粒子。

（6）如果颗粒带有尾巴，说明切刀间隙较大或切刀磨损严重；如果挤压造粒开车一段时间后，颗粒仍带尾巴，则可调整切刀间隙，每次调节不得超过 2×10^{-5}m；再过一段时间后，颗粒仍带尾巴，则可能切刀磨损严重，应停车处理，更换新切刀；刀与模板未找正好，也会出现带尾巴料，应在适当的时候停车重新找正。

（7）如果产品颗粒有花料，说明刀盘有垫刀现象，主要原因是开车时切刀或模板上有粘料，或者切刀磨损严重，这种情况应待低分料位较低时，停车检查处理；如果颗粒参差不齐，说明部分模孔堵，也可能模板加热有问题，应在低分料位允许情况下，停挤压机重新开车。

（8）检查料仓脱气风机和粒料输送风机工作状况，内容包括风机入口滤网是否完好，出口压力、风量、电机电流，电机和风机运转声音是否正常。检查各料仓和连接管线有无跑漏料现象。

（9）本单元各水罐液位低时，室外操作人员及时补水；各水泵润滑油油位低及时加油；

各水系统压力、温度和流量不正常时，室内外操作人员配合及时调整，在线水泵或风机不正常时及时进行切换。

（10）冬季还要对本单元有关设备及管线的防冻防凝进行检查。

2）室内操作人员

（1）要认真监控，认真做好工艺记录，监视挤压机各点的温度、压力，挤压机电流和切粒机电流；如果侧线挤压机运行，监视各点的温度、压力和电机电流。

（2）根据低分料位和挤压机模头压力的情况，将挤压机转速和切粒机转速控制在适当的值，并使二者的转速相匹配；若模头压力上升则应适当降低主挤压机转速，如果模头压力上升达到报警值，立即通过控制室紧急停挤压机，防止爆破膜爆破，然后按短期停车后开车操作重新开车。

（3）监视筒体水水罐的温度、压力、液位和筒体水流量等参数；监视控制颗粒水的温度、流量，如果颗粒水流量低于工艺规定值，则通知室外操作人员切换颗粒水过滤器。

（4）在装置进行产品牌号切换时，及时调整颗粒水和筒体循环水温度。产品由高熔融指数向低熔融指数切换时，可适当提高筒体循环水温度和颗粒水温度；反之则可适当降低筒体循环水温度和颗粒循环水温度。

（5）监视各料仓的通风量是否正常，对于脱气仓和掺混仓，如果通风量出现低报，则通知室外操作人员对该料仓通入低压氮气。

（6）在生产加入助剂的产品牌号时，要认真监视和及时调整助剂的加入量，将其控制在工艺要求的范围内。

（7）要严格掌握脱气仓的进料总量，按要求及时切换料仓，避免出现料仓料位高报；对于不正常的参数，要分析判断出原因，与室外操作人员和其他单元人员密切配合，及时调整；发现事故隐患及时上报处理。

5.3.3　造粒、风送单元的停车

5.3.3.1　造粒、风送单元的计划停车准备

（1）计划停车前适当时间内，通过调节系统中调节剂浓度调整产品熔融指数在合适范围内，既要防止指数过低造成下次开车困难，又要防止指数过高造成停车时挤压机灌肠。

（2）挤压机转速切手动控制；低分出料阀切手动控制；侧线挤压机切手动控制；将液体添加剂切循环返回进料罐，关添加剂泵出料阀；侧线挤压机倒空后停止运行，停侧线挤压机伴热蒸汽；将侧线挤压机的出料切至排地位置。

5.3.3.2　造粒、风送单元的计划停车

（1）当低压分离器（挤压机料斗）液位至10%左右时，降低主挤压机转速及切粒机转速；关低分出料阀，当排出物相当少时停主挤压机，然后退刀，停切粒机。

（2）当干燥器和颗粒循环水不带粒料时颗粒水切至小循环；将筒体循环水温度升至工艺规定值；打开切粒机水室排放阀，排空水室；停模头蒸汽。

（3）打开切粒机水室，清理模板和水室再给水室充水直至没过模板下边沿，做好下次开车的准备。

（4）如果挤压机长期停车，除了按计划停车步骤停车外，还需做以下工作：

① 停车时，根据需要将低压分离器内的物料倒空，主挤压机筒体低速倒空；停主挤压机筒体蒸汽。

② 停筒体循环水系统：停筒体循环水水泵，关泵出入口阀；筒体水水罐泄压至常压；

88

筒体水水温降至工艺规定值以下；确认筒体水水罐液位控制阀手动全关，关闭该阀前后切断阀；打开筒体水罐底部排放阀；打开筒体水冷却器排放阀，将其中的水排净。

③ 停颗粒循环水系统：停颗粒循环水水泵，将系统中的水放净；如有必要，清理颗粒水冷却器，更换过滤器滤网，清理更换工作完成后将其复位。

④ 停粒料干燥器及其风机；停粒料振动筛；停缓冲料斗风机和下料器；停主挤压机和侧线挤压机的润滑油系统；停液体添加剂泵，打开所有排放点，排净系统中的添加剂；停液体添加剂熔融罐保护氮气和其加热蒸汽；停输送系统和通风系统。

5.3.3.3 造粒、风送单元的紧急停车和联锁停车

1. 主挤压机的紧急停车

当出现如下情况之一时可紧急停止主挤压机的运行：

当挤压机系统出现严重的机械故障，挤压机模头压力高报；模头和筒体加热蒸汽严重泄漏；料仓系统发生火灾；装置其他部位发生严重事故不允许挤压机继续运行；发生不可抗拒的自然灾害。紧急停车后的处理见本篇第6章。

2. 主挤压机的联锁停车

（1）公用工程系统故障导致的联锁停车：紧急停车按钮按下；电力供应中断；循环冷却水供应故障；仪表风供应故障；上述故障之一将导致主挤压机联锁停车。

（2）主挤压机系统本身故障导致的联锁停车

① 主挤压机齿轮箱润滑油压力低；主挤压机齿轮箱润滑油油温低或油温高（有延时）；主挤压机齿轮箱润滑油流量低（有延时）；上述情况之一出现将导致主挤压机联锁停车。

② 主挤压机脱气槽料位高（有延时）；主挤压机脱气段温度低；上述情况之一出现将导致主挤压机联锁停车。

③ 主挤压机进料段两个测温点之一物料温度低；主挤压机挤压一段或挤压二段物料温度低；主挤压机头部法兰前或头部法兰两个测温点之一物料温度低；主挤压机模板前物料温度低或模板两个测温点之一温度低；上述情况之一出现将导致主挤压机联锁停车。

④ 主挤压机头部法兰压力超高；主挤压机模板压力超高；模头两个爆破膜之一爆破；上述情况之一出现将导致主挤压机联锁停车。

⑤ 切粒机水室门两个位触开关之一不到位；切粒机切刀位触开关不到位；上述情况之一出现将导致主挤压机联锁停车。

（3）造粒、风送单元的其他故障导致的联锁停车

① 粒料干燥器转速低；粒料干燥器电机停；粒料干燥器风机停；粒料干燥器的门打开（位触开关不到位）；颗粒振动筛停；上述情况之一出现将导致主挤压机联锁停车。

② 颗粒水流量低报；颗粒水槽液位低报；颗粒水水泵停止运行；上述情况之一出现将导致主挤压机联锁停车。

③ 缓冲料斗料位高报；缓冲料斗通风量低报；缓冲料斗脱气风机停；上述情况之一出现将导致主挤压机联锁停车。

关于侧线挤压机的紧急停车和联锁停车不再赘述。

联锁停车后的处理见本篇第6章。

3. 送料程序的紧急停车和联锁停车

1）送料程序的紧急停车

（1）料仓系统发生着火或爆炸事故。

（2）送料管线发生断裂或严重泄漏。

（3）发生不可抗拒的自然灾害。

发生上述情况之一送料程序手动紧急停止。紧急停车后的处理见本篇第6章。

2）送料程序的联锁停车

料仓料位超高报；进料料仓通风量低报；输送风机停；输送风机出口压力高报；上述情况之一将导致料仓停止进料。联锁停车后的处理见本篇第6章。

5.4　低密度聚乙烯工艺的有关计算

1. 原料单耗的计算

例：已知某聚乙烯装置6月份共生产聚乙烯5000t，共消耗乙烯5200t，丙烯40t，溶剂油25t，试计算本月物料单耗。

解：乙烯单耗 $=5200/5000=1.040$（t乙烯/t树脂）

丙烯单耗 $=45/5000=0.009$（t丙烯/t树脂）

溶剂油单耗 $=25/5000=0.005$（t溶剂油/t树脂）

2. 添加剂用量的计算

例：某LDPE装置每小时生产某产品22t，该牌号产品中添加剂A在产品中质量浓度的要求为 5×10^{-4}，产品中添加剂B在产品中含量的要求为 6×10^{-4}，试求这两种添加剂每小时的用量各多少千克？

解：添加剂A每小时的用量：$22\times5\times10^{-4}\times1000=11.0$（kg）

添加剂B每小时的用量：$22\times6\times10^{-4}\times1000=13.2$（kg）

3. 产品收率的计算

例：已知某聚乙烯装置6月份共生产聚乙烯5000t，共消耗乙烯5200t，试计算本月收率。

解：收率 $=$ 产出量/投入量 $=5000/5200=0.947=94.9\%$

4. 多元组分平均分子量的计算

例：已知某混合气体的体积比组成为：甲烷70%、乙烷10%、乙烯10%、丙烷10%，计算该混合气体平均分子量。

解：$M=M_1V_1/V+M_2V_2/V+M_3V_3/V+M_4V_4/V$

$\qquad=70\%\times16+10\%\times30+10\%\times28+10\%\times44$

$\qquad=11.2+3+2.8+4.4$

$\qquad=21.4$

5. 反应器热量的计算

例：乙烯的聚合热为3440kJ/kg，某装置每小时生产LDPE产品为25t，试求反应器每小时放出的总热量。

解：$Q=$ 乙烯的聚合热×产品的产量 $=3440\times25\times1000$

$\qquad=8.6\times10^7$（kJ）

第6章 装置故障判断与处理

6.1 压缩单元的故障判断与处理

6.1.1 工艺方面的故障判断与处理

1. 排气压力不正常

（1）排气压力降低实质是排气量不足，排气量不足是与压缩机的设计排气量相比而言。主要原因可从几方面考虑：入口过滤器积垢堵塞，使吸入气量减少；吸气管太长，管径太小，致使吸气阻力增大影响了气量。

处理措施：要定期清洗过滤器，入口管长、管径要设计合理，尽量减少吸入阻力。

（2）工艺参数偏离正常值：吸气温度上升，吸气压力降低时，排气量必然降低。

处理措施：及时调整吸气温度和吸气压力，保证工艺参数在正常范围内。

（3）活塞、活塞环磨损：活塞、活塞环磨损严重，使活塞与活塞环之间间隙增大，泄漏量增大，影响到了排气量。

处理措施：

① 检查内部油注油量；

② 需在检修及时更换易损件，如活塞环等。

（4）填料函的原因：首先是填料函本身制造时不合要求；其次可能是由于在安装时，活塞杆与填料函中心对中不好，产生过度磨损造成漏气。

处理措施：买进备件时严把质量关，备件在安装更换时要规范，在填料函处加注的润滑油能够起润滑、密封、冷却作用，因此要确保润滑油系统运行正常。

（5）压缩机吸、排气阀的故障：阀片受到液击后造成局部损坏，并可能使阀片的碎片或弹簧碎片卡在阀座与阀片之间。以上原因使阀片在工作时关闭不严，形成漏气。

处理措施：

① 严格控制低分的操作压力，确保低分的分离效果。

② 保证循环气冷却器和压缩机段间冷却器冷却效果，从而使气体和废油在分离器中有效的分离。

③ 循环气系统和压缩机入口及时排油，避免过多的废油进入压缩机汽缸，液击损坏阀片。

2. 排气温度不正常

排气温度不正常是指排气温度高于设计值。

（1）使吸气温度升高的因素有：

① 段间冷却器内水垢过多影响到撤热，使下一级的吸气温度必然要高，排气温度也会高。

② 气阀漏气，活塞环漏气，不仅影响到排气温度升高，而且也会使级间压力变化，只要压缩比高于正常值就会使排气温度升高。

③ 汽缸冷却夹套采用冷却水撤热的机器，汽缸冷却室结垢、上水温度偏高或水量不足

91

均会使排气温度升高。

④ 各种因素造成的压缩比增大会使排气温度升高。

(2) 处理措施

① 提高循环冷却水的质量，减少冷却器的结垢，确保冷却效果。

② 保证润滑油系统的正常运行，减少活塞环的磨损。

③ 及时排油，减少阀片液击损坏，气阀或活塞环损坏时，利用停车机会及时更换。

④ 严格控制循环冷却水的上水温度和流量，确保汽缸夹套的冷却效果。

⑤ 严格控制压缩机入口压力和温度，使机器的压缩比符合设计要求。

3. 一次压缩机由于工艺和设备原因紧急停车或联锁停车

这里只叙述一次压缩机系统本身故障造成的紧急停车或联锁停车(公用工程故障造成的联锁停车见反应单元)，停车原因见本篇第5章叙述。

处理措施：

① 一次压缩机联锁停车后一次压缩机旁通调节阀自动关闭，调节剂注入阀自动关闭。

② 首先要做的是关闭乙烯供应线上的自动阀，防止一次压缩机入口压力过高导致入口安全阀起跳，再则迅速从各放空点给联合机组泄压。如果实际情况(放空置换，需要更换机器备件)不允许在短时间内启动一次压缩机，就把压力泄光；如果在短时间内可以启动一次压缩机，则保留部分气体压力，缩短开车时间。

③ 同时注意调节剂的温度、压力、液位，及时调节。

④ 迅速查明停车原因，如果停车是由于工艺误操作引起的，并且未对机器造成损坏，复位相关联锁后可进行开车。

⑤ 如果停车是由于工艺误操作引起的，并且对机器造成了严重的损坏，则对压缩机系统进行放空置换，分析合格后由机修人员进行修理，修理工作完成后，按开车步骤进行开车。

⑥ 如果停车是由于仪表原因引起的，在仪表进行相关处理后按开车步骤进行开车。

⑦ 如果停车是由于设备原因引起的，配合机修人员进行处理，处理工作完成后，按开车步骤进行开车。

⑧ 二次压缩机视情况尽量维持运转，以缩短下次开车时间。

4. 二次压缩机由于工艺和设备原因紧急停车或联锁停车

这里只叙述二次压缩机系统本身故障造成的紧急停车或联锁停车(公用工程故障造成的联锁停车见反应单元)，停车原因见本篇第5章叙述。

处理措施：

① 二次压缩机紧急停车或联锁停车后主电机停，引发剂泵全部停止运行。

② 首先要做的是关闭乙烯供应线上的自动阀和手阀，防止一次压缩机入口压力过高导致入口安全阀起跳，再则迅速从各放空点给联合机组泄压。如果实际情况(放空置换，需要更换机器备件)不允许在短时间内启动二次压缩机，就把压力泄光；如果在短时间内可以启动二次压缩机，则保留部分气体压力，缩短开车时间。

③ 注意调节剂的温度、压力、液位，及时调节。一次压缩机视情况尽量维持运转，以缩短下次开车时间。

④ 迅速查明停车原因，如果停车是由于工艺误操作引起的，并且未对机器造成损坏，复位相关联锁后可进行开车。

⑤ 如果停车是由于工艺误操作引起的，并且对机器造成了严重的损坏，则对压缩机系统进行放空置换，分析合格后由机修人员进行修理，修理工作完成后，按开车步骤进行开车。

⑥ 如果停车是由于仪表原因引起的，在仪表人员进行相关处理后按开车步骤进行开车。

⑦ 如果停车是由于设备原因引起的，配合机修人员进行处理，处理工作完成后，按开车步骤进行开车。

5. 一次压缩机盘车操作时遇到盘车器无法启动、盘车失败的情况

盘车失败的原因及处理措施见表6-1。

表6-1　一次压缩机盘车失败的原因及处理措施

可 能 原 因	处 理 措 施
一次压缩机未降压到规定值以下	泄压至工艺规定的压力
检查盘车限位开关有问题	联系电气、仪表人员处理
曲轴箱润滑不良	检查油泵工况是否正常，调整外部油温度、压力，关闭外部油的旁通阀，如有必要切换油过滤器
电气故障	请电气检查电路系统
盘车器本身机械故障，压缩机的运转部件有问题	检查盘车器本身，检查压缩机的运转部件，若盘车器或压缩机有问题联系检修处理

6. 压缩机在开停车和运行过程中造成压缩机阀片的损坏

压缩机阀片损坏的原因及处理措施见表6-2。

表6-2　压缩机阀片损坏的原因及处理措施

可 能 原 因	处 理 措 施
压缩机启动压力偏高	降至工艺规定压力范围内启动
压缩机启动时充气后未及时排油	及时排油
压缩机运行过程中未按规定及时排油	及时排油
阀片本身质量不佳	严把阀片进货质量
压缩机进气温度偏高导致阀片工作温度高	按工艺规定值控制压缩机进气温度

7. 压缩机系统发生乙烯泄漏

（1）事故发生后，应首先确认泄漏点位置及泄漏的大小，若泄漏不太严重，尚未引起着火，室外人员应先给泄漏点通蒸汽驱散、稀释泄漏的乙烯，防止着火，通知室内停车处理。

（2）若一次压缩机或二次压缩机发生严重泄漏或泄漏点已经着火，压缩人员应立即切断一次压缩机乙烯进料，对一次压缩机和二次压缩机进行紧急停车，停车时要避免压缩机系统的各安全阀起跳，防止造成二次着火爆炸。停止向系统中加入调节剂，然后通过压缩机至废气罐的放空线给两台压缩机泄压，加大废气罐的蒸汽注入量。严禁压缩机气体直接对空排放，否则易造成二次着火爆炸。关闭二次压缩机出入口阀，打开旁通阀，室外人员给压缩机泄压，将乙烯气体排至废气罐。事故发生后，室外人员将水封罐的稀释氮气和蒸汽阀门全开。

（3）紧急终止反应，同时打开罐区、压缩区、反应区水幕系统（视不同装置设置而定），防止事故扩大。一次压缩机停车后，立即切断高分下料阀，防止低分超压。增大返界区乙烯的流量，给高循系统泄压。

（4）当低分降到适当料位以下时，停挤压机及添加剂系统，将颗粒水切至旁通，走小循

环，将切粒机水室内的水放掉，打开水室门清理水室。清理粒料干燥器和振动筛，向筒体水水罐通蒸汽，筒体水升温，准备下次开车。如果停车时间较长，停颗粒水系统和筒体水系统，筒体水降温、降压。

（5）事故发生后，及时向调度人员汇报；若已经发生爆炸着火，要立即拨打火警电话，讲明着火地点、介质，并指派专人迎接、引导消防车，消防人员到达后，班组人员配合消防人员进行灭火工作。组织清理好现场卫生，保护环境；负责向调度人员汇报车间工作。

（6）火灾扑灭后，查找分析泄漏原因，吸取事故教训，组织检修，准备下次开车。

6.1.2　电气、仪表与设备方面的故障判断与处理

1. 压缩机常见设备故障及其原因和措施

（1）不正常的响声：压缩机若某些零部件发生故障时，将会发出异常的响声，一般来说，操作人员是可以判别出异常的响声的。主要有以下情况：

① 活塞与缸盖间隙过小，直接撞击。

② 活塞杆与活塞连接螺帽松动或脱扣，活塞端面丝堵松，活塞向上串动碰撞汽缸盖。

③ 汽缸中掉入金属碎片以及汽缸中积聚水分等均可在汽缸内发出敲击声。

④ 曲轴箱内曲轴瓦螺栓、螺帽、连杆螺栓、十字头螺栓松动、脱扣、折断等。

⑤ 轴径磨损严重间隙增大，十字头销与衬套配合间隙过大或磨损严重等等均可在曲轴箱内发出撞击声。

⑥ 排气阀片折断，气阀弹簧损坏，负荷调节器调整不当等均可在阀腔内发出敲击声。

处理措施：若出现以上情况，联系设备人员进行确认。如果问题严重，紧急停车检修更换损坏的备件。

（2）运动件过热故障：在曲轴和轴承、十字头与滑板、填料与活塞杆等摩擦处，温度超过规定的数值称之为过热。过热所带来的后果：一个是加快摩擦附件的磨损，二是过多的热量不断积聚直致烧毁摩擦面，甚至出现高温抱轴，造成机器损毁的重大事故。

造成轴承过热的原因主要有：轴承与轴颈贴合不均匀或接触面积过小；轴承偏斜；曲轴弯曲、扭转；润滑油黏度太小或太大；油泵故障或油路堵塞造成断油等；安装时没有找平，没有找好间隙，主轴与电机轴没有找正，两轴有倾斜等。

处理措施：机器的制造、安装要严格按照有关的要求；要控制润滑油的油压、油温、油量、油质符合工艺要求和设备要求，确保润滑效果。

（3）断裂事故

① 曲轴断裂，其断裂大多在轴颈与曲臂的圆角过渡处，其原因大致有如下几种：

过渡圆角太小；热处理时，圆角处未处理好，使交界处产生应力集中；圆角加工不规则，有局部断面突变；长期超负荷运转，使受力状况恶化；材质本身有缺陷；此外在曲轴上的油孔处开裂而造成折断也是可以看到的。

② 连杆螺钉的断裂，其原因大致有如下几种：

连杆螺钉长期使用产生塑性变形；螺钉头或螺母与大头端面接触不良产生偏心负荷（此负荷可达到螺栓受单纯轴向拉力时的七倍之多，因此，不允许有任何微小的歪斜，接触应均匀分布，接触点断开的距离最大不得超过圆周的1/8）；螺栓材质加工质量有问题。

③ 活塞杆断裂，主要断裂的部位是与十字头连接的螺纹处以及紧固活塞的螺纹处。其原因如下：

此两处是活塞杆的薄弱环节，如果由于设计、制造上的疏忽大意以及运转上的原因，导

致断裂较常发生；若在保证设计、加工、材质上都没有问题，则在安装时其预紧力不得过大，否则使最大作用力达到屈服极限时活塞杆会断裂；在长期运转后，由于汽缸过渡磨损，卧式机器活塞会下沉，从而使连接螺纹处产生附加载荷，再运转下去，有可能使活塞杆断裂，这一点在检修时应特别注意；此外，由于其他部位的损坏，使活塞杆受到了强烈的冲击时，都有可能使活塞杆断裂。

处理措施：停车后更换损坏备件。

2. 压缩机常见的电气、仪表方面的故障判断与处理

(1) 压缩机电气方面的故障，主要是由于电气元件的老化，造成电力供应的故障，从而导致压缩机停车。

事故发生后，工艺人员按停电导致的联锁停车方式进行处理；电气人员查找停电原因，更换老化的电气元件，处理完毕后通知工艺人员；组织人员准备开车。

(2) 压缩机仪表方面的故障，主要是由于振动、温度、压力及液位等测量元件长时间使用后老化失灵，或由于压缩机的振动，导致测量元件松脱，从而造成测量参数的误报，导致联锁停车；测量参数的转换装置即应变仪故障，从而造成测量参数的误报，导致联锁停车；仪表室模/数转换器的数据线插头松脱，从而造成测量参数的误报；压缩机的调节阀由于各种原因产生故障而调节失灵，导致联锁停车；ESD(紧急停车系统)死机造成联锁停车。

事故发生后，首先判断造成联锁停车的信号是真实的还是属于仪表的误报，如果是属于仪表的误报，配合仪表人员进行相关处理；如果是阀门故障，配合仪表人员进行相关处理；处理完成后准备下次开车。对于 ESD 死机造成的联锁停车，工艺人员进行装置的紧急停车，在仪表人员排除故障后再进行开车。

6.2　反应单元的故障判断与处理

6.2.1　工艺方面的故障判断与处理

1. 反应器发生分解反应联锁停车后的处理

(1) 分解反应后，当反应压力低于一定值时，手动关闭起跳的反应器安全阀；反应器出料阀从自动切向手动，保持反应器出料阀关闭；关闭高分气体出口第一道阀门，确认二次压缩机出入口阀关闭；以防止污染其他系统。

(2) 关闭引发剂注入线手动截止阀；反应水升温至比正常操作值高 $20 \sim 30℃$；打开二次压缩机旁通阀。

(3) 启动一次压缩机给反应器升压，至于升压使用的气体介质，有的装置用乙烯气，有的装置用高压氮气。先打开二次压缩机入口阀旁通阀，当二次压缩机入口阀前后压差小于规定值时，打开二次压缩机入口阀和出口阀，反应器充压至 10MPa 左右，关闭二次压缩机入口阀。注意调节一次压缩机旁通阀开度，勿使一次压缩机出口压力过高。打开触发联锁温度点下游的反应器安全阀及最后一个安全阀，泄压至 5MPa 后将打开的安全阀关闭。

(4) 上述升降压操作重复多次，然后继续对反应器充压至 10MPa 左右，然后只打开反应器的最后一个安全阀，泄压至 5MPa 后将该安全阀关闭。该升降压操作要重复多次，直至从反应器紧急放空罐排出的气体洁净为止。

(5) 对反应器紧急放空罐进行清理并充水，启动各辅助系统和二次压缩机，造粒风送单元也做好各项工作，准备下次开车。另外，要对事故原因进行分析，吸取事故教训。

2. 公用工程故障造成的全装置联锁停车后的处理

（1）关闭高分下料阀，切断高分和低分的联系，若低分压力太高，开通向废气罐管线上的自动阀泄压；当反应器压力降至一定值时，关反应器安全阀及反应器紧急放空罐高压蒸汽注入阀；关闭反应器出料阀；确认一次压缩机入口管线上的自动调节阀、一次压缩机旁通调节阀、增压机旁通调节阀、调节剂注入系统管线上的自动调节阀、返界区管线上的自动调节阀关闭；并切至手动。

（2）对装置紧急停车联锁复位；手动开返界区管线上的自动阀，以合适的速度向界区外返乙烯给系统泄压，同时将反应器出料阀切手动，保持全关；复位有关联锁，使反应器的出料阀及引发剂注入阀能够打开。尽快恢复引发剂贮存库房的冷风供应。

（3）关闭一次压缩机入口阀及出口阀；关闭二次压缩机入、出口阀，打开二次压缩机旁通阀，再从适当位置开阀给一次压缩机、二次压缩机泄压，压力泄压一定值时，关闭排放阀；对反应器紧急放空罐进行清理并充水。启动液压油和热油（有的装置无此系统）等辅助系统以备下次开车。

（4）对电力供应终断造成的停车，造粒、风送人员及时向有存料的料仓和粒料缓冲料斗通入氮气，确保料仓的安全，并尽快恢复向料仓通风。挤压机水室放水，然后打开水室门清理水室。清理粒料干燥器、振动筛，启动挤压机润滑油系统，准备下次开车。

3. 反应器发生其他联锁停车后的处理

由于反应器本身的原因或其他单元的原因造成的反应器联锁停车，一种情况造成所有引发剂注入设备（液体引发剂泵、空气引发剂压缩机、氧气引发剂压缩机）停止运行；另一种情况除造成所有引发剂注入设备停止运行外，还将造成反应器安全阀起跳，二次压缩机联锁停车。

1）对于第一种情况

（1）引发剂注入设备停止运行后，迅速切断装置的乙烯进料，降低一次压缩机入口压力，防止一次压缩机入口安全阀起跳。

（2）停止向系统中加入调节剂。

（3）增大一次压缩机旁通阀的开度，降低一次压缩机出口压力和二次压缩机入口压力。

（4）增大返界区乙烯阀的开度，增大反应器出口阀开度，在高分和二次压缩机入口压力允许的情况下尽快将反应器泄压至工艺规定值以下。

（5）挤压机系统在低分料位适当时停挤压机。

（6）迅速查找导致联锁停车的原因，如果短时间内能够消除故障，则给反应器升压、升温，重新建立反应。如果短时间内不能消除故障，则给反应器进一步降压、降温，停一次压缩机、二次压缩机并给机器泄压。

2）对于第二种情况

（1）在联锁停车后，迅速切断装置的乙烯进料，降低一次压缩机入口压力，防止一次压缩机入口安全阀起跳。

（2）停止向系统中加入调节剂。

（3）增大一次压缩机旁通阀的开度，降低一次压缩机出口压力。

（4）增大返界区乙烯阀的开度，降低高循系统的压力，关闭二次压缩机出、入口阀，打开其旁通阀，并打开二次压缩机泄压手阀泄压。

（5）挤压机系统在低分料位适当时停挤压机。

（6）迅速查找导致联锁停车的原因，如果短时间内能够消除故障，则重新启动二次压缩机，加入调节剂循环后，反应器升温、升压，重新建立反应。如果短时间内不能消除故障，则给反应器进一步降压、降温，停一次压缩机并给机器泄压。

4. 反应器发生工艺气体严重泄漏或着火爆炸的处理

反应器发生泄漏后，可燃气泄漏到周围空间，随时都有爆炸着火的危险。当反应器发生泄漏时，会使反应防爆墙内的可燃气探测器报警；泄漏较大时，触发可燃气报警联锁停车，反应器安全阀起跳，二次压缩机停止运行；如果反应器泄漏点发生爆炸着火，将对装置的人员安全和设备安全造成重大威胁。

（1）确认事故发生后，如果反应未联锁停车，则紧急终止反应，同时打开造粒、风送区、压缩区、反应区水幕系统，打开反应器的水喷淋系统，防止事故扩大。反应终止后，应尽量将高分中的聚合物排至低分。一次压缩机停车后，立即切断高分下料阀，防止低分超压。如果停车时反应器安全阀起跳，则室内人员应尽快复位有关联锁，关闭反应器安全阀，减小在紧急放空罐上方发生可燃气空中闪爆的可能性；关闭反应器安全阀后，在高循系统压力允许情况下，打开反应器出料阀，通过返界区管线给反应器泄压。火灾扑灭后，对反应器紧急放空罐进行清理并充水至适当液位。打开反应器出料阀，将反应器系统的剩余气体通过高循放空阀泄掉。

（2）压缩人员应立即切断装置乙烯进料，对一次压缩机和二次压缩机进行紧急停车，关闭一次压缩机出入口阀，二次压缩机出入口阀，打开旁通阀，停车时要避免压缩机系统的各安全阀起跳，防止造成二次着火爆炸。停止向系统中加入调节剂，然后通过压缩机至废气罐的放空线给两台压缩机泄压，加大废气罐的氮气、蒸汽注入量。严禁压缩机气体直接对空排放，否则易造成二次着火爆炸。

（3）当低分降到适当料位以下时，停挤压机及添加剂系统，将颗粒水切至旁通位置，走小循环，将切粒机水室内的水放掉，打开水室门清理水室。清理粒料干燥器和振动筛，向筒体水罐通蒸汽，筒体水升温。如果停车时间较长，停颗粒水系统和筒体水系统，筒体水降温、降压。

（4）事故发生后，及时向调度人员汇报；若已经发生爆炸着火，要立即拨打火警电话，讲明着火地点、介质，并指派专人迎接、引导消防车，消防人员到达后，带领班组人员配合消防人员的灭火工作。组织清理好现场卫生，保护环境。

（5）火灾扑灭后，查找分析泄漏原因，要吸取事故教训，组织检修，准备下次开车。

5. 高循系统和低循系统堵塞后的处理

（1）高压气体循环系统的堵塞，会造成高分压力升高，影响高分的分离效果；高循压力降增大；还会影响到高循气体的冷却效果，应及时处理。

如果是由于蜡的积聚在冷却器导致堵塞，按前述脱垢操作处理；如果是由于蜡的积聚在二次压缩机入口过滤器导致堵塞，则切出该过滤器进行脱垢操作；如果是由于各种原因使聚乙烯产品进入高循系统，造成系统堵塞，先进行脱垢操作，如果效果不明显，堵塞又比较严重，只能停车，拆卸高循系统进行清理。

（2）低压气体循环系统的堵塞，会造成低分压力升高，影响低分的分离效果，对料仓的安全形成威胁；低循压力降增大；还会影响到低循气体的冷却效果，应及时处理。

如果是由于蜡的积聚在冷却器导致堵塞，按前述脱垢操作处理；如果是由于各种原因使聚乙烯产品进入低循系统，造成系统堵塞，先进行脱垢操作，如果效果不明显，堵塞又比较严重，只能停车，拆卸低循系统进行清理。

6. 高压装置开车建立反应温峰过程中温峰无法建立

开车时反应建立温峰失败的原因及处理措施见表6-3。

表6-3 开车时反应建立温峰失败的原因及处理措施

可能原因	处理措施
引发剂质量有问题	更换引发剂
引发剂注入管线堵塞	清理引发剂注入管线
引发剂泵故障	联系机修进行引发剂泵修理
反应器预热二段出口温度低	调节反应器预热二段出口温度至工艺规定值

6.2.2 电气、仪表与设备方面的故障判断与处理

1. 电气方面的故障

主要是由于电气元件的老化，造成电力供应的故障，从而导致引发剂注入设备、各辅助系统泵的停车。

故障发生后，工艺人员启动备用设备运行，协助电气人员查找停电原因，更换老化的电气元件，电气人员处理完毕后通知工艺人员。组织人员准备开车。

2. 仪表方面的故障

主要是由于振动、温度、压力及液位等测量元件长时间使用后老化失灵，或由于振动，导致测量元件松脱，从而造成测量参数的误报，导致联锁停车；测量参数的转换装置即应变仪故障，从而造成测量参数的误报，导致联锁停车；仪表室模/数转换器的数据线插头松脱，从而造成测量参数的误报；反应器出料阀由于各种原因产生故障而调节失灵，导致联锁停车。ESD死机造成联锁停车。

事故发生后，首先判断造成联锁停车的信号是真实的还是属于仪表的误报，如果是属于仪表的误报，配合仪表人员进行相关处理；如果是阀门故障，配合仪表人员进行相关处理；处理完成后准备下次开车。对于ESD死机造成的联锁停车，工艺人员进行装置的紧急停车，在仪表人员排除故障后再进行开车。

3. 设备方面的故障

高压聚乙烯装置在运行过程中，由于各方面的原因会造成设备出现故障，影响工艺正常操作，必须及时采取处理措施。

（1）反应单元的低压分离器由于设备方面的原因，有时会出现运行压力偏高，影响聚合物和单体的分离效果，进而威胁到料仓的安全，必须有针对性地进行处理。导致低分压力高的故障原因及处理措施见表6-4。

表6-4 装置运行过程中低分压力高的设备原因及处理措施

可能原因	处理措施
高分下料阀故障	联系仪表人员处理
低循冷却器封头堵塞或冷却器结垢	利用停车机会更换冷却器或对低循冷却器进行脱垢
增压机一段阀片损坏	利用停车机会进行更换
增压机入口过滤器堵塞	利用停车机会更换过滤器

（2）引发剂泵是高压装置的重要设备，它担负着向反应器注入引发剂、维持正常反应的任务。引发剂泵一旦出现故障，将对反应器的温度、压力及乙烯转化率的稳定产生影响，须

尽快进行处理。其故障原因及处理措施见表6-5。

表6-5 引发剂泵故障的原因及处理措施

可 能 原 因	处 理 措 施
气温低导致引发剂结晶堵塞管线	确认引发剂伴热水泵运行是否正常，液位、温度、压力正常，回水正常，水温低时及时升温，液位低时及时补水，在线水泵故障时及时切换至备用泵
引发剂进料罐液位低	发现液位低时及时配置引发剂，如果是配置罐和进料罐之间手阀未开，及时打开手阀
在线引发剂泵冲程偏低	冲程偏低时提高冲程
泵一侧或两侧出口单向阀泄漏	单向阀泄漏时切换至备用泵运行，然后对故障单向阀进行修理
泵一侧或两侧汽缸填料泄漏	填料泄漏时，联系机修人员进行紧固，如果紧固无效，切换至备用泵运行，将故障泵泄压后切出，更换损坏的填料

6.3 造粒、风送单元的故障判断与处理

6.3.1 工艺方面的故障判断与处理

1. 挤压机触发联锁停车或紧急停车后的处理

(1) 主挤压机停(联锁停或手动停)，关低分下料阀，退刀，停切粒机(联锁停或手动停)。

(2) 侧线挤压机停。停侧线挤压机进料，将液体添加剂循环返回进料罐。

(3) 当干燥器和颗粒水不带颗粒时，颗粒循环水切至小循环。

(4) 筒体水水罐通蒸汽，给筒体循环水升温。

(5) 打开切粒水室排放阀，排空水室。

(6) 清理模板和水室充水至没过模板下边缘。

(7) 将颗粒干燥器三通阀切排地位置，对颗粒干燥器和振动筛进行清理。

(8) 如果挤压造粒系统因联锁停车除按紧急停车步骤停车外，需要去现场尽快查明停车原因，尽快恢复开车。

(9) 每次停车后均需做以下常规检查：检查切刀，有损坏则需要更换；检查清理干燥器和振动筛；必要时，将颗粒水系统内水排掉，清洗水槽和过滤器及板式换热器；冲洗挤压区地面。

2. 料仓着火爆炸后的处理

由于高压聚乙烯装置的工艺特点，导致风送系统中聚乙烯产品颗粒携带的乙烯气体含量较高，料仓易发生火灾，料仓一旦发生着火，必然引起本装置全线停车。料仓是由铝镁合金制成，极易因着火坍塌变形而报废。由于各料仓之间相距不远，一旦其中一个着火，容易导致火势蔓延殃及其他料仓，将造成巨大的经济损失。

(1) 操作人员发现料仓起火后，应及时向上级汇报，同时拨打火警电话，讲明着火地点、燃烧介质，并指派专人迎接、引导消防车，同时打开造粒风送区、反应区水幕系统，防止事故扩大。消防人员到达后，班组人员要积极配合消防人员的灭火工作。

(2) 造粒人员首先对着火料仓进行确认，若着火料仓为脱气料仓(部分高压装置脱气和掺混在同一料仓中进行，即脱气料仓和掺混料仓为同一料仓)，则紧急停主挤压机，室内操作人员停所有的粒料风送程序。室外操作人员立即现场停事故料仓的通风风机及相关输送风

机，向料仓中通入氮气。打开料仓附近的消防水炮，给事故料仓和相邻料仓喷水降温。若着火料仓为产品包装料仓，停止向包装仓进料，停止向着火料仓通风，改为向其中通入氮气，并用水炮向其喷水冷却。当低分降到适当料位以下时，造粒人员停挤压机及添加剂系统，将颗粒水切至旁通位置，走小循环，将切粒机水室内的水放掉，打开水室门清理水室。清理粒料干燥器和振动筛，向筒体水水罐通蒸汽，筒体水升温。如果料仓损坏严重，停车时间较长，停颗粒水系统和筒体水系统，筒体水降温、降压。

（3）压缩人员应立即切断装置乙烯进料，对一次压缩机和二次压缩机进行紧急停车，关闭一次压缩机出入口阀、二次压缩机出入口阀，打开旁通阀，停车时要避免压缩机系统的各安全阀起跳，防止造成二次着火爆炸。停止向系统中加入调节剂，然后通过压缩机至废气罐的放空线给两台压缩机泄压，加大废气罐的氮气、蒸汽注入量。严禁压缩机气体直接对空排放，否则可能造成二次着火爆炸。

（4）确认事故发生后，反应人员紧急终止反应。待一次压缩机停车后，立即切断高分下料阀，防止低分超压。如果停车时反应器安全阀起跳，则室内操作人员应尽快复位有关联锁，关闭反应器安全阀，减小在紧急放空罐上方发生可燃气空中闪爆的可能性；关闭反应器安全阀后，在高循系统压力允许情况下，打开反应器出料阀，通过返界区管线给反应器泄压。反应人员应尽量将高分中的聚合物排至低分，对反应器紧急放空罐进行清理并充水至适当液位。

（5）火灾扑灭后，要对事故原因进行分析，吸取事故教训，组织修复损坏料仓，准备下次开车。

3. 送料程序联锁停车后的处理

导致粒料输送程序停止的原因见本篇第5章造粒单元所述。

（1）对于料仓、粒料输送管线事故造成的送料程序紧急停车，待料仓或管线恢复正常后，即可重新恢复送料程序。

（2）如果送料程序是联锁停车，首先查明联锁停车原因：

① 如果是料仓料位超高报导致送料程序停，则需查明高报信号是否真实，如果信号是真实的，切换料仓，恢复送料程序；如果信号是假的，联系仪表人员处理，待报警信号消除后，恢复进料；如果处理需要时间较长，切换至其他的料仓进料。

② 如果是输送风机停止造成送料程序停，切换至备用风机恢复送料；分析风机停车原因，如果是机械故障，联系机修人员对故障风机进行修理；如果是电气故障，联系电气人员对故障风机进行修理。

③ 如果是输送风机出口压力高报，迅速查明原因；如果是旋转下料阀下料过快导致粒料输送管线堵塞，确定具体堵塞位置，拆管清理，然后迅速复位，并适当调节旋转下料器的转速，恢复送料；如果是风机出口压力开关假报，联系仪表人员处理，然后恢复送料；如果处理时间较长，切换至备用风机送料。

④ 如果是进料料仓通风量低报造成进料程序停，查明风量低报原因；如果由于通风风机故障造成通风量低报，切换至备用风机运行，待通风风量正常后，恢复进料，对故障风机切出后进行维修；如果风量低报是仪表信号假报，迅速联系仪表人员处理，待假报信号消除后，恢复进料；如果短时间内不能消除假报信号，切换至其他料仓进料。

4. 颗粒水槽液位低的处理

颗粒水系统担负着冷却粒料，并把粒料送至离心干燥器的任务，如果颗粒水槽液位过低，将触发联锁，使颗粒水泵停止运行，进而使主挤压机联锁停车。因此当颗粒水槽液位低报时，要及时处理。颗粒水槽液位低的原因及处理措施见表6-6。

表6-6 颗粒水槽液位低的原因及处理措施

可能原因	处理措施
挤压机开车时颗粒水从小循环切大循环，切粒机水室及管路充水，导致水槽液位低	切粒机开车后马上向颗粒水槽补加脱盐水
离心干燥器门密封不佳或安装不到位导致大量漏水	密封损坏停车处理，安装不到位重新进行调整锁紧
板式换热器漏水	联系机修人员处理
在线颗粒水泵机械密封损坏导致漏水	切换至备用泵运行，联系机修人员修理故障泵
系统其他部位泄漏	及时联系机修人员进行消漏

6.3.2 电气、仪表与设备方面的故障判断与处理

1. 电气方面的故障

主要是由于电气元件的老化、短路等原因，造成电力供应的故障，从而导致挤压机、通风风机或送料风机、旋转下料阀、各辅助系统泵的停车。

通风风机或送料风机、旋转下料阀、各辅助系统泵停车后，工艺人员启动备用设备运行，协助电气人员查找停电原因，更换老化的电气元件，电气人员处理完毕后通知工艺人员。如果是主挤压机停车，且短时间内无法启动，紧急停反应，然后由电气人员进行处理，处理完成后挤压机进行试车，试车正常后准备开车。

2. 仪表方面的故障

主要是由于振动、温度、压力及液位等测量元件长时间使用后老化失灵，或由于振动，导致测量元件松脱，从而造成测量参数的误报，导致联锁停车；测量参数的转换装置即应变仪故障，从而造成测量参数的误报，导致联锁停车；仪表室模/数转换器的数据线插头松脱，从而造成测量参数的误报，导致联锁停车。ESD死机造成联锁停车。

故障发生后，首先判断造成联锁停车的信号是真实的还是属于仪表的误报，如果是属于仪表的误报，配合仪表人员进行相关处理；如果是阀门故障，配合仪表人员进行相关处理；如果是主挤压机联锁停车，且短时间内无法启动，紧急停反应，然后由电气人员进行处理，处理完成后挤压机进行试车，试车正常后准备开车。对于ESD(紧急停车系统)死机造成的联锁停车，工艺人员进行装置的紧急停车，在仪表人员排除故障后再进行开车。

3. 设备方面的故障

高压聚乙烯装置在运行过程中，由于各方面的原因会造成设备出现故障，影响工艺正常操作，必须及时采取处理措施。

(1) 挤压切粒机组设备不正常时，导致产品的外观变差，部分出厂指标不合格，如由于各种原因造成产品中毛絮料过多，必须有针对性地进行处理。产品粒料中毛絮料过多的原因及处理措施见表6-7。

表6-7 产品粒料中毛絮料过多的原因及处理措施

可能原因	处理措施	可能原因	处理措施
模板不平	停车处理，更换模板	切刀与模板的间隙不合适	调整切刀与模板的间隙
切刀钝	停车处理，更换切刀	循环水温过低	调节水温

（2）造粒单元的离心干燥机担负着脱水干燥粒料的任务，由于各种原因造成的离心干燥机停车，将导致挤压切粒机组联锁停车。因此在日常要加强维护，尽量避免离心干燥机由于各种原因停车。离心干燥机停车的原因及处理措施见表6－8。

表6－8　离心干燥机停车的原因及处理措施

可 能 原 因	处 理 措 施
电气系统故障	通知电气人员检查，排除故障
传动皮带松或断，大块料卡住转子，过载停车	对离心干燥器认真巡检，发现皮带断时及时停主挤压机更换皮带
运动部位润滑不良	对离心干燥器定期进行加油加脂
缓冲料斗下料慢导致离心干燥器堵塞，过载停车	及时打开旋转加料器手孔清理毛絮料、块料，如果是旋转加料器转速低，及时调整转速

第7章　安全、环保与节能

7.1 安　全

7.1.1　装置的总体安全措施

高压聚乙烯装置是危险性较大的化工装置，在装置进行工艺选型时，要选择先进的、安全性高的工艺。工艺安全设计要考虑满足以下三项要求：在设计条件下能安全运转；即使工况有些偏离设计条件也能及时安全处理并恢复到原来的条件；启动和停车方法安全可靠，能够较有效防止运转中产生的故障而引起的初次灾害，万一发生灾害时可以有效地防止扩大受害范围。

装置在施工、建设过程中严格遵守工艺、设备、基建、安全等各方面的规章制度，严格施工标准，这样就能为装置日后安全、稳定运行提供一个坚实的基础。在实际操作中，严格遵守各项规章制度和工艺纪律，认真巡检，发现事故苗头及时处理，将事故消灭在萌芽状态。装置集中采取以下安全措施。

1. 高压聚乙烯装置防火防爆安全措施

超高压设备安装在防爆墙内；来自工艺设备的废气排往大气时，在安全处排放；消防水管线穿过并环绕装置，并按适当的间隔设置消防栓；在装置中设置火灾报警器，此外，在装置关键处设置用于检测气体泄漏、感温和感烟等的检测器；装置建造按照国家规程进行，消防要求是满足基于在装置区同一时间只有一次大的火灾发生这种情况；装置设有多个消防水炮和多个消防栓及消防通道以满足装置消防的要求。

2. 工艺方面的安全措施

（1）工艺监测和控制系统：设备配有测量压力、温度、液位、流量的仪表及异常情况下发出报警信号的仪表；这些仪表得到的信息用 DCS 集中到控制室，在控制室内对设备进行集中监测和控制。

（2）泄压系统：为避免发生危险的超压情况，对承受内压的设备分别设置安全泄压设施，从安全泄压设施和其他排放系统中释放的可燃气体排到大气中安全位置。

（3）设备和配管设计：在所有的操作条件下，根据焦耳－汤姆逊效应，进行设备和配管设计时应考虑到低温情况，在适当位置设置加热器；根据规定确定需防火的钢结构和设备支撑件应采用的标准，并使用符合标准的耐火材料。

（4）联锁系统：为了保护压缩机、挤压机等大机组，工艺上设置了大量的停车联锁，在工艺运行参数、设备润滑情况等恶化时，将联锁停车以保护机器。

为保护反应器，防止超温、超压造成的分解反应对反应器的巨大的危害，工艺上在反应单元设置了大量的防止反应器发生分解反应的联锁，在反应器将要发生分解反应或已发生分解反应的情况下联锁停车。这套联锁系统将通过停二次压缩机，打开反应器安全阀和停止引发剂注入泵(空气压缩机、氧气压缩机)来发挥作用，如果超温、超压，借助安全阀将热量、压力释放到大气中去，如果安全阀失灵，爆破膜将爆破以释放反应器内的热量和压力。

（5）装置设有紧急停车系统：在水、电、气等公用工程发生故障或发生严重的自然灾害时，可以通过紧急停车按钮进行紧急停车，以保护装置的安全。装置设有 UPS 电源，能够在装置停电时为应急照明和仪表提供至少 30min 的电力供应。

3. 危险区域划分

严格按照防爆要求选择在各区域使用的电气设备的防爆等级；确保火源与可燃气体或粉尘分开；确定风机合适的入口位置；确定需要位于危险区域外的道路。

4. 人身保护

高分、低分等少数设备采用核辐射仪器来检测聚合物的料位，这些密闭的核辐射源具有众所周知的职业健康危害，应对辐射源进行适当设计和安装，使其对操作人员辐射程度减至最小；另外为了降低噪音对操作人员的危害，根据每人每天接触噪音的时间来确定允许的噪音等级，并制订相应的防噪措施。操作人员在现场作业时，必须按规定佩戴劳动保护用品。

7.1.2　压缩单元的安全

7.1.2.1　压缩单元的危险因素

1. 乙烯泄漏

由于振动、管件老化等因素，造成管线的疲劳断裂或管线连接处的密封件被破坏，因而造成乙烯的泄漏，如果发现不及时，容易发生火灾和闪爆。

2. 反焦耳 – 汤姆逊效应

超高压压缩机二段汽缸一旦组合阀产生泄漏，超高压的乙烯气体被反复压缩，会很快达到分解温度，发生分解反应。

7.1.2.2　减少危害的措施

（1）一次压缩机和二次压缩机均设有可燃气体监测系统，当可燃气系统出现报报警时，经室外操作人员现场确认报警属实，立即向上级汇报并采取相关的处理措施。

（2）一次压缩机和二次压缩机均采用 DCS 系统控制，控制先进合理，安全设施有可燃气体报警、自动火警报警、自动喷水等。

（3）在设计二次压缩机时，已经注意减少在二次压缩机二段汽缸及汽缸出口产生分解反应的机会，为此在二次压缩机各汽缸出口设置了快速响应的热电偶，一旦汽缸出口温度异常上升达到联锁值，二次压缩机将紧急联锁停车，从而避免发生分解反应。

（4）压缩单元根据每人每天处在噪音里的时间来确定允许噪音的等级，并制订相应措施。

（5）设备检修时严格遵守各项规章制度，动设备检修时必须断电，容器进行检修时必须与其他设备管线隔离并加盲板，并按规定进行置换，置换后经分析合格，才可动工检修。

（6）室外操作人员认真巡检，室内操作人员认真监控，发现异常情况及时处理。

7.1.3　反应单元的安全

高压聚乙烯装置反应器系统的正常操作是在高温、超高压条件下进行，一旦发生泄漏十分危险；而工业生产所用有机过氧化物引发剂易燃易爆易分解，有着很强的氧化性，许多引发剂在常温下会快速分解甚至爆炸，因此引发剂必须在制冷情况下小心贮存，配制过程也应尽量避免与人体的接触。

7.1.3.1　反应单元危险因素

乙烯气泄漏后易发生火灾，更严重的是会与空气形成爆炸性混合物；在乙烯膨胀过程中，会产生非常低的温度（焦耳 – 汤姆逊效应）；通过乙烯的聚合反应（期望发生的反应）、乙烯分解（不期望发生的反应）或通过反焦耳 – 汤姆逊效应，可引起温度的升高；在使用催化剂

104

(引发剂)时易发生自燃。

1. 乙烯泄漏

由于振动、管件老化等因素，造成管线的疲劳断裂或管线连接处的密封件被破坏，因而造成乙烯泄漏。

2. 乙烯分解

当乙烯的温度提高到大约350℃时，将产生分解反应，通过分解反应释放出来的热量，使反应速率进一步提高，当发生分解反应时，反应器中的温度和压力将会以很高速率上升，导致分解反应产生的原因如下：

反应器中气体流动速率减小或停止流动；反应器第一段反应停止（过多的引发剂进入下一反应段）；反应压力超高；反应器的某一反应段的引发剂加入量过多；对于仅使用有机过氧化物作引发剂的装置，有过量的氧气进入反应器，对于使用纯氧做引发剂的装置，原料气中氧含量过高，也会导致反应器发生分解反应；反应器冷却效果差或冷却中止；反焦耳－汤姆逊效应。

3. 乙烯燃爆

反应器发生泄漏时，高温高压的易燃物喷入大气，很可能因静电而燃烧或爆炸。

4. 引发剂的分解

引发剂分解形成自由基，这对于高压聚乙烯自由基聚合反应的引发是必须的。没有引发剂，则反应器中的聚合反应无法引发。装置使用的引发剂是有机过氧化物，有机过氧化物具有化学不稳定性和易燃性，引发剂在贮存和使用时可因分解而导致自燃。在环境温度达到其自加速分解温度（SADT）时，引发剂分解加速，分解产生的氧气和有机物在较高的环境温度下，极易燃烧或爆炸。

5. 核辐射

高分、低分等少数设备采用核辐射仪器来检测物料的料位。这些密闭的核辐射源具有众所周知的职业健康危害，它能释放出 γ 射线，杀伤人体细胞，导致产生白血病等严重危害人体健康的疾病。

7.1.3.2 减少危害的措施

（1）在设计反应器、高压分离器时，已经注意减少乙烯分解的机会。反应器、高压分离器均设有监测系统，当测量温度和压力太高时，这套系统将通过停二次压缩机，打开安全阀和停止引发剂注入泵（空气压缩机、氧气压缩机）来发挥保护作用。如果超温、超压，安全阀联锁打开，将热量、压力释放到大气中去；如果安全阀失灵，爆破膜将爆破以释放反应器或高分内的热量和压力。

（2）为了减少反应器、高压分离器泄漏、闪爆造成的危害，将这些设备安装在防爆墙内。为了避免反应器内的气体排至大气发生闪爆，安全阀的排放线与紧急放空罐相连。反应器安全阀起跳后释放出的气体，在排放到大气之前，先被导入一个充水的紧急放空罐中去。该放空罐还设有一条带自动控制阀的高压蒸汽注入管线，该阀在反应器安全阀起跳泄压时自动打开，向罐中注入高压蒸汽稀释反应器中排放出的乙烯气体。排放罐中的水将对反应器排出的物料起到冷却作用，在这里乙烯将被冷却到低于它的自燃点的温度，而且使部分聚合物从排放混合物中分离出来。

（3）某些高压装置将反应器每一个放空阀的排放气体直接通过大直径的排放管排至大气，为了减少着火的可能，每个放空管都配有蒸汽喷射系统，通过控制阀将高压蒸汽直接喷射到各放空管的顶部，控制阀有一条旁路线持续供给少量的蒸汽，一旦温度系统从反应器热电偶接收到的温度到达报警值，将立即打开蒸汽控制阀向二根放空管喷射蒸汽。通常在反应器温度达到报警界限之后不久气体就会放空，在报警时就打开蒸汽阀，可以保证反应器排放气体进入放空管时有足够的喷射蒸汽。

（4）应对辐射源进行适当的设计和安装，使其对操作人员辐射程度降至最小。

（5）设备检修时严格遵守各项规章制度，动设备检修时必须断电，容器进行检修时必须与其他设备管线隔离并加盲板，并按规定进行置换，置换后经分析合格才可动工检修。

（6）引发剂以标准桶形式交货，这些桶储藏在专门为每种类型引发剂而设冷藏库房中，严禁将引发剂贮存在冷藏库房之外的地方。在日常生产中要严格控制引发剂冷藏库的温度在工艺规定温度，防止温度过高导致引发剂分解。引发剂配制人员在引发剂配制过程中，应按规定穿戴劳保用品，避免身体直接接触引发剂。

（7）室外操作人员认真巡检，室内操作人员认真监控，发现异常情况及时处理。

7.1.4 造粒、风送单元的安全

7.1.4.1 挤压机系统的安全

1. 挤压机系统危险因素

（1）由于工艺的因素或设备的因素导致挤压机模头压力超高。

（2）挤压机模头或筒体大量蒸汽泄漏。

（3）挤压机变速箱润滑油系统工作不正常，导致润滑效果变差。

2. 减少危害的措施

（1）挤压机系统设置了大量的联锁，以便在工艺运行状况异常或润滑系统状况恶化时联锁停挤压机系统。

（2）室外操作人员认真巡检，室内操作人员认真监控，发现异常情况及时处理。

（3）设备检修时严格遵守各项规章制度，动设备检修时必须断电，容器进行检修时必须与其他设备管线隔离并加盲板，并按规定进行置换，且分析合格，才可动工检修。

7.1.4.2 料仓的安全

1. 料仓的危险因素

在高压聚乙烯生产中，由于工艺特点的原因，造成粒料产品中含有浓度较高的可燃气体，粒料产品需要在料仓中经过一定时间的脱气、掺混，经分析指数合格后，才送往成品包装仓包装出厂。这样在装置的脱气料仓或脱气掺混料仓(某些高压聚乙烯装置产品脱气、掺混是在同一组料仓进行的)中一旦由于各种原因造成通风风量不足或者丧失通风，将造成可燃气体的积聚，气体达到一定浓度后，由于料仓内存在静电放电，一旦静电放电的能量达到可燃气体的点火能，将发生料仓燃爆事故。料仓发生燃爆事故，将对附近其他料仓的安全形成巨大的威胁，同时将造成装置的紧急停车。

2. 减少危害的措施

为防止料仓静电燃爆事故的发生，规范料仓的设计、操作和管理，采取如下手段：

（1）严肃工艺纪律，严格执行工艺指标，把好原料精制、引发剂配制等原料关，注意保持反应的平稳性，确保系统在规定的工艺条件下运行，并定期检测料仓的可燃气含量；在开车、切换牌号或造粒不正常产生不合格料时，应按正常工艺操作进行脱气处理，脱气合格后及时包装，严禁在料仓内长时间存放。

（2）应将低压闪蒸、干燥、脱气仓等粉体及熔体挥发组分处理系统，列为安全管理的重

点部位；严格控制该系统的工艺指标。

（3）应保持造粒风送系统(或净化风系统)运行的可靠性，要确保通风系统风量达到工艺要求，即在造粒 8～10h 后内料仓内可燃气体含量≤0.5%（质量）。对风机入口、料仓入口、排风管、过滤器、风阀、料仓分配阀等应加强监护，应采取有效措施防止误操作。对新建、改扩建高压聚乙烯装置，通风设计必须满足上述工艺要求。

（4）严禁边进料边出料。严格执行进料、脱气、掺混、出料的操作程序，进料和脱气掺混之间应连续进行，中间不应停留过长时间，以免料仓内积聚高浓度的可燃气体。

（5）为防止较大能量的静电放电，应严格按有关规范要求完善静电接地系统。严禁在物料处理系统和各料仓内出现不接地的孤立导体，并定期检查可能出现孤立导体的设备或部件，如排风过滤器的紧固件、管道或软连管的紧固件，振动筛的软连接、临时接料的手推车或器具等。料仓内一旦发现金属异物，应尽快取出。对新改扩建高压聚乙烯装置，应对料仓内可能产生静电放电的金属突出物做防静电处理，设计料仓进风管及其他金属支撑结构，应避免出现金属突出物。

（6）定期检查和清理料仓内的粘壁粉料和块状料。料仓内的粘壁粉料厚度应控制在2mm 内。应及时清理散落粉尘和粒料，并防止明火燃烧。严格向包装送料操作，防止料仓混料操作。

（7）如果料仓内安装的高料位报警器易产生静电放电，为防止报警器探头与物料堆面产生放电现象，应避免料仓出现高位报警操作。脱气料仓(或脱气掺混仓)每仓料接料时间不得超过规定时间。国内某聚乙烯装置已经成功地将防静电型料位报警器应用于产品料仓，其特点是报警器在仓内回避了高压高场强区，且带有抑制静电放电的保护罩，很值得进行推广。

（8）在生产过程突发停电事故时，室外操作人员立即去现场向有存料的料仓紧急通入氮气，防止可燃气体产生积聚，达到一定浓度后产生闪爆。待电力供应恢复后，立即恢复料仓通风风机的运行。

（9）室外操作人员认真巡检，室内操作人员认真监控，发现异常情况及时处理。

7.2 环　保

7.2.1 装置的总体环保措施

目前，我国部分早期引进的高压低密度聚乙烯装置生产规模小，致使单位产品的能耗高、排污量大，从而增加了末端治理的负担，加重了环境的污染。为此必须大力推进清洁生产，以期减少和逐步消除环境污染，也就是将整体预防的环境战略持续应用于生产过程、产品加工过程和服务过程中，以期减少对人类和环境的危害。

采取的主要手段有：实现资源的综合利用，采用清洁的能源；改革工艺和设备，采用高效设备和先进清洁的工艺；组织厂内的物料循环；改进操作，加强管理，提高操作工人的素质；采取必要的末端"三废"处理；发展环境保护技术。

7.2.2 压缩单元的环保

本单元排放的废弃物包括废气、废液。

（1）本单元的废气主要是排放到低压气体管网的乙烯，这些气体通过水封罐排向大气；还有一类是防爆膜事故排放物，它们也排向大气。

（2）废液主要是废油和废水，废油分批输送到指定的贮存区域，通过外卖等手段处理。生产废水通过污水管排放至工业污水池经简单的分离处理后送污水处理厂集中处理。生活污水由污水管排放至生活污水池，经简单的处理后送污水处理厂集中处理。

7.2.3 反应单元的环保

本单元排放的废弃物包括废气、废液。

（1）引发剂配制及使用时，各种异常情况可能造成泄漏，不能随意排放，必须排入装置的指定排放位置，集中加以处理。

（2）循环系统排油排蜡时，须将排放物排入指定的容器，排放操作要平稳，减少飞溅和洒落。

（3）本单元的废气主要是排放到低压气体管网的乙烯，这些气体通过水封罐排向大气；还有一类是设备安全阀、防爆膜事故排放物，它们也排向大气。

7.2.4 造粒、风送单元的环保

1. 挤压机系统的环保

对挤压机系统开停车和正常生产过程中产生的废粒料和排放的助剂及时收集，按规定存放到工业垃圾池内集中处理。

2. 料仓系统的环保

对料仓系统的落地废料及时收集，按规定存放到工业垃圾池内，在各料仓顶部排气口应设置粉料回收装置，避免粉料污染空气。料仓系统的排放气有两类：一类是来自产品料仓、不合格品料仓、掺混料仓和贮存料仓的乙烯，排向大气；一类是来自颗粒除尘设施的空气，也排向大气。为了减少这类气体的排放量，必须控制好低分系统的温度和压力，尽量使乙烯单体从聚合物中分离出来。

7.3 节　　能

高压低密度聚乙烯装置是能源消耗的大户，为了节能降耗，降低生产成本，提高产品的竞争力，从管理、运行等各方面加强节能工作是十分必要的。

7.3.1 压缩单元的节能

（1）压缩单元的两台压缩机经过多级压缩，将循环乙烯气体和新鲜乙烯气体提升至反应压力，消耗大量的电能。电能的消耗在整个高压聚乙烯装置的能耗中占总能耗的三分之二以上。因此，延长装置的运行周期，避免非计划停工，提高压缩机机组的运行率，稳产高产，能够节省大量的电能，是装置节能的一条重要途径。

（2）每年春季及时停本单元的防冻防凝，减少蒸汽消耗。

（3）定期检查本单元的蒸汽系统有无漏点，各疏水器工作状况，系统管线出现漏点时及时处理，对于坏损的疏水器能更换的及时更换，避免蒸汽浪费。

7.3.2 反应单元的节能

（1）大力开展热能的综合利用，利用反应热副产低压蒸汽；利用反应热对反应预热段原料进行预热；有的工艺利用高循气体的显热来副产中压蒸汽和低压蒸汽。

（2）对动设备定期补加润滑油脂，保证本单元动设备的良好润滑。

（3）每年春季及时停本单元的防冻防凝。

（4）定期检查反应器和各辅助水系统有无漏点，各疏水器工作状况，系统管线出现漏点

时及时处理，对于损坏的疏水器能更换的及时更换，避免蒸汽浪费。

7.3.3 造粒、风送单元的节能

1. 挤压机系统的节能

（1）定期检查主挤压机、侧线挤压机和液体添加剂蒸汽系统有无漏点，各疏水器工作状况，系统管线出现漏点时及时处理，对于坏损的疏水器能更换的及时更换，避免蒸汽浪费。

（2）加强对筒体水、颗粒水系统的检查；发现泄漏应及时消除；定期清理颗粒水系统的各处滤网、过滤器和冷却器，保证系统畅通；筒体水水温根据工艺要求控制在适当值，既要保证挤压机筒体的撤热，又要保证熔融物料挤出畅通。

（3）离心干燥器、振动筛电机和风机电机轴承按时加油加脂，保证其运动部位的良好润滑；对离心干燥器和缓冲料斗的风机入口滤网按时清理，保证吸入口畅通。

（4）每年春季及时停本单元的防冻防凝。

2. 料仓、通风风机和输送风机的节能

（1）定期检查并清理风机入口的过滤器，保证吸入口畅通。

（2）对电机和风机轴承定期补加润滑油脂，保证其运动部位的良好润滑。

（3）风机电机的传送带松紧适当，既要避免传送带过松，确保风机的输出风量满足要求，又要避免传送带过紧，造成电机负荷过大。

第2篇 高密度聚乙烯

第1章 基 础 知 识

1.1 高密度聚乙烯工艺的发展历史

1953 年，德国科学家齐格勒采用三乙基铝 - 四氯化钛催化剂体系，使乙烯在有机溶剂中并于常压下聚合，生成聚乙烯。1954 年，意大利蒙特卡蒂尼公司采用齐格勒的研究成果，开始工业生产高密度聚乙烯。同年，美国菲利浦石油公司使氧化铬载于氧化硅载体上，在 2 ~4MPa、100 ~170℃条件下使乙烯聚合生成高密度聚乙烯，并于 1957 年工业化。与此同时，美国标准油公司也以氧化钼载于氧化铝上，在 6 ~7MPa、230 ~270℃的条件下制得了高密度聚乙烯，并于 1960 年工业化。上述三种方法生产聚乙烯设备要求不高，反应条件温和，所以各国纷纷建厂，到 20 世纪60 年代末高密度聚乙烯年生产能力约达170 万吨。60 年代后期，高密度聚乙烯生产取得了第二次突破，1969 年比利时索尔维公司改进了原齐格勒催化剂，首创高效型催化剂，建立了不脱灰分的第二代高密度聚乙烯生产工艺。70 年代研制高密度聚乙烯高效催化剂和不脱灰分的生产工艺形成高潮，建立了多套不脱灰分生产工艺的装置，世界高密度聚乙烯生产能力不断扩大。

1.2 高密度聚乙烯聚合反应机理及催化剂知识

1. 聚合反应机理

高密度聚乙烯工业生产主要有浆液聚合、溶液聚合和气相聚合三种方法，近年来又发展了不造粒的聚乙烯新工艺。目前我国高密度聚乙烯生产装置主要有浆液聚合和气相聚合两种方法。

乙烯在低压状态下，经催化剂作用聚合成高密度聚乙烯的反应机理说法甚多，其中阴离子配位聚合的机理已得到较为普遍的承认。

在阴离子配位聚合反应中，催化剂之所以有活性，是因为它的分子结构中含有金属 - 烷基键，乙烯及共聚单体可以迅速地插入金属 - 烷基键之间，而生成长链高聚物。其过程分为下列三步：

(1) 链引发 其过程可概括为：扩散(包括溶解)—吸附(包括络合、极化)—插入。

(2) 链增长 扩散(包括溶解)—吸附(包括络合、极化)—插入。

(3) 链终止 增长中的聚乙烯链因各种原因而停止增长，在生产过程中一般添加氢气使活性链终止。

2. 催化剂知识

气相法高密度聚乙烯装置使用的硅烷铬酸酯催化剂属于有机过渡金属催化剂，载体是脱水硅胶，以二乙基乙氧基铝为改性剂。此种催化剂工业应用有几种型号，主要是硅胶脱水温度和铝/铬比值有所不同。一般用于乙烯和 α-烯烃共聚的高密度聚乙烯，适于生产分子量较高、分子量分布较宽的树脂。二茂铬催化剂同样属于有机过渡金属催化剂，主要是将二茂铬载于脱水硅胶上，某些牌号可加入四氢呋喃作改性剂。工业上在用的各种型号的二茂铬催化剂的不同之处在于硅胶的脱水温度及有无四氢呋喃，此种催化剂主要用于乙烯均聚或与丙烯共聚，适于生产分子量较低、分子量分布较窄的树脂。

淤浆法高密度聚乙烯装置使用钛系齐格勒催化剂，主要组分为四氯化钛-烷基铝。此种催化剂活性高，可以省去脱灰工序，分子量氢调敏感，不粘釜，具有较大的技术经济综合性能优势。

1.3 主要原材料的物性、规格、质量指标

高密度聚乙烯装置使用的主要原材料包括乙烯、丙烯、1-丁烯、1-己烯及氢气，其物性特征及质量指标见表 1-1。

表 1-1 主要原材料规格及物性特征

名　称	理化特性	质量指标	
乙　烯	无色气体，略带甜味 相对密度(空气=1): 0.98 爆炸下限/上限: 2.7%~34%(体积) 相对密度(水=1): 0.61(液态) 熔点: -169.4℃ 沸点: -103.9℃	C_2H_4 $CH_4 + C_2H_6$ 二氧化碳 氧气 氢气	≥99.95%(摩尔) ≤0.05%(摩尔) ≤5×10^{-6}(摩尔) ≤1×10^{-6}(摩尔) ≤5×10^{-6}(摩尔)
丙　烯	无色气体，略带甜味 闪点: -108℃ 爆炸下限/上限: 1.0%~15%(体积) 相对密度(水=1): 0.5(液态) 熔点: -191.2℃ 沸点: -47.7℃	C_3H_6 烷烃 二氧化碳 氧气 氢气	≥99.6%(摩尔) ≤0.4%(摩尔) ≤5×10^{-6}(摩尔) ≤4×10^{-6}(摩尔) ≤5×10^{-6}(摩尔)
1-丁烯	无色气体；闪点: -80℃ 相对密度(空气=1): 1.93 爆炸下限/上限: 1.6%~9.3%(体积) 相对密度(水=1): 0.67(液态) 熔点: -185.6℃ 沸点: -6.3℃ 临界温度: 146.4℃；临界压力: 4.02MPa	1-丁烯 异丁烯 炔烃 硫 水	≥95%(体积) ≤3%(体积) ≤10×10^{-6}(体积) ≤5×10^{-6}(体积) ≤25×10^{-6}(体积)
1-己烯	沸点: 63.5℃ 挥发性: 100% 相对密度(水=1): 0.678 蒸气压: (24℃)24.5kPa 蒸气密度(空气=1): 3.0 外观: 无色液体 闪点: <15.6℃ 燃烧极限值: 上限 7.0% 下限 2.0%	单烯烃: 正 α-烯烃: 总惰性物: C_6: 过氧化物: H_2O:	≥98.5%(质量) ≥96%(质量) ≤4%(质量) ≥99%(质量) ≤1.0×10^{-6} ≤25×10^{-6}
氢　气	无色无味气体； 爆炸下限/上限 4.1%~74.1%(体积) 相对密度(水=1): 0.77 熔点: -259.2℃ 沸点: -252.8℃	氢气 $CO + CO_2$ 氧气 CS_2	≥95.0%(体积) ≤10×10^{-6}(摩尔) ≤10×10^{-6}(摩尔) ≤0.1%(体积)

1.4 产品特性、质量指标及应用

1.4.1 产品特性及质量指标

1.4.1.1 高密度聚乙烯树脂的一般物理性质

高密度聚乙烯树脂的一般物理性质指标见表1－2。

表1－2 高密度聚乙烯树脂的一般物理性质

项 目	产 品	项 目	产 品
分子量	7万～15万	粉末堆积密度/(kg/m³)	200～500
熔融指数/(g/10min)	0.001～18	外 观	白色粉末
密度/(kg/m³)	940～965	毒 性	无 毒

1.4.1.2 高密度聚乙烯树脂的热性能

高密度聚乙烯产品具有优良的热性能，最高使用温度可达100℃，最低使用温度可达 -70～-100℃。但在受力情况下，高密度聚乙烯的热变形温度很低。在高温下，高密度聚乙烯也会发生降解。

1.4.1.3 高密度聚乙烯树脂的电性能

在电流频率为50～100Hz范围内，高密度聚乙烯的介电常数及介电损耗都与电流频率无关，因此特别适合作高频电器的绝缘材料。

1.4.1.4 高密度聚乙烯树脂的耐老化性能

高密度聚乙烯由于受空气中氧所引起的氧化作用，分子链不断被破坏降解为脆性低分子物，并生成各种含氧低分子物，使高密度聚乙烯产品的电绝缘性能、机械强度、耐寒性、耐老化性能变坏。为了阻缓氧化的进行，可在产品中加入抗氧剂和光稳定剂。

1.4.1.5 高密度聚乙烯树脂的质量指标

高密度聚乙烯树脂的质量指标包括熔融指数、密度、抗张强度、屈服强度及伸长率等项目，以齐鲁石化的产品为例，具体情况见表1－3。

表1－3 高密度聚乙烯树脂的质量指标

	DGD 6093	DGD 3479	DMD 6145	DGD 6098	DMD 6147	DMD 1158	DGD 2480
熔融指数/(g/10min)	—	0.15	—	—	—	—	—
流动指数/(g/10min)	16	—	15	11	10	2	11
熔流比	95	90	80～130	105～155	18～28	25～30	115～145
密度/(g/cm³)	0.953	0.949	0.951	0.949	0.948	0.953	0.945
颗粒松密度/(kg/cm³)	535	535					
粉料松密度/(kg/cm³)	485	485					
灰分/%	0.03	0.03					
杂质(最小)	+80	+80					
颜色(最小)	B⁻	B⁻	C	C	C	C	C
挥发物	0	0					
铬含量	$<1 \times 10^{-6}$	$<1 \times 10^{-6}$					
抗张强度/MPa	27	25					
屈服强度/MPa	26	24					
极限伸长度/%	500	700					
定伸模数/MPa	774	660					
脆点温度(最低)/℃	-70	-60					

1.4.2　高密度聚乙烯树脂的应用

高密度聚乙烯产品性能优越，能以多种方法进行成型加工，同时也可以作为结构材料，因此用途十分广泛。不同熔融指数的高密度聚乙烯产品应用范围见表1-4。

表1-4　不同熔融指数的高密度聚乙烯产品应用范围

熔融指数/ （g/10min）	应用范围	熔融指数/ （g/10min）	应用范围	熔融指数/ （g/10min）	应用范围
0.2～1.0	电线电缆绝缘层	0.5～1.0	单丝	1.0～8.0	注塑制品
0.01～0.5	管材	0.2～1.5	吹塑中空制品	3.0～8.0	滚塑制品
0.2～2.0	板、片、牵伸带	0.3～2.0	薄膜	1.0～7.0	涂层

1.5　国内高密度聚乙烯装置工艺概述

我国高密度聚乙烯装置主要有浆液聚合和气相聚合两种工艺，其中浆液聚合以扬子石化高密度聚乙烯等装置为代表，气相聚合以齐鲁石化高密度聚乙烯装置为代表。国内高密度聚乙烯装置的简单情况见表1-5。

表1-5　国内高密度聚乙烯装置简单情况如下

装置名称	生产能力/ （kt/a）	采用技术	工艺特点
燕山石化高密度聚乙烯装置	140	三井油化公司淤浆法	该工艺以高纯度乙烯作为主要原料，丙烯或1-丁烯作为共聚单体，以己烷为溶剂，使用高效催化剂，无脱灰工序，通过改变聚合釜的组合方式和工艺参数等手段，生产出不同牌号的产品
扬子石化高密度聚乙烯装置	220		
兰州石化高密度聚乙烯装置	170		
大庆石化高密度聚乙烯装置	220		
齐鲁石化高密度聚乙烯装置	140	联碳公司气相法	操作简单，能量消耗低，乙烯和共聚单体利用率高，在聚合反应阶段无溶剂和液态稀释剂；维修费用低，工艺废物少，系统泄漏少，安全性高；操作弹性大，负荷的调整不影响树脂性能，可获得从高分子量到低分子量，宽分子量分布到窄分子量分布广泛范围的产品
上海金菲石化高密度聚乙烯装置	100	菲利浦公司淤浆法	该工艺以异丁烷为溶剂，由于使用环管反应器，管内物料可高速循环（5m/s以上），使管内部全部为湍流区，不易形成凝胶，也不易挂胶，反应器生产强度高，反应停留时间短，容易切换牌号，过渡料少；装置能耗较低
茂名石化第二高密度聚乙烯装置	350	菲利浦公司淤浆法	
吉林石化高密度聚乙烯装置	300	巴塞尔公司赫斯特淤浆法工艺	反应器操作灵活，既可以通过反应器串联操作生产高质量的双峰的HDPE，又可以并联操作生产单峰的HDPE，进而提高产品性能；该低压淤浆工艺较为清洁、环保，几乎没有液体或固体废物排放，气体排放量也很少
辽阳石化高密度聚乙烯装置	35	巴塞尔公司赫斯特淤浆法工艺	有脱灰工序，使用常规催化剂，引进12个牌号，目前生产的氯化聚乙烯原料为该装置的特色产品

1.5.1 淤浆法高密度聚乙烯装置

燕山、扬子、兰州、大庆石化高密度聚乙烯装置均采用日本三井油化公司淤浆法工艺生产高密度聚乙烯。在生产上，以高纯度乙烯作为主要原料，丙烯或1-丁烯作为共聚单体，己烷作为溶剂，在高效催化剂作用下进行低压淤浆聚合，聚合淤浆经分离干燥、混炼造粒、颗粒混合、包装码垛后即得到各种性能优良的高密度聚乙烯产品。流程见图1-1。

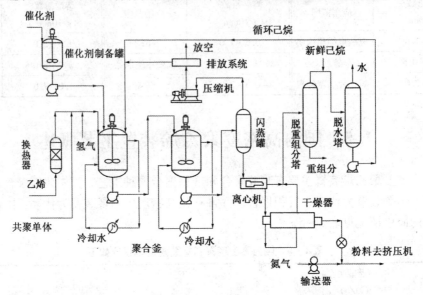

图1-1 三井油化淤浆法高密度聚乙烯流程示意图

大庆石化高密度聚乙烯装置于1986年建成投产，设计生产能力为140kt/a，两条生产线，后装置增加一条生产线，扩建为年产220kt高密度聚乙烯装置。扬子石化高密度聚乙烯装置于1987年投产，设计生产能力为140kt/a，有A、B两条生产线，2004年装置增加一条生产线，扩建为年产220kt高密度低压聚乙烯装置。燕山石化高密度聚乙烯装置于1994年建成投产。装置的设计生产能力为140kt/a，有A、B两条生产线。兰州石化高密度聚乙烯装置于1997年投产，设计生产能力为70kt/a，有一条生产线，装置增加一条生产线，扩建为年产170kt高密度聚乙烯装置。

1.5.2 齐鲁石化高密度聚乙烯装置

齐鲁石化高密度聚乙烯装置的设计生产能力为每年140kt高密度聚乙烯产品，设计开工时间8000h/a，挤压造粒时间为7400h/a。生产工艺采用美国联碳公司（现Univation）低压气相流化床工艺技术，采用铬系催化剂，以乙烯为原料，丙烯、丁烯-1或己烯-1为共聚单体，氢气为分子量调节剂，生产高密度聚乙烯产品。1987年6月开车，目前生产能力可达175kt/a。流程见图1-2。

1.5.3 上海金菲淤浆法高密度聚乙烯装置

上海石化HDPE装置采用的是美国菲利浦石油公司的双环管淤浆法工艺。淤浆法的工艺流程与溶液法具有许多相似的地方，但聚合温度较低，浆液中有大量的聚乙烯颗粒，有一部分颗粒溶解在溶剂中，使溶剂的黏度增加，导致聚合物容易产生挂壁。

美国菲利浦公司通过改进催化剂，调整工艺条件，使原来生产HDPE的环管浆液法能够生产密度为0.920g/cm³的低密度直链聚乙烯（LDLPE）。该工艺以异丁烷为稀释剂，由于使

114

用环管反应器，管内物料可高速循环(5m/s 以上)，使管内部全部为湍流区，传热系数高达 3.34～5.02MJ/m² · ℃，不易形成凝胶，也不易挂胶。环管外的水冷夹套单位体积传热面积高达 6.5～7.0m²/m³，因而反应器生产能力高，反应停留时间短，容易切换牌号，过渡料少。作为稀释剂的异丁烷容易通过闪蒸而被脱除掉，装置能耗较低。

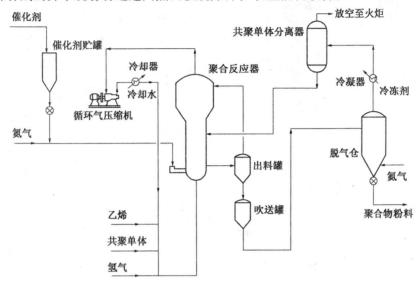

图 1-2　UCC 气相法高密度聚乙烯流程示意图

经过精制脱水、氧等杂质后的乙烯、共聚单体(1-丁烯或 1-己烯)和稀释剂异丁烷一起进入反应器，活化的催化剂与异丁烷配成浆液，用特殊加料器加到环管反应器中。反应器由 4 根带夹套的圆管组成与轴流循环泵形成一个环路。环管内反应物料与生成的固体聚合物形成淤浆，在轴流泵驱动下高速流动，使催化剂与反应物充分混合，产生的湍流将反应热迅速通过夹套中的冷却水除去。

该工艺采用高活性的铬系聚合催化剂，共有 3 种型号，可生产分子量分布从窄到宽，产品熔体流动速率范围 0.1～1g/10min，密度 0.920～0.970g/cm 的产品，共聚单体可以使用 1-丁烯、1-己烯、1-辛烯和 4-甲基-1-戊烯。由于催化剂的活性高，因此无需脱灰，反应温度低于 100℃，压力 3.92MPa，平均停留时间为 60min，乙烯的转化率大于 97%。反应生成的物料经沉降后进入闪蒸器(压力约为 19.61kPa)，从底部流出的固体物经干燥后，加入稳定剂，送挤出机造粒、贮存、掺混、包装。流程图见图 1-3。

1.5.4　辽阳石化高密度聚乙烯装置

辽阳石化公司 35kt/a 高密度聚乙烯装置是从德国赫斯特公司引进的淤浆法釜式工艺，于 1979 年投产，装置的特点是使用常规的催化剂，催化剂活性较低，因此有脱灰工序，引进 12 个生产牌号。目前生产的氯化聚乙烯是该装置的特色产品。流程图见图 1-4。

1.5.5　吉林石化高密度聚乙烯装置

吉林石化公司 300kt/a 高密度聚乙烯装置，是吉林石化公司 700kt/a 乙烯改扩建工程配套项目之一，2006 年 4 月投产。该装置采用德国巴塞尔公司的赫斯特(Hostalen)低压淤浆工艺。此工艺反应器操作灵活，既可以通过反应器串联操作生产高质量的双峰的 HDPE，又可以并联操作生产单峰的 HDPE，进而提高产品性能。赫斯特低压淤浆工艺反应系统相对 LLDPE 较易于开车，反应过程对杂质要求不是很苛刻，投料后能够瞬间建立反应，可以大大缩短反应器的开车时间。Hostalen 低压淤浆工艺具有较好的生产成本及经济性。Hostalen 低压淤浆工艺较为清洁、环保，几乎没有液体或固体废物排放，气体排放量也很少。其流程示意图见图 1-4。

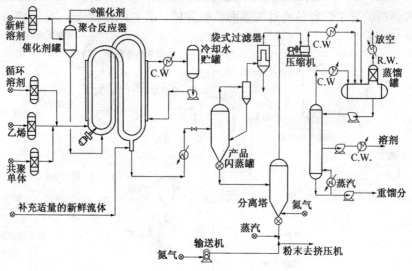

图 1-3　菲利浦环管淤浆法工艺流程示意图

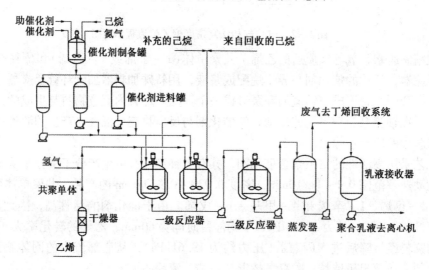

图 1-4　赫斯特淤浆法工艺流程示意图

1.5.6　茂名石化第二高密度聚乙烯装置

茂名石化第二高密度聚乙烯装置采用菲利浦公司的环管淤浆法聚乙烯工艺技术，装置设计规模 350kt/a。主要原料有乙烯、己烯-1、氢气和异丁烷，反应催化剂主要用 PF 催化剂。原料精制催化剂包括：乙烯脱炔/脱氧催化剂、乙烯脱二氧化碳催化剂、乙烯和异丁烷的脱水使用的 13X 分子筛。其工艺特点为：

（1）装置内设有催化剂活化系统，铬系催化剂需要活化，钛系催化剂不需要活化，这两类催化剂都需要用异丁烷配制成一定浓度的淤浆后使用。

（2）反应器内的物料流速快(线速超过 12m/s)，有利于防止凝胶的生成，另外反应热量传递速度快而且均匀，反应器中物料的停留时间短。

（3）反应温控回路复杂，控制精度高，正常反应温度波动在极窄的范围以内，反应温度超过设定值一定温度触发自动终止。

（4）反应系统采用先进控制系统（APCS）对乙烯浓度、1-己烯浓度、氢气浓度、固体含量和负荷进行控制。

（5）反应出料方式采用连续出料方式，闪蒸系统采用高压闪蒸，回收的烃中只有5%到精馏塔处理，其余直接返回反应系统。

其工艺流程示意图见图1-3。

第2章 工艺流程及技术特点

2.1 气相法工艺流程及技术特点

2.1.1 气相法工艺流程

齐鲁石化高密度聚乙烯装置采用联碳(UCC)公司开发的低压气相法工艺生产聚乙烯树脂,即用联碳公司的专利催化剂S-2(主要成分为硅烷铬酸酯)和S-9(主要成分为二茂铬的甲苯溶液)生产高密度聚乙烯,装置聚合反应单元分为A、B两条生产线,相对应的混炼造粒、产品均化单元分为A、C两条生产线(原造粒B线已报废,新上造粒C生产线对应反应B线),包括催化剂制备、原料精制、聚合反应、粉料贮存、混炼造粒、产品均化等单元。流程简图见本篇第1章的图1-2。

2.1.1.1 催化剂制备工艺流程

乙烯聚合成高密度聚乙烯是在联碳公司专有的标准催化剂S-2或S-9存在的条件下进行的,这些催化剂是铬族化合物,沉积在催化剂载体上。它的制备装置包括硅胶活化和催化剂制备单元。在催化剂制备单元主要有两个工艺操作步骤。

1. 硅胶活化

原料硅胶安放在风送系统下面,硅胶用杂用风负压吸入活化器。在活化器中,硅胶通过程序来加热和冷却,开始用干燥空气流化,最后用氮气流化,流化气体通过活化器过滤器排入大气中。

活化器内的硅胶通过电加热器加热,活化的温度控制程度是根据催化剂类型不同而变化的,用这种系统可达到最佳控制。在活化末期,停止加热,硅胶用氮气在流化态下冷却。

2. 催化剂制备

活化后的硅胶从载体输送罐送入催化剂配制罐,输送用的氮气通过催化剂配制罐过滤器放掉。对于S-2型催化剂,把催化剂1号添加剂(硅烷铬酸酯)用固体添加剂磅秤称量后,装入催化剂1号添加剂罐中(或按包装量加入)。异戊烷从异戊烷干燥器经间歇流量计计量后,送入催化剂配制槽中,然后投入催化剂1号添加剂罐中的1号添加剂。在加入2号添加剂(二乙基乙氧基铝的异戊烷溶液)前,在选定的温度下,把液体和硅胶形成的淤浆搅拌一定时间。加入2号添加剂后,再搅拌一定时间。在停搅拌后,排掉部分异戊烷并在催化剂配制槽中通过升温来干燥催化剂。气化的异戊烷在回收异戊烷冷却器中冷凝,并收集在异戊烷回收储罐中,在催化剂干燥末期,往催化剂配制槽中连续通入氮气,异戊烷蒸气和氮气的混合物排入火炬中。借助氮气压力,液态异戊烷从异戊烷回收罐被送至指定地方,用过的异戊烷可作为辅助燃料。

催化剂配制槽所需的热量是由循环水缓冲罐和循环热水泵构成的热水系统提供的。S-9催化剂的配制方法和S-2相似,只是用3号添加剂(详见本篇化工三剂部分)来代替1、2号添加剂,对某些配方还需要用一种催化剂改性剂,在加入3号添加剂和搅拌一定时间后就停止搅拌。3号添加剂是一种溶解在甲苯中的催化剂溶液,挥发度很低。为了从催化剂溶液混合物中提取出绝大部分甲苯,需排出催化剂液体,然后再用新鲜的异戊烷使之再成为淤浆状。必要时加入从改性剂罐来的经改性剂计量泵计量的改性剂，然后再次排出过量的溶剂混合物，最后像 S-2 一样，进行干燥。干燥时首先通过加热直接蒸发溶剂，然后再用氮气进行吹扫。

干燥后的催化剂借重力从催化剂配制槽进入催化剂输送罐中，经磅秤称量后，用叉车送至催化剂存放位置。整个催化剂输送罐充入氮气而保持一定压力。

2.1.1.2 原料精制工段工艺流程

1. 乙烯精制系统

从界区外来的乙烯，经减压后通入乙烯加热器升温，将温度控制在适宜范围内，进入加氢反应器，同时氢气以一定流量，加入到加氢反应器中。加氢后，乙烯通过脱一氧化碳加热器，温度升高，然后进入脱一氧化碳器和脱氧器。在脱一氧化碳器中，一氧化碳通过与氧化铜反应生成二氧化碳。当测得脱一氧化碳出口一氧化碳含量超标时，就需要再生。再生是使用一种加入热氮的工业风来进行的。在脱氧器中，氧气通过与金属铜反应生成氧化物，从而将乙烯中的氧气脱除。当测得脱氧器出口氧含量超标时，就需要再生，再生是使用一种加入热氮的氢气进行再生。在脱一氧化碳器和脱氧器再生期间，物料通过旁通线维持生产。脱氧后的乙烯进入乙烯干燥器，然后再进入乙烯脱二氧化碳器和另一个乙烯干燥器，后面的干燥器是用于脱去由脱二氧化碳器带来的水分。精制后的乙烯通入聚合反应器中。干燥器再生是用氮气加热器中加热过的氮气来进行的。这个加热器还为工艺中其他干燥器和脱一氧化碳器及脱氧器提供氮气。

2. 氮气精制系统

装置中部分单元所使用的氮气需要的纯度非常高，必须对管网供应的普通氮气进行精制才能满足要求。来自于管网所供应的普通纯度的氮气，先在氮气预热器中加热，然后再把它通入氮气脱氧器中。在从氮气脱氧器中出来后，氮气先经冷却器冷却，然后进入氮气干燥器中，脱水后的氮气供给用户。

3. 丙烯精制系统

由界区来的丙烯进入丙烯轻组分汽提塔经蒸馏后脱除其中溶解的气体，从塔顶获得的大部分蒸气在丙烯冷凝器中冷凝，冷凝液作为塔顶的回流液，大约5%轻组分排放到火炬系统中。丙烯汽提塔的热量由丙烯再沸器提供，丙烯缓冲罐提供了丙烯缓冲能力，轻组分汽提塔安装在该罐的上面。精制后丙烯通过丙烯加料泵，经丙烯干燥器脱水后送往聚合反应单元。

4. 1-丁烯精制系统

从储罐来的1-丁烯在1-丁烯轻组分汽提塔中蒸馏以便脱除其中溶解的气体。从塔顶排出的绝大部分蒸气在1-丁烯冷凝器中冷凝后，作为塔顶的回流液，大约5%的轻组分送入火炬系统。由1-丁烯再沸器提供汽提塔热量。精制后的1-丁烯由1-丁烯加料泵，经过1-丁烯干燥器干燥后送入反应器。

5. 氢气精制系统

从界区外送来的氢气经过氢气加热器送入氢气脱氧器脱氧，脱氧后的氢气在氢气干燥器中进行干燥，然后送往反应器。

6. 异戊烷精制

催化剂制备中所用的异戊烷必须是高纯度的，因为催化剂对气态氧化物和水很敏感，异戊烷在投入催化剂配制罐前，必须通过间歇操作进行精制。异戊烷是从槽车用氮压送，经过干燥器脱水后送至异戊烷蒸馏釜中。

精制就是把装在异戊烷蒸馏釜中的异戊烷予以脱气，在异戊烷轻组分汽提塔中蒸出轻组分，蒸馏釜在一定温度和压力下操作。大部分蒸气在异戊烷冷凝器中冷凝作回流液，少量的轻组分送往火炬。精制后的异戊烷用氮压送入异戊烷缓冲罐，当催化剂配制需要时，通过干燥器送往配制槽。如果异戊烷水含量超标，可采取打循环方式进行脱水，直至水含量合格。

2.1.1.3 聚合反应工段工艺流程

聚合反应是在流化床反应器中进行，乙烯、氢气根据需要连同丙烯或 1 - 丁烯按给定的比例加入反应器进行循环，在一定的温度和压力并有催化剂存在条件下部分原料生成细粉状的高密度聚乙烯。这部分细粉状的产品由循环气带到反应器顶部的扩大分离段分离出来，再降到床层，剩余少量的细粉通过循环再回到反应器中。

催化剂从催化剂输送罐输送到催化剂储罐中，经催化剂加料器用高压精制氮气注入反应器。氮气由精制工段送来，经氮气升压机升压，用氮气缓冲罐提供缓冲。反应正常操作时使用两个加料器，以使催化剂分布均匀。在反应器中生成的高密度聚乙烯树脂经过产品出料罐和产品吹送罐送到产品脱气仓。脱除烃类的粉料经破碎机、旋转加料器和振动筛由风机送往粉料贮存工段。

脱气仓中部分气体经回收系统回收并使之返回反应器，这部分气体可能含有乙烯、丙烯和 1 - 丁烯，剩余气体经排放气压缩机升压后作为出料系统输送气。脱气仓中多余气体经压力调节阀排往火炬。

反应单元中为防止反应器高温时树脂结块，设有向反应器注入终止剂一氧化碳的终止系统。聚合 A/B 线还设有注水、注醇系统，静电检测系统，T_2 加料系统及反应器水解系统。

2.1.1.4 粉料贮存工段工艺流程

粉料贮存工段现有 6 个料仓，对应聚合工段两条生产线，来自脱气仓的粉料由粉料输送风机输送到粉料仓中。

2.1.1.5 造粒工段工艺流程

自粉料贮存工段送来的聚乙烯粉料，由集料仓送到树脂加料漏斗中，再由加料器按生产控制量均匀计量加入连续混合器，加料漏斗可以对造粒线起到中间贮存的作用。树脂加工用助剂，由加料器按一定配比加入连续混合器中，助剂加料排风机和助剂排气过滤器可以防止料斗加料时粉尘逸入大气中。在连续混合器掺混均匀的粉料及母料进入挤压造粒装置中。

在挤压造粒装置中将粉料与添加剂予以混炼造粒。这种挤压造粒装置由一台双螺杆挤压机和一台熔融泵、一台切粒机及相关的辅助系统组成。在造粒机挤出之前，聚合物先通过一个自动切换的筛网进行过滤。混炼造粒后的聚乙烯颗粒，直径约 2.5mm，长 2mm。采用水下切粒方法，由一台切粒机完成。与造粒水混合的颗粒，在颗粒脱水斜槽除去大部分的水，然后经颗粒干燥器，使颗粒进一步干燥，再经过产品旋转加料器而后由颗粒风送风机输送到颗粒均化料仓。从脱水斜槽及干燥器来的水通过造粒水槽、造粒水泵、造粒水过滤器及造粒水冷却器进行循环。开车时可以把颗粒由风送系统送到等外品料仓中。

2.1.1.6 均化工段工艺流程

来自混炼造粒工段的树脂颗粒进入产品均化料仓。盛装在产品均化料仓内的颗粒树脂，用罗茨鼓风机进行气流循环均化。均化合格树脂颗粒送到包装料仓。

2.1.2 气相法技术特点

气相法高密度聚乙烯装置的工艺特点为：简单和便于操作；能量消耗低；对原料纯度的要求很高；乙烯和共聚单体利用率高；在聚合反应阶段无溶剂和液态稀释剂；维修费用低；

工艺废物少；系统泄漏少；安全性高；操作弹性大；负荷的调整不影响树脂性能；可获得从高分子量到低分子量，宽分子量分布到窄分子量分布广泛范围的产品。

2.2 淤浆法工艺流程及技术特点

2.2.1 淤浆法工艺流程

高密度聚乙烯淤浆法工艺消化吸收三井油化的工艺技术，以高纯度乙烯作为主要原料，丙烯或 1 - 丁烯作为共聚单体，己烷作为溶剂，在高效催化剂作用下进行低压淤浆聚合，聚合淤浆经分离干燥、混炼造粒、颗粒混合、包装码垛后即得到各种性能优良的高密度聚乙烯产品。该工艺流程简图见本篇第 1 章的图 1 - 1。

2.2.1.1 聚合工艺流程

由界区引入的气态乙烯减压后进入乙烯预热器，由中压蒸汽加热并在乙烯流量控制阀控制下以规定流量加入烃蒸气循环管线后进入聚合釜。由界区引入的氢气减压后加入乙烯管线，进入烃蒸气循环管线后，再一同进入聚合釜。由界区引入的液态丙烯进入丙烯蒸发器，并被低压蒸汽加热汽化，气化丙烯在控制下以规定比率与乙烯混合后通过烃蒸气循环管线后进入聚合釜。

含水量合格的己烷，在流量计控制下加入聚合釜，用以控制聚合釜内浆液浓度。此外各催化剂管线上均设计有己烷冲洗，在催化剂加料时通过高压己烷冲洗，可防止因催化剂分散不好而引起局部聚合。从离心机出来返回聚合的母液，一部分在流量控制器控制下直接进入聚合釜，用以控制釜内浆液浓度。另一部分在流量控制器控制下冲洗聚合釜的溢流管，防止溢流管线堵塞。

乙烯、丙烯(或 1 - 丁烯)、氢气，先与循环烃蒸气混合，然后通过 8 根气体注入管进入聚合釜的底部，加到聚合釜的原料气由带有三层涡轮的搅拌器充分分散，通过催化剂作用在己烷溶剂中进行聚合反应，生成具有规定浓度的浆液。聚合釜压力由氢气分压和乙烯分压组成，原料气通入釜底，还能起到提升聚合物的作用。

未反应的夹带有大量己烷的循环气被送至釜顶冷凝器，己烷在此被冷凝和冷却之后流入己烷接受罐，被分离成己烷凝液和循环气体。循环气由循环气风机升压后返回聚合釜。从冷凝己烷储罐中分离出的己烷凝液通过凝液输送泵返回聚合釜，其中部分己烷凝液在流量控制器控制下冲洗聚合釜气相出口管线，部分凝液在控制器控制下冲洗聚合釜的分液盘，余下部分由控制器控制冷凝己烷储罐液位后返回聚合釜。

在正常生产中，聚合釜的出料完全是靠溢流来进行的，所以不需要控制液位。但是，在正常生产中应特别注意聚合釜的液位变化，防止因溢流管线堵塞造成聚合釜液位升高，如有这类事故应立即停车处理。

聚合釜浆液溢流后进入浆液稀释罐，在此被分离成液相和气相两大部分。气相通过平衡管返回聚合釜，液相通过液位控制阀控制后送入闪蒸罐，经减压闪蒸。闪蒸气先经闪蒸气冷凝器冷凝后，不凝气体再经闪蒸气冷却器冷却后被冷凝和冷却的己烷返回闪蒸罐，未凝气体由增压机升压，经压缩机冷却器进一步回收己烷后进入排放分离罐，排放分离罐中部分气体可通过流量控制阀控制分别返回聚合釜，用以回收尾气中的乙烯。排放分离罐中余下气体在排放气体冷却器中被冷却，然后在压力控制器控制下送回裂解装置或排至火炬系统。分离出的己烷在液位控制阀控制下送入母液罐。闪蒸罐的压力分别由压力控制器进行控制显示。

由聚合第二闪蒸罐出来的浆液，通过第二浆料输送泵连续输送到卧式沉降离心机，进料由液位控制器控制，既要保证第二闪蒸罐液位的平稳，又要使进料量不能过大而使离心机电流、扭矩超高。湿饼经螺旋加料器送到干燥机，母液则流至母液罐，经母液输送泵加压后，一部分返回聚合釜，一部分送到己烷回收单元。

经离心机分离出的湿饼送入干燥机进行干燥处理，用低压蒸汽作为热源，进入干燥机内壁的两排各36根管子的管束，使干燥机出口聚合物保持在适宜的温度，以保证粉末中挥发物含量合格。干燥出的己烷随干燥循环气与物料逆向接触，从进料侧带走。来自干燥机中含有少量非常细小的聚乙烯粉末的混合气体，进入干燥气体洗涤器中洗涤。干燥气体洗涤器内有三层塔板，用以除去气体中的聚乙烯粉末。被收集下来的聚乙烯粉末和冷凝下来的己烷通过泵回收到第二闪蒸罐。气体经干燥气冷凝器冷却后，由干燥气鼓风机加压，一部分气体经干燥气体冷却器冷却和干燥气体除沫分离器除沫后，由干燥气体加热器加热后进入干燥机。另一部分气体经冷却和分离后进入压缩机吸入罐，由尾气压缩机加压后，供给干燥机的填料函作为吹扫。

2.2.1.2 造粒工艺流程

来自干燥机的聚乙烯干燥粉末，经过旋转阀由粉末输送风机送到旋风分离器分离，粉末进入料仓，分离出的氮气夹带部分粉末进入袋式过滤器进一步分离，氮气返回粉末输送风机进口循环使用，粉末经旋转阀送入粉末料仓。粉末料仓中的粉料经闸阀、旋转阀进入粉末计量称计量后进入单螺旋输送器。液体稳定剂加入液体稳定剂熔融罐中，用低压蒸汽加热熔融后，利用自身重力送到熔融稳定剂储罐，然后用液体稳定剂泵按配比送到单螺旋输送器。固体稳定剂按比例首先加入到固体稳定剂混合器，混合均匀后送到固体稳定剂储罐后经螺旋给料器进入计量称计量加入单螺旋输送器。由凝液泵送来低压冷凝液加至水稳剂储罐，由水稳剂泵按配比送到单螺旋输送器。粉末在单螺旋输送器中与各种稳定剂混合，进入混炼机料斗。树脂在混炼机混炼均匀后由齿轮泵送至换网器过滤，经模板挤出即被高速旋转的切刀在水下切成颗粒。颗粒输送水泵打来的颗粒输送水将颗粒送到块料分离器分离大块料，合格颗粒去颗粒干燥器；颗粒冷却水返回颗粒冷却水水罐循环使用，经过颗粒干燥器干燥后进入颗粒振动筛除去不合格颗粒，合格颗粒进入颗粒料斗，再经颗粒旋转阀，由颗粒输送风机把颗粒送到料仓。合格品经掺混风机掺混后，由颗粒输送风机送至包装料仓进行包装。若颗粒不合格送到等外料仓。

2.2.1.3 回收工艺流程

来自母液罐的母液，视生产需要，通过切换阀控制分别切换至己烷汽提塔或粗己烷罐。粗己烷罐中母液由泵送入预热器，预热后进入己烷汽提塔进行蒸馏分离。汽提塔的压力由气相出料控制阀控制。己烷汽提塔顶部的己烷蒸气在塔顶冷凝器用复用冷却水冷却，依靠重力流入接受槽，若冷凝己烷中含有辅助催化剂等杂质，则可以从塔顶冷凝器物料入口喷头加入一定量的工艺水进行己烷水洗，除去杂质。接受槽内装有挡板以增强己烷和水的分离作用，使己烷和水分层。己烷层的液位通过脱水塔的进料阀控制。塔顶冷凝器中的未凝气体和己烷接受槽中的排气经冷冻盐水冷却冷凝后，尾气送往火炬系统。己烷接受槽的压力由压力控制器实行分程控制。

己烷接受槽中含水的己烷，由泵送到己烷精馏塔顶部第一块塔板上，低压蒸汽通入脱水塔再沸器。塔顶出来的己烷蒸气也进入塔顶冷凝器冷却，凝液流入己烷接受槽去分离水，塔釜得到合格己烷，由脱水塔釜液泵经塔底出料冷却器冷却，送至有氮封的精己烷罐。精己烷罐的精己烷，由高压己烷泵加压后经己烷干燥器进行常温干燥，得到纯己烷。经过滤器过滤，然后分成三路：第一路为高压己烷；第二路为冲洗己烷；第三路作为稀释己烷送至各用户。

经过己烷汽提塔处理后残存于塔釜的低聚物溶液由泵加压进入由高压蒸汽加热的闪蒸预热器加热。低聚物溶液从低聚物闪蒸罐上部进入，进行闪蒸。闪蒸产生的己烷蒸气返回己烷汽提塔，闪蒸罐内装有高压蒸汽盘管，使其中的低聚物得到进一步加热。闪蒸后的低聚物靠自身的压力流到低聚物预热器由高压蒸汽加热，其蒸发的己烷蒸气经冷凝器冷却后流入冷凝液收集罐，此冷凝液即为污己烷。泵将低聚物溶液送往带搅拌的去活器，经高压蒸汽加热后从去活器上部加入，进行液下鼓泡除去低聚物中的己烷。低聚物中残存的催化剂由中压蒸汽去活。去活器顶部排出的己烷蒸气由冷凝器冷却，进入烃分离器进行气液分离。顶部出来的气体经排气冷凝器用冷冻盐水冷却冷凝，液相返回烃分离器，在排气管上接有低压氮管线稀释不凝气体，从而达到安全排放。去活器下部的熔融低聚物由泵送往低聚物结片系统的低聚物储罐，低聚物储罐用中压蒸汽或低压蒸汽加热内盘管，使低聚物保持熔融状态，视情况决定低聚物外送或进行结片。凡是熔融低聚物所经之处均需夹套管伴热，以免发生堵塞。

2.2.2　淤浆法技术特点

淤浆法高密度聚乙烯装置的工艺特点为：通过改变聚合釜的组合方式和工艺参数等手段，生产出不同牌号的产品，并通过气相色谱仪对氢气/乙烯比值的监测和控制，实现对熔体流动速率的控制调节；通过添加不同的共聚单体及其加入量来调节产品密度；通过改变聚合釜的组合方式及其操作条件来控制产品的非牛顿指数。主催化剂活性高，用量少，因此革除了脱灰工序，简化了流程，减少了设备台数及公用工程消耗。从淤浆中分离下来的溶剂己烷，有部分可直接循环使用，从而减轻了溶剂回收工序的负荷，降低了能耗。

第3章 生产过程主要设备使用及维护

高密度聚乙烯生产过程的主要设备包括流化床反应器、釜式反应器、离心机、干燥机、混炼机及切粒机。

3.1 反 应 器

3.1.1 流化床反应器

3.1.1.1 流化床反应器的用途及特点

1. 流化床反应器的用途

流化床反应器是利用气体或液体自下而上通过固体颗粒层而使固体颗粒处于悬浮状态，

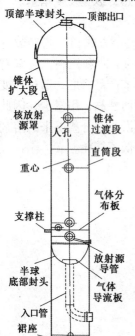

图 3－1 流化床
反应器示意图

并进行气固相反应或液固相反应的反应器。目前流化床反应器在工业中的应用比较广泛。其外形结构如图 3－1 所示。

2. 流化床反应器的基本特点

流化床反应器的优点在于：流体和颗粒的运动使床层具有良好的传热性能；比较容易实现固体物料的连续输入和输出；可以使用粒度很小催化剂生产粒度很小的固体物料。与固定床反应器相比，当气体通过床层的压降与单位截面积的床层重量相等时，其压力降要低得多，有利于节能；机械结构简单，便于制造，适用于大规模的工业生产。

流化床反应器在使用过程中的缺点在于：易产生静电挂壁现象；不适宜用于单程转化率很高的反应；固体颗粒的运动方式接近全混流，停留时间相差很大，对固相反应过程，会造成固相转化率的不均匀；固体颗粒的返混还会夹带部分气体，造成气体的返混，影响气体的转化率；另外对流化颗粒的粒度和粒度的分布也有一定的要求和限制。

3.1.1.2 流化床反应器的使用及维护

（1）严格按照操作规程操作，认真监控，发现问题及时处理或上报。

（2）各出料阀检修，出料系统要完全隔离，并彻底置换干净，在处理时，反应器适当降温降压。

（3）处理催化剂加料套管，要严格按操作规程操作，并戴好防护面具、皮手套，以防物料喷出伤人。

（4）严格遵守各项安全规章制度和各项安全技术规定。

（5）定期对反应器进行 γ 射线探伤。

（6）对联锁要定期进行检查、测试；对安全阀要定期检查，并做起跳试验，保持清洁，灵敏可靠；定期做好粉料输送设备、管道的防静电接地工作的检查，发现跨线、接地线损

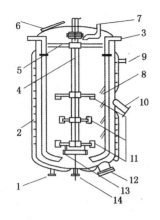

图 3－2　釜式反应器示意图

1—冷却水进口；2—螺旋挡板夹套；3—乙烯和循环气体入口；4—搅拌轴；5—分配盘；6—人孔；7—己烷入口；8—指型挡管；9—冷却水出口；10—浆液溢流口；11—圆盘涡轮；12—人孔；13—稳定环；14—排污口

坏，应及时汇报并处理。

3.1.2　釜式反应器

3.1.2.1　釜式反应器的用途及特点

釜式反应器又称反应釜或聚合釜，其高度与直径之比一般为 1～3 之间，典型结构见图 3－2。釜内设有搅拌装置及挡板，并根据不同情况在釜上设有换热夹套或在釜内安装换热器以维持所需的反应温度。

釜式反应器是工业上应用最广泛的反应器之一，它可以在较大的压力和温度范围内使用，适用于各种不同的生产规模，既可以间歇或半间歇操作，也可以连续操作。釜式反应器具有投资少、投产快、操作灵活性大的突出优点，可进行均相反应或进行多相反应。在具体操作中，聚合釜既可以单独使用，也可以多釜串联或并联操作，甚至可以和流化床气相聚合反应器组合使用。

3.1.2.2　釜式反应器的使用及维护

（1）严格控制聚合釜的温度、压力，在开车时避免超温超压。

（2）工作期间认真进行巡回检查工作，尤其是对釜式反应器搅拌的声音、振动、联轴节状态及各密封点泄漏情况要密切注意，发现问题及时处理。

（3）釜式反应器检修时，相连系统要完全隔离，并彻底置换干净。

（4）严格遵守各项安全规章制度和各项安全技术规定。

（5）对系统联锁要定期进行检查、测试。

3.2　离　心　机

1. 离心机的用途及特点

卧式螺旋沉降式离心机，能够完成固相脱液、液相澄清，可以分离固相与液相密度不同的悬浮液，因而离心机可以分离聚乙烯聚合物与己烷溶剂，分离出来的湿饼湿含量为 30%（质量）。

该离心机转鼓为圆桶形和锥形，聚乙烯的悬浮液由进料管进入离心机内转鼓的中间锥体部分，浆液随内转鼓作高速旋转，在离心力的作用下，通过锥体上的 8 个孔，甩入内、外转鼓间的空间，并随同离心机做高速旋转，产生离心力，使物料紧贴在外转鼓的内壁上而成为滤饼。离心机由电机带动内转鼓和外转鼓同方向旋转，在行星摆线齿轮差速器的作用下，内、外转鼓产生 18r/min 的差速，这就相当于 18r/min 的螺旋输送机，使固相滤饼从固相卸料口连续排出，液相则

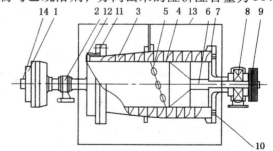

图 3－3　离心机示意图

1—差速器；2—轴承；3—外转鼓；4—内转鼓；5—进料孔；6—进料管；7—螺钉；8—轴承；9—皮带轮；10—液体出口；11—固体出口；12—刮板；13—机壳；14—安全销

从液相出料口溢出。外形结构见图 3－3。

2. 离心机的使用及维护

（1）开车期间及日常操作时离心机的负荷增减应控制幅度，避免进料负荷大范围波动，防止离心机负荷过大使扭矩过高导致安全销断。

（2）工作期间认真进行巡回检查工作，尤其是对离心机的声音、振动、各部位泄漏情况、密封冲洗情况等应密切注意。

（3）加注润滑脂、检查润滑油质等工作应定期进行。

（4）工作中严格按照设备操作规程操作，发现问题要及时处理。

（5）工作中要严格遵守各项安全规章制度和各项安全技术规定。

3.3 干 燥 机

3.3.1 干燥机的用途及特点

1. 干燥机的用途

蒸汽管加热回转式干燥机，壳体为有一定倾斜度且能够转动的长滚筒，壳体内壁圆周均布两层蒸汽管，每层有 36 根管子。蒸汽走管程，物料走壳程，逆向流动。聚乙烯湿饼中的溶剂受热气化，由循环氮气带走，物料在干燥机中的停留时间大约为 30min，干燥出来的聚乙烯粉末湿含量仅为 0.3%（质量）。该机的壳体由电机驱动，通过四级变速（一级由型号为 40AK 的无级变速器变速，二级为摆线齿轮减速器变速，三级为链条带动小齿轮变速，四级为小齿轮带动滚筒的大齿圈啮合变速）控制滚筒的正常转速为 2.2r/min（0.875～3.5 r/min），滚筒的内径为 2.4m，长度为 21m，倾斜角为 arctg0.028。

2. 干燥机的特点

滚筒干燥机的优点在于热效率高，干燥温度、干燥时间易于调节，设备费用低，但也存在比较明显的缺点，主要是在金属壁面上易产生过热现象，生产能力相对较低，主要适用于黏稠液体、悬浮液及溶液的干燥，不适于干燥含水量过低的物料及热敏性物料。

干燥机的示意图见图 3－4。

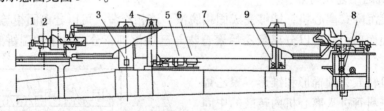

图 3－4 干燥器的示意图

1—轴承；2—电机；3—挡轮；4—齿轮罩；5—变速机；6—电机；7—筒体；8—旋转阀；9—托轮

3.3.2 干燥机的使用及维护

（1）工作期间认真进行巡回检查工作，尤其是对干燥机的四级传动、锤击器运行情况、疏水器工作状况、设备有无泄漏、异音等应密切注意。

（2）定期进行加注润滑脂、检查润滑油质等例行工作。

（3）严格按照操作规程操作，发现问题及时处理。

（4）冬季要作好防冻工作。

(5) 工作中要严格遵守各项安全规章制度和各项安全技术规定。

3.4 混炼、切粒机

3.4.1 混炼、切粒机的用途及特点

混炼、切粒机是一种将粉末状的树脂进行混合、熔融塑化，然后再进行切粒的设备，树脂粉末与特定的助剂经计量后，进入混炼机加料段开始受热，同时在双螺杆混炼机的剪切力作用下变成熔融状，由螺杆输送到出料段，并经齿轮泵加压后，通过模板进入切粒机，进行水下切粒。其示意图见图3-5、图3-6。

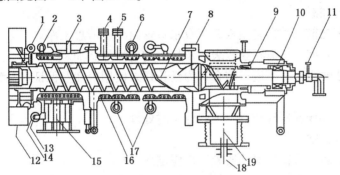

图3-5 混炼机示意图

1—低压氢气进口；2—循环冷却水出口；3—进料品；4—液相稳定剂进口；
5—W稳定剂进口；6—中压蒸汽进口或筒体冷却水出口；7—螺杆；8—筒体；
9—轴封；10—轴承；11—筒体冷却水进口；12，13—冷却水进口；14—低压氮气进口；
15—支座；16—蒸汽管；17—中压蒸汽出口或筒体冷却水进口；18—出料；19—风箱式接头（出料）

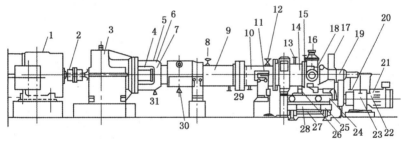

图3-6 切粒机示意图

1—主电机；2—联轴器；3—齿轮箱；4—螺杆1；5，11—冷却水出口；6—低压氮气进口；
7—筒体1；8，12—冷却水出口，高压蒸汽进口；9—筒体2；10—筒体3；13，15—高压蒸汽出口；
14—筒体；16—颗粒冷却水出口；17—颗粒冷却水进口；18—水室；19—切粒机；20—冷却水进口；
21—V，S电机；22—空气出口；23—空气进口；24—颗粒冷却水槽；25—小车；26，28—高压冷却水
出口；27—支架；29—冷却水进口，高压冷凝水出口；30—冷却水进口，中压冷凝水出口；31—冷却水进口

1. 结构特点

混炼、切粒机由驱动电机、减速器、筒体与双螺杆、齿轮泵、模板和水下切粒机等主要部件组成。

2. 附属设施

1）安全设施

机体设置有爆破膜装置，当筒体内压力超高达到设定值时爆破膜破裂，释放出筒体内压

力，防止设备损坏。

2）润滑油系统

该机减速箱采用强制润滑，润滑油系统由油泵、油过滤器、油冷却器及所属油管线组成。

3）颗粒水系统

颗粒水系统由水槽、循环泵、过滤器、冷却器及所属管道组成，供切粒机水下切粒所用。

3.4.2 混炼、切粒机的使用及维护

（1）工作期间认真进行巡回检查工作，尤其是对混炼、切粒机的声音、振动、各部位温度、压力等应密切注意。

（2）每次开车之前，均需将模板表面及水室密封彻底清理干净。

（3）每次开车之前，均需将模板表面及切刀均匀涂抹硅油。

（4）新切刀在使用前必须进行磨合，为延长切刀使用寿命及保证产品粒形，每次进刀量应严格进行控制。

（5）严格按照操作规程操作，发现问题及时处理。

（6）定期进行换网工作。

（7）加注润滑脂、检查润滑油质等工作应定期进行。

（8）工作中要严格遵守各项安全规章制度和各项安全技术规定。

第4章 化工三剂

高密度聚乙烯化工三剂包括催化剂、溶剂、造粒助剂。

4.1 催化剂

我国淤浆法高密度聚乙烯工艺以日本三井油化公司、德国赫斯特公司为代表，使用钛系齐格勒催化剂；而气相流化床高密度聚乙烯工艺以美国联碳公司为代表，使用的是钛系齐格勒催化剂和铬系催化剂。

1. 淤浆法高密度聚乙烯催化剂

高密度聚乙烯淤浆法工艺使用的主要催化剂包括 PZ 催化剂、BCH 催化剂、AT 催化剂，其物性及主要规格见表 4-1。

表 4-1 国内淤浆法高密度聚乙烯装置主要催化剂

催化剂种类	物性及主要规格
PZ 催化剂	主催化剂，外观为淡棕色或淡灰色固体粉末，主要成分为 $TiCl_4$，密度约为 $2200kg/m^3$；遇水
BCH 催化剂(国产)	部分分解；遇乙醇部分分解；遇烃不反应；遇空气缓慢分解
AT 催化剂	助催化剂，外观为无色透明液体，主要成分为三乙基铝

2. 气相法高密度聚乙烯催化剂及催化剂添加剂

高密度聚乙烯气相法工艺使用的催化剂包括 S-2 催化剂、S-9 催化剂、M 催化剂，其物性及主要规格见表 4-2。催化剂添加剂包括 $1^{\#}$ 添加剂、$2^{\#}$ 添加剂、$3^{\#}$ 添加剂，其物性及主要规格见表 4-3。

表 4-2 国内气相法高密度聚乙烯装置主要催化剂

催化剂种类	物性及主要规格
S-2 催化剂	主要成分为硅烷铬酸酯，硅烷铬酸酯纯度为 95%(质量)，熔点为 155℃；属于有机过渡金属催化剂，是以异戊烷溶液为改性剂，以脱水硅胶为载体，依据硅胶脱水温度及铝/铬的比值不同可以分为多种型号
S-9 催化剂	主要成分为二茂铬的甲苯溶液，二茂铬的凝固点为 -95℃，沸点为 110℃，相对密度为 0.9，S-9 催化剂属于有机过渡金属催化剂，以脱水硅胶为载体，依据硅胶脱水温度及有无四氢呋喃可以分为多种型号
M 催化剂	主要成分为四氯化钛，辅助成分为氯化镁和四氢呋喃，载体是脱水硅胶，可用于 HDPE 和 LLDPE 的生产，产品的分子量较低，分子量分布较窄；国内气相法高密度聚乙烯装置主要使用 M-1 催化剂

表 4-3 国内气相法高密度聚乙烯装置催化剂添加剂

催化剂添加剂种类	物性及主要规格
$1^{\#}$ 添加剂	主要成分硅烷铬酸酯，纯度(以硅烷铬酸酯计)为 95%(质量)，熔点为 155℃，颗粒尺寸(通过 60 目筛子)为 100%(质量)，堆密度为 $400kg/m^3$

催化剂添加剂种类	物性及主要规格
2#添加剂	为二乙基乙氧基铝异戊烷溶液，浓度为95%（质量），乙氧基/铝为0.95~1.05（摩尔比），凝固点为2℃，相对密度为0.85（30℃）
3#添加剂	为二茂铬甲基溶液，二茂铬浓度为5%±0.5%（质量），四氢呋喃为0%~5%（质量），凝固点为-95℃，沸点为110℃，相对密度为0.9

4.2 溶剂

国内淤浆法高密度聚乙烯工艺使用的溶剂是己烷，气相法高密度聚乙烯工艺配制催化剂的溶剂为异戊烷，主要物性见表4-4。

表4-4 国内高密度聚乙烯装置溶剂种类及物性

溶剂种类	物性及主要规格
己 烷	外观为无色透明液体，分子式为C_6H_{14}，密度（15℃/4℃）为$(0.673±0.01)kg/m^3$
异戊烷	异戊烷+正戊烷为≥95%（质量），不饱和化合物≤$500×10^{-6}$（质量），水≤$20×10^{-6}$（质量），密度为0.619~0.629kg/m³，颜色≤15 铂/钴

4.3 添加剂

高密度聚乙烯树脂具有优良的性能，但在其加工、存储和使用过程中，会受热、氧、光、重金属离子等作用而降解，导致制品老化和机械性能下降，其主要因素是会发生氧化反应，因此在造粒单元按照每种产品类型规定稳定剂数量加入抗氧剂、卤素吸收剂。在淤浆法高密度聚乙烯粉料中还存有少量的三乙基铝催化剂，为了使三乙基铝催化剂失活且可使粉料增白，特加入W水稳定剂。高密度聚乙烯树脂添加剂的主要种类及物性指标见表4-5、表4-6。

表4-5 国内高密度聚乙烯使用的主要抗氧剂

种 类		物性及特性
抗氧剂	AA抗氧剂	硫代二丙酸二月桂酯，外观为白色结晶颗粒，颜色为（APHA）60，冰点为39.5~42℃，挥发物为<0.05%（质量）
	AB抗氧剂	俗称264，化学名称为2,6-二叔丁基-4-甲基苯酚，外观为白色粒状或片状晶体固体，冰点为69~71℃，低毒易挥发
	AF抗氧剂	化学名称为十八烷基(3,5-二特丁基-4-羟基苯基)丙酸酯，外观为白色或淡黄色结晶状粉末，熔点为49~54℃
	抗氧化剂-168	抗氧剂168为白色结晶状粉末，密度$1.03g/cm^3$，熔点182~186℃；比其他亚磷酸酯水解稳定性好，易溶于汽油、氯仿、苯、二甲苯、丙酮等有机溶剂，不溶于水和冷乙醇中；无味、毒性低；具有良好的高温加工时的稳定性（耐热达300℃）；纯度≥99%；挥发分≤0.3%
	AE(IRGANOX1010)	白色无味结晶粉末，熔点110~123℃，闪点297℃；溶于苯、丙酮、氯仿，微溶于乙醇，不溶于水；储存稳定性较好；纯度≥98%；灰分≤0.1%
	AJ抗氧剂	外观为白色或苍黄色结晶粉末，纯度>98%，熔点为240~245℃
	AD抗氧剂	化学名称为二硬脂酰硫代二丙酸酯，外观为白色粉状，冰点为63.5~68.5℃

130

表 4 - 6　国内高密度聚乙烯使用的主要卤素吸收剂

	种　类	物性及特性
卤素吸收剂	HA 稳定剂	化学名称为硬脂酸钙，外观为白色粉末固体，熔点 149 ~ 155℃
	HB 稳定剂	化学名称为 9 - 辛基 - 10 - 环氧基硬脂，外观透明黏稠液体

4.4　高密度聚乙烯装置精制系统使用的催化剂及干燥剂(分子筛)

高密度聚乙烯装置精制系统使用的催化剂及干燥剂主要种类及物性指标见表 4 - 7、表 4 - 8。

表 4 - 7　国内高密度聚乙烯精制系统使用的催化剂

催化剂名称	物性及特性
乙烯脱炔催化剂 (BC - 1 - 037)	主要成分为选择性钯。形状为球形，规格 ϕ2.5 ~ 3.5mm，堆积密度 740 ~ 840kg/m³，比表面 40 ~ 70m²/g
乙烯脱氢催化剂 (HC - 1 - 40)	形状为球形，规格 ϕ2.5 ~ 5mm，堆积密度 730 ~ 780kg/m³，比表面 240 ~ 280m²/g
乙烯脱 CO 催化剂 (BR - 9201)	形状为黑色圆柱状，规格 ϕ5mm × 5mm，堆积密度 1450 ~ 1600kg/m³，比表面 20 ~ 40m²/g
乙烯脱氧催化剂 (PEEROA)	形状为黑色球形，规格 ϕ2.5 ~ 3.5mm，堆积密度 1180kg/m³
氮气脱氧催化剂 (HC - 1)	形状为黑色球形，堆积密度 1180kg/m³，最高耐热温度 <450℃
乙烯脱 CO₂ 催化剂 (氢氧化钠)	分子式 NaOH，别名烧碱、火碱、苛性碱，纯品为无色透明晶体，密度 2130kg/m³，熔点 318.4℃，沸点 1390℃，易溶于水、乙醇、甘油

表 4 - 8　国内高密度聚乙烯精制系统使用的干燥剂(分子筛)

种　类	规　格
13X 分子筛	标准孔径 10^{-9}m，外观为柱状，颗粒直径 3.2mm，晶体形状为立方体，碾碎强度为 9.5kg，平衡水量为 28.5%(质量)
4Å 分子筛	标准孔径 4Å(0.4nm)，外观为球状，颗粒直径 3.2mm，晶体形状为立方体，碾碎强度为 4.7 ~ 9.5kg，平衡水量为 22%(质量)

第 5 章　气相法工艺操作

高密度聚乙烯气相法的工艺操作由催化剂配制、原料精制、聚合反应、造粒风送四个单元的操作组成。

5.1　催化剂配制单元

催化剂配制单元由硅胶活化和催化剂配制两部分组成。硅胶活化是为了制备催化剂的载体。为除去硅胶表面的水分和扩大硅胶吸附表面积，需要进行硅胶活化操作。

5.1.1　催化剂配制单元的开车

5.1.1.1　催化剂配制单元开车准备

1. 硅胶活化的准备工作

在进行硅胶活化前首先应确认活化器测压表已经投用，加热器送电且反吹正常，系统各点压力正常，氮气置换载体罐和硅胶输送管线、采暖系统试运完成，各除尘装置已经送电且试运正常。

2. 催化剂制备的准备工作

首先向异戊烷回收冷凝器通入冷却水，水泵加油。循环水槽建立工作液位，按操作要求关闭水泵出口阀，打开入口阀，排掉气体，启动水泵，打开出口阀，调整循环水温。然后氮气加压置换各容器，流动置换各管线直到合格为止。其次用异戊烷洗涤各容器和各管道并将添加剂储罐连接到线上，充异戊烷到密封罐。搅拌器电机、变速箱、减速箱加油，送电后分别用不同挡位试运，净化过滤器送电试运。最后给各除尘装置送电、试运，采暖系统试运正常。

5.1.1.2　催化剂配制单元开车步骤及注意事项

1. 硅胶的装填

首先确认硅胶型号，选择活化曲线和流化曲线。然后通过反吹，确认过滤器是否畅通。将控制器置于"手动"位置并打通流程。依次打开流化管线的切断阀，按要求设定流量，关闭放空阀，打开空气喷射器入口阀及低压杂用风供给阀，直到压力稳定。然后将原料硅胶桶放在原料硅胶秤上，启动除尘风机，控制室按下允许进料开关，现场开始装填硅胶，直到规定装填量为止并关闭阀门。操作完成后关闭除尘风机，切断到空气喷射器的杂用风，打开放空阀，关闭空气喷射器入口阀。最后把进料设定提高到目标值。

2. 硅胶活化

首先进行吹扫，按下马弗炉（硅胶活化电加热炉）加热按钮；将被选择的流化曲线手动输出为零。然后将被选择的温度曲线手动输出设为零；将温度控制器投自动调节，被选择的温度流化曲线由"手动"切换为"自动"。

3. 硅胶的卸料

当温度达到规定值时，按下加热停止按钮，降低进料。关闭现场流化管线切断阀；停反吹程序，完成后进行程序复位。

4. 硅胶的输送

首先启动净化过滤器，并进行吹扫。然后置换输送管线直至合格。降低配制槽压力，打开配制槽到净化过滤器阀门、硅胶入口阀及氮气输送阀，打开平衡管线阀门，微开载体罐下料阀，进行输送，输送结束后，关载体罐出口阀，用氮气吹扫。停净化过滤器，关配制槽到净化过滤器阀、硅胶入口阀及输送氮气，用氮气加压载体罐及输送管线。

5. 催化剂卸料

检查输送罐就位，接好全部挠性接头，然后进行置换，直至挥发组分分析合格时，停搅拌。打开配制槽视镜上下阀门，打开输送罐入口阀及平衡管线切断阀，卸料即将结束时，要反复启动搅拌，卸下搅拌叶片上的催化剂，待全部卸完后，精确记录卸料量。关闭配制槽视镜上下阀门及输送罐入口阀，拆下卸料软管。关闭平衡管线切断阀，输送罐充压后拆下软管，将罐叉下备用。

5.1.2 催化剂配制单元的正常生产操作

1. S-9 催化剂的配制

设定淤浆化异戊烷的加入量；调节阀自动控制；按"异戊烷批量加入"按钮，直到加完；选择 S-9 配制，启动程序搅拌投自动；盘车后启动。按下"确认温度"按钮；设定 3# 添加剂加入量，设定异戊烷洗涤量。进行温度确认，达到规定时间后加入 3# 添加剂。加完 3# 添加剂后，用异戊烷洗涤管线，现场给定反洗量。达到配制温度后，按"温度确认"按钮，达到规定时间后搅拌停。加入异戊烷进行反洗，搅拌启动，吸附达到规定时间后停搅拌，停反洗。现场给定反吹量并启动搅拌，将配制槽设定恒温干燥后取样分析。

2. S-2 催化剂的配制

设定淤浆化异戊烷的加入量，将进料阀自动控制，按"异戊烷批量加入"按钮；选择"S-2"配制，启动程序，搅拌投自动，盘车后启动。按计算量将 1# 添加剂加入 1# 添加剂罐，进行置换。设定 2# 添加剂加入量及异戊烷洗涤量；确认温度在规定值后，加入 1# 添加剂并用异戊烷洗涤 1# 添加剂罐二次，吸附适当时间后，加入 2# 添加剂并用异戊烷洗涤管线并停搅拌，设定反吹流量，确认温度在设定值，恒温干燥后取样分析。

5.1.3 催化剂配制单元的停车

1. 硅胶活化

切断马弗炉的电源，用杂用风吹扫活化器，载体罐保压并隔离，对采暖系统和除尘装置停电。

2. 催化剂制备

对各容器及管线用异戊烷进行洗涤，加压置换各容器，流动置换管线，直到分析合格。切断搅拌器、水泵、除尘装置和采暖系统净化过滤器的电源。将 2#、3# 添加剂储罐运到安全区域，同时将各输送罐保压。排掉循环水槽、配制槽夹套及管线中的水，切断异戊烷回收冷凝器的冷却水。用氮气把异戊烷密封罐中的异戊烷吹净，搅拌器和水泵放油准备检修。对配制系统所有排放点分析合格后，用盲板隔离各系统，最后将配制槽通过催化剂卸料口通大气。

5.2　原料精制单元

原料精制单元由乙烯精制、异戊烷精制、丙烯精制、1-丁烯精制，氢气精制和氮气精制六部分组成，原料中乙炔、氧气、一氧化碳、二氧化碳、水等有害杂质将在这里除去。

5.2.1 原料精制单元的开车

5.2.1.1 原料精制单元开车准备

原料精制单元开车之前首先将各小系统置换干净。置换宗旨是首先将每一系统隔离，再从氮气入口通氮气升压后向大气泄压，直至置换合格。最后用氮气将系统保持在正压下。

1. 乙烯系统开车前的置换

1) 加氢反应器及界区管线的置换

联系调度确认界区外的乙烯管线已置换合格。关闭所有阀门，确认界区球阀处于关闭位置。关闭脱一氧化碳器入口阀门和旁通阀。按照顺序打开下列阀门：界区紧急切断阀，乙烯系统压力调节阀的前后切断阀及旁通，流量计的前后切断阀及旁通、安全阀的切断阀以及所有仪表取压口。反复用氮气(**注意**：此处及后面叙述中所指氮气均为低压氮气，除非另有说明)将系统充压到规定压力后向大气泄压，直至置换合格。注意不得使空气进入火炬系统。将系统用氮气保持在正压状态。如果需要将蒸汽伴热投用。如果更换过加氢催化剂，则应对催化剂进行还原。

2) 脱一氧化碳反应器的置换

打通相关流程，用氮气将系统充压到规定压力后向大气泄压，反复进行此步骤，直至置换合格。在置换过程中注意不得使空气进入火炬系统。置换合格后将系统用氮气保持在正压状态。如果需要则将蒸汽伴热投用。如果更换过催化剂，则应对催化剂进行活化。

3) 乙烯脱氧反应器和冷却器的置换

打通相关流程，用氮气将系统充压到规定压力后向大气泄压，反复进行此步骤，直至置换合格。在置换过程中注意不得使空气进入火炬系统。置换合格后将系统用氮气保持在正压状态。如果需要则将蒸汽伴热投用。如果更换过催化剂，则应对催化剂进行活化。

4) 乙烯干燥器的置换(两个干燥器同时置换)

打通相关流程，用氮气将系统充压到规定压力后向大气泄压，反复进行此步骤，直至置换合格。在置换过程中注意不得使空气进入火炬系统。置换合格后将系统用氮气保持在正压状态。如果需要则将蒸汽伴热投用。

5) 乙烯脱二氧化碳塔的置换

首先关闭相关阀门。然后打开脱二氧化碳塔的工艺入口和出口阀，打开乙烯过滤器出入口阀及安全阀的隔离阀。反复用氮气将系统充压到管道压力后向大气泄压，直至置换合格。注意不得使空气进入火炬系统。置换合格后将系统用氮气保持在正压状态。如果需要将蒸汽伴热投用。

6) 整个乙烯精制系统的置换

确认界区球阀和通往聚合工段的阀门关闭，然后打开到通往聚合工段的主工艺管线上的阀门及所有工艺旁通管线上的阀门。从压力控制阀前、加氢器入口、脱一氧化碳器出口、脱氧器出口、脱二氧化碳器出口，用乙烯过滤器上的氮气管线反复给系统充压到规定压力后向大气泄压，系统取样分析氧含量合格后在规定压力下保压。最后关闭主工艺管线上的所有阀门。

注意：为避免分系统置换时可能存在死角，在开车前要将整个乙烯精制系统整体加压置换多次直至合格。

2. 丙烯精制系统开车前的置换

1）汽提塔的置换

首先确认界区丙烯管线上无盲板，并确认界区手动切断阀关闭，如果冬天要先投用系统所有伴热。然后关闭系统的所有阀门，同时打开相关阀门。反复用丙烯储罐上部的氮气管线通入氮气给系统充压后，用流量控制阀旁的放空口或其他放空口向大气泄压后关闭，直至置换合格。置换过程中不得使空气进入火炬系统。最后打开安全阀及冷却水管线上的所有切断阀，投用丙烯冷凝器，关闭液位控制阀及流量控制阀的旁通，用氮气给系统保压。

2）丙烯泵的置换

首先关闭丙烯加料泵的出入口阀，打开丙烯加料泵的出口管线上安全阀的切断阀。然后反复从丙烯加料泵管线上的氮气入口阀，用氮气将系统充压至规定值后，打开丙烯加料泵管线上的放空口向大气泄压，泄压后关闭，直至置换合格，最后用氮气将丙烯泵充压到规定压力并保压。

3）丙烯干燥器的置换

首先关闭本系统所有阀门，确认加料泵和聚合单元与干燥器隔离。确认系统阀门开关位置正确。然后反复用氮气给系统充压至规定压力后向大气排放泄压，直至置换合格。最后将系统用氮气充压到规定压力后保压。

3. 1－丁烯精制系统开车前的置换

1）1－丁烯罐及管道置换

确认界区1－丁烯隔离阀关闭。确认系统阀门按要求处于正确状态。反复用1－丁烯罐入口管线上的氮气给系统充压，然后向大气泄压直至置换合格。最后打开压力控制阀的隔离阀，将压力设定在规定值投入自动。系统在规定压力下保压，同时投用伴热蒸汽。

2）1－丁烯汽提塔的置换

确认系统所有阀门处于关闭状态。投用蒸汽伴热。打开安全阀的隔离阀、仪表取压阀。反复通过1－丁烯进汽提塔入口处的氮气管线用氮气给系统充压，然后向大气泄压直至置换合格。最后用氮气给系统充压到规定值保压。

3）干燥器及管线的置换

确认本单元的1－丁烯阀关闭，1－丁烯泵的出口阀关闭。确认系统阀门按要求处于正确状态。反复用干燥器顶部的氮气管线给干燥器充压到规定值，从放空口向大气泄压直至置换合格。最后用氮气给系统保压，并关闭干燥器的出入口阀。

4. 氢气系统开车前的置换

确认界区氢气隔离阀，聚合工段氢气管线阀等相关阀门及其切断阀关闭。打开相关阀门，其余阀保持关闭。反复用与干燥器相连的氮气管线给系统通入氮气充压后，用系统的放空口向大气泄压直至置换合格，最后将系统在规定值保压。

5. 氮气精制系统开车前的置换

把脱氧器和氮气干燥器与所有再生管道隔离。隔离精制氮气系统下游管道。打开安全阀的切断阀以及仪表取压阀。打开相关阀门使氮气经氮气加热器到脱氧器再经氮气冷却器到干燥器，使系统达到氮气压力源的压力，然后经限流孔板降压。反复升降压置换直至合格，最后用氮气给系统保持正压。如果需要，将伴热蒸汽投用。

6. 异戊烷精制系统开车前置换

1）异戊烷精制系统置换

从异戊烷槽车卸料区到异戊烷蒸馏釜的异戊烷管线：打开异戊烷蒸馏釜的放空口；打开

135

异戊烷蒸馏釜入口阀，打开旁通；打开槽车卸料管线上的各隔离阀；打开新干燥器卸车的出入口阀；关闭新干燥器循环管线入口阀；槽车卸料软管配备一个临时性的盲板法兰。打开槽车卸料管线上的氮气供给，流动吹扫到异戊烷蒸馏釜。20min后关闭此操作打开的各阀门，打开安全阀隔离阀。

置换异戊烷蒸馏釜及相关设备：隔离异戊烷蒸馏釜。反复打开到异戊烷蒸馏釜的氮气供给阀，用氮气将系统加压到规定值，然后通过系统的放空口向大气泄压直至置换合格，系统用氮气保压在规定值下。最后置换异戊烷缓冲罐及辅助设备。

2）异戊烷干燥器置换

首先将异戊烷干燥器隔离。投用异戊烷干燥器上的安全阀。然后用氮气将系统加压至规定压力后，用系统的放空点将干燥器降压至微正压，重复操作直至置换合格。最后将干燥器用氮气保压在规定值。

3）异戊烷输送管线的置换

首先隔离异戊烷旧干燥器，将其入口阀关闭。然后打通相关流程，同时打开干燥器上面氮气管线的阀门，将氮气引入，再打开排火炬管线上的阀门，将输送管线流动吹扫半小时以上。打开旧干燥器出口去异戊烷循环管线上的切断阀，加压置换管线直至合格，关闭打开的所有阀门。

7. 热氮气系统开车前的置换

检查热氮气各用户设备的热氮气入口隔离阀关闭，打开安全阀的隔离阀。打开氮气管线上的隔离阀，用氮气给系统充压再从系统下游的放空口降压直至置换合格。最后将系统在规定值下保压。

5.2.1.2 原料精制单元开车步骤

1. 乙烯精制系统的开车

1）催化剂的还原

催化剂投入使用前，按照下述步骤进行活化。联系调度人员送合格乙烯至装置，开进料阀，慢慢打开上游的界区球阀，让系统压力慢慢上升，同时稍开压力控制阀上游的放火炬阀，保持乙烯的流动，采样分析确认乙烯合格。如不合格，继续保持乙烯的流动置换直到合格。关闭放火炬阀。确认脱一氧化碳器及脱氧器用下游切断阀与加氢反应器系统隔离，打开加氢反应器出口经限流孔板排放到火炬的阀门，打开压力控制阀的前后切断阀并缓慢打开该阀，压力稳定后，将其设定为规定值，然后投自动。通过控制加氢反应器出口的火炬阀，把流量稳定在规定值。使中压蒸汽进入乙烯加热器并保证所有蒸汽疏水器都投入使用，并投用安全阀。温度稳定后，将其设定为规定值，然后投自动。监视催化剂床温的上升。在温度稳定后，准备通入氢气。确保氢气管线已经置换合格。打通加氢流程，使低流量氢气进入加氢反应器，调节氢气流量至乙烯/氢气比值至规定值。如果床温超过高限就停氢气，当温度降到低限以下时，就恢复氢气进料，降低比率只使加氢反应器温度有轻微的上升。使乙烯/氢气连续流动适宜时间后，在加氢反应器出口检查乙炔浓度是否合格。当加大氢气流量且床温不再上升后，确认还原完成，检查温度设定在规定值。

2）催化剂还原后

还原以后，在催化剂活化结束时，乙烯将以低流量排到火炬。慢慢的打开乙烯入口阀，给脱一氧化碳器升压。打开火炬管道上的阀门，以使低流量乙烯从乙烯脱一氧化碳加热器经限流孔板排向火炬。使中压蒸汽进入加热器，确保所有疏水器都投入使用。设定温度为规定值后投自动。慢慢打开脱氧器的乙烯入口阀，给脱氧器充压，打开脱氧器限流孔板的切断阀排向火炬。关闭切断阀。打开相关阀门和要投用的脱二氧化碳塔的出入口阀及乙烯过滤器的出入口阀。确认乙烯冷却器冷却水投用。缓慢打开脱氧器的出口阀充压的同时，打开脱二氧化碳塔出口管线上的放火炬阀。正常后关闭所有放火炬的阀门。将压力控制器设定到规定值。

2. 丙烯系统的开车

丙烯精制系统开车步骤为：首先确认流程正确，然后设定液位及压力控制为规定值。慢慢打开界区切断阀，使丙烯流入汽提塔建立工作液位。打通流程，调节流量使压力控制阀保持一定的开度。调节流量阀，使流量控制在适当的范围内。打开进料阀，打开丙烯泵的入口阀，按步骤启动丙烯泵，确认丙烯干燥器及其工艺管线已置换，并确认丙烯干燥器已预负载。把丙烯引入干燥器，并放入火炬(注意引丙烯时，不要使床温超高)。打开丙烯干燥器顶部带视镜的排放火炬阀；当视镜中有液体流动时，关闭视镜的上游阀；打开干燥器的丙烯入口、出口阀，关闭隔离阀，把丙烯引入聚合单元，最后将在线仪表投用。

3. 1 - 丁烯系统的开车

1) 1 - 丁烯罐引 1 - 丁烯

首先确认系统中所有的仪表、安全附件已经投用，然后按照要求与调度联系送 1 - 丁烯，液位到规定值后，关闭罐的入口阀。

2) 汽提塔引 1 - 丁烯

检查流量计和液位控制器的切断阀已打开，且其旁通已关闭。打开冷凝器上下水的切断阀，确保冷凝器工作正常，并把压力控制器设定在规定值，然后投自动。慢慢打开选定的 1 - 丁烯储罐出口阀后的切断阀。控制汽提塔的液位，建立液位后，液位设定在规定值，投入自动。打开再沸器蒸汽阀的隔离阀及回水管线上的阀门，使温度稳定。打开流量控制阀的隔离阀，投自动，设定在规定值。把流量控制器投自动，流量值是以压力控制阀保持一定开度为宜。

3) 干燥器开车

慢慢打开入口阀引 1 - 丁烯到干燥器；打开 1 - 丁烯干燥器顶部带视镜的排放火炬阀；当视镜中有液体流动时，关闭视镜的上游阀；打开工艺出口阀将 1 - 丁烯送至聚合单元。

4. 氢气系统的开车

从界区来的氢气经氢气加热器加热到一定温度，进入装有贵金属的脱氧器脱氧后进入氢气干燥器用4Å分子筛除去水分干燥后送至反应单元。具体开车步骤为：首先选择好干燥器，把备用干燥器隔离。关闭压力控制器的旁通，把系统降压。保持进料阀开启，慢慢打开界区氢气切断阀，手动调节压力控制阀在较小的开度，使氢气向火炬排放。然后投用氢气加热器，设定温度为规定值后投自动，排火炬。关闭进料阀，设定压力为规定值，投自动。当氢气各项分析指标合格后，通知聚合单元可以使用。

5. 氮气精制系统的开车

首先通知仪表人员把系统所有仪表投入使用。然后将冷却器通水，确保工作正常。选择在线使用的脱氧器和干燥器，把备用设备隔离。慢慢打开加热器氮气入口阀，给系统充压。从系统下游(如聚合单元)选择合适的放空口放空，打开温度控制阀的隔离阀。将温度调节到规定值，然后投自动。

6. 异戊烷系统的开车

1）异戊烷槽车的卸料

确认槽车内异戊烷合格后，方可卸车。给定压力设定值。打通系统流程。检查界区异戊烷新干燥器的出入口阀已打开，检查打循环管线上切断阀、热氮气入口阀及排火炬阀已关闭。把槽车的静电接地连接好。连接槽车的氮气及卸料软管。用氮气置换两软管直至合格。打开入口氮气的隔离阀，打开槽车出口的隔离阀及卸料管线上的隔离阀，确认异戊烷正常卸料。通知分析室取样分析。注意观察异戊烷蒸馏釜液位的变化，若液位已不再上升说明已卸料完毕，关闭进料阀。关闭槽车的出入口隔离阀。关闭流量计的隔离阀及管道隔离阀。关闭氮气供给线的隔离阀，软管放空后拆下，断开槽车的静电接地线。

2）异戊烷汽提

打开冷凝器冷却水隔离阀，把压力设定为规定值，流量设定为规定值。检查蒸汽流程已打通，按规定量给定蒸汽流量，使压力控制阀总是保持有一定的开度。连续蒸馏后停汽提，关闭蒸汽流量阀及其隔离阀。把进料控制器置于蒸汽流量阀的控制下，并给定蒸汽压力。

3）异戊烷向缓冲罐输送

确认系统各压力控制器设定值正确，打开相关阀门，通知分析室取样分析。当液位为零或不再上升时，输送完毕，关闭相关阀门，再次调整并确认系统各压力控制器在设定值。

4）异戊烷的干燥和输送

打开干燥器入口切断阀，慢慢打开通过视镜到火炬的阀门，当视镜有液体通过时关闭火炬管线靠近干燥器的阀门，打开干燥器出口切断阀，输送定量异戊烷，输送完时，关闭干燥器入出口阀。

7. 热氮气系统的开车

将热氮气用户设备的流程打通。打开进料阀的隔离阀及上游管线上的隔离阀，根据用户需要，控制流量。接通电源开关，启动电加热器。调节温度控制器，根据用户需要，控制温度。

5.2.2 原料精制单元的正常生产操作

5.2.2.1 乙烯脱一氧化碳反应器的再生

打开脱一氧化碳反应器的旁通。关闭脱一氧化碳反应器的入口阀及出口阀，与系统隔离。打开限流孔板切断阀，把脱一氧化碳反应器降压后关闭。观察1h确认乙烯隔离阀不内漏。打开一氧化碳反应器底部出口管线上的氮气入口阀将脱一氧化碳反应器充压后关闭。打开限流孔板的切断阀，降压后关闭。打开压力控制器到大气的切断阀，打开热氮气入口阀。确认投用分析仪表。准备好热氮气系统，使流量在规定值，调节温度控制器升温使床温到规定值。打开流量阀的前后的切断阀。缓慢加大流量，不要使床温超过高限值。在温度稳定的情况下，使流量在规定值。当床温出入口温度相等或已进行一定时间再生的情况下，关闭进料阀及其切断阀，停热氮气系统。关闭热氮气入口阀，通入冷氮气，停表。当床温降到规定值后，用冷氮气把系统充压。向大气排放系统压力。多次通过限流孔板引乙烯到压力为规定值，再通过限流孔板向火炬排放，把系统降压。用限流孔板充压到工艺管线压力后关闭。慢慢打开一氧化碳脱除器的入口和出口阀。慢慢关闭一氧化碳脱除器的旁通阀。

5.2.2.2 乙烯脱氧反应器的再生

慢慢打开脱氧反应器的旁通阀，关闭脱氧反应器的入口和出口阀，打开限流孔板的切断阀降压后关闭。观察1h，检查乙烯脱氧反应器有无内漏，如果内漏，就停止再生。消除漏点后，方可继续再生。如没有内漏，则打开底部出口管线上氮气入口阀充压后关闭。打开压力控制器的切断阀，打开热氮气管线的切断阀。通入规定流量的热氮气，调节温度控制器，使脱氧反应器床温稳定在规定值。确认投用分析仪，打开进料阀的切断阀。慢慢打开进气阀，注意床层温度的变化，不要使床温超过高限值。在床温稳定的情况下，提高进料量。当出入口温度相等或已达到再生规定时间后，关闭进气阀及隔离阀。停热氮气系统，关闭热氮气管线上的切断阀。通冷氮气降温后关闭。关闭压力控制器的切断阀。多次用限流孔板通入乙烯，再用限流孔板放火炬。用限流孔板通入乙烯充压到工艺管线压力。慢慢打开脱氧反应器的入口和出口阀，关闭旁通阀。

5.2.2.3 乙烯干燥器的再生

首先确认系统阀门开关位置正确后，多次将系统升压至规定值，然后打开泄压阀系统泄压。按顺序打开相关阀门，通入热氮气，控制床温在规定温度，并维持此温度适宜的时间。停热氮气加热后按程序关闭相关阀门。将系统充压并检查确认流程正确。

5.2.2.4 丙烯(1-丁烯)干燥器的再生

首先确保干燥器的再生。经限流孔板把丙烯或1-丁烯排放到火炬，降压。观察确认丙烯或1-丁烯干燥器不内漏，进行以下工作。如果内漏，就停止再生。消除漏点后，方可继续再生。多次打开氮气阀门将干燥器充压后，再打开经限流孔板通到火炬的通路将干燥器降压。打通热氮气系统到干燥器的流程，给定流量至规定值，启动热氮气系统。干燥器升温并保持。停热氮气，用冷氮气把干燥器降温。系统在规定压力下保压。

5.2.2.5 氢气干燥器的再生

首先确认被再生的干燥器已被隔离。然后把干燥器经限流孔板泄压后关闭，静置。多次用冷氮气置换干燥器，保持限流孔板的隔离阀畅通，打通热氮气系统到干燥器的流程。设定流量至规定值，启动氮气再生加热器，干燥器升温并维持温度。停氮气再生加热器的加热，使冷氮气继续通入床层，待床层温度降至常温后，流程恢复至再生前状态。多次用氢气置换系统，置换气体放入火炬。系统保压。

5.2.2.6 氮气脱氧反应器的再生

1. 氮气脱氧反应器的再生

确认脱氧反应器已隔离，打开到火炬的切断阀，分析仪投用。流量设定为规定值，调整温度控制阀开度。打开再生管道上的所有的切断阀，热氮气系统投用，调节流量及温度使脱氧反应器的床温适宜。当脱氧反应器温度到规定值时，缓慢通入氢气并注意观察脱氧反应器温度的变化，勿使床温超过高限值。在床温不超高的情况下，尽量提高流量。当床的出入口温度相等或已再生适宜时间后，关闭阀门。停再生加热器，关闭温度控制阀及隔离阀，打开冷氮气管线的阀门降温。关闭限流孔板的切断阀，关闭冷氮气管线阀门及脱氧器底部入口阀及流量控制阀的切断阀，系统保压。

2. 氮气干燥器的再生

确认干燥器已隔离，经限流孔板把干燥器降压并保持其切断阀打开。把温度控制阀打开并打开其切断阀，流量设定为规定值，打通到干燥器的再生流程。启动再生加热器，调节流量，逐渐提高温度。当床温升到设定值后，在此温度恒温。连续使热氮气通过，如果温度达不到规定值，则时间要更长些。停再生加热器，关闭温度控制阀及其切断阀。通入冷氮气降温。关冷氮气阀及管道各隔离阀，关闭限流孔板的隔离阀，将系统保压。

5.2.2.7 异戊烷干燥器的再生

关闭干燥器的出入口阀，打开干燥器底部到火炬的阀及顶部冷氮气阀，进行流动置换。关冷氮气切断阀。静置观察压力变化，如无变化，则打开干燥器顶部热氮气入口阀。控制流量为规定值，并使干燥器升温。调节温度控制器使干燥器的温度稳定。停止氮气加热器的加热，通入冷氮气使干燥器降温。停热氮气系统，关闭干燥器顶部热氮气口阀和底部排放阀，系统保压。

5.2.3 原料精制单元的停车

5.2.3.1 原料精制单元的计划停车步骤

1. 乙烯精制系统的停车

在满足聚合单元要求情况下，通过逐步降低压力控制器的设定来降低系统压力。停止乙烯加氢反应器的氢气供给，在停用的同时调节并关闭压力控制阀。关闭界区乙烯隔离阀，关闭两加热器及冷却器冷却水的隔离阀，如在冬季停车要排净加热器中凝液以及冷却器中存水，以防冻坏设备。用界区管线上和系统中所有放火炬阀把系统降压，再用氮气把界区管线和系统充压，置换系统直到系统中可燃气含量合格。用氮气维持系统在正压状态，并隔离各容器。

2. 丙烯精制系统的停车

与反应单元联系停车，确认反应单元丙烯阀已关闭。把丙烯泵充程调到零，然后停泵。关闭泵的出入口阀。按置换的步骤对泵进行置换。关闭界区的丙烯入口阀及其他相关阀门，关闭压力控制阀。手动全开流量控制阀，当液位降到零时，关闭流量控制阀及其隔离阀。当压力降至零后关闭流量控制阀。用安全阀旁的氮气给系统充压，然后系统降压，重复操作直到系统分析可燃气含量合格。丙烯干燥器降压后系统充压，直到分析丙烯干燥器可燃气含量合格。

3. 氢气精制系统的停车

通知反应单元本系统停车。关闭通向反应单元 A 和 B 生产线的供料管道上的阀门。停氢气加热器的低压蒸汽，排净凝液。关闭界区的氢气供给阀。向火炬排放，系统降压。用氮气反复加压至规定压力置换掉系统中的氢气，最后用氮气维持系统在正压状态。

4. 氮气系统的停车

通知用户停车。停止加热蒸汽和冷却水。排净凝液和存水。关加热器入口阀及干燥器的工艺出口阀。干燥器的两个放空口打开通大气。

5. 异戊烷系统的停车

关闭相关阀门，关闭冷却水阀。打开流量控制阀及其切断阀，蒸发剩余的液体异戊烷到火炬，停异戊烷再沸器的蒸汽和冷凝液；停异戊烷冷凝器的冷却水（冬季停车要排净冷凝液和冷却水），塔顶压力降低，用压力控制阀旁通及新干燥器的氮气入口阀给系统充压，在槽车处给系统卸压，排火炬。重复充压、泄压操作直到分析可燃气合格，关闭泄压阀，系统用氮气保持正压。关闭干燥器的出口阀，把缓冲罐的少量异戊烷通过排放口放到火炬。

打开蒸馏釜上的氮气入口阀吹扫从蒸馏釜到缓冲罐的管线，用压力控制阀旁通阀放火炬来进行吹扫。系统用氮气保持正压，关闭氮气阀门。

重复加压、泄压操作，直至分析可燃气含量合格。打开旧干燥器出口至用户的出口阀并用旧干燥器后的排放口放火炬泄压，流动置换直到合格为止。

5.2.3.2 原料精制单元的紧急停车

当原料精制单元发生工艺气体、冷却水、蒸汽等大量泄漏且又无法进行在线处理或者发生停电、停仪表风、停蒸汽、停冷却水、发生不可抗拒的自然灾害等故障时，原料精制单元必须进行紧急停车。紧急停车处理见本篇第6章。

5.3 反应单元

5.3.1 反应系统的开车

5.3.1.1 反应系统开车准备

1. 氮气升压机系统开车

隔离备用氮气升压机。检查氮气升压机润滑油液位正常，冷却水系统处于开车状态，确认系统氮气置换完毕，检查油温，若温度太低，则通过蒸汽加热。确认精制氮气压力正常，送电后对氮气升压机进行盘车。打开精制氮气供给阀，关闭氮气升压机出口阀，打开出口阀前的排放阀，启动氮气升压机(注：若缓冲罐压力不高，可直接打开氮气升压机出口阀)。缓慢关闭排放阀，同时缓慢打开升压机出口阀直到排放阀完全关闭，出口阀完全打开。检查氮气升压机运行情况，调整冷却水或低压蒸汽量使润滑油保持正常油温。当升压后，将压力控制器切为自动并设定至规定值。

2. 催化剂输送系统操作

检查确认催化剂加料器中催化剂已用完，停止催化剂加料器电机，停止催化剂加料程序，关闭各压差表的取压阀。如果不需要清理加料器加速段则催化剂注射管可不抽出，但必须保持输送氮气流量在正常控制值。通过催化剂加料器储罐安全阀的旁通，缓慢降低储罐压力。检查确认催化剂的输送流程，确认各程序阀门位置正确。打开输送氮气观察压力表，不存在憋压现象。将催化剂输送氮气压力控制在规定值，保持输送及返回管线流动吹扫。慢慢打开催化剂输送罐底部阀门，同时观察输送氮气压力变化及秤的重量减少情况，及时调整输送氮气压力防止催化剂堵塞输送管线。当输送工作完成时首先关闭催化剂输送罐底部手阀，继续流动吹扫后，停止催化剂输送程序。催化剂加料器储罐上部的输送及返回管道上的切断阀关闭，利用压力控制阀的旁通吹入氮气将过滤器中催化剂卸到输送罐中。检查在线输送罐压力，并用氮气保持压力在规定值。

3. 催化剂返回操作

停止催化剂加料程序。抽出催化剂注射管，将催化剂加料器的压力降低，隔离该加料器。进行流程准备，确认流程无误，打开返回催化剂的氮气切断阀，控制管道压力为规定值，无憋压，缓慢打开催化剂加料器下部催化剂返回阀门，并从视镜中观察催化剂流动情况，同时催化剂储罐可加压到规定值。最后打开计量盘下部返回阀。当无催化剂流下时，可启动电机空转并反吹催化剂计量盘，使催化剂尽量返回。排空加料器后，关闭催化剂加料器上所有催化剂返回阀门，停加料电机。吹扫后，关闭输送氮气并使加料器处于氮气保压状态。

如果加料器要打开维修，将加料器通大气，或接通杂用风进入加料器内部。将过滤器内的催化剂全部卸入输送罐中，并将过滤器吹干净。将催化剂制备间平台及地面的催化剂清洗干净，并注意防火。返回催化剂结束后，将软管复位到输送位置。

4. 催化剂加料器操作

按要求将一根催化剂注射管慢慢推入反应器中，当胀环碰到压盖螺纹时将催化剂注射管固定。在加速段堵塞、注射管堵塞或反应器紧急停车时须做注射管的抽出操作。

5.3.1.2 反应系统开车步骤

1. 装填种子床

1) 风机装床

检查确认流程准备工作完成，停止脱气仓送料，停输送风机和脱气仓下游动设备。输送三通阀选至去反应器。启动输送风机和脱气仓下游动设备，脱气仓开始送料，装填种子床。装床过程中注意反应器各测温点温度的变化情况。完成种子床装填工作，用专用工具测量静床高度达规定值时，则停止种子床的装填工作。停止脱气仓送料，停输送风机和脱气仓下游动设备。调节输送三通阀去料仓。启动输送风机和脱气仓下游动设备，脱气仓开始向料仓送料。关闭切断阀，拆下装床短管、出料罐返反应器管线弯头复位。最后将顶部及底部人孔复位。

2) 氮气装床

首先确认反应器具备装床条件，用氮气加压置换排放气缓冲罐，直至可燃气含量合格，关闭缓冲罐排放气出入口阀；打通缓冲罐入口装床管线流程：停止脱气仓送料，停输送风机和脱气仓下游动设备；关闭输送风机出口切断阀；打通缓冲罐出口装床管线流程：输送三通阀选至去反应器；室内打开压力控制器，向大气吹扫装床管线；用于装填种子床的短管就位。

启动脱气仓下游动设备，脱气仓开始送料，装填种子床。装床过程中主操人员应注意缓冲罐压力及输送管线压力变化情况，并及时进行调整。如果压力过高，应立即停止装床；完成种子床装填工作，用专用工具测量静床高度达规定值时，停止种子床的装填工作；停止脱气仓送料，停脱气仓下游动设备；关闭压力控制阀及前后切断阀，关闭缓冲罐装床管线出入口切断阀；将缓冲罐装床管线出入口切断阀处8字盲板改为隔断位置，在装床管线与风机出口管线连接三通处加盲板；打开输送风机出口切断阀，启动输送风机和脱气仓下游动设备，脱气仓开始向料仓送料；在氮气装床期间，进行测量床高操作时要注意安全，防止发生窒息事故。关闭切断阀，拆下装床短管、出料罐返反应器管线弯头复位。最后将顶部及底部人孔复位。

2. 压缩机开车

检查确认循环气回路及反应器上所有排放阀关闭，按要求抽出管线上的盲板。确认乙烯进入阀及手阀关闭，氮气进入阀及手阀打开。确认系统流程正确，排放流程到大气。依次投用各反吹系统，通知电气、仪表及有关人员最终确认压缩机具备启动条件。确认系统流程正确后打开高压氮气阀门，用氮气给反应系统缓慢升压，当反应系统压力达到规定值时，对反应器各打开的法兰进行检漏工作，如有漏点应进行消漏工作。在系统消漏期间，要保证各吹扫点的吹扫气量，防止反吹点堵塞。当系统压力过高时可以打开反应器顶部的排放阀向大气泄压。

3. 启动循环气压缩机

1) 检查与确认

检查润滑油温正常，启动润滑油系统。检查润滑油高位槽及贮油槽油位高于低报警点，否则补充润滑油。校核润滑油系统联锁(备用泵处于正常待用状态)，检查润滑油系统工况正常，润滑油压力正常。检查确认密封油油温正常，当系统压力达到规定值时，启动密封油系统。检查密封油高位槽及贮油槽油位高于标志点，否则补充密封油。校核密封油系统的联锁，备用泵处于正常待用状态，检查密封油工况正常，高位槽油位高于联锁报警点。电气、仪表人员检查电机正压通风工况，保证其处于正常工作状态，电机正压通风、冷却水系统工作正常。

2）压缩机启动

压缩机盘车正常。电气、仪表人员确认压缩机启动条件满足后，电气送电合闸。检查压缩机联锁停车条件全部消除，将流量阀置于全开位置，现场确认完成，维持反应系统压力在规定值并启动循环气压缩机。启动时，电气、仪表、机修及工艺人员现场监护（当压缩机发生异常情况时应停车检查）。

3）启动后检查并调整

认真检查压缩机系统及辅助油系统的工作状态并及时调整。缓慢提高循环气流量阀开度，使反应器压力上升，并根据外管网高压氮气的压力情况，酌情进行加压或流动脱氧置换工作。置换排放气体，严禁通过反应器顶部排向火炬。调整循环气流量为规定值，并投入自动控制。通知分析人员做循环气中氧气含量分析，并进行该压力下的检漏、消漏工作。当循环中氧气分析含量合格时将系统降压，同时将高压氮气切换为乙烯，并进行更高压力等级的检漏、消漏工作。通知分析人员接循环气水分分析仪，开始脱水置换工作，可以采用压力置换脱水法。投用催化剂注射套管反吹，投出料系统反吹气。

4. 反应器升温脱水

用温度控制阀的旁路使冷却水进入系统。打开冷却器上部排放阀将冷却器壳体中的空气排净。打开冷却水回水管总阀门，打开温度控制阀的切断阀，温度控制阀及手动阀处于常开状态。选择并启动水泵，关闭温度控制阀的切断阀，保持冷却水稳定的进行闭路循环。投用冷却水加热蒸汽喷射器，为防止发生水击，喷射器入口阀开度要适量，投用时应缓慢进行。当温度达到规定值时，应微开温度控制阀的切断阀使少量冷却水直接进入冷却系统，建立温度平衡后，维持高温脱水状态。当循环气中水含量合格时完成脱水工作。

5. 反应器投催化剂

当反应器置换脱水达合格时，将反应器压力稳定在规定值，反应温度控制在规定值，确认工作状况正常，氢气加料系统置换合格。如果准备生产共聚产品，则必须确认丙烯/1－丁烯加料系统是否已置换合格。仪表人员投用反应器料位、压力等测量仪表，投用γ射线料位计，核准反应床准确料位。根据要生产的聚合物牌号分别向二台催化剂加料器输送催化剂，启动催化剂加料程序，确认加料器各部压差及流量正常。最终记录反应床各部操作参数，启动催化剂加料器。催化剂加料以稳定速率逐渐提升，同时密切观察循环气温度、乙烯排放量及床层料位的情况。如果建立反应则根据反应程度，酌情降低催化剂加入量，控制反应器压力并逐步减少排放量。建立反应后迅速向反应器中加入氢气。如果生产共聚产品，建立反应后可引入丙烯或1－丁烯，手动控制建立浓度，调整产品质量指标，直至合格，回路切自动控制。在开车期间要保证对反应器中的粉料定期取样并及时调节参数，尽快建立稳定生产状态。

5.3.2 反应系统的正常生产操作

5.3.2.1 聚合反应器静电控制系统操作

在聚合反应过程中如果系统中有杂质存在会使反应器内产生静电，影响正常生产，因此应经常坚持检查确认注水、注醇系统是否处于正常状态。如出现静电波动及时投用注水、注醇系统，该系统将适量的水或醇类注入反应器中，以最终消除"正"或"负"静电荷，使生产平稳。

1. 控制系统的置换

关闭去循环气管线注水管导淋后切断阀，打开导淋前切断阀，打开导淋阀，关闭注水罐的乙烯入口切断阀，打开注水罐的出口切断阀，打开注水罐的氮气入口切断阀，吹扫5min后，关闭导淋阀及氮气入口阀。用同样方法置换注醇罐。

2. 注水和注醇

1）注水

关闭注水罐的乙烯和氮气入口阀，关闭注水罐的出口阀，打开罐体的导淋，打开脱盐水切断阀，注水结束后，关闭脱盐水和罐体导淋的切断阀，打开出口管线导淋，打开氮气入口阀，吹扫5min。

2）注醇

关闭注醇罐的乙烯和氮气入口阀，关闭注醇罐的出口阀，打开罐体导淋及漏斗底部切断阀，通过漏斗向罐体加醇，达到所需液位后关闭导淋和漏斗切断阀，打开出口管线导淋，打开氮气入口阀，吹扫5min。

3. 注水罐和注醇罐的投用

1）注水罐投用

确认注水罐已经充满水；打开注水罐的出口和乙烯入口阀；当反应器正静电达到一定值时，进行注水操作，打开进料阀，根据静电的强弱，控制流量阀的开度和打开的时间；观察15min，如果静电不能回零，可再次打开进料阀。如果静电很强，可通过打开进料阀的旁通阀来注入较多的水。

2）注醇罐投用

确认注醇罐已充满；打开注醇罐的出口和乙烯入口阀；当反应器负静电达到一定值时，进行注醇操作，打开进料阀，并根据静电的强弱，来控制阀的开度和打开的时间；观察15min，如静电不能回零，可再次打开进料阀；如静电很强，可通过打开进料阀的旁通阀来注入较多的醇。

5.3.2.2 产品牌号切换操作

1. S-2产品牌号切换

1）同类型S-2催化剂产品牌号切换

根据产品质量要求，建立目标产品所需的生产条件，包括：反应温度、1-丁烯/乙烯比，氢气/乙烯比。同时通知分析室，按工艺卡片要求加大分析频率。

2）不同类型S-2催化剂产品牌号切换

停止原牌号产品催化剂加料，将催化剂返回。向催化剂加料器输送目标牌号产品催化剂。向反应器中加入目标牌号产品催化剂。建立目标产品所需的生产条件，包括：反应温度，1-丁烯/乙烯比，氢气/乙烯比。通知分析室，按工艺卡片要求加大分析频率。

2. S-2→S-9产品牌号切换

（1）停止S-2催化剂加料，将催化剂返回。

（2）停止1-丁烯加料。

（3）若S-9产品为丙烯共聚产品，引丙烯。

（4）向催化剂加料器输送S-9催化剂。

（5）向反应器中加入目标牌号产品催化剂。

（6）建立S-9产品所需的生产条件，包括：反应温度，氢气/乙烯比，如生产丙烯共聚产品，则建立丙烯/乙烯比。

(7) 通知分析室，按工艺卡片要求加快分析频率。

3. S-9→S-2 产品牌号切换

(1) 停止 S-9 催化剂加料，将催化剂返回。

(2) 打开催化剂加料器，对内部残余催化剂进行清理吹扫，并进行必要维修。复位后进行气密置换工作。置换包括加料器及催化剂输送和返回系统，然后输送 S-2 催化剂。

(3) 停止氢气加料，若 S-9 产品为丙烯共聚产品，则停止丙烯加料。

(4) 维持原反应条件消耗残余催化剂，丙烯系统做停车工作。

(5) 循环适当时间后，反应器进料由高压氮改为乙烯。

(6) 引 1-丁烯。

(7) 维持反应器压力为正常值，当反应温度高于规定值、乙烯浓度高于规定值后向反应器中加入 S-2 催化剂。

(8) 建立 S-2 产品所需的生产条件，包括：反应温度，1-丁烯/乙烯比，氢气/乙烯比。

(9) 通知分析室，按工艺卡片要求加大分析频率。

4. S-2→F 产品牌号切换

(1) 注氧钢瓶就位，注氧系统处于备用状态。

(2) 停止 S-2 催化剂加料，将催化剂返回。

(3) 向催化剂加料器输送 F 催化剂。

(4) 向反应器中加入 F 催化剂。

(5) 建立 F 产品所需的生产条件，包括：反应温度，1-丁烯/乙烯比，氢气/乙烯比。

(6) 随着生产负荷的提高，开始注氧。

(7) 逐渐提高注氧量，直至产品指数合格。

(8) 通知分析室，按工艺卡片要求加大分析频率。

5. S-2→M-1(钛系催化剂)产品牌号切换

(1) 停止 S-2 催化剂加料，抽出注射管，将催化剂返回。

(2) 用精制氮气充分吹扫催化剂输送及返回管线。

(3) 对于Ⅳ型催化剂加料器，需打开加料器，对内部残余催化剂进行清理吹扫。

(4) 对于Ⅴ型催化剂加料器，将加料器用抽真空装置处理，消除残留的 S-2 催化剂。

(5) 待催化剂加料器处理合格后，向其输送 M-1 催化剂，用低压氮充压后备用。

(6) S-2 催化剂停止加入后，立即停止 1-丁烯、氢气的加入。当反应负荷出现波动时，对反应器实施微终止。

(7) 当确认 S-2 催化剂的反应停止后，尽量保持温度设定在规定温度以上，反应器降压。

(8) 把规定量的 T_2(三乙基铝)在两小时内加入反应器，使 T_2 在反应器中浓度达标并循环。

(9) 反应器进料由氮气切成乙烯，控制反应器压力，将氢气用旁通管线最大量加入反应器，同时调整排放量。

(10) 当反应器中乙烯浓度达到规定值时，关闭反应器排放。迅速调整反应器的各进料量，使反应器缓慢升压。

（11）当反应器压力达到规定值时，确认投催化剂条件满足：当确认上述 M－1 产品反应条件建立后，启动催化剂加料器加料程序向反应器中加入 M－1 催化剂。根据静电情况及时投用静电控制系统，根据"少量多次"原则进行操作。出料后，将脱气仓热氮气投用，投用水解蒸汽。

（12）通知分析室，按工艺卡片要求加大分析频率。

5.3.2.3 产品质量调整方法

气相法的质量调整主要是围绕熔融指数、密度两个基本特性参数进行调整。

1. S－2 产品质量调整方法

1）产品熔融指数调整方法

对于 S－2 产品影响熔融指数的因素有：反应温度，氢气/乙烯比，1－丁烯/乙烯比等。其中 1－丁烯/乙烯比主要是由 S－2 产品的密度决定的，一般只在很小的范围内调整。氢气/乙烯比只作熔融指数的微调，当氢气/乙烯比升高时，熔融指数升高；当氢气/乙烯比降低时，熔融指数降低。S－2 产品熔融指数主要的调节手段是反应温度，当熔融指数偏高时，可降低反应温度，反之则升高反应温度。

2）产品密度调整方法

对于 S－2 产品影响密度的因素有：反应温度，1－丁烯/乙烯比。反应温度主要用于调整熔融指数，因此，1－丁烯/乙烯比是调整产品密度的主要手段。当密度偏高时，可提高 1－丁烯/乙烯比，反之则降低 1－丁烯/乙烯比。

2. S－9 产品质量调整方法

1）产品熔融指数调整方法

对于 S－9 产品影响熔融指数的因素有：反应温度，氢气/乙烯比，丙烯/乙烯比，改性剂二氧化碳浓度等。对于 S－9 催化剂，当反应温度处于某一特定温度时，催化剂活性最好，且产品的抗冲击强度最好，所以反应温度都控制在该值。对于 S－9 共聚产品，丙烯/乙烯比主要是由产品的密度决定的，一般不用作调整熔融指数的主要手段。氢气/乙烯比是调整S－9产品熔融指数的主要手段，当熔融指数偏高时，可降低氢气/乙烯比，反之则升高氢气/乙烯比。改性剂二氧化碳对 S－9 产品的熔融指数也有较大影响，改性剂二氧化碳浓度升高，则产品熔融指数升高；反之，则熔融指数降低。

2）产品密度调整方法

对于 S－9 产品影响密度的因素有：

（1）均聚产品：反应温度，氢气/乙烯比。

（2）共聚产品：反应温度，氢气/乙烯比，丙烯/乙烯比。

对于均聚产品，可用氢气/乙烯比在小范围内调整产品密度。当密度偏高时，要降低氢气/乙烯比，反之则提高氢气/乙烯比。

对于共聚产品，主要用丙烯/乙烯比调整密度。当密度偏高时，可提高丙烯/乙烯比，反之则降低丙烯/乙烯比。

3. F 产品质量调整方法

1）产品熔融指数调整方法

对于 F 产品影响熔融指数的因素有：氧气/乙烯比，反应温度，氢气/乙烯比，1－丁烯/乙烯比等。

其中 1－丁烯/乙烯比主要是由产品的密度决定的，一般只在很小的范围内调整。

氢气/乙烯比只做熔融指数的微调，当氢气/乙烯比升高时，熔融指数升高；当氢气/乙烯比降低时，熔融指数降低。

反应温度对熔融指数的影响比氢气/乙烯比大，但是比氧气/乙烯比小，因此也用作熔融指数的微调。当反应温度升高时，熔融指数升高；当反应温度降低时，熔融指数降低。

F产品熔融指数主要的调节手段是氧气/乙烯比，当熔融指数偏高时，可降低氧气/乙烯比，反之则升高氧气/乙烯比。

2）产品密度调整方法

调节F产品密度的主要手段是调整1－丁烯/乙烯比。当密度偏高时，可提高1－丁烯/乙烯比，反之则降低1－丁烯/乙烯比。

4. M产品质量调整方法

1）产品指数调整方法

对于M产品影响熔融指数的因素有：反应温度，氢气/乙烯比，1－丁烯/乙烯比等。

其中1－丁烯/乙烯比主要是由M产品的密度决定的，一般只在很小的范围内调整。

对M－1催化剂来说，只要不超过床层的粘结温度，反应温度越高越好，因此反应温度不用做调节产品熔融指数的主要手段。

氢气/乙烯比是调节M产品熔融指数的主要手段，当氢气/乙烯比升高时，熔融指数升高；当氢气/乙烯比降低时，熔融指数降低。

2）产品密度调整方法

对于M产品影响密度的因素有：反应温度，1－丁烯/乙烯比。由于要在可能的范围内尽量提高反应温度，因此，1－丁烯/乙烯比是调整产品密度的主要手段。当密度偏高时，可提高1－丁烯/乙烯比，反之则降低1－丁烯/乙烯比。

5.3.3 反应系统的停车

反应系统停车根据情况不同分为：计划停车，紧急和联锁停车。

5.3.3.1 反应系统的计划停车步骤

1. A线及B线生产S产品

（1）停止两台催化剂加料器，抽出注射管。如需延时停车则保持正常反应条件维持生产，当出现排放时向系统中加入一氧化碳（手动终止）。打开阀门对反应器充分冷却。关闭阀门及手阀停共聚单体，关闭阀门及手阀停氢气。适当降低反应器压力，向系统中引入高压氮气，同时停乙烯供给。降低进料，通过降低设定点开始卸床，如果终止系统处于自动状态则消除联锁。

（2）当反应器全部卸空后产品出料系统停车，关闭出料阀及手阀，关闭出料系统与火炬系统及乙烯回收系统的手动切断阀。系统降压，停循环气压缩机。系统氮气充压置换和脱除乙烯，并排放到火炬。当循环气压缩机停止运转后，保持润滑油系统正常运行一段时间后停润滑油系统。分析可燃气含量合格时，停止氮气置换，反应系统向大气泄压，压力降至规定值时，停各反吹，停循环气压缩机密封油系统。反应器连通大气，相关管线加盲板，停粉料输送风机，根据气温情况酌情停止循环水泵。确认系统压力为零，打开反应器各人孔。分析反应器各部位中的氧气含量，当氧气含量合格时方可进行清理工作。

2. 生产M产品时反应器的正常停车(卸床)

停催化剂加料器，抽出注射管。保持反应条件及各组分的正常含量，确保树脂合格，消耗残余催化剂。当有排放时，停排放气回收系统，切断共聚单体、氢气及T₂(三乙基铝)的进料，将乙烯进料切为高压氮气。手动控制卸床。确认卸床完毕，隔离反应器，关闭放射源，水解反应器。系统氮气置换，使可燃气含量合格。停压缩机，反应器泄压至零，通大气，停密封油系统，切断反应器的所有进料管线并加盲板。打开反应器人孔通大气。当氧气含量达到要求后，清理反应器。

5.3.3.2 反应系统的紧急停车和联锁停车

当反应单元发生以下故障时，反应单元必须进行紧急停车：

（1）工艺气体、冷却水、蒸汽等大量泄漏且又无法进行在线处理。

（2）发生停电、停仪表风、蒸汽、氮气、冷却水，发生不可抗拒的自然灾害等故障。

（3）停原料气，包括停乙烯和停氢气。

（4）反应器出现静电波动。

紧急停车处理措施见本篇第 7 章。

5.4 造粒、风送单元

5.4.1 造粒、风送单元的开车

5.4.1.1 造粒、风送单元开车准备

1. 加料系统

检查加料器计量是否正确，且是否处于备用状态。按要求配制好的助剂母料，是否已加入到母料漏斗中，且满足生产需要。启动加料系统排风机，检查连续混合器是否好用。

2. 确认造粒水系统正常

各用户冷却水和蒸汽投用，液压系统正常，确认润滑油系统正常运行，挤压机冷却系统正常，导热油系统运行正常。

3. 挤压机

接通到加料段的冷却水供给，投用挤压段和混炼段的电加热器，充分预热并保持在规定的温度；接通到换筛器、齿轮泵、模板的蒸汽供给，投用换筛器熔融密封的冷却水；检查开车阀，节流阀处于好用状态；接通到挤压机加料斜槽的氮气吹扫；接通到黏性密封的高压蒸汽加热；按生产牌号要求，切换转速离合器；检查换筛器，换好与产品牌号相适应的滤网组；设定软水冷却电磁阀的动作间隔时间。

4. 齿轮泵

在启动之前将手动/自动开关选择在手动的位置，通过按键调节转速值在 30% 左右。

5. 确认切粒机具备条件

主要联锁条件确认正常；其他辅助设备运行正常。

6. 开车前检查

确认挤压机是否充分加热，开车阀（AV）是否打在地面方向。使用辅助电机，转空到 20% 的扭矩。造粒水处于旁通位置，检查流量值、水槽液位、水温是否正常。下游设备：检查干燥器、振动筛，旋转加料器、颗粒输送系统是否正常，大小加料器是否已装填合格，连续混合器已启动，大小加料器是否已处于自动启动状态，振动筛是否清洗，节流阀是否小于 45°角，模板是否加热到规定温度，备用筛是否安装在换筛器上，切刀盘是否处于备用状态，是否已用硅油润滑。

5.4.1.2 造粒、风送单元开车步骤

1. 开车步骤

首先启动挤压机主电机和加料单元。当开车阀排出产品质量良好后，将齿轮泵手动启动。开车阀自动处于模板方向，当模板排出质量完好后，手动将开车阀打向地面方向，齿轮泵运行 1min 后停，清理模板。连接并启动切粒机。当开车阀排出质量良好后，手动切换至切粒机，手动启动齿轮泵。切粒自动程序为：开车阀打向模板，水通到模板，旋转的切刀靠上模板。

2. 开车说明

在主控室内将加料器下料量设定为开车时的规定下料量，将加料钥匙开关打在自动位置，手动启动连续混合器，大小加料器处于自动启动状态。接通"OK"，"主驱动准备"信号给出，启动主驱动电机。根据排出物料的熔融程度，调节节流阀开度。为了使物料在模板中挤出，启动齿轮泵，一旦所选择速度达到设定值，开车阀将自动切换到模板方向。产品从模板中挤出后，确认质量良好，且无气泡，再将开车阀切换到地面方向。齿轮泵大约延时运行 1～3min 后停。清理模板，确认表面清洁，关紧切粒机水室门。提高切粒机转速至规定转速，消除与此关联的开关，启动齿轮泵。在切粒机启动后，迅速将加料计量单元加料量提高到规定值（这对于获得合格的产品很重要）。在主控室内可将 ZP 调节开关切到自动位置。这时，可根据不同产品牌号所需的压力来调整节流阀的开度，注意应缓慢调节，以适应生产的需要，一旦调整好，尽量不再调节，以保持生产平稳。检查颗粒尺寸（规格），并以此为根据调节切粒机的转速以满足生产需要。为了保持足够的余量以防止过载停车，在运行时，主电机的最大扭矩不应超过额定值的 90%。检查在节流阀、齿轮泵、模板处的压力以及换筛器前后的压差，根据需要及时换筛。开车后应及时将导热油流程切换到冷却器，关闭加热器的加热开关，并根据工艺要求来设定导热油温度。开车后应对各系统进检查，发现异常及时处理。

5.4.2 造粒、风送单元的正常生产操作

5.4.2.1 切粒操作

1. 节流阀

在生产期间，节流阀仅可在小范围内进行调节，以防止偏差引起停车。节流阀保持较大开度时适于处理低熔融指数产品，节流阀保持较小开度时适于处理高熔融指数产品。生产中应注意观察节流阀处的压力，依据产品牌号的不同来调节节流阀的开度，以控制产品的混炼温度，改善产品物理性能。

2. 切粒机

为得到好的产品，应监控下列情况：在开车前，模板必须加热到规定温度，因该模板为新型低压模板，为了减低换筛器（SWZ）前的压力，在生产期间对模板应保持全加热状态，到模板的高压蒸汽阀门应保持在全开位置。为保证自动开车程序的正常，必须保持造粒水切换阀的气动灵敏度，否则通水过早，易导致模孔堵塞；通水过晚，易导致粒子结块，且容易打刀。在开车过程中，应尽快使加料单元的加入量达到满负荷，这样模孔不易堵塞，全系统生产易于稳定。造粒水温度不能太低或太高，加料系统应保持稳定，否则易引起模孔的堵塞和颗粒过长。监控模板压力，如堵塞严重，应重新开车。

3. 换筛器

应密切监控换筛器的前后压差，在压差高报警时尽快换筛。在生产期间可以换筛，最好

在开车后不久就换筛。

4. 软水冷却系统

保证软水供给,检查软水罐液位及补给阀自动控制系统。根据挤压机各段的温度来选择补水控制阀前后手阀的开度。

5. 加料系统

主粉料加料器加料能力 15t/h,添加剂加料器加料能力 0.5t/h,连续混合器处理能力15t/h。

6. 齿轮速度的切换

根据产品牌号的不同(即熔融指数高低)和产量的不同来选择速度档位。生产高熔融指数和高产量的产品时选择高速档;生产低熔融指数和相对低产量的产品时选择低速档。不可在运行中进行齿轮速度的切换,而应在静态下切换。

7. 检查

检查各系统安全阀是否正常,检查现场设备所有温度、压力、液位、流量等指示是否满足要求,检查挤压机、切粒机运转情况,检查树脂生产过程中的压力温度等工艺参数,检查所有加料器是否运行正常,检查所有辅助系统是否正常,检查颗粒大小、形状是否符合要求,如有异常及时进行调整。

8. 产品牌号的切换

可不停车直接切换产品牌号,但不允许加料间歇,应及时与主加料相配合改变助剂母料的加料量。切换期间,根据需要产品可打向等外品料仓,并及时注意工艺参数的变动,可对节流阀开度作微小调整,待产品合格,切换至合格料仓。如果有必要,可进行换筛。

9. 切粒机的日常维护

每次开车前,均需将模板表面及水室密封面彻底清理干净,注意保护水室"O"形密封环。如发生缠刀,刀轴上有料,不得使用金属器具清理和敲击,可让机修人员拆下刀盘再进行清理。如果切粒质量未变坏,不要盲目进刀,以免影响切刀使用寿命。刀轴轴承每 2～3 星期补加一次黄油,每次进刀时应对进刀量进行控制,满足使用要求即可。

10. 造粒水过滤器的操作

在不停车状态下进行切换时,应先确认备用过滤器出入口阀关闭;缓慢打开备用过滤器入口阀,将备用过滤器充满水,再缓慢打开备用过滤器出口阀,观察造粒水流量正常后,缓慢关闭要切出过滤器出入口阀后,过滤器放水,完成切换工作后,可以处理切出的过滤器。

5.4.2.2 产品的均化、输送操作

开车前,所有设备都必须清洁且适用,所有仪表必须完好待用。

1. 均化

来自混炼生产线的颗粒可送至均化料仓,也可送至等外品料仓,其去向可通过在控制室操作台上选择三通阀的开关方向进行控制。

1)颗粒均化料仓的装填

第一个逻辑控制系统可控制在任何一段时间内,任何一个料仓只能是进料、均化或送料,在 DCS 上可实现自动或手动进料选择。

自动操作:将进料选在自动位置;确认该料仓不在均化或送料状态;选择该仓进料。

手动操作:将进料选在手动位置;确认该料仓不在均化或送料状态;手动切换均化料仓顶部进料三通阀,选择该料仓进料。

2）均化

假设料仓内的物料需要均化，确认该颗粒均化仓不处于均化状态。在 DCS 控制盘上选择该颗粒均化料仓"均化"，为"均化"选择一台风机，调节均化鼓风机出口的手动阀，使准备进行均化的鼓风机出口的风去均化集气管，并确认好现场均化流程。启动选定的均化鼓风机，启动加料器，料仓出料阀将由逻辑系统打开。均化期间，可通过颗粒均化排放视镜观察自由流动的颗粒，均化操作进行 6~8h 后，取样进行分析。

2. 颗粒由均化仓到包装料仓的输送

均化后的颗粒由均化/输送鼓风机，自颗粒均化料仓风送到包装生产线的包装料仓。送料程序为：选择并确认包装料仓进料，为"输送"选择一台颗粒均化/输送鼓风机，调节鼓风机出口的手动控制阀，使来自输送鼓风机的风去输送管道，确认好现场送料流程，启动选定的输送鼓风机，启动颗粒均化料仓下面的产品加料器，现场确认好输送速度，避免堵管。当确认输送完成时，停颗粒均化料仓下面的产品加料器，停止送料。

5.4.3 造粒、风送单元的停车

5.4.3.1 造粒、风送单元的计划停车步骤

正常停车程序：停加料系统，待主电机扭矩小于 20% 时，停主电机。然后进入自动停车程序：水室自动解锁，按复位开关退回螺栓，脱开切粒机。观察颗粒形状，如尺寸太小，应在主机扭矩下降时手动停主电机。

5.4.3.2 造粒、风送单元的紧急停车和联锁停车

当造粒、风送单元发生停电、停氮气、停杂用风、停仪表风、停高压蒸汽、停冷却水或者发生仪表电力故障等故障时，造粒、风送单元必须进行紧急停车。紧急停车处理见本篇第 6 章。

5.5 高密度聚乙烯气相法工艺的有关计算

1. 已知催化剂颗粒表面的气膜传热系数为 $421kJ/m^2 \cdot h \cdot K$，气体的密度和比热容分别为：$0.8kg/m^3$ 和 $2.4kJ/kg \cdot K$，试算催化剂表面气膜的传质系数 k_G。

解：已知：$h_s = 421kJ/m^2 \cdot h \cdot K$，$\rho = 0.8kg/m^3$，$c_p = 2.4kJ/kg \cdot K$

由公式 $k_G = \dfrac{h_s}{\rho c_p}$

得：$k_G = 219.3(m/h)$

2. 已知某牌号的母料配比为 168：1010：硬脂酸锌：粉料 = 1：1：1：8，该产品工艺配方中要求 168、1010、硬脂酸锌的含量分别为 0.15%、0.15%、0.15%，试计算生产该产品负荷为 11t/h 时的母料加入量。

解：由已知条件可知，生产 1t 该产品需加入的抗氧剂总量为 $(1 + 1 + 1) \times 1.5 = 4.5(kg)$

而母料配比中抗氧剂总量：粉料 = $(1 + 1 + 1) \times 1.5 : 8 \times 1.5 = 4.5 : 12$

则抗氧剂总量为 4.5kg 时，母料质量为：$4.5 + 12 = 16.5(kg)$

因此，负荷为 11t/h 时，母料加入量 = $16.5 \times 11 = 181.5(kg)$

3. 已知 30g 聚乙烯树脂粉料经过焚烧、煅烧、恒重后得灰分 8.0mg，问灰分是多少，催化剂活性是多少？

解：灰分 = 灰分量/聚乙烯量 = $(8 \times 10^{-3})/30 = 0.027\%$

催化剂活性 = 1/灰分 = $1/0.027 = 3750$（kg 树脂/kg 催化剂）

4. 已知 HDPE 车间进料量为 10t/h，每小时出料 20 批，粉料松密度为 0.475g/cm³，出料罐体积 1.2m³，试判断此出料时间是否合适。

解：每批料的质量 $= 10 \times 10^3/20 = 500(\mathrm{kg})$

每次出料的体积 $= 500/0.475 \times 10^3 = 1.05(\mathrm{m}^3)$

$1.05\mathrm{m}^3 < 1.2\mathrm{m}^3$

判断此出料时间合适。

5. 脱气仓的容积 V 为 179m³，树脂粉末的堆积密度 ρ 为 410kg/m³，在反应产率为 7.5 t/h时，造粒系统故障时，利用脱气仓最多能维持生产多长时间？

解：脱气仓能容纳树脂粉末的量：

$$m = \rho V = 179 \times 410 = 73390(\mathrm{kg}) = 73.39(\mathrm{t})$$

则脱气仓最多能维持生产的时间为：

$$73.39/7.5 = 9.8(\mathrm{h})$$

6. 有一挤出机设计年生产能力为 2000t，如年有效生产时数为 7000h，计算挤出量平均为每小时多少公斤？

解：平均挤出量为

$$Q = (2000 \times 1000)/7000 = 285.7(\mathrm{kg/h})$$

7. 1 - 丁烯产品罐 C - 351 的容积 V 为 147 m³，常温下 1 - 丁烯的密度 ρ 为 570kg/m³，而反应 1 - 丁烯的消耗量 M 为 800kg/h，求一罐 1 - 丁烯能使用多长时间？

解：一罐 1 - 丁烯的质量

$$m = \rho V = 570 \times 147 = 83790(\mathrm{kg})$$

1 - 丁烯的消耗量为 800kg，则一罐 1 - 丁烯能使用：

$$t = m/M = 83790/800 = 104.7(\mathrm{h})$$

第6章 淤浆法工艺操作

6.1 催化剂配制单元

6.1.1 催化剂配制单元的开车

6.1.1.1 催化剂配制单元开车准备

确认全部公用工程已投入使用，冷凝器中盐水已正常循环。系统气密试验已经合格，氮气吹扫、干燥已全部完成，工艺系统内氧含量、露点合格。确认低压密封油系统已正常循环，配制罐及储存罐的搅拌器里已通入规定量的密封油。确认压力控制器都已给定在规定值。防火设备和安全设施已处于完好状态，并可立即使用。确认仪表系统正常。

6.1.1.2 催化剂配制单元开车

根据需要向辅助催化剂密封罐中补加煤油，使其液位达到规定值。通过流量计向辅助催化剂密封罐中通入密封用低压氮。通过压力控制器设定催化剂各罐氮气压力。向主催化剂接受罐、主催化剂稀释罐、辅助催化剂稀释罐、辅助催化剂稀释副罐的液位计通入稀释己烷。向辅助催化剂计量罐里加入定量己烷，送入辅助催化剂稀释罐。使用辅助催化剂空罐，对该罐至辅助催化剂计量罐的管线进行清洗。操作时通过辅助催化剂计量罐的回流管线使己烷返回辅助催化剂储罐，然后依靠氮气压力将辅助催化剂储罐里的己烷重新转送到辅助催化剂计量罐，再到辅助催化剂稀释罐。用限压后的氮气密封系统，并关闭将氮气引入系统的阀门。通过流量控制器向主催化剂接受罐加入定量稀释己烷，并启动搅拌。从主催化剂接受罐向主催化剂计量罐送料，再用氮气压送到主催化剂稀释罐，并对输送管线进行清洗；对主催化剂计量罐视镜用稀释己烷进行清洗。用流量控制器向主催化剂稀释罐加入定量己烷，开动搅拌1h。通过流量控制器向辅助催化剂稀释罐加入定量稀释己烷，开动搅拌1h。从辅助催化剂稀释罐分批将己烷转入辅助催化剂稀释副罐。停各罐搅拌器，用氮气作动力向己烷气提塔退料，退料时对己烷取样，检查己烷中是否有杂质，己烷是否被污染。己烷若无污物，测定其中水含量，直至清洗到己烷中水含量合格。

6.1.2 催化剂配制单元的正常生产操作

6.1.2.1 催化剂配制工作

1. 催化剂配制

催化剂配制有两种方法，一种是直接接受淤浆催化剂，另一种是对催化剂干粉进行配制。

1）浆液催化剂配置

通过主催化剂接受罐的压力表倒淋将罐内的压力卸空，打开进料阀准备接料。记下催化剂储罐的液位值。将现场的快速接头接到储罐的对应接口上。打开泄压阀，卸掉储罐压力后关闭。打开阀门，向储罐内补压。待储罐压力升高后关闭。打开进料阀向主催化剂接受罐内压料。在压料过程中注意储罐压力变化。当压力迅速下降时，表示罐内的淤浆已经压尽。关闭进料阀，打开阀门，向储罐内加入少量高压己烷用于洗涤储罐，然后关闭。对储罐重新升压，然后将罐内洗涤己烷压入主催化剂接受罐。

2）干粉催化剂配制

将主催化剂运到主催化剂接受罐加料口。将主催化剂接受罐降压至零压。将主催化剂桶直立，入口向上，并将低压氮气管线用氮气吹净后与主催化剂桶连接，确认内压正常，记录储罐号、批号。取下主催化剂桶上盲板法兰，装上球阀。注意在拿开盲板法兰之后，应向主催化剂桶内通入氮气，使低压氮气可从盲板法兰处流出，防止空气进入催化剂桶。使用主催化剂桶专用吊装车将主催化剂桶吊到加料口上，并将它装上。打开下料阀门，开动振荡器。打开与主催化剂桶相连的氮气阀门，使主催化剂加入主催化剂接受罐中。一桶约需 30min。注意在主催化剂加料期间主催化剂桶内压力不得过高。用稀释己烷清洗主催化剂桶，清洗后一起加入主催化剂接受罐。己烷冲洗后，主催化剂桶用氮气置换 2min，然后关闭氮气阀。关闭下料阀。将主催化剂空桶吊下。将另外三桶主催化剂加入到主催化剂接受罐中。向主催化剂接受罐加入稀释己烷至规定量，此量含（主催化剂）清洗催化剂桶的己烷量。将主催化剂接受罐用氮气密封。开动主催化剂接受罐搅拌，调频器频率设定为 30Hz，搅拌 2h 后取样，经分析证实浓度合格后停搅拌。

2. 主催化剂的稀释操作

在主催化剂稀释罐稀释前 2h，启动主催化剂接受罐搅拌。向主催化剂稀释罐加入规定量己烷并启动搅拌。主催化剂稀释罐减压后，用氮气保护。用氮气使主催化剂接受罐加压。主催化剂计量罐减压后，并用氮气保护。通过主催化剂计量罐视镜观察，在主催化剂计量罐中计量定量主催化剂浆料。主催化剂计量罐用氮气加压，将定量主催化剂送到主催化剂稀释罐。主催化剂计量罐减压后，把主催化剂接受罐至主催化剂计量罐的主催化剂管线上的稀释己烷加入到主催化剂计量罐中。将主催化剂计量罐加压，将洗涤液一并送入主催化剂稀释罐。送料完毕，主催化剂接受罐、主催化剂计量罐用氮气密封。主催化剂稀释罐控制内压在规定值。主催化剂稀释罐稀释完成后继续搅拌适宜时间后，取样分析，达规定浓度指标后停搅拌。调节内冷却器冷却水流量，注意保证主催化剂接受罐、主催化剂稀释罐内温度应保持在安全值范围内。

3. 辅助催化剂的稀释操作

将辅助催化剂计量罐减压后，并用氮气保护。将辅助催化剂储罐加压。打通正常从辅助催化剂储罐至辅助催化剂计量罐的送料流程，开始向辅助催化剂计量罐送辅助催化剂。当接近规定值时关闭送料阀门。从辅助催化剂罐到辅助催化剂计量罐的管线用氮气吹扫，将残留在管线中的辅助催化剂吹入辅助催化剂计量罐。辅助催化剂储罐减压后，用氮气将辅助催化剂罐送料管内的辅助催化剂吹入辅助催化剂储罐。辅助催化剂储罐用氮气密封，关闭全部阀门。注意在辅助催化剂计量罐计量时应关闭辅助催化剂计量罐去辅助催化剂稀释罐的卸料阀。辅助催化剂稀释罐减压后，用氮气保护。将辅助催化剂计量罐用氮气加压。将辅助催化剂计量罐中计量好的辅助催化剂全部送到辅助催化剂稀释罐。辅助催化剂计量罐送料完毕并减压后，用氮气密封。启动辅助催化剂稀释罐搅拌。向辅助催化剂稀释罐中加入稀释己烷。控制辅助催化剂稀释罐的压力为规定值。辅助催化剂稀释罐搅拌 2h 后，取样分析，证实其浓度在要求范围内。

6.1.2.2 聚合釜的催化剂进料

确认聚合釜气密试验、氮气吹扫、己烷清洗等工作已经结束，确认能畅通输送催化剂。在投用主催化剂、辅助催化剂前 2h 开启搅拌。将要投用的催化剂泵计量筒的压力平衡阀打开。使用催化剂泵入口冲洗己烷管线，将己烷通过泵送至聚合釜，确认管线没有堵塞。打通流程，启动催化剂泵。在催化剂输送到聚合釜时，用高压己烷分别以规定流量进行冲洗。用计量筒检查是否达到聚合釜要求的规定流量。检查计量完毕，计量筒内必须没有残液存在。主催化剂泵在停泵前先将冲程回零；停用后，一定要用高压己烷冲洗主催化剂管线。不允许在泵停止运转时调节泵的冲程。

6.1.3 催化剂配制单元的停车

6.1.3.1 催化剂配制单元的计划停车准备

根据装置聚合停车计划，提前计算主催化剂、辅助催化剂的使用量，把催化剂损失降到最小程度。提前准备好高压氮气钢瓶，做好催化剂各罐在装置的氮气系统停止供应氮气时用氮气保护的准备。检查己烷气提塔液位，做好接受并处理废催化剂溶液的准备。

6.1.3.2 催化剂配制单元的计划停车操作

当聚合釜停车时，停各催化剂进料泵。关闭辅助催化剂稀释罐（或辅助催化剂稀释副罐）罐底阀。从主催化剂泵入口用高压己烷向主催化剂稀释罐反冲后，关主催化剂稀释罐罐底阀。主催化剂、辅助催化剂管线均用高压己烷冲洗后将各阀门关闭。辅助催化剂计量罐、主催化剂稀释罐、辅助催化剂稀释罐、辅助催化剂稀释副罐进行己烷洗涤。用氮气吹扫各罐，直到用可燃气体检测器确认每个罐中不再有己烷蒸气为止。在洗涤主催化剂接受罐、主催化剂稀释罐、辅助催化剂稀释罐、辅助催化剂稀释副罐之前，用氮气保护各罐，用盲板封死上部管线，在各罐出口伐后加盲板。切断每个催化剂罐的搅拌电源。打开需进行检修的催化剂罐人孔，用临时软管向该罐中注入工艺水，用水清洗该罐，直至水中不含有催化剂为止。水清洗完毕，再用空气吹扫。装置停车期间，要将各设备和管线中残留的己烷放尽。进入罐前，应用空气吹扫至氧含量在19.5%以上，并办理进罐作业证。

6.1.3.3 催化剂配制单元的故障及处理程序

冷却水故障和配电室发出的电气故障导致本装置停车信号产生，此停车信号可使两条生产线同时停车。由聚合"紧急停车按钮"发出的停车信号将导致催化剂泵全部停车。并联 A 型聚合方式时，单个聚合釜停车信号使进料催化剂泵全部停车，并联 B 型和串联型聚合时，任何一个釜的停车信号都会导致该线催化剂泵全部停车。

1. 冷却水故障

冷却水故障后，催化剂配制罐、储存罐内冷却器不能冷却；催化剂泵因聚合釜停车而要求催化剂泵停车。将各催化剂泵的现场开关锁在"关"位。从主催化剂泵入口用高压己烷向主催化剂稀释罐反冲 30s 后关闭主催化剂稀释罐底阀；用高压己烷冲洗 主催化剂泵出口管线 5~10min 后关闭每个催化剂加料泵的出口阀。时刻观察主催化剂接受罐、主催化剂稀释罐温度指示，若温度超过或接近高限值则停主催化剂接受罐、主催化剂稀释罐搅拌，防止温度进一步上升，使催化剂质量受到损害。

2. 瞬时电源故障

由于电气故障而导致本单元全部搅拌和催化剂进料泵停。手动启动主催化剂稀释罐、辅助催化剂稀释罐搅拌器。关闭主催化剂稀释罐底阀（需用高压己烷反冲 30s）和辅助催化剂稀释罐或辅助催化剂稀释副罐底阀。对主催化剂泵出口管线用高压己烷冲洗后，关闭主催化剂泵出口阀。关闭辅助催化剂泵出口阀。根据聚合需要手动启动催化剂泵。

3. 全部电源故障

由于电气故障而导致本单元全部搅拌和催化剂进料泵停。将各催化剂泵及搅拌器电机开关现场全部锁在"关"位。关闭第一冷凝液循环泵上方管廊高压己烷、己烷去催化剂配制单元总阀。关闭主催化剂稀释罐、辅助催化剂稀释罐或辅助催化剂稀释副罐的底阀。关闭各催化剂泵进出口阀。

6.2 溶剂回收单元

6.2.1 溶剂回收单元的开车

6.2.1.1 溶剂回收单元开车准备

确认公用工程已全部投入使用。系统氮气置换合格，所有仪表控制、报警联锁仪表调校完。分子筛干燥器均再生完毕。精己烷储罐、补充己烷储罐、粗己烷储罐有足够的的精己烷和补充己烷。冷却设备投入使用。低聚物套管伴热及伴热管线、设备外盘管加热的蒸汽投入使用，闪蒸预热器用旁通阀通入少量高压蒸汽进行预热。确认可燃气体报警器安全可靠。调节阀前后截止阀打开，调节阀关闭。检查确认各指示测量仪表均待用。仪表联锁试验完毕处于完好状态。

6.2.1.2 溶剂回收单元开车步骤及注意事项

1. 己烷干燥系统开车操作

启动高压己烷泵中的一台，按精己烷储罐→高压己烷泵→精己烷储罐的管线循环操作。用3/4英寸管线将己烷引入分子筛干燥器，将分子筛干燥器内气体排尽。当分子筛干燥器充满时，将己烷再用3/4英寸管线引入过滤器中进行循环操作(由排气管回流到精己烷储罐中)。当取样分析分子筛干燥器出口己烷含水量合格时，再由3/4英寸阀切换到4英寸阀操作，将己烷引入管网使用。当过滤器压力达到设定值时，将高压己烷投用供聚合使用。当高压己烷投用后，且己烷、冲洗己烷投入使用后，用压力控制器控制压力在规定值。将回收单元使用的高压己烷、稀释己烷、低压己烷的管线投用。确认己烷气提塔冲洗用高压己烷阀前甩头有高压己烷。

2. 己烷脱水塔系统开车操作

首先将开关切换到粗己烷储罐位置上。启动输送泵，送补充己烷至己烷接受槽中，由流量控制器控制在规定值。当己烷接受槽中己烷累积到设定值时，启动输送泵，进行己烷接受槽→输送泵→己烷接受槽循环操作。给定己烷接受槽的压力为规定值。逐步开启液位控制阀向己烷脱水塔送己烷，稳定后，投用液位控制器。当己烷脱水塔液位达低限值时，逐步打开塔底再沸器加热阀使塔底再沸器加热。当己烷脱水塔液位达规定值时，启动输送泵将己烷送至补充己烷储罐，按需要将釜底液位保持在规定范围内，泵的外冲洗设定至规定值。稳定操作一段时间后，通知分析人员化验己烷脱水塔采出冷却器出口己烷水含量，并观察在线水分析仪的工作状况。若己烷脱水塔采出冷却器出口己烷水含量合格时，可使用切换开关将己烷采出切换至精己烷储罐操作，并且关闭补充己烷储罐阀门。

3. 己烷精馏塔系统开车操作

将补充己烷输送泵入口切换到由补充己烷储罐进料。通过补充己烷输送泵进行全回流操作，然后将补充己烷储罐内补充己烷送至己烷精馏塔，流量控制在规定值，泵的外冲洗调至规定值。当己烷精馏塔的液位达规定值时，逐步打开蒸汽加热阀加热塔釜再沸器(注意：缓慢加热塔釜再沸器防止压力突然上升)，慢慢打开高压己烷冲洗阀并给定流量在规定值。当己烷精馏塔液位达规定值，将补充己烷输送泵入口切换成粗己烷料，稳定流量，控制己烷精馏塔压力及液位在规定范围。(注意：进母液时补充己烷输送泵的回流阀要保持半开状态)

启动己烷精馏塔塔底低聚物输送泵先进行全回流操作，泵的外冲洗给定在规定值。慢慢打开蒸汽加热阀门，加热己烷精馏塔塔底低聚物采出加热器。逐渐打开低聚物采出阀并给定至规定流量，并控制温度。当己烷精馏塔操作条件稳定后，母液罐的母液直接送往己烷精馏塔内。调整高压己烷冲洗量在规定值。

4. 低聚物处理系统开车操作

检查所有套管、伴热管线的蒸汽，确认已经投用，慢慢开启蒸汽加热阀，用高压蒸汽加热低聚物预热器。由己烷精馏塔塔底低聚物输送泵将己烷精馏塔塔釜中的低聚物溶液送往低聚物闪蒸罐进行闪蒸，闪蒸出的气相经冷却器冷却后返回己烷精馏塔。当低聚物闪蒸罐内有一定料位后，启动齿轮泵进行循环操作，并将低聚物闪蒸罐内的蛇管加热器投用。当低聚物闪蒸罐内物料循环后启动泵，调节泵的转速，将低聚物闪蒸罐的液位降到5%后将转速调到0，停泵关阀。如泵出口压力过高，可稍开回流阀。进入罐的物料由温度控制阀控制。启动泵，进行循环操作，并将罐内蛇管加热器投用。当罐的料位超过规定值时，将低聚物送到低聚物去活器，关闭回流阀，调节泵的转速，控制液位在规定值。当低聚物去活器液位达到规定值时，启动低聚物去活器搅拌器，启动泵进行循环操作。当罐内冷凝己烷液位达规定值时，启动泵，将己烷送出。当低聚物去活器液位达规定值时，启动泵将低聚物去活器中去活后的低聚物送至低聚物储罐。

5. 己烷精馏塔系统开车前和开车过程中己烷脱水塔系统需做的工作(注意：如先开己烷精馏塔则不需要这些工作)

将切换开关由精己烷储罐切换到补充己烷储罐，关闭去补充己烷储罐的阀，打开去泵的入口阀。停泵，使己烷脱水塔进行全回流操作。将己烷脱水塔系统的自动控制改为手动控制。当己烷接受槽内液位上升，即己烷精馏塔塔顶有出料时，泵的进料切换至己烷接受槽，打开去补充己烷储罐的阀门。手动控制己烷接受槽的液位和己烷脱水塔的液位，使塔操作稳定。分析冷却器中的己烷含水值，如合格，则关闭去补充己烷储罐的阀，打开去精己烷储罐的阀，即切换开关。

6. 间歇回收系统开车操作

确认公用工程随时可以投用，所有设备、仪表均正常。向冷却器通上复用冷却水，向冷凝器通上冷冻水，投用液位控制。给定系统压力在规定值。将工艺水输入己烷气提器，使液位达规定值。以规定流率把工艺水供给己烷气提器搅拌密封。当罐内液位达到规定值时，用低压氮气将其压至己烷气提器。己烷气提器的液位低于规定值时不能启动搅拌，以免损坏搅拌。己烷气提器升温汽提，逐步打开流量控制阀，从己烷气提器底部通入低压蒸汽，并设定流量。当己烷气提器下部温度稳定在规定值后关阀。停止搅拌，待物料静止冷却后，打开己烷气提器底阀，将罐内物料排入粉末分离池。确认罐内有己烷积累规定值时启动泵，将己烷送往补充己烷储罐。当己烷气提器完成操作后，将罐中所有己烷送到补充己烷储罐，然后停泵。

6.2.2 溶剂回收单元的正常生产操作

6.2.2.1 系统负荷的控制工作

我们视并联→串联的切换为本单元的增量操作。为此本单元应进行如下适应性操作调整：首先增大精己烷供出量，即可开大高压己烷泵的出口阀，关小回流阀，以满足其他单元对己烷的需要，同时控制过滤器出口己烷水含量合格；适当调节高压己烷进料量；当己烷精馏塔釜液浓度偏高、黏度过大、塔釜再沸器传热差时，启动泵进行强制再沸器物料的流动；

用闪蒸罐给料泵将己烷精馏塔塔釜低聚物打至低聚物闪蒸罐；由于低聚物较多，低聚物闪蒸罐内的低聚物溶液用泵将之打到低聚物预热器；适当增加己烷脱水塔进料量，适当增加各再沸器蒸汽量；适当增大己烷脱水塔塔底泵的采出量，以保持液位；控制冷却器己烷出口水含量合格。

6.2.2.2 己烷干燥器A与B的切换

1. 处于以下状态时进行己烷干燥器A与己烷干燥器B(内装填4Å分子筛)的切换

(1)己烷干燥器出口取样分析结果己烷水含量超标时。

(2)由于己烷中含有水，使聚合反应催化剂活性有降低时，先进行己烷含水量的分析，再决定是否进行切换。

2. 切换操作(以分子筛干燥器A切换到B为例)

首先渐渐打开己烷进分子筛干燥器B进口管线上3/4英寸阀，分子筛干燥器B充填己烷。内部气体由顶部气体排放阀排出，通过管线上的视镜来检查气体是否排尽，排尽后关阀。当烷干燥器B与己烷干燥器A内压力平衡时，渐渐打开己烷干燥器B的己烷进口阀和出口阀，开始并联操作。关己烷干燥器A的己烷进、出口阀，并用低压氮将此罐中的己烷压到精己烷储罐中，当由视镜确定有气体通过时，继续缓慢通氮气5~10min，并采取措施防止精己烷储罐压力增大。关己烷干燥器A顶部低压氮气阀和底部己烷排放阀，干燥器就由A切换到B。

6.2.3 溶剂回收单元的停车

6.2.3.1 溶剂回收单元的计划停车准备

确认聚合分离干燥单元的每一设备已用己烷清洗并排空，同时确认从卸料槽、己烷汽提器去己烷接受槽及冷凝液接受槽的己烷已接收。

6.2.3.2 溶剂回收单元的计划停车步骤

1. 己烷精馏塔系统停车

先将切换开关拨到去补充己烷储罐的位置，并关闭去精己烷储罐的阀。启动补充己烷输送泵向己烷精馏塔供料。将切换开关切换至粗己烷储罐，关闭去己烷精馏塔的阀门。当发现补充己烷输送泵抽空后，立即将补充己烷输送泵入口的补充己烷阀门打开，己烷精馏塔进行洗涤操作。检查低聚物溶液输送泵入口己烷中几乎没有低聚物时，己烷精馏塔洗涤操作完毕。洗涤操作完毕后，降低己烷精馏塔的液位后慢慢关闭进料阀，降低压力。当己烷精馏塔液位降至0时，立即停低聚物溶液输送泵。逐渐关闭加热阀，停闪蒸预热器的高压蒸汽。

2. 己烷脱水塔系统停车

将己烷接受槽内己烷全部送往己烷脱水塔，同时打开冷却器环形密封阀旁通阀。使冷却器内的己烷靠重力流入己烷接受槽，尽量将己烷接受槽中水相部分中的己烷回收到己烷脱水塔。当己烷脱水塔液位降低时，关闭进料阀。将己烷脱水塔内己烷由输送泵全部打入补充己烷储罐，发现抽空后，立即停止泵运转，关闭泵的进出口阀。当己烷脱水塔内温度降下来后，塔釜会有冷凝己烷，重新启动泵将己烷送往补充己烷储罐。将己烷接受槽内的水相排净，保持系统压力。

3. 低聚物系统停车

(1)当低聚物溶液输送泵停止后，可启动己烷闪蒸罐底部齿轮泵，将罐中物料送出。当己烷闪蒸罐液位低于规定值时，停止蛇管加热。当发现己烷闪蒸罐底部齿轮泵抽空后，停止泵运转，关闭泵出口阀，己烷闪蒸罐内压力由中压氮气维持。停止低聚物预热器加热，关闭蒸汽加热阀门。当罐内低聚物由泵全部送往低聚物去活器，停止蛇管加热。当泵抽空后，停止泵运转，关闭出口阀。低聚物去活器内的低聚物用泵全部送往低聚物储罐，停止搅拌器运转。当发现泵抽空后，停止泵运转，关闭泵的出口阀。

（2）罐倒空后，中压蒸汽以最大流量经流量计向罐内进行吹扫。将罐内已烷全部送往界区外，当发现泵抽空时，立即停止泵运转，维持罐在微正压。将罐内已烷物料全部 送往界区外或粗已烷储罐，停止换热器内加碱，当发现泵抽空后，停止泵的运转。将罐内剩余物料全部排入粉末分离池。

4. 已烷干燥系统停车

当装置全部停车后，即不需用高压已烷稀释低压已烷的时候，则可停止该系统的运转。

6.2.3.3 计划停车后的处理

当蒸馏系统停车后，将各设备、管线的低点排放阀打开，确认该系统内的物料排净，根据停车后的具体要求进行系统氮气置换、吹扫工作或加盲板。

6.2.3.4 溶剂回收单元的临时停车和联锁停车

1. 溶剂回收单元的临时载液停车

当聚合、分离干燥、公用工程等系统出现故障时，溶剂回收单元需临时载液停车。首先将切换开关转到补充已烷储罐位置上；将切换开关转到粗已烷储罐，关闭母液去已烷精馏塔的阀门；将高压已烷冲洗提高，对已烷精馏塔进行置换操作，检查低聚物输送泵入口甩头，确认已烷中不含粉末和低聚物；关闭已烷精馏塔的进料和已烷进料。压力控制由中压氮气维持。当已烷精馏塔液位达规定值时，可关闭中压蒸汽阀，停止泵运转。已烷接受槽内已烷层由泵打入已烷脱水塔，停输送泵。已烷脱水塔液位降至规定值时，慢慢关闭低压蒸汽阀，停输送泵。启动泵将闪蒸罐内物料全部送出。将低聚物全部送入低聚物储罐，但应注意防止大量已烷进入低聚物储罐。

2. 溶剂回收单元的联锁停车

在紧急事故情况下如：对本单元正常运转有全面影响的公用工程故障（例如停电、停汽等）和地震、火灾等。本单元有一个蒸馏停车按钮，在紧急状态使用蒸馏停车按钮进行紧急停车。

1）冷却水故障

现象：冷却水故障使本单元内所有冷却水用户不能冷却。

措施：操作人员立即检查联锁动作是否正确，停低聚物泵。在联锁动作后，立即由内操将将冷却水控制回路的控制方式由"自动"切换到"手动"，将控制阀完全关死。关闭各控制器的现场切断阀。同时，将切换开关从精已烷储罐切换到补充已烷储罐位置。中断分子筛再生操作。冷却水若长时间故障，应按正常停车步骤停车。

2）电源故障

首先判断停电是全部停电还是瞬时停电，然后根据停电情况进行相应操作。

全部停电：一旦发生全部停电，应在30min内完成下列动作：关每个罐的底阀、每台泵的进出口阀，再关冲洗管线的总阀；关进料控制阀的切断阀、所有蒸汽控制阀的切断阀，低聚物系统保温以免凝结；把所有控制阀从"自动"切换到"手动"位置，并将它们关死；将所有的电机开关锁在"关"位（注意：注意罐和塔的压力根据需要用氮气增压或泄压）。

瞬时停电：在瞬时停电恢复供电时，一部分电机将自动启动，另一部分电机需按优先次序再启动，以防供电系统产生大的压降。

现象：低聚物单元所有电机停，溶剂回收单元的所有电机停。联锁动作同冷却水故障。

措施：操作人员立即将联锁作用于的控制阀拨到"手动"并将控制阀完全关死。按下联锁复位按钮，使联锁动作的控制处于正常操作状态，然后切换到"自动"位置。把切换开关从"精己烷储罐"切换到"补充己烷储罐"位置，按次序启动需要再启动的电机，当己烷脱水塔出口己烷含水合格后，将切换开关拨到"精己烷储罐"位置，低聚物单元按正常程序开车。

3）蒸汽故障

应判断是哪种蒸汽故障，故障是暂时的、还是长期的。若不能在短期内排除，即按正常停车步骤停车；若短期故障，系统可载液停车。

4）仪表风故障

仪表风故障时，储罐中的仪表风可维持30min，因此一旦仪表风故障不能在30min内排除，必须按蒸馏停车按钮进行联锁停车。

5）中压氮气故障

由界区中压氮气压力是否下降来判断故障，若不能短期排除，系统停车；若故障即可排除则减负荷操作。

6.3 聚合单元

6.3.1 聚合单元的开车

6.3.1.1 聚合单元开车准备

1. 聚合单元确认

确认聚合系统气密试验合格，并已用氮气进行干燥置换，系统氧含量已合格。装置火炬系统已投入正常使用。聚合系统所有冷却器已按要求通入冷却水，并且冷却水系统循环正常。确认制冷系统运转正常，各冷凝器（含色谱取样气冷却器）已按各自流量规定投入冷冻盐水。检查整个系统的设备、仪表、阀门及工艺管线，确认安装、机械试运正常，仪表调校及动作无误。确认装置内联锁系统正常，各联锁值均已设定准确。确认密封油系统已正常循环，聚合釜、稀释罐、闪蒸罐、罗茨风机等均已通入流量、压力符合规定的密封油。确认混炼切粒单元准备工作已经完毕，离心干燥单元正在进行己烷循环，干燥机已加热正常。确认离心机已正常启动，回收单元己烷精馏塔、己烷脱水塔已做好接受和储存己烷的准备。聚合尾气系统已做好投运的准备。高速工业气相色谱仪及氢分析仪都已做好准备，并能随时投用。乙烯、氢气、丙烯或1-丁烯都已引入界内，并已做好投用的准备。催化剂单元已配制了符合要求的主催化剂、辅助催化剂，并已经小聚合试验证明活性达到要求。将联锁开关拨到"联锁解除"位置，并将操作方式选择开关置于"关联A"位置。

2. 聚合单元的置换

（1）离心机到母液罐系统的置换准备工作及确认：打开母液罐底部排放阀。关闭泵的进口手阀及第一聚合釜/第二聚合釜去母液罐的管线阀门。确认聚合釜母液进料阀已关闭。确认干燥机上部闸阀已关闭。确认母液泵去粗己烷储罐入口阀已关闭。打开干燥器洗涤器液位控制阀前后手阀，确认干燥器洗涤泵到母液罐管线上手阀已关闭。确认第二闪蒸罐放空阀已打开，将第二闪蒸罐及与它相近的浆液回流阀打开，关闭第二闪蒸罐上的从分离干燥系统来的淤浆管线手阀。

（2）尾气压缩机系统的氮气置换：将压缩机吸入罐气体进口阀关闭。打开干燥气洗涤器

160

罐底排放阀。适当调节相关阀的开度。排气点排气，氧气含量合格时置换完毕，关闭压力控制器阀，系统复原，用氮气将系统保压。

（3）风送系统氮气置换：将粉末料仓下部的闸阀关闭，进气点进气，"手动"调节粉末输送风机入口压力阀，控制系统压力在规定值，启动风机。然后将粉末输送风机入口压力给定在规定值。排放点排气。分析氧气含量合格后置换完毕。

（4）载气循环系统的氮气置换：确认干燥机进料阀已关闭。打开干燥气洗涤器输送泵去第二闪蒸罐和第二闪蒸罐去火炬的阀门。打开压缩机吸入罐气体入口阀。进气点进气。启动循环气风机，"手动"调节压力控制器，控制循环气风机吸入压力在规定值。排气点排气。当氧气含量合格时置换完毕，停循环气风机，使系统复原，通过压力控制器保持循环气风机吸入压力在规定值。

6.3.1.2 聚合单元开车步骤

1. 己烷洗涤和己烷油运

（1）分离干燥系统

① 油运流程：己烷→干燥气洗涤器→第二闪蒸罐→离心机→母液罐→回收单元。将公用工程引入，冷却水通入冷却水用户，冷冻水通入冷冻水用户。

② 从干燥气洗涤器输送泵入口冲洗己烷管线向干燥气洗涤器装入己烷，当液位指示达到规定值时，启动干燥气洗涤器输送泵，以规定的流量进行己烷自循环，然后将液位控制器给定在规定值。由干燥气洗涤器输送泵打出的己烷进入第二闪蒸罐，经过离心机离心机离心分离后，己烷进入母液罐，当液位达到规定值时，启动母液泵，进行己烷自循环，然后将液位控制器给定在规定值。在初次开车后，将干燥气洗涤器去母液罐的管线上加入盲板，以防止粉末进入己烷精馏塔，加盲板后，母液罐的己烷由母液泵入口的高压己烷管线加入。

（2）风送系统的启动：确认布袋过滤器已通入吹扫氮气。确认袋式过滤器的时间继电器已调好，并已提供脉冲氮气。通过粉末输送风机入口压力控制手动控制氮气，供给风机粉末输送风机的吸入口，提高粉末输送风机的吸入压力。

（3）干燥机的启动：提前15min启动润滑油泵，以规定的流量加注到各润滑点。

将杂用风按规定值通入。按由后到前的顺序启动各设备。

（4）启动载气循环系统：启动尾气压缩机。

（5）启动离心机。

2. 聚合系统油运

（1）第一聚合釜、第一稀释罐、第一闪蒸罐、第二聚合釜、第二稀释罐、第闪蒸罐罐液位计检查零点后加入冲洗己烷。第一聚合釜、第二聚合釜加入中压氮气，使釜压升至规定值。分别向第一聚合釜、第二聚合釜加入脱水高压己烷。

（2）启动罗茨风机并轮流进行切换。当聚合釜第一聚合釜、第二聚合釜加入高压己烷后液面达到30%时开搅拌，连续搅拌洗涤两小时以上。打开聚合釜底阀，把洗涤己烷排向母液罐。排放洗涤己烷过程中，当第一聚合釜、第二聚合釜的液位降至规定值时停聚合釜搅拌。

（3）进入己烷接受罐的己烷一同排入母液罐。聚合釜快卸空时，应防止气体大量排入分离、干燥单元，必须注意干燥系统压力上升情况。进行两次冷洗操作后，釜顶冷凝器、己烷接受罐、己烷输送管线等处滞积的水从各底部倒淋排放。第三次进行己烷热清洗。聚合釜夹套逐渐升温，聚合釜内温度通过手动调节使其升温。当己烷接受罐内液位达规定值时启动泵，使己烷返回聚合釜。

（4）聚合釜升温停止后开始退料，退料时从各规定取样点上的倒淋取样分析己烷中水含量，水含量合格时洗涤合格，若其中一处水含量不合格，则再次进行己烷热洗，直至合格为止。聚合釜洗涤过程中，应开动催化剂泵，对催化剂输送管线进行清洗。以规定的速率从溢流管向第一稀释罐加入己烷，当液位指示达规定值时开动搅拌，并连续向第一闪蒸罐排己烷。第一稀释罐液位低于规定值时停搅拌。

（5）进行出料阀的切换操作。第一闪蒸罐中己烷液位达规定值时，开动搅拌，并开动泵进行循环操作。打通泵至第二聚合釜流程，清洗泵到第二聚合釜管线。将己烷从第一闪蒸罐通过泵送至第二闪蒸罐。对第一稀释罐到第二闪蒸罐的管线进行清洗。从溢流管向第二稀释罐以规定流量的流率加入己烷，当液位达规定值时，开动搅拌并向第二闪蒸罐排己烷。第二稀释罐液位低于规定值时停搅拌。进行出料阀的切换操作。当第二闪蒸罐液位达规定值时开动搅拌，启动泵进行循环。聚合釜取样，测定水含量合格后向第二闪蒸罐卸料。第二闪蒸罐液位低于规定值时停搅拌。用泵将洗涤己烷向离心机退料。从第一闪蒸罐、第二闪蒸罐取样，测定己烷中水含量，若水含量合格，则开始向离心机送料。

（6）己烷洗涤过程中进行泵的切换操作。当压缩机吸入罐压力指示达规定值时，启动尾气压缩机，并将吸入压力设定为规定值。

（7）氢气置换：将聚合釜第一聚合釜、第二聚合釜降压。通过高压己烷进料阀向聚合釜中加入高压己烷，当液位到达规定值时启聚合釜搅拌。通过母液进料阀分别向第一稀释罐、第二稀释罐中加入规定值液位的己烷后开启第一稀释罐、第二稀释罐搅拌，并打开第一聚合釜和第一稀释罐、第二聚合釜和第二稀释罐之间的平衡阀。加氢气到第一聚合釜、第二聚合釜，在 2～3h 内使聚合釜压力升至规定值后停氢气升压。通过去火炬管线的阀门使釜压降至规定值。反复置换直到釜中压力和氢气浓度达到规定指标为止。在进气过程中应切换氢气进料孔板，并在 DCS 操作站上进行对应量程切换。

（8）乙烯接收：确认原料乙烯系统状态正确，系统氧气浓度合格。缓慢打开乙烯界区阀，使压力慢慢上升，最后将压力控制器给定在规定值。将中压蒸汽缓慢引入乙烯预热器，对乙烯进行预热，最后将温度给定到规定值。

（9）氢气接入：确认氢气系统状态符合要求，打开氢气进料的手阀后，缓慢打开氢气界区阀，使压力慢慢上升，最后将压力控制在规定值。

（10）丙烯升温：确认丙烯从界区至丙烯蒸发器聚合釜系统状态正确，丙烯与 1－丁烯双重截止阀已关闭。手动操作压力控制器向丙烯蒸发器中盘管慢慢通入低压蒸汽，同时，将丙烯蒸发器安全阀的旁通阀打开向火炬排放系统中残留氮气。手动缓慢向丙烯蒸发器中加入丙烯至液位指示达规定值。将丙烯蒸发器丙烯出口至聚合釜之间管线的套管及伴热线通入蒸汽，此蒸汽原则上不得停用。

（11）1－丁烯的升温：确认 1－丁烯蒸发器、聚合釜的系统状态，注意关闭丙烯、1－丁烯双重截止阀。将 1－丁烯接受至储罐，慢慢手动调节压力控制器，缓慢将蒸汽通入 1－丁烯蒸发器盘管。启动 1－丁烯泵，向 1－丁烯蒸发器加料至液位指示至规定液位。给定 1－丁烯蒸发器压力，同时打开安全阀的旁通向火炬排放 1－丁烯蒸发器内存留的氮气。向 1－丁烯蒸发器出口至聚合釜的套管及伴热通入蒸汽，此蒸汽一般不停。提高 1－丁烯蒸发器的液位，然后将泵的切换开关打至"开"的位置。定期向聚合釜补压一次，每次用中压氮气将压力补至规定值。

（12）下游单元的已烷运转

① 聚合并联 A 或并联 B 型方式操作时，第一聚合釜和第二聚合釜的溢流管线用高压已烷代替母液进行冲洗，进料阀各给定规定值。

② 当第一稀释罐、第一稀释罐的液位达规定值时向第二闪蒸罐退料，当第二闪蒸罐液位规定值时启动第二闪蒸罐搅拌，开动泵，当第二闪蒸罐液位规定值时向离心机送料。

③ 进行串联方式生产时，首先通过母液进料阀向第一聚合釜溢流管线通入高压已烷至第一稀释罐，通过液位控制器向第一闪蒸罐中加入已烷至规定液位后关闭阀门。当第一稀释罐液位规定值后关闭进料阀，并开动第一稀释罐、第一闪蒸罐搅拌，用泵进行全回流操作。对于第二聚合釜则按并联时向第一稀释罐中加入已烷后向第二闪蒸罐、离心机退料一样进行操作。

2. 聚合单元的开车

1）聚合开车中的并联分批操作方法

（1）通过高压已烷进料阀向第一聚合釜中加入新鲜高压已烷。当聚合釜液位指示达规定值时开动聚合釜搅拌。

（2）分批聚合前催化剂初装量及加入过程：

准备工作：主催化剂每批的小聚合试验已经合格。主催化剂、辅助催化剂的浓度达到规定指标。正式使用前，启动主催化剂稀释罐的搅拌。

加料：首先计算所需主催化剂、辅助催化剂量，然后在乙烯投料前将所需催化剂全部加入聚合釜。为了更好的稀释、分散催化剂，在催化剂向聚合釜输送期间以规定流量连续向聚合釜加入冲洗用高压已烷。

（3）主催化剂、辅助催化剂开始加料的同时第一聚合釜开始夹套升温，开夹套水泵，通过温度控制器慢慢通入中压蒸汽，控制夹套温度（升温前夹套用工艺水置换）。

（4）手动调节温度控制阀阀开度，保持第一聚合釜温度在规定值以上。当第一已烷储罐液位达到规定值时开动第一冷凝液循环泵开始将已烷返回第一聚合釜。然后通过流量控制阀以规定流量冲洗聚合釜气相出口管线，第一已烷储罐液位最后设定为规定值。

（5）乙烯进料准备：给定压力为规定值，温度设定为规定值，从界区到聚合釜的截止阀全开。丙烯进料准备：打开丙烯蒸汽伴管手阀和丙烯各控制阀的截止阀，控制液位在规定值，压力设定为规定值并确认使用流路的孔板及 DCS 的量程是否对应。氢气进料准备：确认从界区到聚合釜的截止阀全开，控制压力为规定值，确认使用流路的孔板及 DCS 上投用的量程是否对应。

（6）投料开车：确认聚合釜温度报警、联锁设定值正确。乙烯开始进料后，严密监视聚合釜压力、温度的指示，若发现异常应立即停止乙烯进料。乙烯进料的同时，丙烯按该牌号工艺要求比例进料。每当乙烯提量时，丙烯也按比例进行提量。随着乙烯进料的增加，聚合釜温度指示迅速上升，当聚合釜温度达到规定值时，停止第一聚合釜的夹套加热，并做好有关流程的准备，室外操作人员在接到室内操作人员通知后，即可关闭蒸汽手阀并将夹套加热切换为冷却水夹套冷却。将聚合釜温度控制器设定在"手动"位置，逐渐调节控制器，控制反应温度慢慢接近分批聚合所要求的温度。此时对应循环风量应在规定值范围内，若超过此范围则依靠夹套冷却水量来调整风量。聚合釜温度达到设定温度并稳定后将控制器由"手动"切"自动"。在投料过程中，时刻注意聚合釜温升趋势，当预料有超温的可能时，应立即降低或切断乙烯进料。当聚合釜温度超过规定温度时，第一聚合釜中聚合物变得易于熔融，

163

因此应极其小心地控制聚合釜温度的温升速率。乙烯加入聚合釜后就由气相色谱仪自动分析出聚合釜中氢气/乙烯，当氢气/乙烯达到规定值且稳定后将控制器由"手动"切为"自动"控制。根据第一己烷储罐液位，尽早将聚合釜冲洗己烷量提高到规定值冲洗气相出口，给定聚合釜另一路冲洗己烷量以规定值冲洗分液盘。当聚合釜中浆液 MI 达到规定值或聚合釜液位达到规定值时，将分批聚合切换为连续聚合。

（7）溢流操作：启动催化剂泵，按连续聚合所需催化剂量加入聚合釜，己烷进料给定在规定值进行冲洗。全开第一聚合釜溢流阀，注意控制第一稀释罐、第二闪蒸罐液位和离心机负荷，严防离心机超载。当聚合釜出料阀全开后，从母液进料阀加入的己烷由冲洗溢流阀的下游切换到溢流阀的上游。将母液泵出口返回聚合高压己烷切为母液。将己烷进料提高至规定用量，同时将母液进料提高至规定值，使聚合釜浆液浓度合格。调整釜中氢气/乙烯值，使产品熔融指数值尽快达到工艺指标要求。连续聚合稳定后，将聚合联锁投用。

（8）操作中原则上两个聚合釜同时开车，当聚合釜需进行载液停车时应立即做如下处理：停乙烯、催化剂进料；用高压己烷冲洗催化剂进料管线。在聚合重新投乙烯前按连续聚合所需催化剂量加入主催化剂、辅助催化剂。

2）应用串联方式聚合

为了生产串联牌号，应使用串联方式进行聚合，在串联方式操作过程中，第一聚合釜内生成的聚合物淤浆，在进入第二聚合釜后进一步聚合。

对于这种操作方式，相同点是基本是先按并联分批聚合步骤进行，在分批操作完毕时，操作方式再转换到串联聚合。

其不同点有：

（1）在第一聚合釜溢流之前，向第二聚合釜中加入规定量己烷及催化剂。

（2）第一聚合釜溢流之前，已通过母液进料阀将高压己烷加入第一闪蒸罐，并且第一闪蒸罐搅拌启动后已按如下流程进行循环操作：第一闪蒸罐→泵→第一闪蒸罐。共聚单体采用 1 - 丁烯时启动 1 - 丁烯输送泵，把 1 - 丁烯送到 1 - 丁烯蒸发器，使其液位达到规定值，然后通过压力控制器设定压力至规定值，并手动控制到第二聚合釜进料管线上的伴管及夹套管蒸汽用量。

（3）聚合釜溢流后，浆液送往第一闪蒸罐，当浆液送至第二聚合釜时，第二聚合釜立即进乙烯和共聚单体。

（4）控制聚合釜压力为规定值。

（5）控制自浆液进入第二聚合釜在规定时间内第二聚合釜溢流。

（6）当第一聚合釜和第二聚合釜操作稳定后，将聚合方式选择开关从"并联 A"位置切换到"串联"位置。然后将己烷和氢气进料阀联锁开关置于"联锁"位置，把联锁投入使用。

（7）第一聚合釜浆液溢流线通入己烷时，要根据浆液浓度要求调整其量。

（8）串联聚合需要进行载液停车时应做如下处理：将第二聚合釜中的浆液釜底退料至液位指示为规定值；按照分批开车程序调节第二聚合釜中氢气/乙烯和釜压；需重新开车时先以正常进料速率向第一聚合釜中加入催化剂后按串联分批操作程序重新开始聚合。

6.3.2　聚合单元的正常生产操作

6.3.2.1　聚合釜的提量及降量操作

1. 聚合釜提量操作

1）聚合釜提量的准备工作

首先确认该生产线运行状态良好，具备了增加生产负荷的充分条件。确认离心机、干燥机、混炼机等关键机组运转良好。确认回收系统能提供足够合格的己烷供给聚合需要。检查催化剂罐储存量及催化剂泵的运行情况，确保提量后催化剂正常供给。分析装置原料质量，防止提量后因原料中杂质含量超标对聚合造成较大波动，给工艺控制带来困难。

2）提量操作

根据工艺指令，调节催化剂泵的冲程，按提量后所需催化剂进料速率提高至规定值。按工艺指令，以规定的速率增大乙烯进料量，同时按照共聚单体与乙烯的比率要求提高相应的共聚单体加入量。在进行乙烯及共聚单体提量的同时，相应调节氢气进料量，使气相中氢气浓度达到规定要求。调节己烷及母液加入量，使浆液浓度符合工艺指标要求。调节离心机进料阀开度，将聚合后的浆料及时输送至分离、干燥单元，在操作过程中要极其小心地进行，严防离心机超载。当釜温稳定后，立即调节釜中氢气／乙烯尽快合格。负荷的增大还会引起滤饼的湿含量增大，为达到粉末湿含量的标准，应适当增加低压蒸汽的加热量和循环风量，但风量不能过高，否则会引起飞尘现象发生。通知造粒单元进行提量操作。

2. 降量操作

1）降量的原因

当后系统出现暂时故障，短时间内可以恢复正常生产时进行降量操作。原料供给不足时而要求聚合进行降量操作。

2）降量操作

将催化剂加入量调整至降量操作所要求的对应催化剂加入量。以规定的速率降低乙烯加料量至规定值，并按相应比例降低共聚单体、氢气等的加入量。聚合系统进行必要的调整，保持连续稳定操作。负荷的降低，应适当减少干燥机低压蒸汽的加热量和循环风量，风量过高，会引起飞尘现象发生。

6.3.2.2 聚合控制参数

1. 浆液浓度

乙烯气由流量控制调节以规定的速度加至聚合釜中，乙烯气的流量控制在使浆液浓度能被维持在规定的水平。对每种牌号都规定了一个固定的浆液浓度，由溶剂的加入量控制。

2. 聚合温度控制

除去聚合反应热采用两种方法，一种是己烷潜热，75%的反应热由此除去；另一种是聚合釜夹套冷却，25%的反应热由此除去。

3. 聚合釜液面控制

聚合釜的液面通过溢流的方法在所有时候都维持在规定高度，另一方面己烷的潜热被用于除去聚合热，大量的循环气被循环风机鼓进聚合釜，因此浆液在循环气中的雾沫夹带就成为一个重要因素，将液面严格控制在规定高度是非常重要的。正是由于这个理由，溢流的方法是最合适的。

4. 生产能力的影响因素

有7个因素影响聚合釜的能力：鼓风机能力、雾沫夹带、冷却水的温度、聚合反应压力、聚合反应温度、聚合釜夹套的传热系数和釜顶冷凝器的传热系数。

5. 停留时间

如果平均停留时间缩短，每单位质量的催化剂生产的聚合物质量减少，因此必须给予物料足够的停留时间。

6.3.2.3 产品的质量控制

影响高密度聚乙烯物性有三个重要参数，即熔融指数（MI）、密度以及非牛顿指数（NNI），产品质量调节主要是对这三个物性的调节。

1. 熔融指数的调节（MI）

（1）聚合釜内浆液 MI 受聚合釜气相中氢气/乙烯所控制，MI 和各操作工艺参数存在如下关系：MI 随着随合釜中 Ti 浓度增加而显著增加；当共聚单体加料速度降低时，MI 升高；当聚合釜中的杂质数量增加时，主催化剂、辅助催化剂的活性降低，在其他工艺条件不变时，MI 要降低。

（2）主催化剂浓度微小变化，就能够引起 MI 较大变化，因此，当釜中主催化剂浓度发生变化，可以很快引起聚合釜中淤浆 MI 的改变，因此在实际操作中可以通过微调催化剂泵的冲程来调节 MI 至规定值。

（3）MI 与氢气/乙烯成正比关系，氢气/乙烯增高，反应生成的浆料 MI 增高，反之则降低，因此在正常操作时可以通过改变氢气进料量来调节 MI 至规定值范围以内。共聚单体进料量增高，则 MI 升高，但是聚合物密度必须在一规定范围之内，因此原则上不用调节共聚单体进料量的方式来调节浆料 MI。

（4）改变催化剂来调节 MI，见效快，调节幅度大；用改变氢气进料量来调节 MI 周期长，范围小，因此在正常操作中，一般是通过改变氢气进料量来调节 MI 波动较小的操作，而当 MI 波动较大时，可通过改变催化剂进料量来调节。

对于并联 B 和串联生产方式，最终产品的 MI 由第二聚合釜来控制。

2. 密度的调节

聚合釜内聚合物密度受共聚单体的加料速度的控制，当共聚单体进料速率增加时，得到的浆料密度会下降。另外当聚合物的 MI 上升时，聚合物的密度将降低。

调节聚合物密度时，首先应保证产品的 MI 合格，然后通过增减共聚单体的进料量来改变密度，密度高时，可增加共聚单体进料量；反之，可减少共聚单体进料量。

3. 非牛顿指数的调节

非牛顿指数用来表征聚合物中分子量分布，可以通过聚合釜的排列方式的淤浆掺混比来控制。

非牛顿指数的控制首先控制各个聚合釜的 MI 合格。同时控制各个聚合釜的乙烯进料，保证乙烯进料比在规定值，对并联 B 和串联聚合，当一个聚合釜的乙烯进料降低，另一个聚合釜乙烯进料也要降低，以此保证浆料掺混比不变。

非牛顿指数一般由第一聚合釜的聚合物 MI 来调节，当非牛顿指数偏高时，可使第一釜 MI 降低；反之，当非牛顿指数偏低时，可将第一釜的 MI 提高。

4. 分离干燥质量调节

从离心机分离出的湿饼要求湿含量在 25% ~ 30%（质量），当该值上升时，干燥效果必然下降。液相要求固含量小于 0.2%（质量），太高会引起管线的堵塞、高速泵的压力波动及回收单元工作状态不稳。通过干燥机处理后的粉末要求其挥发分含量小于 0.3%（质量），过高会造成管线的堵塞及混炼机的压力升高，它的控制主要有以下几点：

（1）干燥机出口处聚合物温度要求严格控制，同时应控制进入干燥机的低压蒸汽压力，以防止聚合物熔融后粘结管子。

（2）停留时间和混合效果会影响聚合物产品的挥发组分含量，一般平均停留时间大约

30min，可通过聚合物进料速度和干燥机的转速来控制，转速提高，缩短了所需的停留时间，但转速提高又能改善混合效果和蒸汽管的传热，所以应给定一个最佳转速。

（3）挥发物含量受粉末温度和循环气露点的影响，若露点超过30℃，挥发性物质值将高于0.3%（质量）。

（4）循环气的流速和温度对干燥效果有一定的影响。

6.3.3 聚合单元的停车

6.3.3.1 聚合单元的载液停车

1. 并联型聚合的聚合釜的载液停车（以第一聚合釜为例，第二聚合釜与第一聚合釜相同）

临时（载液）停车因分离干燥单元、造粒单元故障，聚合只需要停车几小时，然后可以重新开车，在这种情况下可采取临时停车。

将第一聚合釜的联锁开关拨到解除"联锁"位置，将第一聚合釜系统解除联锁。停止原料乙烯、丙烯进料，随后关闭这些原料管线上的切断阀。将催化剂泵冲程回"零"，停催化剂泵。聚合釜温度下降后，从催化剂泵入口用高压己烷冲洗催化剂管线，然后关闭聚合釜催化剂进料根部阀，停高压己烷冲洗，同时从泵入口向催化剂稀释罐反冲后关催化剂稀释罐底阀及冲洗高压己烷阀。加中压蒸汽，启动聚合釜夹套循环水泵给聚合釜夹套升温，逐渐控制到规定值。若后系统离心机能继续受料，则从母液泵出口由母液改高压己烷冲洗母液线，聚合釜液位降至溢流口以下时，关溢流阀。当第一聚合釜温度开始下降时，把第一聚合釜温度控制器由"自动"切到"手动"。聚合釜压力开始下降时，用氢气对聚合釜进行补压，保持釜压在规定值，同时循环气鼓风机仍双台运转。第一聚合釜釜内温度下降后，注意己烷接受罐液位变化情况，维持己烷接受罐液位。

2. 串联聚合临时停车

（1）把聚合方式选择开关从"串联"拨到"并联A"位置，并将联锁开关拨到"联锁解除"位置。手动关闭聚合釜进料阀，停止第一聚合釜的乙烯、1-丁烯、己烷的进料，随后关闭原料管线上的切断阀。将催化剂泵冲程回零，停催化剂泵，从主催化剂泵入口冲洗催化剂管线后关闭催化剂进料根部阀，停己烷冲洗，同时从泵入口向主催化剂稀释罐反冲后关稀释罐底阀及冲洗己烷阀。用控制阀控制氢气加入量，保持压力。当第一聚合釜内温度开始下降时，把温度控制器由"自动"切至"手动"。当第一聚合釜液位降到溢流口以下时，关闭聚合釜出料阀，把母液进料阀设定为规定值冲洗聚合釜出料阀下游，关闭母液进料阀，第一浆液稀释罐液位由控制器控制为规定值。

（2）在第一浆液稀释罐冲洗过程中，把第二聚合釜的进料阀开关由"自动"切到"手动"，关闭上述阀门，停止乙烯、1-丁烯和己烷的供料，随后关闭原料线上的切断阀。当第二聚合釜内温度开始下降时，把控制器由"自动"切为"手动"。

（3）通过聚合釜压力控制器控制中压氮气加入量，维持第二聚合釜压力。当第二聚合釜液位也降至溢流口以下时，将母液进料阀由溢流阀前切到阀后，以规定流量流量冲洗第一稀释罐、第二闪蒸罐，冲洗过程中第二闪蒸罐液位控制为正常值。关母液进料阀。

（4）当第一浆液稀释罐冲洗完毕后，第一闪蒸罐液位保持在规定值，停泵，关闭泵的己烷冲洗，关闭第一闪蒸罐底阀以及串联流程上靠近第二聚合釜的釜根阀。第一及第二冷凝己烷储罐随着反应器温度降低，进入第一及第二冷凝己烷储罐的冷凝己烷量减少时，逐渐手动关闭己烷出料阀，当釜温降低时，逐渐减少己烷出料流量，而冷凝己烷储罐液位由液位控制器控制为正常值。

6.3.3.2 聚合单元的倒空停车

1. 并联 A 聚合时的倒空停车

（1）将第一聚合釜的联锁开关拔到解除"联锁"位置，将第一聚合釜系统解除联锁。

（2）停止原料乙烯、丙烯进料，随后关闭这些原料管线上的切断阀。将催化剂泵冲程回"零"，停催化剂泵。聚合釜温度下降后，从催化剂泵入口用高压己烷冲洗催化剂管线，然后关闭聚合釜催化剂进料根部阀，停高压己烷冲洗，同时从泵入口向催化剂稀释罐反冲后关催化剂稀释罐底阀及冲洗高压己烷阀。在第一聚合釜停止进料后，从母液泵出口用高压己烷代替母液冲洗母液管线，冲洗后关闭。当聚合釜液位降至溢流口以下时，关溢流阀，关第一浆液稀释罐罐底阀，第一浆液稀释罐搅拌保持运转。当釜压低于规定值时，用中压氮气或氢气进行补压，维持釜压在规定值，风机仍双台运转。当釜温下降时，将温度控制阀由"自动"切至"手动"，调节阀保持一定开度。确认第一聚合釜→第二闪蒸罐流程，用手动调节第一浆液稀释罐出料阀进行釜底退料，在调节液位时时要求第二闪蒸罐液位不超过规定值，阀开度不得使离心机电流超高。当聚合釜液位降至规定值时，将己烷接受罐的液位降至规定值，从冲洗气相出口及冲洗分液盘流路返回聚合釜。当聚合釜降至规定值时，停聚合釜搅拌，此时控制循环气风量，以防淤浆沉淀，但风量应加以控制，保持最低循环气量，防止气相夹带粉末增多。当第一聚合釜的液位降低到接近 0 时，小心排放第一聚合釜中的全部浆液，以免循环气从聚合釜中吹出，注意第二闪蒸罐压力可能发生的变化。当浆液退料快结束时，第一聚合釜压力降低，要减慢退料速率，当压力指示急剧上升时则退料结束，然后关第一聚合釜底阀。

（3）釜底退料完成后，第一聚合釜进行己烷洗涤：关第一聚合釜底阀，打开母液进料阀，向第一聚合釜中加入己烷，当第一聚合釜液位达规定值时启第一聚合釜搅拌；在保证第一聚合釜压力的条件下，启动循环气鼓风机，当第一冷凝己烷储罐液位达到规定值时，启动第一冷凝液循环泵，由流量控制阀控制，分批地把第一冷凝己烷储罐中冷凝己烷返回聚合釜；第一聚合釜搅拌运转后停搅拌，将第一聚合釜中洗涤己烷通过釜底退料流程送至第二闪蒸罐；第一聚合釜洗涤己烷卸完后，将第一浆液稀释罐中的己烷送到第二闪蒸罐，再用泵送至离心机处理；当第一聚合釜和第二聚合釜全部冲洗完毕后，通过母液进料阀向第一及第二浆液稀释罐加入新鲜己烷，并通过浆液稀释罐液位控制阀送至第二闪蒸罐中，对第一及第二浆液稀释罐和第二闪蒸罐进行洗涤后，将洗涤己烷全部送到分离干燥单元，如果干燥机、离心机也需要停车，则可以冲洗后关闭母液进料阀。

2. 并联 B 聚合时的倒空停车

所有操作均与并联 A 相同，就是在聚合釜浆液退料时要将第一聚合釜、第二聚合釜以相同的速度同时退料，如果因故造成一个釜停止退料，则另一个釜也要立即停止退料。总之要保证两个聚合釜的退料同时进行。

3. 串联聚合时的倒空停车

（1）按临时停车操作步骤进行第一聚合釜停车。关闭第一浆液稀释罐底阀，打通第一聚合釜→第二聚合釜退料流程，最后全开第一聚合釜釜底阀。把液位控制器由"自动"切至"手动"，并对阀开度作必要调节，使进入第二聚合釜的淤浆流速与正常操作时相同，同时手动控制液位控制阀开度，使第一闪蒸罐液位保持在正常操作液位。当第一聚合釜压力低于规定值时，加入中压氮气，使第一聚合釜压力升。整个第一聚合釜退料过程中，保持第二聚合釜乙烯聚合正常进行，控制聚合釜内氢气/乙烯比值在正常操作值。当第一聚合釜的液位下降时，停第一聚合釜搅拌。当第二聚合釜液位指示接近0%时，小心进行退料，当压力指示急剧上升时则退料完成，并闭第一聚合釜的釜根阀。

（2）打开第一浆液稀释罐底阀，把第一浆液稀释罐中的浆液通过液位控制器控制送到第一闪蒸罐。当第一浆液稀释罐液位达规定值时，用高压己烷以规定的速率冲洗第一浆液稀释罐及浆液线。当第一浆液稀释罐液位降至规定值时停第一浆液稀释罐搅拌。当浆液退完后，关闭第一浆液稀释罐底阀，并冲洗液位控制阀后的浆液管线。

（3）当第一闪蒸罐液位下降到规定值时，停第一闪蒸罐搅拌，把第一闪蒸罐中的浆液全部退到第二聚合釜，然后用烷冲洗第一闪蒸罐到第二聚合釜的浆液线，停第一浆液输送泵，然后关闭浆液去第二聚合釜的釜底阀。

（4）当第一闪蒸罐中的浆液全送到第二聚合釜后，将联锁开关拨到"联锁解除"位置，将第二聚合釜系统各控制器由"自动"打到"手动"，停止原料乙烯、1－丁烯、氢气和返回母液进料，关闭乙烯及1－丁烯伴热套管上的蒸汽阀，防止超压。

（5）当第二聚合釜停止进料，釜内压力下降时，通过压力控制器控制向第二聚合釜加中压氮气，维持第二聚合釜压力。第二聚合釜停止加乙烯后，釜温降低，当聚合釜温度开始下降时，把温度控制器由"自动"，打至"手动"。关闭调节阀，关闭第二稀释罐罐底阀。

（6）打通第二聚合釜的退料流程，最后全开第二聚合釜釜底阀，手动控制进行第二聚合釜退料，退料时注意离心机的电流、扭矩不得超高。当第二聚合釜液位降至规定值时，停止第二聚合釜搅拌。当压力指示急剧上升，以液位指示0时，关闭第二聚合釜釜底退料阀。

（7）重新打开第一稀释罐罐底阀，以规定流率加入新鲜高压己烷后关闭。把第一稀释罐的浆液退到第二闪蒸罐，当第一稀释罐液位达到规定值时停第一稀释罐搅拌。

（8）当第一聚合釜退料结束时，通过母液进料控制阀将新鲜己烷加入第一聚合釜，当第一聚合釜液位达规定值时，启动第一聚合釜搅拌器进行清洗。第二聚合釜退料完成后，按照釜底退料程序将第一聚合釜的全部清洗己烷经第一浆液稀释罐送到第二聚合釜，当第一聚合釜液位降至规定值时，停第一聚合釜搅拌。

（9）当第一聚合釜液位降低至规定值时，启动第一冷凝液循环泵，并将液位控制器从"自动"打到"手动"，把第一己烷存储罐的己烷全部送到第一聚合釜。第一己烷存储罐卸空后停第一冷凝液循环泵，并关闭各控制器调节阀及前后手阀。

（10）当第二聚合釜液位达到规定值时，启动第二聚合釜的搅拌进行搅拌清洗后，把洗涤己烷由第二聚合釜经釜底退料至第二闪蒸罐，当第二聚合釜液位下降到规定值时，停止搅拌。当第二聚合釜液位为规定值时，启动第二冷凝液循环泵，将液位调节阀从"自动"切至"手动"，把第二己烷存储罐内己烷全部送到第二聚合釜后停第二冷凝液循环泵，关闭各控制器调节阀及前后手阀。当第二聚合釜中的己烷全部退空后，关闭第二聚合釜釜底阀，根据情况将第一聚合釜、第二聚合釜用氢气或中压氮气升压。

（11）尾气压缩机根据吸入压力情况进行停车。

6.3.3.3 聚合单元的计划停车

计划或长期停车是指涉及整个装置停车或涉及为检查而打开聚合釜人孔的计划停车。

（1）并联A型、B型、串联聚合的聚合釜停车在按上述6.3.3.2中所述步骤进行停车以后，其他单元为批量生产做好调整准备，聚合釜立即用中压氮气升压。当原料丙烯、1－丁烯不再加料时，关闭套管及伴热线的蒸汽供给手阀。聚合釜倒空后用氮气清扫第一聚合釜，然后把它减压到0，因为清扫气中有乙烯、氢气和己烷蒸气等，排气全部进入火炬系统。把第一聚合釜用中压氮气升压，然后轮流启动循环气鼓风机，保持第一聚合釜温度控制阀的阀开度，把系统中的己烷吹扫干净。通过手动控制把第一聚合釜夹套加热，将循环风机中的一台运转3h后将第一冷凝己烷储罐中收集的冷凝己烷送到母液罐，重复置换操作，直到第一聚合釜可燃气体浓度降至规定值或以下。

（2）将第一聚合釜夹套温度降低到规定值，并将第一聚合釜压力降至0MPa。当需打开聚合釜人孔时，用盲板隔断第一聚合釜的下列管线：气体注入管线；乙烯、丙烯或1－丁烯、氢气的混合气体管线；第一聚合釜至釜顶冷却器循环气管线；循环己烷管线；第一聚合釜火炬管线；第一聚合釜与第一稀释罐之间的压力平衡管线；己烷加料管线；催化剂加料管线。

（3）打开第一聚合釜上部人孔，注入工艺水使其液面达到分液盘后进行第一聚合釜夹套加热。从第一聚合釜上部人孔通入低压蒸汽加热。停止第一聚合釜夹套和釜内蒸汽加热，夹套由加热转为冷却。当釜内水温降到规定值以下后，通过第一聚合釜底阀把水排到污水线，如果粉料浮在水面，将其除尽后再排放。釜内水排尽后，打开第一聚合釜底部人孔。用空气清扫第一聚合釜，直到氧含量合格。第二聚合釜处理步骤与第一聚合釜相同。

6.3.3.4 原料系统停车

1. 丙烯蒸发器

聚合釜切断丙烯进料，并在现场关闭调节阀后手阀，把丙烯蒸发器到火炬管线上的阀稍开一些，让气体由此进入火炬管线，在此期间应完全关闭界区接受阀，然后用氮气将界区到丙烯蒸发器之间的管线中残留丙烯，通过丙烯蒸发器和去火炬旁路阀清扫到火炬管线。此外根据要求，把蒸汽加入丙烯蒸发器盘管，确认丙烯蒸发器内部压力降到0MPaG后，将供氮的软管接上引入氮气，对丙烯蒸发器到火炬管线进行氮气清扫。

2. 1－丁烯蒸发器

完全关闭1－丁烯泵出口截止阀，把从泵到1－丁烯蒸发器流程上所有阀全开，稍打开1－丁烯蒸发器上去火炬管线旁通阀，把全部1－丁烯加热以气态形式排至火炬，并用氮气对1－丁烯管线及1－丁烯蒸发器进行清扫。

3. 乙烯预热器

关闭乙烯界区接受阀，确认乙烯预热器中压力接近0MPa后，向聚合釜方向进行氮气清扫，排放口为第一聚合釜、第二聚合釜的放空管线。

4. 氢气加料管线

关闭界区氢气接受阀和氢气出料阀，确认氢气管线内压力下降至接近0MPa时，向聚合釜方向进行氮气清扫，经第一聚合釜、第二聚合釜的放空管线向火炬排放。

5. 己烷加料管线

把己烷加料管线中的己烷全部排空，经泵出口压力表的排空阀加入氮气，进行管线氮气清洗。

6. 分离干燥停车步骤

（1）接到停车指令后，将聚合单元的浆料倒空，将母液泵去聚合的母液管线切到高压己烷管线，以防管线堵塞。停离心机主电机，停机械密封油和润滑油泵。

（2）浆液停止进入离心机后，将干燥机循环气体的流量逐渐减少；逐步降低干燥用低压蒸汽的压力，并保持规定压力。当没有粉末从干燥机中卸出时。"手动"关闭蒸汽阀，停止向干燥机供蒸汽，打开疏水器倒淋，冬天要将干燥机内的凝液排干；停止加热循环气。停供蒸汽后，干燥机仍继续运转，只有干燥机的主体和管子完全冷下来后才可停干燥机。

（3）停旋转阀；停粉末输送风机，把风机吸入压力给定在规定值，并将控制器投"自动"；停循环气风机，把循环气风机吸入压力给定在规定值，控制器投"自动"。

（4）将干燥气洗涤器中的全部己烷送到第二闪蒸罐，从干燥器洗涤泵入口冲洗己烷处向干燥气洗涤器加入己烷，将己烷送入第二闪蒸罐，反复两次，然后停干燥器洗涤泵。

（5）停尾气压缩机；将母液罐中己烷全部送往回收单元，停母液泵及泵冲洗。如果是检修前停车，需要将各罐及管线彻底倒空。然后进行氮气置换，使氮气浓度合格。

6.3.3.5 聚合反应单元紧急联锁停车

当冷却水故障和电气故障导致本装置停车信号产生，此停车信号可使两条生产线同时停车。由聚合"紧急停车按钮"发出停车信号时，立即停止聚合反应即停止原料（催化剂、乙烯、氢气、共聚单体）和溶剂己烷加入聚合釜，并联 A 型聚合方式时，聚合釜停车信号发出后按并联 A 停车方式停车，并联 B 型和串联型聚合时，停车信号发出后按并联 B 型和串联方式停车。

6.4 造粒、风送单元

6.4.1 造粒、风送单元的开车

6.4.1.1 造粒、风送单元开车准备

（1）根据生产牌号确定所需固体稳定剂、液体稳定剂、水稳定剂。检查粉末料仓中有足够量的粉末。确认辅助设备已经运转正常。液压油系统已投入使用。

（2）小电机的操作：确认准备就绪并解除相互联锁。将混炼机减速机调速杆选择在"低速侧"，并合上小电机离合器。启动小电机，检查电流情况。停小电机，并断开小电机离合器杆。

（3）混炼机操作：确认换向阀在"排料侧"；闸门开度确认；齿轮泵入口压力方式为手动。切换混炼机水端防尘组件由"加热"→"水冷"。启动混炼机并设定进料量。采取间断加料方式，注意观察混炼机电流。根据温升情况，逐步打开闸门。从换向阀处观察树脂熔化情况，如没熔化，停止进料等待料熔后，再进料。在确信从换向阀出来的树脂完全熔化后，则固定闸门开度。可连续进料，在确信从换向阀处排出的树脂无外来物质后，可停进料。将换向阀由"排料侧"→"通入侧"，观察齿轮泵入口压力。停混炼机电机，并合上小电机离合器杆，启动小电机，保持运转。将齿轮泵吸入口阀旋至在"排出"位置。

（4）齿轮泵和过渡段的清扫操作。

① 检查确认内容：齿轮泵吸入口阀在"排出"位置。切粒电机停，切刀轴向后并锁住。水室窗打开。筛网排料侧。齿轮泵入口压力方式为手动。

② 停小电机，断开小电机离合器杆；启动混炼机主电机；启动混炼机设定进料量。待齿轮泵入口压力上升时，启动齿轮泵；如齿轮泵入口压力上升时，可停进料，待压力下降后再进料；从齿轮泵吸入口阀流出聚合物直至聚合物干净连续；齿轮泵转速可缓慢提高，直至连续进料；观察齿轮泵的润滑树脂的污浊程度，确信干净后，停进料；当齿轮泵入口压力下降至 0MPa 时，停齿轮泵；将齿轮泵的返回吸入口阀置于返回侧；设定齿轮泵入口压力。

③ 向水室底部供颗粒水；调整下料速率；确认齿轮泵吸入口压力上升，启动齿轮泵；

调整齿轮泵转速使齿轮泵入口压力至设定压力，将齿轮泵入口压力操作方式切为"自动"；检查从换网器的排出口的树脂状态。换网器由"操作侧"→"液压缸侧"，并检查不同部位的树脂表压；从水室窗中移出聚合物，确认模孔已被充满及树脂均匀排出；停进料，在齿轮泵入口压力下降至0MPa时，停齿轮泵。

（5）进行切刀热均衡操作。

6.4.1.2 造粒、风送单元开车步骤

（1）检查确认：换向阀处于排料侧；筛网处于通入侧；水室窗打开；混炼机主电机已启动；水室底部已通入颗粒水；

（2）设定齿轮泵吸入压力，方式为手动；启动混炼机，设定进料速率；根据从换向阀排出的树脂熔化程度，调整闸门开度；在确认清洁树脂从换向阀排出后，将换向阀从"换向侧"→"通入侧"；当确认齿轮泵入口压力上升时，启动齿轮泵，调节齿轮泵转速直至设定压力并将齿轮泵入口压力操作方式改为自动；检查筛网前后压力、温度是否正常；从水室中移出聚合物，连续这种挤条操作直到聚合物干净均匀；停进料，待齿轮泵入口压力降至0MPa时，停齿轮泵。

（3）清理模板和切刀后，将硅脂抹到模板和切刀表面，关闭水室窗；打开切刀轴锁块，供PCW水（切粒冷却水）到水室底部；选择切刀转速手动输出值；设定加料量。

（4）选择开车方式：自动"2"开车或手动开车。

① 当选择自动"2"开车：将进料开关拨至"自动"位置。将开车方法选择在自动"2"。再一次确认无异常，自动开车允许后，按下自动开车按钮。开始自动进料，此时可根据树脂温度调整闸门开度。经过时间延迟切刀旋转，切刀轴供水。当齿轮泵入口压力到达设定值时，齿轮泵自动启动，切刀前移以及颗粒水通入水室均自动运行。

② 当选择手动启动：将进料选择开关选至"手动"位置。将操作方法选择按钮选至"手动"位置。确认齿轮泵、切粒机具备启动条件。手动进料，可根据树脂温度调节闸门开度。启动切刀电机，供切刀轴水。当齿轮泵吸入压力上升时，前移切刀轴并启动齿轮泵，将颗粒水三向阀由"旁路"→"水室"。

（5）调整齿轮泵转速直到指定压力，并将"手动"→"自动"。取样检查颗粒形状，如颗粒形状不合格，可适当调节切刀转速以及切刀与模板间隙。将相互联锁开关打至"ON"位置。逐渐增加进料量，检查混炼机电流和齿轮泵吸入口压力。检查树脂温度和压力，可调节混炼机闸门开度和齿轮泵吸入压力的设定值。观察粉末料仓是否架桥，如有架桥，减低进料速度。至满负荷后，将混炼机1、2混炼段改为绝热。

（6）进行开车后检查内容：混炼机各电机电流、转速是否正常；润滑油压力，流量是否正常；混炼机各段温度、压力是否正常；颗粒水温度、流量是否正常；添加剂注入流量是否按配比进行；系统各部位低压氮气流量是否在给定值；干燥器、振动筛、离心风机运转是否正常以及振动筛下料是否畅通。

6.4.2 造粒、风送单元的正常生产操作

6.4.2.1 系统的升、降负荷操作

1. 系统的升负荷操作

（1）检查确认内容：混炼机、齿轮泵、切粒机电流、转速是否正常；筒体各段温度、压力是否正常；辅助系统是否正常。

（2）操作步骤：启动液压油泵；待液压油压力"OK"后，可增加进料量；观察混炼机电

流以及齿轮泵入口压力；调整闸门开度，使筒体各段温度达到规定值；检查粉末料仓是否架桥，如有架桥，可相应减低进料量；增加至满负荷后，检查筒体各段温度和压力；检查颗粒形状，调整切刀转速及切刀与模板间隙。

2. 系统的降负荷操作

（1）检查确认内容：混炼机、齿轮泵、切粒机电流、转速是否正常；筒体各段温度、压力是否正常；辅助系统是否正常。

（2）操作步骤：启动液压油泵；待液压油压力"OK"后，可减少进料量；观察混炼机电机电流及齿轮泵入口压力；调整闸门开度，使筒体各段温度达到规定值；降至低负荷后，检查筒体各段温度和压力；检查颗粒形状、调整切刀转速及切刀与模板的间隙。

6.4.2.2 聚乙烯造粒的质量调节

聚乙烯造粒的质量主要是通过熔融指数以及粒形调节。造粒单元树脂熔融指数的控制需调节好各处密封氮气的流量，稳定剂的加入量及筒体各段温度。粒形调节需控制好 PCW 水流量、温度，高压蒸汽的压力温度及模板的加热程度，切刀与模板的间隙和垂直度，树脂的混炼程度，混炼机与齿轮泵的操作协调稳定性，切刀的锐利程度和转速。

6.4.2.3 产品的牌号切换操作

（1）准备工作：根据牌号要求按配比配好稳定剂。根据牌号要求筛网已更换。造粒机组运转正常。已选择好空料仓作为进料料仓。

（2）操作步骤：待原料为切换牌号后的原料时，将进料料仓切至过渡料仓；稳定剂按照切换后牌号的配比加入；调整闸门开度及齿轮泵入口压力设定值以适合切换后的牌号；检查混炼机、齿轮泵、切粒机的电流和转速；检查筒体各段温度和压力是否正常；根据粒形，调整切刀转速或切刀与模板间隙；待颗粒合格后，由过渡料仓切至空料仓。

6.4.3 造粒、风送单元的停车

6.4.3.1 造粒、风送单元的临时停车

（1）停车前的准备：检查液体稳定剂和固体稳定剂的储料情况，一般应在停车前全部使用完毕；准备好硅油和清理切刀、模板的工具；将料仓选择开关从颗粒仓转换到废颗粒料仓废品料仓。

（2）停车步骤：将液压油泵开启，至液压油压力"OK"；将相互联锁开关旋至"OFF"；将进料选择开关旋至"手动"状态，停止添加剂注入；当齿轮泵吸入口压力下降，可手动调整齿轮泵转速，降至 0MPa 时，停齿轮泵；观察水室中无颗粒时，降低切刀转速，停切粒机；停切刀轴水，后移切刀轴并锁住，将颗粒水切旁路，并排净水室中的颗粒水；打开水室窗，清理模板、切刀；切换混炼机一号段、二号段为加热状态，水端密封组件由"水冷"→"加热"停齿轮泵螺杆的 BCW 水（挤压机筒体冷却水），将倒淋阀打开；保持齿轮泵、换网器、模板等处的蒸汽加热；保持干燥器等辅助设备的运转。

6.4.3.2 造粒、风送单元的长期停车

（1）停车前的准备：检查液体稳定剂和固体稳定剂的储料情况，一般应在停车前全部使用完毕；准备好硅油和清理切刀、模板的工具；将料仓选择开关从颗粒仓转换到废颗粒料仓废品料仓。

（2）停车步骤：将液压油泵开启，至液压油压力"OK"；将相互联锁开关旋至"OFF"；将进料选择开关旋至"手动"状态，停止添加剂注入；当齿轮泵吸入口压力下降，可手动调整齿轮泵转速，降至 0MPa 时，停齿轮泵；观察水室中无颗粒时，降低切刀转速，停切粒

机；停切刀轴水，后移切刀轴并锁住，将颗粒水切旁路，并排净水室中的颗粒水；打开水室窗，清理模板、切刀；停混炼机；停各部位蒸汽、氮气以及筒体冷却水；停颗粒干燥器干燥器、振动筛振动筛、抽湿风机、筒体冷却水泵、颗粒水泵；停混炼造粒机的润滑泵；确认所有设备停机，并关掉控制盘上的主开关。

6.5　高密度聚乙烯淤浆法工艺的相关计算

1. 已知淤浆法聚乙烯生产中，聚合反应放热有80%靠己烷蒸发潜热除去，20%靠聚合釜夹套除去，如果测得己烷冷凝罐每小时接收到冷凝己烷约40t，聚合釜夹套冷却水进出口温度分别为30℃和65℃，反应温度下己烷汽化潜热为：320kJ/kg，水的比热容为：4.18kJ/kg·K，如果不考虑热损失：(1)求该聚合反应每小时放出的总热量为多少？(2)求聚合釜夹套冷却水流量？

解：己烷蒸发潜热除去的热量为：

$$Q_1 = W_{己烷} \times c_{己烷} = 40 \times 10^3 kg/h \times 320kJ/kg = 1.28 \times 10^7 kJ/h$$

聚合反应总的放热量为：$Q = Q_1 \div 80\% = 1.28 \times 10^7 kJ \div 80\% = 1.6 \times 10^7 kJ/h$

聚合反应每小时聚合釜夹套除去的热量为：

$$Q_2 = Q \times 20\% = 1.6 \times 10^7 kJ \times 20\% = 3.2 \times 10^6 kJ/h$$

由 $Q_1 = W_水 \times c_水 \times \Delta t = W_水 \times (338.15K - 303.15K) \times 4.18kJ/kg·K = 3.2 \times 10^6 kJ/h$

得夹套冷却水流量

$$W_水 = Q_1 \div (c_水 \times \Delta t) = 3.2 \times 10^6 kJ/h \div (4.18kJ/kg·K \times 35K) = 21.87 \times 10^3 kg/h \approx 22t/h$$

2. 已知聚合釜内乙烯进料速率为5000kg/h，乙烯的转化率为96%，聚合反应热为829kcal/kg，求每小时反应放出的热量为多少千焦？

解：每小时反应放出的热量为：

$Q = W_{乙烯} \times$ 乙烯的转化率 $\times$ 聚合反应热

$= 5000kg/h \times 96\% \times 829kcal/kg = 3979200kcal/h$

1kcal = 4.1868kJ

每小时反应放出的热量为：$Q = 3979200 \times 4.1868kJ/h = 16660114.56kJ/h$

3. 在AT催化剂稀释罐中要配制浓度为150mmolAl/L的催化剂15400L，已知AT催化剂稀释罐有剩余的浓度为200mmolAl/L的催化剂3500L，求应压入到AT催化剂稀释罐的AT催化剂质量和应加入的己烷量是多少？（注：AT催化剂摩尔质量为114.2 mg/mmol，AT催化剂的密度为0.836g/cm³）

解：配制浓度为150mmolAl/L的AT催化剂需要AT催化剂的总量为：

$W = 15400L \times 150mmolAl/L \times 114.2mg/mmol \times 10^{-6} = 263.802kg$

AT催化剂稀释罐剩余的AT催化剂质量为：

$W_1 = 3500 L \times 200mmolAl/L \times 114.2mg/mmol \times 10^{-6} = 79.94kg$

应压入到AT催化剂稀释罐的AT催化剂质量为：

$$W_2 = W - W_1 = 263.802kg - 79.94kg = 183.862kg$$

应加入的己烷量为：

$F = V - 3500 - W/0.836 = 15400L - 3500L - 263.802kg/0.836g/cm^3 = 11584.4L$

4. 已知淤浆法聚乙烯生产中，聚合反应放热有25%靠聚合釜夹套除去，聚合釜夹套的冷却水流量为 30r/h，换热后冷却水温度从 31℃ 升高到 65℃，水的比热容为：4.18kJ/kg·K，如果不考虑热损失则该聚合反应每小时应该用其他方法除去的热量为多少？

解：每小时聚合釜夹套除去的热量为：

$Q_1 = W_水 \times c_水 \times \Delta t = 30000 \text{kg/h} \times (338.15K - 304.15K) \times 4.18 \text{kJ/kg·K} = 4263600 \text{kJ}$

聚合反应总的放热量为：$Q = Q_1 \div 25\% = 3695120 \text{kJ} \div 25\% = 17054400 \text{kJ}$

聚合反应每小时应该用其他方法除去的热量为：

$Q_2 = Q \times (1 - 25\%) = 14780480 \text{kJ} \times 75\% = 12790800 \text{kJ}$

5. 已知生产串联牌号时第二聚合釜乙烯进料量为 5 t/h，第二聚合釜高压己烷（HX）进料流量为 2t/h，进第二聚合釜母液流量为 8t/h，己烷和母液的密度为 0.65 kg/L。

求：第二聚合釜的淤浆浓度（g/L HX）。

解：第二聚合釜内溶剂己烷体积为：

$V = (8 + 2) \times 1000 \div 0.65 = 15384$ （L）

第二聚合釜内淤浆浓度为：

淤浆浓度 $= 5 \times 10^6 \div 15384 = 325$（g/LHX）

第7章 装置故障判断与处理

7.1 催化剂配置单元的故障判断与处理

7.1.1 工艺方面的故障判断与处理

7.1.1.1 气相法高密度聚乙烯装置

气相法高密度聚乙烯装置催化剂配置单元的故障主要包括冷却水故障、蒸汽故障、氮气故障等公用工程的故障，故障后系统状态及故障处理措施见表7-1。

表7-1 气相法高密度聚乙烯催化剂单元工艺方面的故障判断与处理

故障名称	故障后系统状态	故障处理措施
冷却水故障	催化剂配制期间停冷却水，导致冷却水用户不能正常投用	关闭循环水槽的蒸汽入口阀，进行冷却。经常检查配制罐和异戊烷回收冷凝器，切勿过压
蒸汽故障	催化剂配制期间停蒸汽，导致蒸汽用户不能正常投用	关闭蒸汽阀门，检查配制罐，保证处在氮气保压下，待蒸汽恢复后，配制手动完成
软水故障	催化剂配制过程中停软水，导致软水用户不能正常投用	要经常检查液位；若停软水时间较长，循环水槽液位太低，要停循环水泵，停去循环水槽的蒸汽，暂停配制，注意保压；直至软水恢复，再继续进行配制
氮气故障	催化剂配制过程中停氮气，硅胶无法输送，无法压送废异戊烷	停止硅胶输送，停止压送废异戊烷；异戊烷回收罐隔离保压
精制氮气故障	催化剂配制过程中停精制氮气，无法进行正常配制操作	若硅胶正在活化，要用杂用风代替氮气进行流动降温，直到冷却下来为止，待氮气恢复后继续活化；停催化剂配制，各系统隔离保压；精氮气恢复时检查各系统是否处在氮气保压下，否则要进行彻底置换
杂用风故障	催化剂配制过程中停杂用风，硅胶无法装填	高压杂用风已不作活化器流动介质；停低压杂用风，要停止硅胶到活化器的装填，停止到储罐的输送

7.1.1.2 淤浆法高密度聚乙烯装置

淤浆法高密度聚乙烯装置催化剂配置单元的故障主要包括冷却水故障、主催化剂浓度波动、主催化剂计量罐无法计量主催化剂，故障后系统状态及故障处理措施见表7-2。

表7-2 淤浆法高密度聚乙烯催化剂配制单元工艺方面的故障判断与处理

故障名称	故障后系统状态	故障处理措施
冷却水故障	冷却水故障后，主催化剂接受罐、主催化剂稀释罐内冷却器不能冷却；催化剂泵因聚合釜停车而要求催化剂泵停车	将各催化剂泵的现场开关锁在"关"位；从主催化剂催化剂泵入口用高压己烷向主催化剂稀释罐反冲后关闭主催化剂稀释罐底阀；用高压己烷冲洗主催化剂泵出口管线后关闭每个催化剂加料泵的出口阀；时刻观察主催化剂接受罐温度、主催化剂稀释罐温度指示，防止温度进一步上升，使催化剂质量受到损害
主催化剂浓度波动	导致聚合釜反应温度及压力大幅波动，难以控制	确认流量计控制器功能是否正确，检查主催化剂是否粘在主催化剂桶上，联系分析人员重新取样进行化验
主催化剂计量罐无法计量主催化剂	主催化剂无法计量，催化剂配制无法进行	检查主催化剂计量罐排气阀状态，将主催化剂计量罐减压；检查主催化剂接受罐压力，将其提高设定值；将主催化剂接受罐至主催化剂计量罐管路之间的过滤器换成较小目数的滤网，并检查是否由于在计量时管路有部分堵塞；经上述处理仍不能计量，则将主催化剂接受罐中主催化剂浆液退往己烷气提器，并加入稀释己烷清洗后，配制另一批主催化剂供生产使用

7.1.2 电气、仪表与设备方面的故障判断与处理

7.1.2.1 气相法高密度聚乙烯装置

气相法高密度聚乙烯装置电气、仪表与设备方面的故障包括仪表电源故障、停电，故障原因、故障后系统状态及故障处理措施见表7-3。

表7-3 气相法高密度聚乙烯催化剂单元电气、仪表与设备方面的故障判断与处理

故障名称	故障原因及故障后系统状态	故障处理措施
仪表电源故障	因操作阀关闭，停硅胶的装填，因反吹系统停，活化停止；因异戊烷和添加剂不能加入，循环水槽蒸汽阀关，不能加热而停止配制	断开马弗炉电源，冷却活化硅胶；这期间要注意各系统用氮气保压
停电	一路电源故障，活化器、循环水泵、配制槽搅拌器停	一路电源故障，手动重新启动活化器、循环水泵、配制槽搅拌器
	二路电源故障，马弗炉、搅拌器停。	关掉马弗炉、搅拌器。恢复供电后，活化配制程序手动完成

7.1.2.2 淤浆法高密度聚乙烯装置

淤浆法高密度聚乙烯装置催化剂单元电气、仪表与设备方面的故障判断与处理见表7-4。

表7-4 淤浆法高密度聚乙烯催化剂单元电气、仪表与设备方面的故障判断与处理

故障名称	故障原因及故障后系统状态	故障处理措施
瞬时电源故障	由于电气故障而导致本单元全部搅拌和催化剂进料泵停	手动启动主催化剂稀释罐、辅助催化剂稀释罐搅拌器；关闭主催化剂稀释罐底阀和辅助催化剂稀释罐或辅助催化剂稀释副罐底阀；对主催化剂泵出口管线用高压己烷冲洗后，关闭主催化剂泵出口阀；关闭辅助催化剂泵出口阀；根据聚合需要手动启动催化剂泵
全部电源故障	由于电气故障而导致本单元全部搅拌和催化剂进料泵停	将各催化剂泵及搅拌器电机开关现场全部"关"位；关闭第一冷凝液循环泵上方管廊高压己烷、稀释己烷去配制单元总阀；关闭主催化剂稀释罐、辅助催化剂稀释罐或辅助催化剂稀释幅罐的底阀；关闭各催化剂泵进出口阀

7.2 气相法原料精制单元的故障判断与处理

7.2.1 工艺方面的故障判断与处理

气相法高密度聚乙烯装置原料精制单元工艺方面停仪表风故障包括停仪表风、停蒸汽及停冷却水，故障后系统状态和故障处理措施见表7-5、表7-6、表7-7。

表7-5 气相法高密度聚乙烯原料精制单元工艺方面停仪表风故障判断与处理

故障后系统状态	故障处理措施
异戊烷系统：如果系统正在输送，输送阀将关闭	各容器要手动保压，确认各阀状态在正确的位置
乙烯系统：相关进气阀将关闭，火炬阀打开	通知反应单元将停乙烯，此时将该系统隔离，停止两加热器的蒸汽加热；可手动关闭干燥器的出口阀及切断阀，系统保压
氮气系统：蒸汽阀将关闭	通知用户氮气质量将不合格，如用户急需精制氮气，加热器可用旁通手动加热
氢气系统：压力、温度调节阀关闭，火炬阀打开	通知反应将停氢气，隔离氢气系统，保压

故障后系统状态	故障处理措施
丙烯系统：进料阀、蒸汽阀、压力阀、排放阀关闭，冷却水阀打开	检查并确认相关阀门开、关位置正确；关闭干燥器出口阀及界区的切断阀；如压力超高就适当降压；关闭丙烯泵出入口阀，把冲程调到零
1－丁烯系统：由于仪表风的故障，将使得1－丁烯精制系统停车	用控制阀旁通或手动装置继续使系统停车，把氮气通入，防止空气进入系统；通过用控制阀旁通，使1－丁烯储罐保持在正氮压下
热氮气系统：氮气进气阀将关闭	热氮气用户停用氮气；停止热氮气加热器的电加热

表7－6 气相法高密度聚乙烯原料精制单元工艺方面停蒸汽故障判断与处理

故障后系统状态	故障处理措施
异戊烷系统：气提无法正常进行	异戊烷系统如果系统汽提没有进行，停蒸汽对系统没有影响，如果系统正在汽提就关闭蒸汽阀门放空阀改为由压力控制，系统保压在规定值
乙烯系统：乙烯两加热器中压蒸汽停供	如果系统停供时间较长，脱一氧化碳器和脱氧气器要停用，乙烯改由其旁通通过，维持运行；如果长期停蒸汽系统要按正常步骤停车
氮气系统：加热器中压蒸汽将停供	注意精制后氮气中的氧气含量，如果不合格就需要通知用户
精制氢气中氧含量将可能提高	需通知用户
丙烯汽提蒸汽将中断	通知反应单元将停供丙烯，关闭蒸汽阀、排放阀，缓慢关闭干燥器出口阀及界区截止阀；按步骤停丙烯泵
1－丁烯汽提将停止	关闭1－丁烯入口阀、排火炬阀、蒸汽阀；缓慢关闭干燥器出口阀，按步骤停1－丁烯泵
热氮气系统停蒸汽对系统将无影响	本系统正常操作

表7－7 气相法高密度聚乙烯原料精制单元工艺方面停冷却水故障判断与处理

故障后系统状态	故障处理措施
异戊烷系统若汽提没有进行对系统无影响	异戊烷系统若汽提没有进行对系统无影响；若汽提正在进行，必须马上关闭蒸汽阀门，若系统压力高就打开降压
乙烯系统冷却水用户无法正常投用	紧急切断乙烯加热器的蒸汽入出口阀；控制温度在规定值；注意乙烯精制的质量；如果长期停冷却水，乙烯系统就按正常步骤停车
氮气系统冷却水用户无法正常投用	氮气系统把氮气加热温度控制在尽可能低的温度（或停蒸汽加热），注意精制氮气的质量，如果水含量高就通知用户或按步骤停车
氢气系统和热氮气系统停冷却水对系统无影响	氢气系统和热氮气系统可正常操作
丙烯系统冷却水用户无法正常投用	通过控制蒸汽量控制汽提塔压力在规定值，压力高时可手动向火炬排放降低汽提塔压力；如果长期停水，系统就停止汽提，保压
1－丁烯系统冷却水用户无法正常投用	通过调节蒸汽量控制汽提塔压力在规定值，压力高时可手动向火炬排放降低汽提塔压力；如果长期停水，系统就停止汽提保压

7.2.2 电气、仪表与设备方面的故障判断与处理

气相法高密度聚乙烯装置原料精制单元电仪与设备方面停电故障判断与处理见表7－8。

表7－8 气相法高密度聚乙烯原料精制单元电仪与设备方面停电故障判断与处理

故障原因及故障后系统状态	故障处理措施
异戊烷系统：如果停电不影响冷却水和蒸汽，停电时如果没有气提对系统就没有影响	异戊烷系统如果停电不影响冷却水和蒸汽，本系统可正常操作；如果影响冷却水和蒸汽，则气提无法进行，关闭蒸汽阀门
乙烯系统：由于停电将影响乙烯的精制，从而对聚合产生影响	乙烯如果短时间停电可根据反应系统情况注意调节系统的压力；如果停电时间很长，可停系统的蒸汽加热，系统在规定值下保压

故障原因及故障后系统状态	故障处理措施
氮气系统：该系统没有电用户，停电对本系统无影响	系统可照常运行
氢气精制系统：如果系统停电，反应器的氢气终止	可根据反应情况，停氢气，停止蒸汽的加热，关闭界区及出口阀门，系统保压
丙烯精制系统：丙烯泵停	如果短时间停电，系统需把丙烯泵重新按步骤启动；如果长期停电，系统需关闭丙烯入口阀和干燥器出口阀，关闭泵出入口阀
1－丁烯精制系统：1－丁烯泵停	如果短时间停电，待恢复电后重新按步骤启动 1－丁烯泵；如果长期停电，1－丁烯罐出口阀关闭保压，干燥器和泵的出入口阀也关闭，停加热蒸汽，系统保压
热氮气系统：系统将停止加热，再生停止	待供电恢复后重新开始

7.3 反应单元的故障判断与处理

7.3.1 工艺方面的故障判断与处理

1. 淤浆法高密度聚乙烯装置

1) 冷却水故障

由于循环水出现故障，由冷却水流量及压力信号进行检测，并由"多数回路原理"发出冷却水故障信号；导致各冷却器、尾气压缩机、聚合釜搅拌减速器等不能冷却；聚合釜夹套不能冷却；控制室操作台上出现"冷却水故障"指示灯亮。处理措施：

(1) 立即将所有调节回路手动关闭，将催化剂泵冲程回零，将现场操作开关打至"关"位。

(2) 关闭现场各进料和蒸汽的切断阀。

(3) 密切注意聚合釜内温度和压力的变化，如果温度上升过快，可通过蒸发釜内一部分己烷的方法，防止反应器温度超高。反应器内压力最低不得低于下限值，放空也必须适当，温度不超过规定值即可，否则会因聚合釜内淤浆浓度超高而导致严重后果。

(4) 将聚合釜夹套通入工艺水并投用水喷淋系统。

(5) 注意循环气风机电流，防止因循环气中己烷在闪蒸气冷凝器中不冷凝和冷却，造成冷凝己烷进入风机，或因循环气温度过高，造成风机电流过高。

(6) 通过临时胶管，用消防水代替冷却水对密封油进行冷却，保证风机和聚合釜搅拌的正常运转。

(7) 注意密封油压力和温度变化，若采取 FW(新鲜水)冷却后温度仍上升，则向密封油罐和换热器上喷洒消防水。

(8) 检查聚合釜搅拌齿轮减速器润滑油油温，若超过规定值应立即用工艺水或消防水对其油冷却器、油箱进行冷却。

(9) 切断尾气压缩机电源，尾气压缩机吸入罐压力超高通过去火炬的旁通进行放空。

2) 正常操作中，聚合釜温度指示上升，压力指示下降，聚合釜温度调节阀开度减小

在正常生产时，如果出现上述情况，判断其产生的原因有：催化剂进料量过大；催化剂罐搅拌器自停；调节阀或仪表失灵；聚合釜工艺条件波动。通过检查的情况可以采取相应的措施：调整催化剂进料量；启动催化剂罐搅拌器；联系仪表人员对调节阀或仪表进行调校；联系调整聚合釜工艺条件。

2. 气相法高密度聚乙烯装置

1) 停原料气

（1）停乙烯　由于乙烯停止进料，出现乙烯进料压力急速下降，应立即采取措施停止两条反应线催化剂加料器，加料器保压；系统中加入终止剂（手动大终止），如果乙烯紧急停供，则立即实施手动大终止；关闭乙烯供给阀，打开氮气供给阀，向系统中引入高压氮气（根据高压氮气压力情况，适当降低反应系统压力）；打开控制阀对反应器充分冷却；如果生产共聚产品则关闭共聚单体控制阀及手阀，关闭进料阀及手阀切断氢气供给；精制工段做系统停车操作，系统保压；降低循环气量维持循环；分析系统中一氧化碳含量，监测各点温度情况指示，监测料位仪情况；如果预期乙烯很快恢复供给，系统不必停压缩机，如果乙烯停供时间很长（3天以上），则将系统充分冷却后，停压缩机，停压缩机前注入一瓶一氧化碳，系统氮气保压；当乙烯恢复时，建立正常聚合反应条件，反应系统开车建立反应，恢复生产。

（2）停氢气　出现氢气进料压力急速下降现象，应立即采取相应的措施，如果停氢气时间短，可停止催化剂加入，微终止反应，乙烯保压循环。如果停氢气时间较长，可按下列操作进行：停止催化剂加料，抽出催化剂注射管，加料器保压；切断氢气供给阀及手阀，氢气精制系统停车，氮气保压。当熔融指数出现不合格时，向系统中手动加入一氧化碳终止反应。按聚合系统正常步骤进行，聚合系统彻底停车，氮气保压循环，压力控制在规定值。当氢气恢复后，检查系统中氮气、一氧化碳含量达到要求后，聚合系统正常开车。

（3）停丙烯、1-丁烯同停氢气操作。

2) 停仪表风

当仪表风停止（或低压）进入聚合反应单元时，乙烯故障切断阀将自动关闭，循环气流量调节阀自动关闭。循环压缩机发生喘振现象。车间将采取措施及时查明故障发生的原因，恢复仪表风正常工作压力。停止催化剂加料器。必须手动将压缩机停止，防止压缩机损坏。按照压缩机紧急停车操作方法，对反应进行终止泄压处理，而后打开阀，迅速启运压缩机。反应系统彻底降温，保持安全运行状态。查明故障原因及时处理，调整操作运行参数，按反应系统正常开车步骤使系统恢复正常工作状态。

3) 停冷却水

当聚合反应单元由于冷却水故障停冷却水时，聚合反应单元的冷却器将不能正常冷却，应立即采取措施停止催化剂加料器，抽出催化剂注射管，对反应系统实施手动终止。查明导致冷却水丧失的原因，迅速恢复正常供给状态。如果冷却水不能恢复则做如下工作：停止在运转的氮气升压机，防止设备超温烧坏。检查循环气压缩机电机冷却器，润滑油冷却器电机及压缩机轴温的变化，如果温度持续上升则停循环气压缩机。按压缩机紧急停车操作方法对反应系统进行处理彻底降温。当冷却水恢复时，按反应系统正常开车步骤进行。

4) 停低压蒸汽

由于低压蒸汽故障，停低压蒸汽时对反应系统影响不大，对正在运转的压缩机不会引起故障。润滑油、密封油油温、氮气升压机润滑油油温及丙烯、1-丁烯等伴热管线将不能用低压蒸汽加热。应立即采取措施检查润滑油，密封油油温情况；检查氮气升压机润滑油油温情况；检查丙烯、1-丁烯等伴热管线情况。

5) 停氮气

（1）停精制氮气　由于故障，氮气升压机停，氮气精制系统停，无精制高压氮气、低压

180

氮气。当停精制氮气时，催化剂加料系统、催化剂输送、返回系统停止使用，立即采取措施停止催化剂加料器，抽出催化剂注射管。催化剂加料器隔离保压。停止氮气升压机，系统隔离保压，氮气缓冲罐保压如果精制氮气停供时间较长，则反应系统可酌情进行以下工作：系统加入一氧化碳终止反应；系统充分冷却降温；系统由乙烯切为高压氮气。

（2）停高压氮气　如果聚合系统处于开车阶段则影响反应器置换脱氧脱水进度。如果聚合系统处于正常生产阶段则对系统无影响。但高压氮气应尽早恢复，做为压缩机故障使用氮气。

（3）停低压氮气　停止低压氮气后氮气精制系统将停车（若用高压氮气则不受影响）。粉料输送氮气将丧失（当使用氮气作出料吹送气时）。压缩机密封氮气，脱气仓吹扫氮气、密封油脱气槽氮气吹扫消失。立即采取措施联系调度人员，关闭界区低压氮气切断阀，将高压氮气串入低压氮气系统，调整压力。

6）反应器出现静电波动的处理

（1）只要反应器出现静电波动，则降低乙烯进料，降低反应负荷，直至静电消失。

（2）如果静电继续波动，反应器分布板上部壁温波动异常时，应立即终止。

（3）如果上述壁温点有一点超过95℃，且持续5min，立即终止。

7.3.2　电气、仪表与设备方面的故障判断与处理

1. 淤浆法高密度聚乙烯装置

电源故障：由于电气故障导致电力供给中断，电气设备停止运转。淤浆法高密度聚乙烯反应单元的所有搅拌器、风机、泵将停止运转。控制室操作台上"电源故障"指示灯亮。立即采取处理措施：电源故障联锁动作后，将所有控制器从"自动"切到"手动"，并将调节阀关死。现场手动将各电机操作柱上操作开关打至"关"位。关闭催化剂泵，冷凝己烷输送泵、淤浆输送泵进出口阀。关闭每个罐的罐底阀。关闭聚合釜原料进料切断阀。关闭乙烯预热器、丙烯蒸发器、1－丁烯蒸发器的蒸汽控制阀的切断阀。注意各罐压力，根据需要用氮气升压或手动泄压。如果全厂停电，则冷却水也可能停，这时反应釜温度上升，如温度有超高的危险，则现场放空，蒸发一部分己烷降温。此操作一定要适当。

2. 气相法高密度聚乙烯装置

电源故障：停电时聚合反应系统所有电机将停止运行，此时按压缩机紧急停车处理方法进行操作。

7.4　回收单元的故障判断与处理

7.4.1　工艺方面的故障判断与处理

淤浆法高密度聚乙烯回收单元工艺方面故障包括冷却水故障、蒸汽故障、仪表风故障及中压氮气故障，故障处理措施见表7－9。

表7－9　淤浆法高密度聚乙烯回收单元工艺故障处理

故障名称	故障原因及故障后系统状态	故障处理措施
冷却水故障	由于冷却水故障，本单元所有使用冷却水的冷却器不能正常冷却	检查确认联锁动作是否正确，停止低聚物结片操作。在联锁动作后，立即将控制室TDC－3000控制回路的控制方式由"自动"切换到"手动"，将控制阀完全关死。关闭各控制器的现场切断阀。将切换开关从精己烷储罐切换到补充己烷储罐位置。中断分子筛再生操作

故障名称	故障原因及故障后系统状态	故障处理措施
蒸汽故障	所有蒸汽不能正常加热	如是暂时的蒸汽故障，回收系统载液停车；如是长期的蒸汽故障，按正常停车步骤停车
仪表风故障	仪表风故障时，储罐中的仪表风可维持30min仪表风	一旦仪表风故障不能在30min内排除，必须对蒸馏系统进行联锁停车
中压氮气故障	由界区中压氮气压力是否下降来判断故障，所有中压氮气用户不能正常使用	若短时间内不能排除故障，系统停车；若短时间内可排除故障，则减负荷操作

7.4.2 电气、仪表与设备方面的故障判断与处理

淤浆法高密度聚乙烯回收单元电源故障的判断与处理：

1）全部停电

一旦发生全部停电，回收单元所有机泵应停止运转，立即采取措施在30min内关闭每个罐的底阀、每台泵的进出口阀，再关闭冲洗管线的总阀；关进料控制阀的切断阀、所有蒸汽控制阀的切断阀，低聚物系统保温以免凝结；把所有控制阀从"自动"切换到"手动"位置，并将它们关死。将所有的电机开关锁在"关"位。注意：罐和塔的压力，根据需要用氮气增压或泄压。

2）瞬时停电

在瞬时停电恢复供电时，一部分电机将自动启动，另一部分电机需按优先次序再启动，以防供电系统产生大的压降。当瞬时停电后本单元的所有电机停。回收系统联锁动作。立即采取措施将联锁作用于这些阀后，立即拨到"手动"并将控制阀完全关死。按下联锁复位按钮，使联锁动作的控制处于正常操作状态，然后切换到"自动"位置。把切换开关从"精己烷储罐"切换到"补充己烷储罐"位置，依次启动需要再启动的电机，当己烷脱水塔出口己烷含水合格后，将切换开关拨到"精己烷储罐"位置，低聚物系统按正常程序开车。

7.5 造粒、风送单元的故障判断与处理

7.5.1 工艺方面的故障判断与处理

造粒、风送单元工艺方面的故障包括冷却水故障、高压蒸汽故障，故障处理措施见表7-10。

表7-10 造粒、风送单元工艺方面的故障判断与处理

故障名称	故障后系统状态	故障处理措施
冷却水故障	由于冷却水停，造粒、风送单元混炼线所有设备的冷却水丧失	按停车操作规程做停车处理，待冷却水恢复供应后，依据生产指令作开车准备
高压蒸汽故障	如高压蒸汽停将影响所有高压蒸汽加热系统	应按停车说明作停车处理，待蒸汽恢复后作开车准备

7.5.2 电气、仪表与设备方面的故障判断与处理

造粒、风送单元电气、仪表与设备方面的故障包括电源故障及仪表电力故障，故障处理措施见表7-11。

表 7-11　造粒、风送单元电气、仪表与设备方面的故障判断与处理

故障名称	故障后系统状态	故障处理措施
电源故障	由于电源突然发生故障，会造成混炼线全线停车	待恢复来电后立即将造粒水切回旁通，放切粒水室中的水，脱开切粒机；按开车准备重新操作；启辅助电机，排出筒体中的物料；如需要则重新按开车操作开车
仪表电力故障	仪表电力丧失	则混炼切粒单元作停车处理，待仪表恢复正常后，依据生产指令作开车准备

第8章 安全、环保与节能

8.1 安　全

化工生产装置一般都具有高温、高压、易燃、易爆、有毒等特点，因此装置在进行工艺选型时，应优先选择先进的、安全性高的工艺，一般工艺安全设计要考虑满足以下三项要求：在设计条件下能安全运转；即使多少有些偏离设计条件也能经过安全处理并恢复到安全的条件；确定安全的启动和停车方法，尽量防止由运转中所产生的事故而引起的初次灾害，万一发生灾害时可以有效地防止扩大受害范围。

装置在建设过程中严格遵守工艺、设备、基建、安全等各方面的规章制度，严格施工标准，严格进行"三查、四定"，这样就能为装置日后安全、稳定运行提供一个坚实的基础。在实际操作中，必须严格遵守各项规章制度和工艺纪律，认真巡检，发现事故苗头及时处理，将事故消灭在萌芽状态。只有这样才能在最大程度上确保装置安全稳定运行。

8.1.1 催化剂配置单元的安全

高密度聚乙烯装置的催化剂配置单元具有较高危险性，这主要与工艺技术所使用的催化剂种类有关系。

（1）催化剂在配制及稀释过程中，凡工艺上所使用到的设备、容器及其相关管线，必须用氮气充分吹扫和置换，使系统中氧含量≤0.2%（体积），系统干燥后露点应低于-65℃。

（2）PZ催化剂储存在化学品仓库内应防止直接日晒。为安全起见，催化剂在车间库房的储存量应进行合理控制。

（3）主催化剂、辅助催化剂系统压力应始终维持在设定值，严防超压或负压。

（4）向接受罐加入催化剂时，应两人以上小心配合操作，防止不纯物质（如氧、硫化物、水等）进入系统。

（5）当加完催化剂时，必须每次用稀释己烷冲洗残留在催化剂桶内的催化剂，然后用氮气吹扫。

（6）辅助催化剂在操作前，应备足干粉灭火器、干沙和蛭石，并能随时投用。

（7）辅助催化剂进行操作时必须有二人（或二人以上）在场，方允许开始操作。

（8）装卸与辅助催化剂容器相连管线，应事先用氮气吹扫干净，且各连接处必须用煤油进行试漏。

（9）辅助催化剂压送结束时，应使管线内残留的辅助催化剂压送干净，辅助催化剂装卸现场切不可堆放易燃易爆品。

（10）当需拆开催化剂管线联接法兰之前，必须戴上防护面具。

（11）催化剂给料泵停车后，必须用高压己烷冲洗管线，严防管线绪塞。

（12）在进行清理废催化剂的操作过程中，有关人员要穿戴必需的劳保护品，包括护目镜、防毒面具、防护服等，还要准备好安全淋浴和洗眼器。

（13）在进行与2#添加剂有关的操作时，应穿戴全面罩、皮革或氯丁胶手套、阻燃的衣裤相连的工作服外套和围裙。工作现场应备有安全淋浴和洗眼器。如果身体上沾染了2#添加剂，应立即脱去污染了的衣服并用大量的水冲洗受影响的部位。如果咽下，用水冲嘴，诱导呕吐并立即送医院抢救。

（14）在进行与3#添加剂有关的操作时，应穿戴防毒面罩或供气面罩、全防护服。现场应备有安全淋浴和洗眼器。

8.1.2　反应、回收单元的安全

（1）杜绝跑冒滴漏，严禁随地排放物料。

（2）生产时如要送料、卸料或取样时，必须控制流速，以防因静电而引起火灾等事故。

（3）注意各罐的液位，防止满罐、跑料。

（4）检查低聚物系统的保温情况，防止保温不好造成堵料。

（5）间歇回收时，己烷蒸发要完全，排放到粉末分离池中的水，含有己烷应尽可能少。

（6）装置内的己烷罐为常压罐，避免超压或负压，接己烷时罐顶排空阀应打开，各罐收己烷必须留有一定的安全空间，装己烷量一般为全容器的80%以下。

（7）塑料会溶解在己烷中，因此己烷系统不能用塑料软管。

（8）低聚物结片操作时要小心，防止静电事故，抽风机要启动，防止可燃易爆气体浓度过高。

（9）在处理己烷时，应戴上橡皮手套和面罩。若己烷已经渗入空间，应穿上带供氧设备的防护服。

8.1.3　原料精制单元的安全

（1）乙烯、丙烯、1－丁烯、氢气都是易燃、易爆物质。在巡回检查过程中，应加强对泄漏的检查，发现泄漏点及时处理，避免物料大量泄漏后产生高浓度的易燃、易爆气体。

（2）操作过程中应严格执行操作法，按要求佩戴相关的防护用具，避免人身伤害。

（3）对于可燃气体泄漏的处理

① 乙烯是一种无色略带甜味的气体，在高浓度区操作能使人麻醉和窒息。若乙烯泄漏到大气，要对该区域进行通风。在失火的情况下，要关闭乙烯的供给，用水保护和冷却相临设备的表面，使泄漏出的物料烧尽。

② 1－丁烯是一种无色的气体，如果以高浓度吸入能使人失去知觉，是一种麻醉剂和窒息剂。如果1－丁烯泄漏，要保证充分的通风和用水喷淋冷却相邻的设备。在失火的情况下，要切断丁烯源，用水冷却相邻设备表面，使泄漏出的物料烧尽。

③ 丙烯是一种无色的气体，在高浓度区作业能引起窒息，气态高浓度对人无刺激，但液态丙烯由于致冷效应能冻伤皮肤。当接触热或明火时有中等程度的失火或爆炸危险。如果丙烯洒出或泄漏到大气，要确保充分的通风和用水喷淋冷却相邻的设备表面，尽力扑灭泄漏物料的火。

④ 氢气是一种无色无味且易燃的无毒气体，与空气混合易形成爆炸性混合物，且爆炸范围非常宽。因此接触热和明火时，有燃烧和剧烈爆炸的危险。如果氢气泄漏到大气，可用大量的水对该区域喷雾，尽量冷却和隔断泄漏，并切断氢气源。

（4）对于催化剂的处理

① 过量接触13X分子筛粉尘将刺激眼睛、鼻子、咽喉，如果和眼睛接触，应用大量的水冲洗15min。废物料应埋入地下，扫起洒落物料应用水冲洗，处理时戴防毒面具、护目镜、手套。

② 过量接触4Å分子筛粉尘将刺激眼睛、鼻子和咽喉，万一和眼睛接触，应立即用足量

的水冲洗至少15min。废物料应埋入地下，扫起物料应用水冲洗。

③ HC－1粉尘含有重金属，处理时应戴防尘面具。催化剂在空气中能自燃，以氧化态存在的废催化剂在空气中比较稳定，所以排除时应将其装入弄湿的开口桶内，处置前用盐酸处理以钝化痕量乙炔化物。

8.1.4 挤压切粒、风送单元的安全

（1）造料、风送单元在开停车过程中必须严格遵守设备操作程序，避免机械伤人。

（2）在造料、风送单元工作时要避免高温烫伤。

（3）在配制添加剂等工作时必须按要求佩戴防护用具，避免人身伤害。

（4）应定期对静电接地、静电跨线进行检查，避免静电给装置带来的危害。

（5）造料、风送单元必须严格遵守料仓管理制度。

（6）本单元部分设备是用氮气保护的，在操作、检修时要小心，以防氮气窒息等事故。

8.1.5 料仓的安全

对于高密度聚乙烯装置的料仓，鲜见关于料仓燃爆事故的报道，但是为防止料仓事故的发生，必须规范料仓的设计、操作和管理。

（1）严肃工艺纪律，严格执行工艺指标，注意保持反应的平稳性，确保系统在规定的工艺条件下运行，并定期检测料仓的可燃气含量；产品合格后应及时包装，严禁在料仓内长时间存放。

（2）应保持造粒风送系统运行的可靠性，要确保通风系统风量达到工艺要求。对风机入口、料仓入口、排风管、过滤器、风阀、料仓分配阀等应加强监护，应采取有效措施防止误操作。对新建、改扩建高密度聚乙烯装置，通风设计必须满足上述工艺要求。

（3）严禁边进料边出料。严格执行进料、掺混、出料的操作程序，进料掺混之间应连接进行，中间不应停留过长时间。

（4）为防止较大能量的静电放电，应严格按有关规范要求完善静电接地系统。严禁在物料处理系统和各料仓内出现不接地的孤立导体，并定期检查可能出现孤立导体的设备或部件，如排风过滤器的紧固件、管道或软连管的紧固件，振动筛的软连接、临时接料的手推车或器具等。料仓内一旦发现金属异物，应尽快取出。对新建、改扩建高密度聚乙烯装置，应对料仓内可能产生静电放电的金属突出物做防静电处理，设计料仓进风管及其他金属支撑结构，应避免出现金属突出物。

（5）定期检查和清理料仓内的粘壁粉料和块状料。料仓内的粘壁粉料厚度应控制在2mm内，大于4mm时应及时清理。应及时清理散落粉尘和粒料，并防止明火燃烧。严格向包装送料操作，防止料仓混料操作。

（6）如果料仓内安装的高料位报警器易产生静电放电，为防止报警器探头与物料堆面产生放电现象，应避免料仓出现高位报警操作。

8.2 环　保

高密度聚乙烯的生产过程，产生的主要废物包括废液、废气、废渣等。

8.2.1 催化剂配置单元的环保

本单元所产生的废物主要是废催化剂，产生的原因主要是装置进行长时间停车检修或是容器、管线发生泄漏等。因此为减少废催化剂的产生，在装置进行大检修前应仔细计算催化

剂使用量,使得装置在停车后废催化剂产生量最少,对泄漏而产生的废催化剂应进行正确的处理,采取妥善措施,避免环境污染。

(1)催化剂 催化剂是由活性组分吸附在脱水硅胶上而形成的,在空气中能自燃,吸入后会使人体中毒且有可能致癌。若发生泄漏,应把催化剂收集起来,然后把废催化剂掺入混凝土并掩埋。

(2)1#添加剂 1#添加剂是一种橙色粒状固体。含有铬(Ⅵ),是一种潜在的致癌物质。对洒落的1#添加剂可用湿纸或布擦净。废1#添加剂应打成混凝土块并掩埋。

(3)2#添加剂 2#添加剂是一种无色液体,在空气中能自燃,与皮肤接触能引起烧伤。经异戊烷稀释成25%溶液后不自燃。如果2#添加剂漏出后应使用二氧化碳和砂灭火,努力控制失火范围,切断火源并用水冷却附近设备。灭火后,现场应进行统一的清理,避免有害物质造成环境污染。

(4)3#添加剂 3#添加剂是5%二茂铬的甲苯溶液。二茂铬是一种深红色的物质,有较低的毒性。甲苯会危害呼吸系统,刺激眼睛和呼吸器官,过多的吸入甲苯蒸气会由于呼吸停止而导致死亡。遇明火容易发生着火爆炸。如果发生3#添加剂泄漏,可用水冲洗泄漏物,冲洗后的废水应排放至隔油池进行统一处理。

8.2.2　反应、回收单元的环保

(1)反应、回收单元应杜绝跑冒滴漏以及严禁随地排放物料。

(2)操作中注意各罐的液位,防止满罐、跑料。

(3)间歇回收时,己烷蒸发要完全,排放到粉末分离池中的水,含有己烷应尽可能少。

(4)低聚物结片操作时要避免低聚物泄漏。

(5)装置异常时应尽量向火炬排放,必要时再采取向大气排放气体。

8.2.3　原料精制单元的环保

(1)乙烯是一种无色略带甜味的气体,在高浓度区操作能使人麻醉和窒息。应尽力避免乙烯直排大气。

(2)1-丁烯是一种无色的气体,如果以高浓度吸入能使人失去知觉,是一种麻醉剂和窒息剂,应尽力避免1-丁烯直排大气。在作业过程中应避免人体直接接触1-丁烯。

(3)丙烯是一种无色的气体,在高浓度区作业能引起窒息,气态高浓度对人无刺激,但液态丙烯由于致冷效应能烧伤皮肤。在作业过程中应避免人体直接接触丙烯。

(4)过量接触13X分子筛粉尘将刺激眼睛、鼻子、咽喉,如果和眼睛接触,应用大量的水冲洗15分钟。废物料应埋入地下,扫起洒落物料应用水冲洗,处理时戴防毒面具、护目镜、手套。

(5)过量接触4Å分子筛粉尘将刺激眼睛、鼻子和咽喉,万一和眼睛接触,应立即用足量的水冲洗至少15分钟。废物料应掩埋地下,扫起物料应用水冲洗。

(6)HC-1粉尘含有重金属,处理时应戴防尘面具。催化剂在空气中能自燃,以氧化态存在的废催化剂在空气中比较稳定,所以排除时应将其装入弄湿的开口桶内,处置前用盐酸处理以钝化痕量乙炔化物。

8.2.4　挤压切粒、风送单元的环保

(1)每月检查一次料仓过滤器,发现泄漏和堵塞及时处理并更换过滤袋。

(2)每月检查一次料仓输送管卡,发现松动泄漏及时更换。

(3)接送料操作要严格执行操作法,不得违规装料,造成冒料。

（4）正常生产过程中应加强巡检，避免粉尘、添加剂、聚乙烯颗粒泄漏。

8.3 节　能

对于化工生产装置，能耗一般由电、蒸汽、风（包括氮气、装置风等）、水（包括脱离子水、脱氧脱离子水、冷却水、生活水等）等消耗组成，在生产工作中，应将降低装置能耗作为一项重要工作从制度、管理、操作等方面长抓不懈。

8.3.1　催化剂配置单元的节能
（1）定期核算本单元公用工程消耗量。
（2）加强对水、气泄漏的检查，发现泄漏应及时消除。
（3）对于各氮封储罐应定期检查氮气流量，避免氮气的不正常消耗。

8.3.2　反应、回收单元的节能
（1）回收单元的蒸汽伴热使用比较多，因此必须定期检查本单元疏水器的工作状况，避免蒸汽浪费。
（2）加强对水、汽、气泄漏的检查，发现泄漏应及时消除。
（3）确保关键设备运行，提高开工率。
（4）对干燥机使用的蒸汽进行合理控制，以降低蒸汽消耗。
（5）加强检查与维护，保证尾气压缩机正常运行，尽力避免尾气向火炬排放，减少损失。
（6）定期进行换热器泄漏检查，发现问题及时处理。
（7）定期检查疏水器工作状态，避免蒸汽浪费。
（8）保证出料系统用回收气送料，降低氮气消耗。
（9）保证反应单元长周期运行，减少非计划停车，降低氮气消耗。
（10）聚合釜顶冷凝器循环水的流量随季节进行调整，减少循环水用量，提高母液返回聚合流量，降低回收处理母液的消耗。
（11）尽量提高系统复用冷却水的用量

8.3.3　原料精制单元的节能
（1）定期检查本单元疏水器工作状况，避免蒸汽浪费。
（2）加强对水、气泄漏的检查，发现泄漏应及时消除。
（3）容器再生时严格按照操作法执行，避免氮气浪费。
（4）定期进行换热器泄漏检查，发现问题及时处理。

8.3.4　挤压切粒、风送单元的节能
（1）确保单元设备运转良好减少非计划停车。
（2）定期检查本单元疏水器工作状况，避免蒸汽浪费。
（3）加强对水、气泄漏的检查，发现泄漏应及时消除。
（4）离心干燥器、振动筛电机和风机电机轴承按时加油加脂，保证其运动部位的良好润滑；对抽湿风机入口滤网应按时清理，保证吸入口畅通。
（5）加强对筒体水的检查，发现泄漏应及时消除；定期清理系统的各处滤网、过滤器和冷却器，保证系统畅通；筒体水水温根据工艺要求控制在适当值，既要保证挤压机筒体的撤热，又要保证熔融物料挤出畅通。

（6）应根据造粒机组的产率和料仓的实际情况，确定开多少台设备，确保设备合理的负荷率。在确保送料及时的情况下，尽量使用密相输送，并将工厂风调整到合适的流量；没有送料任务的加料器应停掉，并确认输送风关闭。

（7）对颗粒冷却水系统应加强检查，系统水质一般为脱盐水，应避免水大量泄漏，同时为节能，将该部分的外排水进行回收使用。

第3篇 线型低密度聚乙烯

第1章 基础知识

1.1 线型低密度聚乙烯工艺的发展历史

1965年美国联碳公司（UCC）建造了第一套Unipol气相流化床高密度聚乙烯工业化生产装置。1968年联碳公司首先把流化床乙烯气相聚合技术实现了工业化，称为Unipol工艺。该工艺最初仅用于生产HDPF·1975年联碳公司利用气相流化床生产LLDPE，20世纪80年代后经Unipol工艺不断改进已具备可以生产密度为0.88～0.965g/cm的全密度聚乙烯生产技术，世界范围内采用该工艺的生产装置不断增加。英国石油公司（BP）引进联碳工艺不久，便开发出了一种气相流化床乙烯聚合工艺（最初规模为25kt/a），该工艺把连续搅拌床和气相流化床结合起来，改进成为著名的BP工艺。BP工艺可以生产密度为0.91～0.96的全密度聚乙烯。1979年陶氏化学公司（Dow）开发出低压溶液法生产LLDPE的DowLex工艺，同期杜邦公司（DuPont）开发出溶液法生产LLDPE的Sclair工艺。

20世纪90年代以来，聚合工艺又有新的进展和成果。1993年UCC开发成功Unipol Ⅱ工艺，采用两个气相流化床反应器生产双峰LLDPE；1995年UCC、BP和埃克森公司（Exxon）发明了提高气相流化床生产能力的冷凝态气相流化床工艺，大大提高了反应器的生产能力；北欧化工公司（Borealis）于1995年开发了超临界浆液法聚烯烃工艺，采用该工艺后带来许多好处，反应器壁结垢减少，同时超临界下对于调节分子量大小的H_2含量没有限制，可生产熔融指数非常高的聚乙烯产品，该公司用此技术与气相反应器串联，开发了双峰LLDPE；菲利浦公司（Phillips）开发的环管工艺是连续管式聚合工艺的典型代表，环管工艺具有全容积装料、单位反应容积所占用的传热面积大、传热系数高、生产强度高且环管内物料流速快、凝胶少、切换牌号时间短等特点；蒙泰尔公司（Montell）的Spherilene工艺技术采用一个小环管两个流化床反应器生产易于加工的LLDPE，同时也生产加工性能较好的乙烯－丙烯－1－丁烯三元共聚物，它的机械性能、光学性能比高碳α－烯烃基的LLDPE还好，乙烯－丙烯－1－丁烯－1－已烯四元共聚物的强度与辛烯基LLDPE类似。

LLDPE主要生产方法有4种：①气相法；②溶液法；③淤浆法；④高压法。目前主要采用前3种方法。高压法建设投资高，能耗高，维修困难。溶液法和浆液法都使用溶剂，工艺流程长，成本高，使生产能力受到限制。而气相法不用溶剂，工艺简单，建设投资和能量消耗低，可在较宽的范围内调节产品品种，发展迅速。在专利技术方面，20世纪70年代后半期UCC公司的Unipol气相法占绝对优势。80年代后期BP公司的Innovene气相法提出挑战，90年又出现Montell、Borealis和诺瓦公司（Nova）等新的竞争工艺技术。在激烈的国际竞争中，世界LLDPE主要公司均积极改进工艺或采用先进工艺技术。相继涌现出茂金属催化剂生产技术，气相聚合冷凝态操作技术，生产双峰和宽分子量分布的LLDPE技术以及生产球形LLDPE的新技术。

我国大多数装置采用 UCC 公司和 BP 公司的气相流化床技术。我国 LLDPE 生产始于 1988 年,当时大庆石化总厂采用 UCC 公司的 Unipol 气相法工艺建成了我国第 1 套 LLDPE 生产装置。我国现有的 LLDPE 生产装置有十几套,以 UCC、BP 的气相法为主,引进时最大的单线生产能力为 14 万吨/年,之后许多装置相继进行了冷凝态操作的改造,使生产能力大大提高。另外还有抚顺石化 LLDPE 装置引进了杜邦公司的溶液法生产工艺,年生产能力为 8 万吨;上海石化全密度聚乙烯装置引进了北欧 Borealis 双峰技术,年生产能力为 25 万吨,也可生产 LLDPE 产品。

1.2 线型低密度聚乙烯聚合反应机理及催化剂知识

1.2.1 配位聚合

Unipol 气相法工艺聚合机理属于阴离子配位聚合,此理论已经得到普遍认可。配位聚合的概念最初是由 Natta 在解释 α - 烯烃聚合(用 Ziegler - Natta 引发剂)机理时提出的。配位聚合是一离子过程,根据增长链端的电荷性质,可将这些机理分类,也就是根据增长的聚合物链是负碳离子、正碳离子还是自由基来分类为配位阴离子、配位阳离子和配位自由基聚合。"配位"就是烯烃在进入增长链之前通常的络合反应。对于 α - 烯烃,一般认为是配位阴离子聚合。根据链增长点是过渡金属还是基础金属中心或含有两中心的双金属络合物来进一步判别配位阴离子聚合机理。配位聚合是指单体分子首先在活性种的空位上配位,形成某种形式的络合物(常称 $\sigma - \pi$ 络合物),随后单体分子相继插入过渡金属 - 烷基键中进行增长。

与高压聚乙烯、聚氯乙烯、聚苯乙烯等的自由基聚合机理不同,LLDPE 的聚合机理是配位阴离子聚合,在适当条件下,催化剂中的极性化学键异裂成带负电的离子基团,成为活性中心,单体分子首先在活性中心的空位上配位,并活化形成某种形式的络和物(常称 $\alpha \sim \pi$ 络合物),然后单体分子相继插入过渡金属 - 烷基链中进行增长。

Unipol LLDPE 工艺聚合机理:

M - 1 催化剂的母体是无活性的,只有被一氯二乙基铝和三正己基铝一次还原,再进入反应器被三乙基铝二次还原后才能形成活性催化剂:

$$[Ti] - Cl + (C_2H_5)_3Al \rightarrow [Ti] - \overset{\overset{\displaystyle C_2H_5}{|}}{\Box} + (C_2H_5)_2AlCl$$

有活性的催化剂与乙烯结合就能使聚合物的链不断增长:

$$[Ti] - \overset{\overset{\displaystyle C_2H_5}{|}}{\Box} + CH_2{=}CH_2 \rightarrow [Ti] \begin{matrix} C_2H_5 \\ \diagup \\ \diagdown \\ CH_2 \end{matrix} CH_2 \rightarrow [Ti] - CH_2 - \overset{\overset{\displaystyle \Box}{|}}{\underset{\underset{\displaystyle C_2H_5}{|}}{C}}H_2$$

氢气在反应过程中起链转移的作用:

$$\overset{\overset{\displaystyle Ti - \Box}{|}}{CH_2} - (C_2H_4)_n - C_2H_5 + H_2 \rightarrow [Ti] - \overset{\overset{\displaystyle H}{|}}{\Box} + CH_3 - (C_2H_4)_n - C_2H_5$$

转移后的活化链仍具有活性,继续引发聚合反应:

$$[Ti] - \overset{\overset{\displaystyle H}{|}}{\Box} + CH_2{=}CH_2 \rightarrow [Ti] - \overset{\overset{\displaystyle C_2H_5}{|}}{\Box}$$

聚合反应可被 H_2S、H_2O、O_2、甲醇、甲醚等毒物终止，也可因两个活性基团结合而终止。

$$\begin{array}{cc} C_2H_5 & C_2H_5 \\ [Ti]-\square + H_2S \rightarrow & [Ti]-SH_2 \end{array}$$

1.2.2　催化剂知识

LLDPE 生产技术发展的关键是催化剂，生产 LLDPE 需要催化剂具备以下性能：

(1) 催化剂具有高活性，使生产工艺不脱灰；

(2) 催化剂具有足够高的共聚性，使产品的密度范围宽；

(3) 催化剂对温度的响应较好，可稳定操作过程，改善产品性能；

(4) 可控制分子量分布，使产品性能范围宽；

(5) 可控制聚合物的结构，使共聚单体在分子主链上分布均匀。

工业生产 LLDPE 使用铬系、Ziegler – Natta、茂金属三类催化剂。目前催化剂的进步已由传统的多活性中心催化剂发展到单活性中心催化剂，不仅催化剂活性有了大幅度提高，而且可控制产品的分子量、密度、颗粒形态和粒度大小，还能精确控制分子量分布、组成分布，精确控制聚合物的性能，生产优质专用产品。其中以 Ziegler – Natta 催化剂种类最多、组分多变，应用最广。在配位阴离子聚合领域中，长期以来称引发剂为催化剂，实际上无论是 Ziegler – Natta 引发剂还是单一过渡金属组分引发剂，引发后其残基(或碎片)均进入聚合物链，所以应称引发剂或引发剂体系，相应的主催化剂、助催化剂应称为主引发剂和共引发剂。

催化剂技术的进一步发展，带来了线型聚乙烯的迅速工业化和大批量生产。近年来，聚乙烯催化剂的最引人注目的进展莫过于茂金属催化剂的开发和工业化应用。

1.3　主要原材料的物性、规格、质量指标

线型聚乙烯装置的主要原材料包括乙烯、1 – 丁烯、1 – 己烯及氢气等，其主要物性、规格、质量指标见表 1 – 1。

表 1 – 1　主要原材料的物性、规格、质量指标

名称	理化特性	质量指标
乙烯	无色气体，有甜味； 不溶于水，微溶于乙醇、酮、苯，溶于醚； 熔点：−169.4℃；沸点：−103.9℃； 相对密度(水＝1)：0.61； 临界温度：9.9℃；临界压力：5.12MPa； 爆炸下限：2.7%；爆炸上限：34%	乙烯：≥99.95(体积) 甲烷＋乙烷：≤0.05%(体积) 总 $C_3 + C_4$ 烃：≤10×10^{-6}(体积) 乙炔：≤5×10^{-6}(体积) CO：≤1×10^{-6}(体积) CO_2：≤5×10^{-6}(体积) H_2：≤5×10^{-6}(体积) O_2：≤1×10^{-6}(体积) S(按 H_2S 计)：≤1×10^{-6}(体积) H_2O：≤1×10^{-6}(体积) 氯(按 HCl 计)：≤1×10^{-6}(体积) 醇(以甲醇计)：≤5×10^{-6}(体积)

名称	理化特性	质量指标
1-丁烯	无色气体，有甜味；易燃； 不溶于水，微溶于苯，易溶于乙醇、乙醚； 熔点：-185.6℃；沸点：-6.3℃； 相对密度（水=1）：0.67； 临界温度146.4℃；临界压力：4.02MPa； 爆炸下限：1.6%；爆炸上限：9.3%	1-丁烯：≥99.0%（质量） 异丁烯：≤0.5%（质量） 2-丁烯：≤0.1%（质量） 1，3-丁二烯+丙二烯≤120×10^{-6}（质量） 异丁烷及正丁烷：≤0.4%（质量） 甲基乙炔：≤5×10^{-6}（体积） CO_2：≤5×10^{-6}（体积） CO：≤0.1×10^{-6}（体积） 总羰基（按乙醛计）：≤10×10^{-6}（体积）； O_2：≤1×10^{-6}（体积） S：≤1×10^{-6}（质量） 氯：≤1×10^{-6}（质量） H_2O：≤25×10^{-6}（质量） 甲醇：≤10×10^{-6}（体积）
1-己烯	沸点：63.5℃；挥发性：100%； 相对密度（水=1）：0.678； 蒸汽压：(24℃)24.5kPa； 蒸气密度（空气=1）：3.0； 外观：无色液体；闪点：<15.6℃； 燃烧极限值：上限7.0%，下限：2.0%	单烯烃：≥98.5%（质量） 正α烯烃：≥96.0%（质量） 总惰性物（饱和烃+不聚合烯烃）：≤4%（质量） C_6：≥99%（质量） 过氧化物：≤1.0×10^{-6}（质量） H_2O：≤25×10^{-6}（质量）
氢气	无色无味气体； 熔点：-259.2℃；沸点：-252.8℃； 相对密度（水=1）：0.77(-252℃)； 爆炸下限：4.1%；爆炸上限：74.1%	H_2：≥95.0%（体积） C_2烃类：≤0.1%（体积） $CO+CO_2$：≤10×10^{-6}（体积） O_2：≤10×10^{-6}（体积） H_2O：≤10×10^{-6}（体积） 氯（按HCl计）：≤1×10^{-6}（体积） 氯（按HCl计）：≤1×10^{-6}（体积） S（按H_2S计）：≤1×10^{-6}（体积）
异戊烷	不溶于水，可混溶于乙醇、乙醚等多数有机溶剂； 熔点：-159.4℃；沸点：27.8℃； 相对密度（水=1）：0.62； 临界温度：187.8℃；临界压力：3.33MPa； 爆炸下限：1.4%；爆炸上限：7.6%	异戊烷：≥95%（质量）； 其他烃（包括正戊烷）总和：≤5%（质量）； 酸度（按HCl计）：≤2×10^{-6}（质量）； 不饱和烃（按戊烯-1计）：≤500×10^{-6}（质量）； H_2O：≤20×10^{-6}（质量）； S：≤5×10^{-6}（质量）； 不挥发物：≤0.001g/100ml（质量）
四氢呋喃	无色或水白色液体，易挥发，有类似乙醚的气味； 溶于水、乙醇、乙醚、丙酮、苯等多数有机溶剂； 熔点：-108.5℃；沸点：65.4℃； 相对密度（水=1）：0.89； 临界温度：268℃；临界压力：5.19MPa； 爆炸下限：1.5%；爆炸上限12.4%； 密度：0.886~0.889g/cm³	过氧化物：≤0.015%（质量） 丙酮：≤0.05%（质量） 异丙醇：≤0.05%（质量） 正丙醇：≤0.05%（质量） 正丁醇：≤0.05%（质量） H_2O：≤300×10^{-6}（质量）

1.4 产品特性、质量指标及应用

1.4.1 产品特性及质量指标

1.4.1.1 线型低密度聚乙烯的产品特性

LLDPE 通常用低压工艺生产，是乙烯与 α - 烯烃(1 - 丁烯、1 - 己烯、1 - 辛烯、4 - 甲基 - 1 - 戊烯等)的共聚物，具有线型结构。一般 α - 烯烃的含量为 5% ~ 20%，密度范围一般为 0.910 ~ 0.940g/cm²，重均分子量(M_w)/数均分子量(M_n)为 2.8 ~ 5.0。随着乙烯聚合工艺的不断发展，采用 LLDPE 生产工艺已可以生产全密度范围的产品。

LLDPE 与高压法生产的 LDPE 具有相近的密度，但由于分子结构的差异，表现出不同的性能，主要表现在：LLDPE 由于具有线型的结构，强度更高，熔融温度也相对较高；但 LDPE 的透明度更好。

LLDPE 由于其主链上存在着支链，降低了聚乙烯的结晶度，因此，与 HDPE 相比，LLDPE 拥有更好的韧性，同时由于主链是直链，因此与 LDPE 相比，其刚性、抗撕裂强度、拉伸强度、耐穿刺性、耐环境应力开裂性都比较好。由于传统的 LLDPE 分子量分布较窄，因此主要的应用领域在注塑、吹膜、滚塑等方面，但在挤出加工方面的应用有较大的局限性。

1.4.1.2 产品质量指标

线型聚乙烯产品的质量指标(参照齐鲁 DFDA - 7042)包括颗粒外观、熔体流动速率、密度、拉伸屈服应力、拉伸断裂应力、断裂伸长率等，其参数见表 1 - 2。

表 1 - 2 产品质量指标

序号	测试项目		单位		LLDPE - FB - 18D022		
					优级	一级	合格
1	颗粒外观	污染粒子	个/kg	≤	10	20	40
		蛇皮和丝发	个/kg	≤	20	20	40
		大粒和小粒	g/kg	≤	10	10	10
2	熔体流动速率	标称值	g/10min		2.0	2.0	2.0
		偏差	g/10min		±0.3	±0.3	±0.5
3	密度	标称值	g/cm³		0.920	0.920	0.920
		偏差	g/cm³			±0.002	±0.003
4	拉伸屈服应力		MPa	≥	8.3		
5	拉伸断裂应力		MPa	≥	12.0		
6	断裂伸长率		%	≥	500		

(左侧竖排：树脂性能)

1.4.2 线型低密度聚乙烯的应用

LLDPE 主要应用在膜料、注塑料、管材料、电缆料和滚塑料几个方面。

(1)膜料：LLDPE 膜料的用量最大，占总量的 60% 以上，主要有棚膜、地膜、重包装膜、缠绕膜等，其中棚膜、地膜的用量大。

(2)注塑料：由于 LLDPE 熔点高、刚性大、应力松弛快、成型品可在较高的温度下从模具中取出，所以成型周期比较短，适宜作注塑成型。其制品机械性能好、变形小、韧性高、表面光泽好。

（3）滚塑料：LLDPE 的分子量分布窄，适用于滚塑加工工艺。另外，LLDPE 产品优异的耐环境应力开裂性能和抗冲击性能也显示了它的优势。

（4）管材、片材、板材类：LLDPE 管材耐环境应力开裂性好、热变性温度高，适用作城市上、下水管和农田灌溉水管。

（5）电线电缆类：与 LDPE 相比，LLDPE 树脂具有硬度较高、耐磨性好、耐环境应力开裂性强、耐高温性好、有较低的介电损失等优点，是通讯电缆理想的绝缘和护套材料，也适合作光缆外层护套料。

1.5　国内 LLDPE 装置概述

1.5.1　UCC 气相法工艺

齐鲁、茂名、扬子、大庆石化 LLDPE 装置均采用美国联碳公司的 Unipol 气相流化床工艺（简称 UCC 工艺）生产线型低密度聚乙烯产品。流化床聚合工艺简单，流程短，因此投资少、操作费用低。该工艺主要由原料精制单元、催化剂配制单元、聚合反应和树脂脱气单元、混炼造粒、风送单元组成。UCC 工艺流程简图见图 1 - 1。

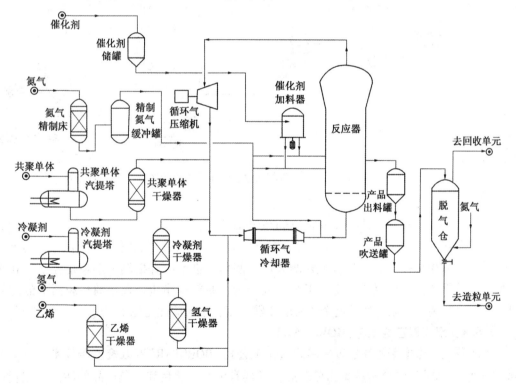

图 1 - 1　UCC 气相法工艺流程简图

1.5.2　BP 气相法工艺

兰州石化、盘锦石化、独山子石化及上海赛科公司的 LLDPE 装置采用英国石油公司的 Innovene 工艺（简称 BP 工艺）。该工艺与 Unipol 工艺最大的不同点是在流化床前加了一个预聚合生产单元，催化剂浆料与乙烯在带搅拌器的反应器中先进行预聚合反应，再经过干燥后

195

注入到流化床反应器，另外在聚合反应循环回路中还加有旋风分离器以防止粉料的夹带，流化气压缩机前后共有两个换热器。BP 的 LLDPE 装置主要由 8 个单元组成，它们是：化学品接受和储存；催化剂生产；预聚物生产；溶剂回收；聚合；原料精制；造粒储存包装；排出物。BP 气相法聚乙烯工艺流程简图见图 1-2。

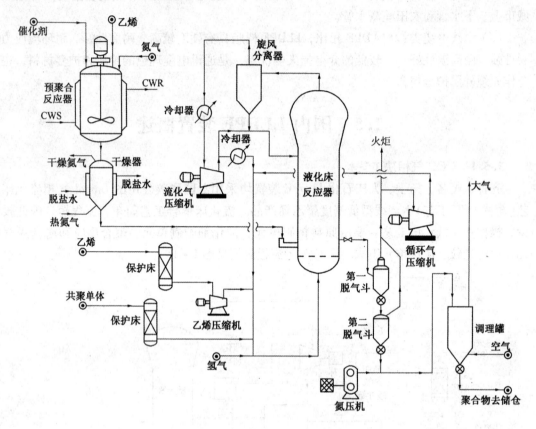

图 1-2　BP 气相法聚乙烯工艺流程简图

1.5.3　溶液法工艺（杜邦公司的 Sclairtech 工艺）

抚顺石化 LLDPE 装置引进的溶液法生产工艺，采用聚合级乙烯为单体，1-丁烯（或1-辛烯）为共聚单体，氢气为分子量调节剂，使用改进型的齐格勒-纳塔催化剂，在环己烷溶剂体系下进行聚合反应。整个工艺过程分为：原料的净化、催化剂和脱活剂的配制计量、聚合、分离、回收、造粒七个主要的步骤。流程示意简图见图 1-3。

1.5.4　双峰聚乙烯工艺（BORSTAR）

上海石化全密度聚乙烯装置采用北欧化工公司"BORSTAR"双峰聚乙烯技术，可生产双峰 LLDPE 至 HDPE 的全密度聚乙烯产品，且具有生产自然色和黑色产品的能力。装置设计生产能力为 25 万 t/a，运转时数为 8000h/a，操作弹性为 70% ~110%。产品密度范围为918 ~970kg/m³；熔体流动速率范围为 2 ~100g/10min(MFR)；分子量分布指数为 5 ~30。共可生产包括薄膜料、吹塑料、挤出涂层料、管材料、电(光)缆护套料、注塑料六大类型的产品。

北星双峰聚乙烯工艺技术基于串联的淤浆环管反应器和流化床气相反应器，由一个预聚

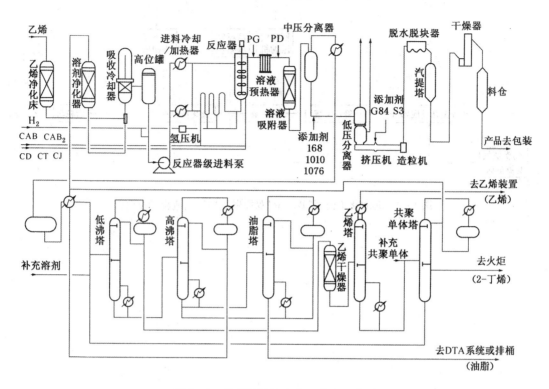

图1-3 杜邦溶液法生产工艺流程简图

合反应器、一个环管反应器及一个气相反应器组成的多个反应器串联，各反应器的反应条件完全独立，采用北欧化工公司自行开发的齐格勒-纳塔型催化剂生产所有产品。该工艺核心是在环管反应器中以超临界丙烷为稀释剂进行乙烯聚合反应，所生成的产物连续送入串联的气相反应器中进一步反应，生成低密度、高分子量的聚乙烯产品，整个工艺过程高度灵活，易于控制聚乙烯分子量和共聚单体分布宽度。通过优化聚乙烯主、支链的结构及分子量的分布，使所生产的聚乙烯聚合物成为双峰型聚乙烯聚合物。通过调节共聚单体的含量可以控制密度，可生产 HDPE、MDPE 和 LLDPE 等聚合物。本工艺除了可控制共聚单体含量外，还可控制共聚单体的分布。

双峰聚乙烯装置聚乙烯产品应用覆盖面较广，产品在不同的应用中显示出优良的性能。选用廉价的 1-丁烯作为共聚单体，能达到比任何单峰产品更优异的性能。例如：产品可用于要求较高的、更高压力级别的管子(如 PE100 管道)或增大管道管径、减薄管道壁厚，由于双峰聚乙烯的强度较高，因而相比可节省 30%~50% 以上的材料。在生产线型低密度聚乙烯薄膜中，菱形袋和层压膜要比典型的 LDPE/HDPE 或 LDPE/LLDPE 混合物节省 31%~47% 的材料。在一般的和家用化学品(HIC)中空吹塑制品应用中，要比典型的单峰牌号节省 20%~30% 的材料。另一个性能是由于机械性能的提高，使得塑料制品循环利用率的程度提高。

根据工艺生产特点，该装置可分成 7 个区域。即：公用工程区；原料精制系统区；预聚环管反应器/环管反应器区；气相反应器区；稀释剂回收系统区；助催化剂系统区；造粒、掺混和粒料储存系统区。其流程示意简图见图1-4。

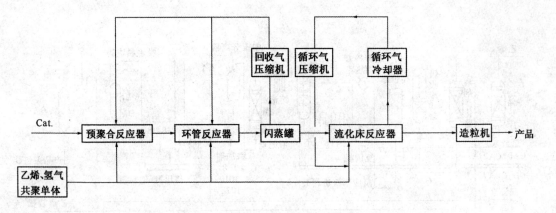

图 1 – 4　北欧化工公司"Borstar"双峰聚乙烯工艺流程示意简图

第2章 工艺流程及技术特点

从上一章的介绍可知目前国内生产 LLDPE 的装置尽管包含了多种工艺，但气相法的 UCC 和 BP 工艺占主流，溶液法也有其独特之处。下面分别从工艺流程和技术特点方面作介绍。

2.1 UCC 气相法工艺流程及技术特点

2.1.1 UCC 气相法工艺流程

采用美国联碳公司（UCC）的气相流化床聚乙烯专利技术生产线型低密度聚乙烯产品，由于投资低，操作成本也低，国内许多大型石化企业引进了该工艺，其中包括齐鲁石化 LLDPE 装置、扬子石化 LLDPE 装置、大庆石化 LLDPE 装置、茂名石化 LLDPE 装置、广州石化 LLDPE 装置、中原乙烯 LLDPE 装置等。装置年设计生产时间为 8000h，一般都设有原料精制、聚合反应、脱气与回收、造粒风送及相关的公用工程等单元，其中大庆石化、天津石化和齐鲁石化 LLDPE 等装置还设有催化剂配制单元。聚合反应采用 UCC 专用的钛系催化剂，以乙烯为主要原料，1-丁烯、1-己烯为共聚单体，生产不同熔融指数和不同密度的几十个牌号的产品。

1. 原料精制单元

1）乙烯精制

界区来的乙烯首先经过乙烯加热器将乙烯加热到工艺控制值，然后由压力控制回路将压力控制在系统所需压力，经流量表计量后与脱炔氢气一道进入乙烯脱炔器。脱炔后的乙烯经乙烯换热器与来自氧气脱除器的乙烯进行热交换后进入乙烯脱一氧化碳预热器中预热，加热到一氧化碳脱除温度后，进入一氧化碳脱除器脱除微量 CO，然后进入氧气脱除器脱除微量的 O_2，再进入乙烯换热器与来自乙烯脱炔器的乙烯进行热交换。换热后的乙烯经过乙烯脱 CO_2 器和碱粉过滤器，最后进入乙烯干燥器脱除微量水和甲醇等极性杂质，经过乙烯过滤器后送到反应单元。

2）共聚单体精制

共聚单体以液态形式用压力槽车或管线输送到装置，储存在共聚单体储罐中。然后由共聚单体输送泵送入共聚单体汽提塔脱除轻组分后进入共聚单体缓冲罐中，从缓冲罐引出的共聚单体经过一台水冷却器冷却后，由共聚单体加料泵升压，再经过一台水冷却器冷却后送到共聚单体干燥器中脱除水和极性杂质，最后送到反应单元。

3）氢气精制

界区来的氢气首先进入氢气缓冲罐，然后进入氢气脱氧预热器加热到氢气脱氧温度后，进入氢气脱氧器脱除微量氧气，脱氧后的氢气最后进入氢气干燥器脱除水和极性杂质，送到反应单元。精制后的氢气也有一部分用于氮气脱氧器和乙烯脱氧床的再生。

4）氮气精制

从界区来的氮气经氮气脱氧预热器加热后进入氮气脱氧器脱除微量氧，再经水冷后冷却

199

器冷却后进入干燥器脱水。精制后的氮气一路经氮气增压机升压后进入精制高压氮气缓冲罐，分别用于催化剂吹送，反应分压调整；另一路分别送到催化剂配制，反应单元的注水注醇、在线仪表室等系统。

5）异戊烷、四氢呋喃精制

异戊烷由槽车运到卸车台，用 N_2 压入异戊烷储罐中，罐中异戊烷在 N_2 压送下，经加热器后进入干燥器中，干燥合格后送到催化剂制备单元。桶装四桶呋喃在卸车台由气动泵卸入四氢呋喃储罐中，罐中四氢呋喃在 N_2 压送下，经加热器后进入干燥器中，干燥后的四氢呋喃送往催化剂单元。

2. 催化剂制备单元

催化剂系统包括催化剂配备、储存，向反应单元输送设施和烷基铝系统。催化剂制备过程是一个间歇过程。

1）硅胶活化

硅胶活化主要由一台脱水器、电加热炉、载体吹送罐等组成，硅胶靠真空装入脱水器中，N_2 作流化气体，按特定的升温程序进行。最后冷却，卸往载体吹送罐中称重，再送往催化剂配制罐中。

2）配制 TOB

TOB（三乙基铝在基础硅胶上）是指活化后的硅胶，其表面羟基仍然高于规定的要求，必须利用三乙基铝的特性脱除硅胶内过剩的羟基。硅胶送往催化剂配制罐后，按比例加入异戊烷熔剂。搅成淤浆再计量加入三乙基铝，吸附后升温干燥，蒸发的异戊烷经冷凝后回收到异戊烷储罐中，留下干粉状的 TOB 在配制槽中。

3）母液及母体的配备

母液制备是在母液罐中进行的，母液罐是一台带夹套和搅拌器、且内衬搪瓷的容器，同时也是一个四氢呋喃的中间储罐。制备时先将罐中四氢呋喃升温，然后计量加入活性组分和改性剂使之在四氢呋喃中溶解并形成稳定的络合物，再压往催化剂配制罐中，使之吸附到 TOB 上制备母体。母液在 TOB 上吸附一定时间后，通过夹套加热和抽真空使配制罐中四氢呋喃蒸出，冷凝回收到母液配制罐中，干粉状母体留在配制罐中。

4）还原

向配制罐中的母体加入异戊烷，搅成浆状，计量加入烷基铝，吸附一定时间后，升温蒸发异戊烷，最后留在配制罐中的即为最终催化剂。

5）配制罐的洗涤

将配制罐中的催化剂卸往催化剂吹送罐中，然后把母液配制罐中回收的四氢呋喃压往配制罐中，升温、搅拌一定时间，将洗液经保护过滤器后至母液配制罐中，洗涤次数由配制罐下部视镜观察情况而定，干净为止。四氢呋喃洗完后，再用回收异戊烷罐中一定液位的异戊烷淋洗配制罐，洗液排至废液罐中。

6）储存

将配制罐中的催化剂卸入催化剂储罐中任一空罐，不同批次催化剂最好不要掺混，N_2 封保护。

7）烷基铝系统

该系统负责给催化剂制备过程间歇提供三乙基铝、三正己基铝、一氯二乙基铝及连续给反应器供三乙基铝，废气等排往装有白油的密封罐中，密封罐中的白油定期更换。

3. 聚合反应单元

反应单元是线型低密度聚乙烯装置的主要单元，精制后的各种原料按照一定比例引入流化床反应器中，在催化剂作用下，聚合生成聚乙烯树脂，然后由出料系统进入脱气、造粒单元，整个单元由反应循环回路(反应器、循环气压缩机和循环气冷却器等)系统、催化剂加料系统、终止系统、出料系统、注水注醇系统等组成。

反应器生成的聚乙烯粉料送入脱气回收单元中的脱气仓，聚乙烯粉料吸附的单体和冷凝剂，在吹扫氮气的作用下解吸并依靠加入的少量水蒸气对树脂中残存的三乙基铝进行水解，脱气仓顶部排放气经过低压冷凝器、高压冷凝器冷凝后，共聚单体和冷凝剂收集在集液罐中，由泵返回反应器，不冷凝气体作为出料系统输送气循环使用。

4. 造粒风送单元

造粒系统将脱气后的粉料树脂混炼后切为颗粒，在粉料树脂进入混炼机之前由计量加料器定量地加入各种要求的添加剂。从脱气仓下来的加入添加剂的粉料树脂进入混炼机混炼后经熔融泵加压进入切粒机，经水下热切粒后进入离心干燥器干燥，然后送入风送系统。风送系统主要采用密相输送技术，承担产品的均化、储存及输送任务，亦可利用该系统向反应器装填种子床。

2.1.2 UCC气相法的技术特点

UCC气相法流化床聚合反应工艺与其他工艺相比较，具有以下的特点：

(1) 工艺简单，从乙烯到聚乙烯只需一个工段，因此具有投资少、操作费用低的特点。乙烯、共聚单体和催化剂加入聚乙烯粉料流化床中，聚合成更多的粉料，粉料从反应器中间断地排出，循环气用于移出聚合反应热并具有流化床层的作用。由于使用的催化剂具有很高的活性，不需要脱除树脂中残存的催化剂，操作稳定而灵活，设备可靠性高，不需要溶剂回收、净化和再循环过程。

(2) 产品能耗低。由于工艺简单、设备少，故总体投资少，同时装置所需的操作和维修人员也相对较少，能量消耗低，由于使用了先进的出料系统和共聚单体回收系统，极大提高了原料的利用率，提高了效益。气相工艺有利于在相对高温下生产热塑性聚合物，而无需添加防止树脂膨胀和结块的溶剂。由于反应系统无溶剂，省掉了干燥产品的操作费用。

(3) 系统控制相对容易。在共聚物生产过程中，流化床系统容易控制单体、共聚单体和氢气的浓度以保持其恒定。由于流化床操作停留时间相对较长，气相的组成和固相的性能变化较慢且可以控制，这样聚合物性能的控制相对容易。

(4) 流体和颗粒的运动使床层具有良好的传热性能。这包括床层内部的传热以及床层和传热面之间的传热。当流化气速远超过临界流化速度时，由于固体颗粒的快速运动和较高的热容，床层内部的传热极为迅速，流化床的径向、轴向温度分布十分均匀。在床层和传热面之间，固体颗粒的剧烈运动破坏了传热面附近的层流边界层，使其传热系数大大增加。

(5) 可生产多种牌号产品，适用于各种用途。LLDPE装置可生产1-丁烯共聚和1-己烯共聚产品，广泛应用于生产农膜、工业膜、管材、各种容器等，产品可以相互切换，性能稳定，操作容易。

(6) 生产过程比较安全。由于原料的毒性低，操作条件缓和，且不需要大量的溶剂，因此不存在处理大量可燃性液体带来的危险。

2.2　BP气相法工艺流程及技术特点

2.2.1　BP气相法工艺流程

兰州石化、独山子石化、盘锦石化LLDPE装置采用BP气相法工艺技术，主要由8个工序组成，它们是：化学品接受和储存；催化剂生产；预聚物生产；溶剂回收；聚合；原料精制；造粒储存包装；排出物。

1. 化学品接受和储存

接受和储存的化学品包括三正锌基铝、三乙基铝、正丙醇钛、四氯化钛、二甲基甲酰胺、异丁醇、氯丁烷、镁粉、碘等。

2. 催化剂生产

BP的流化床聚合工艺采用的是改进型的齐格勒催化剂，该催化剂是在无氧的条件下使用液相不含水的烃类（己烷），在其中制备钛镁络合物，活性组分为钛。它是由两个四价钛的有机金属化合物的盐同时还原成三价钛制得的，在转产HDPE时，催化剂组分中还要多加入二甲基甲酰胺（DMF）给电子体。催化剂的生产工序包括两部分：合成反应和淘析。

（1）催化剂的合成反应：反应器中加入适量溶剂（己烷），反应器保持搅拌，然后加入碘，1h后加入镁粉，再过8～16h加入异丁醇、正丙醇钛、四氯化钛在合适的温度条件下引发，引发后降温到反应温度，反应期间氯丁烷分三个阶段加入。

（2）淘析：催化剂中多余的氯丁烷用干净溶剂洗涤，使氯丁烷的含量达到要求，然后将催化剂转移到调理罐中，悬浮的催化剂用溶剂稀释并调整到合适的浓度。然后将悬浮液以一定的速度加入到淘析塔，用干净的溶剂淘析以脱除催化剂中的细粒。所需的催化剂颗粒停留在淘析罐下的接收罐中，淘析操作在室温下进行。

3. 预聚物生产

预聚合反应以己烷为溶剂，是间歇的淤浆反应。己烷通过加热后加入到预聚合反应器中，然后加入经计量的催化剂和助催化剂三正锌基铝（TNOA），升温到引发温度后启动程序，将乙烯和氢气连续地加入反应器，氢气的加入量根据反应器中氢气的浓度及预聚物的指数分析来控制，反应热由夹套中的冷却水带走。预聚合反应结束后，预聚物和溶剂的浆液排放到干燥器中，底部用循环的热氮气将溶剂蒸发并带走。干燥器的夹套脱盐水通过在线喷射器用低压蒸汽进行加热。干燥的预聚物送到储料仓，然后根据聚合系统的需要，将预聚物送到反应器的预聚物注入系统。

4. 溶剂回收

来自催化剂制备和预聚合单元的溶剂，根据溶剂来源及成分的不同分别进行处理，然后回收重新使用。

5. 聚合

与Unipol的工艺相似，所有的原料包括乙烯、氢气、共聚单体等都必须进行精制，以除去对催化剂有毒害作用的杂质，如水、氧、二氧化碳、醇类等。聚合反应所需的催化剂（预聚粉末）通过特殊设计的注入系统由高压氮气注入反应器，预聚物的注入速率取决于反应速率。聚合反应热由循环气带出并与两台换热器换热，将反应热带走。反应器顶部出口有旋风分离器，将夹带树脂颗粒进一步分离，分离后的颗粒通过一个再循环喷射器返回到反应器。反应器的床层高度通过调节聚合物的侧线抽出速率来控制，侧线抽出系统共有三条抽出线，均可独立操作，也可同时运行，一般同时投用两条线就可以满足正常的负荷。从反应器抽出的树脂首先进入产品脱气罐，在这里树脂粉末沉降，并排出大部分工艺气体，此后树脂进入净化罐。在净化罐，用氮气对粉末进行吹扫，以脱除工艺气体，经过净化罐处理的树脂粉末通过气动输送系统送到聚合物整理罐，用流化空气使聚合物失活。失活后的聚合物送入造粒工段的进料斗。聚合反应器还有一个底部抽出系统，主要用于排出反应器中的块料和对粉料进行钛含量分析，以测知反应情况。

6. 原料精制

由于聚合所用的催化剂对原料中的杂质特别敏感，因此工艺上需要用的原料包括乙烯、共聚单体、氢气、氮气等都必须经过一个净化的过程，除去原料中的炔烃、水、氧、一氧化碳、二氧化碳等杂质。

7. 造粒、储存和包装

粉料仓中的粉末和造粒添加剂经计量送到挤出造粒机中进行造粒，颗粒经分离、干燥后送入混合料仓，均化后送储料仓进行包装。

8. 排出物

排出物工段主要有液体放空罐、粉料放空罐、火炬罐、聚合反应器放空线和聚乙烯回收池。含有液体烃类的气体排放系统连接到液体排放罐上，并使其中的液体分离。粉料放空罐收集由粉料放空系统沉降的粉料，并放出处理，气体排放到安全处。火炬罐将各种压力装置排放的气体连接到火炬系统，并带有一个液体分离罐，使烃类液体分离出来，气体送到火炬头。含有聚合物粉料的雨水或地面冲洗水收集在聚乙烯回收池内，并进行处理。

2.2.2 BP气相法的技术特点

BP的气相法流化床工艺除了具有一般流化床工艺所具备的流程短、占地少、能耗低、运转周期长、无污染、投资少、操作人员少以外，还具有以下技术优点：

（1）采用自己开发的催化剂系统。BP公司自行开发的聚合催化剂是高活性"多效复合型"齐格勒球形粒子催化剂，其特点在于温度和反应速度之间不符合阿仑尼乌斯效应，在开始升温阶段，催化剂的活性随温度升高而提高；而当温度升高到一定值以后，催化剂的活性不再随温度的升高而升高，反而使反应器的温度分布均匀，这就避免了因局部温度过高而造成的结块现象，延长了运行周期。

（2）聚合系统设计合理，利于长周期运行。从反应器出来的气体经旋风分离器除去细粉，防止了这些细粉在循环气冷却器和压缩机的堵塞；反应器底部设有出料系统，用于倒空反应器和间断的排出反应器里的结块，减少了结块停车的可能性。

（3）产品的灵活性大。用一个催化剂配制系统就可以配制两种类型的聚合催化剂，分别生产HDPE和LLDPE，切换牌号方便，没有不同催化剂之间的相容性问题。

2.3 杜邦溶液法Sclaietech工艺流程及技术特点

2.3.1 杜邦溶液法Sclaietech工艺流程

抚顺石化LLDPE装置采用加拿大杜邦公司溶液法Sclaietech工艺技术。整个工艺过程分为：原料的净化、催化剂和脱活剂的配制计量、聚合、分离、回收、造粒七个主要的步骤。

1. 原料净化与进料

聚合级的乙烯以气相状态进入界区，经过分子筛净化床脱除痕量的甲醇、水、二氧化碳等杂质，使乙烯质量达到聚合要求。共聚单体和溶剂在装置里循环使用，补充的 1 - 丁烯（或 1 - 辛烯）和环己烷首先在回收区进行精制和净化，再随着循环的 1 - 丁烯（或 1 - 辛烯）和环己烷物流到聚合区，经过活性氧化铝和硅胶净化床脱除痕量的催化剂毒物。净化后的乙烯、共聚单体和环己烷的溶液经过吸收冷却器后形成一定浓度的乙烯、1 - 丁烯（或 1 - 辛烯）、环己烷溶液，进入反应器，根据生产的产品牌号不同，进料的温度不同。来自界区的氢气一部分直接注入反应器进料口的溶液中，另一部分分别注入反应器不同的部位，以调节产品的分子量分布。

2. 催化剂和脱活剂的配制、计量

（1）催化剂的配制和计量：主催化剂是钛 - 钒氯化物的混合物，有两种不同的组成，代号为 CAB 和 CAB - 2，配制时将纯主催化剂用净化的新鲜环己烷稀释到一定的浓度即可，然后通过各自的计量泵注入反应器中，两种催化剂都可以生产全部的产品牌号。CAB 和 CAB - 2 各使用不同的助催化剂，助催化剂有 3 种，代号为 CD、CG、和 CT，它们都是烷基铝化合物，其中 CD 和 CG 配合 CAB - 2 主催化剂使用，CT 配合 CAB 使用，配制过程也是用净化的新鲜环己烷分别稀释到不同的浓度，用各自的计量泵，按一定的比例注入到主催化剂的物流中进入反应器。

（2）脱活剂的配制和计量：3 种脱活剂的代号分别是 PD、PG、PT，其中 PD、PG 是纯组分注入到反应器出口的物料中，这两种脱活剂联合使用，脱除聚合物中的残存催化剂的活性；PT 需用二甲苯稀释到一定的浓度，独立脱除聚合物中残留催化剂的活性，而且它与 PD、PG 不能同时使用。

（3）催化剂组合：Sclairtech 工艺催化剂和脱活剂的不同组成形成两种不同性能的催化剂体系，即传统催化剂体系（STD）和热处理催化剂（HTC）体系。STD 催化剂由 CAB、CT 和 PD、PG 构成，是 Sclairtech 的第一代催化剂，需要吸附脱除产品中残余催化剂；HTC 由 CAB - 2、CD、CG 和 PD、PG 构成，是 Sclairtech 的第二代催化剂，活性比 STD 催化剂高 2 ~ 3 倍，仍需要吸附脱除产品中的催化剂残渣。杜邦公司于 20 世纪 80 年代末开发了一种新的脱活技术，采用 PT 脱活剂，在 HTC 催化剂的基础上形成了第三代先进催化剂体系（ACS），即由 CAB - 2、CD、CG 和 PT 构成 ACS，省去了残余催化剂吸附脱除系统。

3. 聚合及残余催化剂的脱除

（1）聚合：聚合反应是一个放热过程，这部分反应热靠"活塞流"方式的进料和出料连续带走，反应利用改变加热及冷却的流量来控制温度。聚合反应温度是调节产品熔体指数的主要操作条件，每种产品都有特定的反应温度。

（2）反应溶液预热和残余催化剂的脱除：从反应器出来的聚乙烯溶液（聚乙烯熔体溶解在环己烷中）流经溶液预热器加热，以保证溶液能够顺利通过溶液吸附器以及在分离系统有效地把聚乙烯和溶剂闪蒸分离。溶剂吸附器内填充有特制的球型活性氧化铝，它能将聚合物溶液中的催化剂残渣和聚合过程中形成的酸性物质吸附，保证聚乙烯产品的质量。

4. 分离

分离步骤分为中压闪蒸分离和低压分离两步。

（1）中压闪蒸分离：在适当的温度和压力下，聚合物溶液在中压分离器内压力急剧降至工艺规定的压力，使溶液中未反应的乙烯、1 - 丁烯和溶剂环己烷快速吸热，闪蒸汽化返回到回收区，富含聚乙烯的物料进入低压分离系统进一步分离。在进入低压分离器前注入抗氧化添加剂溶液，使添加剂均匀地分散在产品中，并使溶剂在低压分离器被分离后返回回收区。

（2）低压闪蒸分离：低压分离分两段进行，将余下的溶剂环己烷进一步分离并回收。经三级分离后的聚乙烯中含有少量的环己烷，以熔融状态直接进入挤压机系统。

5. 溶剂回收

Sclairtech 工艺的回收区主要有 5 个塔构成，按不同的工艺目的分为低压气体回收、低沸塔、高沸塔、油脂塔、乙烯塔和共聚单体塔。

6. 造粒

熔融状态的聚乙烯从二级低压分离器直接进入挤压机，聚乙烯中携带的环己烷在挤压机进料段被排气设施抽出送回回收区。切粒机采用水下切粒，切粒后进入脱水脱块工序，脱去大块、细粉、水，合格的聚乙烯颗粒送到树脂汽提塔。在汽提塔内，水和聚乙烯首先分离，水返回水槽，树脂颗粒散落在气体塔内，聚乙烯颗粒以"活塞流"的形式自上而下经过汽提塔后，聚乙烯树脂中环己烷的含量进一步降低。低压蒸汽从下部注入汽提塔，并自下而上经过聚乙烯颗粒，使环己烷和脱活剂从颗粒中扩散出来，由过量的蒸汽从汽提塔顶部带走，颗粒从底部出料，并由循环水送到旋转干燥器。干燥后的颗粒送掺混仓进行掺混。

2.3.2 杜邦溶液法 Sclaietech 工艺的技术特点

（1）采用环己烷作溶剂，乙烯与共聚单体（主要为 1 - 丁烯、1 - 辛烯）进行均相聚合，操作平稳，容易控制，但溶液循环系统流程较长。

（2）采用改进型的催化剂，配制简单，在较高反应温度下很稳定，使用一种催化剂体系，就可以生产全部牌号的产品。

（3）聚合反应在 100 ~ 300℃、10.8 ~ 16.7MPa 条件下进行，反应产物呈熔融状态，不存在气相法粉末工艺的爆聚或结块问题。

（4）聚合反应速率高，乙烯单程转化率一般可控制在 95% 左右，未反应的乙烯可返回乙烯装置回收，未反应的共聚单体在装置内回收利用。

（5）聚合反应停留时间短，切换牌号一般用 15 ~ 30min，操作简便，易于控制，过渡料少。

（6）产品牌号多，覆盖面广，可生产密度为 0.918 ~ 0.960g/cm^3、熔融指数为 0.28 ~ 120g/10min 的产品，尤其产品的抗环境应力开裂、抗张强度、低温脆化温度等性能均优于低压气相法的产品。

（7）对原料的要求比气相法低。

第3章 生产过程主要设备使用及维护

LLDPE装置的设备特点为：工艺流程简单，设备台件少，并且都在中低温、低压条件下操作，所以操作过程经济、安全、可靠。UCC和BP气相法工艺所用设备有许多类似之处，本章以UCC工艺的设备为例。主要设备有流化床反应器、离心式压缩机、离心干燥器、混炼机及切粒机。

3.1 流化床反应器

3.1.1 流化床反应器的结构及特点

流化床反应器为一露天安放、裙座支撑、上部设有膨胀圆头的圆柱形钢制容器。由裙座、底部封头、分布板、筒体、扩大段、顶部封头和附属框架组成。其结构示意图如图3-1所示。

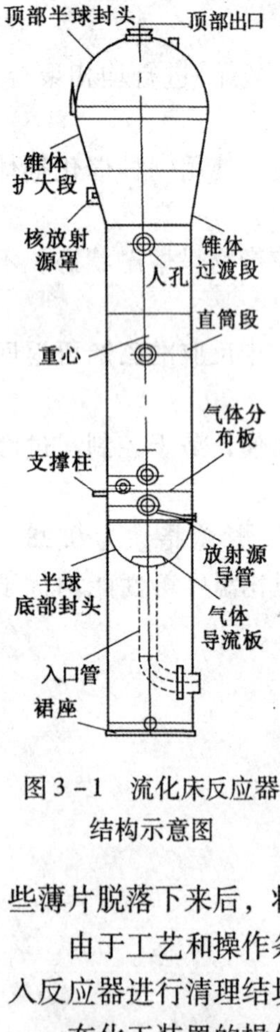

顶部半球封头　顶部出口

锥体扩大段

核放射源罩　人孔　锥体过渡段

重心　直筒段

气体分布板

支撑柱

半球底部封头　放射源导管　气体导流板

入口管

裙座

图3-1 流化床反应器结构示意图

反应器筒体直段部分为通常所说的流化床的床层位置，而扩大段则为气-固分离部分。扩大段的气-固分离原理就是扩大气流流动的截面积，使含粉末的气流速度降低，粉末在其自身重力的作用下沉降下来，从而达到气-固的分离。反应器上的大部分工艺接管口都分布在筒体部分。反应器的气体分布板的作用是容纳板上的固体颗粒，使气体均匀地流过床层的底部。反应器的底部封头为半球封头，底部开有循环气入口管线，在底部封头入口上部焊有一块气体导流环板。其作用是使入口气体进入底部封头空间后尽可能地分散，并且使循环气流中夹带的冷凝液重新进入床层，而不至于在底部封头聚集。反应器的顶部封头也是一个半球封头，上面开有循环气出口、人孔等工艺接管口。

3.1.2 流化床反应器的使用及维护

在反应器操作中，注意流化床层的料位高度应维持在过渡段与直筒段交汇处的下方0.01～1.52m之间，这样气泡破裂后喷出的树脂粉料可碰撞在锥形过渡段上，对锥形颈部有冲刷作用，又可使落在锥形段部位的细小颗粒返回到床层中。若较长时间以低床层料位来操作，就不能起到清扫和冲刷作用，这可能会在扩大段部位产生薄片，当这些薄片脱落下来后，将导致流化状态恶化和排料困难。

由于工艺和操作条件的限制，长期运行的反应床层会出现反应器结块，甚至暴聚。要进入反应器进行清理结块处理。

在化工装置的操作过程中，为了防止流化床反应器内部大量带压的可燃性或有毒的物料发生泄漏，在容器使用过程中要确保安全阀、压力表、温度表、液位计、爆破板、切断阀等安全附件灵活好用，并对流化床反应器进行日常检查和维护。流化床反应器的使用维护主要是正常巡检、检查、检修前处理、检修过程、检修后处理、投用等。

206

流化床反应器检修前的处理：检修反应器前必须进行卸床和置换等处理工作，经分析检验合格后方可交出。处理原则是：

（1）流化床需检修时，系统停车、降温泄压。

（2）用氮气进行彻底置换。

（3）同反应器相连的物料必须切断（包括惰性气体）出入口阀门，如果人员需要进入反应器，则相连各管线加设盲板。

（4）同反应器相关的设备应停掉电源；人员在进入反应器前应当分析反应器中氧含量合格；在作业期间应有人监护；分析检查一般每30min一次。

（5）通风：将容器人孔、手孔打开，排放大气的管线阀门要打开，进行自然通风或机械通风。

3.2　离心式循环气压缩机

3.2.1　离心式压缩机的结构及特点

离心式压缩机属于透平式压缩机。循环气压缩机主要作用是为保持整个循环系统循环和保持床层流化状态提供动力。其结构示意图如图3-2所示。

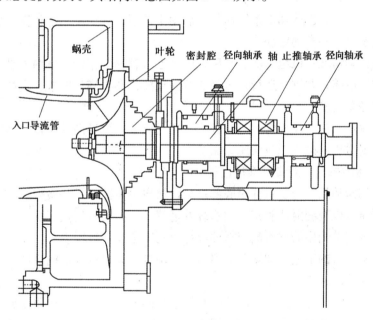

图3-2　离心式压缩机结构示意图

1. 离心式压缩机的主要优点

（1）结构紧凑、尺寸小。

（2）运转平稳，操作可靠，维护费用及人员少。

（3）离心式压缩机的压缩过程中无油运行，避免污染输送气体。

（4）转速较高，出口气体压力、流量稳定。

2. 离心式压缩机的主要缺点

（1）离心式压缩机不适用于气量太小及压缩比过高的场合。

（2）离心式压缩机的稳定工况区较窄，其气量调节虽较方便，但经济性较差。

（3）离心式压缩机的效率一般低于活塞式压缩机。

3.2.2 离心压缩机的使用及维护

离心式压缩机的操作要求工艺气体的入口压力及润滑油的入口压力保持在规定的设定值上。这些值在启动、操作运行和停车循环的全过程中都应保证。在开车期间，应保持在正常连续的操作技术条件内。

1. 启动

各个系统在进行了严格的检查、条件满足后才能启动压缩机，并且保证油系统运行正常。

2. 正常停车

停止主电机；继续保持密封油和润滑油系统的运行，直到轴承温度接近环境温度。一般情况下，润滑油系统会继续保持运行，以防止部件和管线的腐蚀。

3. 一般操作过程

（1）启动和操作前检查联轴节和盘车。

（2）启动辅助系统：整套压缩机组有密封油和润滑油的控制系统，这些系统可进行联锁，如果任何一个系统启动条件未满足时，可以阻止机组启动。

（3）机组的启动：确认辅助系统运行，启动主油泵，确认机组运行正常后辅助泵切至自动档上，并在紧急时刻自动启动。

（4）检查振动情况：机组每次启动后，应马上检查轴的振动，室内人员要从室内画面上监视轴的振动和位移，并进行运行状态确认，如果操作参数满足要求，现场才可离人，否则必须采取紧急停车措施。

（5）稳定循环气流：在机组运行过程中，通过调节入口导向叶轮稳定循环气的流量来满足工艺要求，要检查并确认流量与压力正常。

4. 循环气压缩机的一般日常维护过程

（1）检查润滑油箱，通过从油箱底部排放口放出少量油样进行检查。

（2）根据压差检查润滑油和密封油系统的过滤器，必要时切换清洗。

（3）检查核实油箱中的润滑油密封油液位处在安全操作范围内。

（4）对机组所有的工艺冷却器和分离器进行检查，通过观察视镜液位，或捕集器旁通导淋，来检查密封油的捕集系统。

（5）检查所有的工艺参数，如润滑油和密封油的压力和温度、振动读数、工艺压力及温度等，并确认这些参数在正常的控制范围内。

（6）检查压缩机组及各转动部件及驱动电机是否正常。

3.3 挤压造粒机组

3.3.1 挤压造粒机组的结构及特点

UCC 工艺生产的粉料，松密度较低、细粉多、表面积大，易吸收空气中的氧和水分老化，且不利于运输和储存。为了增加 LLDPE 的品种，提高产品质量及储存稳定性，便于运输及储存，将反应器生产出的粉料进行混炼造粒。

1. 通过混炼造粒可以达到的目的

(1) 提高产品的松密度。

(2) 通过添加不同种类的添加剂和树脂一起混合造粒，可得到多种牌号的产品。

(3) 通过混炼造粒可使加入的各种添加剂分散均匀。

(4) 混炼可分散反应部分产生的少量凝胶，改善产品的外观和质量。

其结构示意图如图3-3、图3-4所示。

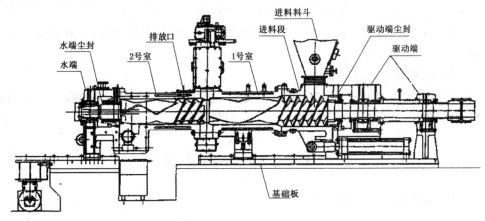

图3-3 混炼机结构示意图

2. 混炼机组的特点

(1) LCM连续混炼机为两级双螺杆结构，其第一掺混区有一个闸口系统，其第二掺混区有一熔融泵吸入压力回料控制系统，分别用来控制树脂混炼度和调整树脂混炼温度。

(2) 混炼机有两档转速，可通过齿轮减速箱的变速杆切换两种输出速度。

(3) 两根螺杆由两端轴承支撑，同处于一个筒腔内，可进行空载运行。

(4) 通过开大或关小闸口来达到改变树脂的流动阻力，可以控制转子第一混炼段的混炼度。

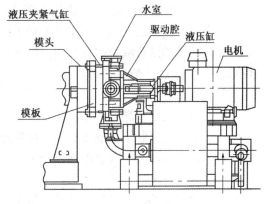

图3-4 切粒机结构示意图

(5) 切粒为水下切粒法，模板与切刀浸没在水中。

3.3.2 挤压造粒机组的使用及维护

1. 操作期间检查项目

(1) 混炼机：轴承温度、轴承振动、轴承声音、氮气流量、进料量波动、熔融泵入口压力波动、物料从水端、驱动端尘封泄漏情况、过渡段物料的泄漏情况、驱动端和水端油泄漏情况、闸口开度控制、排放系统是否堵塞、每个部件加脂情况。

(2) 混炼机齿轮减速器：轴承温度、轴承振动、轴承声音、油封及管线的油泄漏情况。

(3) 润滑油单元：润滑油流量、温度、压力、润滑油油位、润滑油泄漏情况。

2. 停车期间检查和维护项目

(1) 混炼机：检查螺杆、腔室、进料段、过渡段镀铬层的厚度，磨损、剥落情况；检查

209

水端、驱动端尘封密封部件(油封、密封环、黏性密封、外套)磨损情况；检查轴承间隙和滚子表面状况；检查联轴节键及键槽；检查水端轴套内表面的状况；闸口开/关测试、检查闸口螺旋支撑及调整螺丝。

(2)混炼机减速器：检查齿轮轮齿接触情况；检查联轴节对中情况；检查油封磨损情况。

3. 造粒机组的操作和维护注意事项

(1)不能擅自改变设备的电力联锁系统。要保证联锁运行可靠。

(2)需要打开混炼室时，应严格按操作步骤进行。在断开加热/冷却管线法兰前，要将压力泄掉。

(3)确保润滑油系统正常运行。

(4)当混合物料的温度超过安全限定温度时，按以下步骤操作：扳动排料系统的滑杆使其到"排放"侧；开大闸口；增加进料量。必要时紧急停车。

3.4　离心干燥器

3.4.1　干燥器的结构及特点

1. 干燥器的用途

干燥器的用途是脱除颗粒中的水分，同时脱除大团的粒子块。切粒机切出的颗粒被颗粒水携带进入干燥器，并通过大块捕集器和脱水部分。大部分的颗粒水在脱水部分与颗粒分开，仍含有少量水的颗粒进入干燥器转子区域。干燥器提升叶片带动颗粒在离心力作用下将水分通过转子滤网排除掉。颗粒向上输送，排气风机向下吹送空气，进一步干燥颗粒。其结构示意图如图 3-5 所示。

2. 干燥器特点

(1)将颗粒水和颗粒的分离和干燥在一个设备内完成。

(2)整个分离和干燥过程都是在高速连续运转的情况下自动完成。

(3)设备处理能力大、占地面积小。

(4)颗粒水可循环利用。

(5)分离出的细粉可定期清理，防止污染。

3.4.2　干燥器的使用及维护

1. 干燥器使用时注意事项

(1)操作前应检查所有上游设备功能良好。

(2)初次启动时应进行预启动检查。包括：电源接线情况；转子转动情况；所有滤网的配合和方向；将门放好并锁紧；检查皮带松紧度等。

(3)接通干燥器电源，启动干燥器转子并检查转向是否正确。

(4)停车程序是：停止混炼机或熔融泵及其他上游设备；停止切粒机；切出的粒子输送干净；停颗粒水泵；系统放水；确认干燥器出口无树脂排出时停干燥器。

2. 干燥器的维护

1)正常维护

①润滑：顶部、底部、电机等的轴承要定期加油加脂，确保润滑。②轴承维护：轴承的安装应严格按要求进行，定期给轴承加油加脂。③滤网维护：要定期对滤网进行清洗。

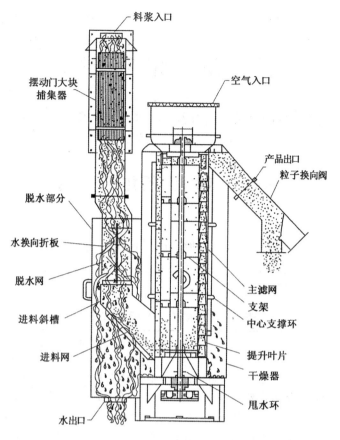

图 3 - 5 干燥器结构示意图

2) 停车后检查、清洗

进行检查时，首先要切断电源，然后进行以下工作：①拆下并仔细清理过滤器。如损坏，要更换，并以正确的方向放置滤网。②拆开所有的盖子并冲洗粘附的塑料细粒。③拆下并清洗所有滤网，更换损坏的滤网。④清洁转子，顶部组件内部、基板部分和中心支撑环。⑤在干燥器充分清洗后，检查过滤器和中心支撑环有无焊接裂缝、弯曲或破裂等；检查基板部分上部的磨损情况。⑥检查驱动皮带松紧程度和皮带磨损情况。⑦检查各部分轴承润滑情况；检查支架和甩水环的紧固情况；检查门盖锁销、门垫片和滤网锁销。

第4章 化工三剂

本章所介绍的化工三剂的有关资料和数据，来自于齐鲁石化(UCC工艺)和兰州石化(BP工艺)LLDPE装置。对于两装置相同的化工三剂，在其后加以标注。

4.1 UCC工艺化工三剂

1. 催化剂配制单元

生产LLDPE所使用的催化剂是由各种组分配制而成，这些组分包括三氯化钛、氯化镁、四氢呋喃、硅胶、异戊烷、三乙基铝、三正己基铝和一氯二乙基铝。催化剂配制单元所用的各组分的物化性质和主要规格见表4-1。

表4-1 催化剂配制单元化工三剂

名称	物性及主要规格
三氯化钛	三氯化钛是一种稳定化合物，在氮气保护下储存5年不会变质；遇水和氧发生剧烈放热反应；放出氯化氢和白色钛氧化物烟雾，放出的氯化氢能与金属反应产生氢气，有引起火灾的可能；三氯化钛在有氧化剂存在下是一种还原剂；晶体结构：六方体及立方体密装格子；堆积密度：$1.12 \sim 1.20 \mathrm{g/cm^3}$，$TiCl_3$：$76.0\% \sim 78.0\%$(质量)，$TiCl_4$：$\leqslant 0.8\%$(质量)
氯化镁	无水氯化镁是无色六角晶体，相对密度2.325(25℃)；熔点712℃；沸点1412℃；密度$2.316 \mathrm{g/cm^3}$；易潮解。$MgCl_2$：$\geqslant 97.5\%$(质量)，水：$\leqslant 2\%$(质量)，MgO：$\leqslant 0.2\%$(质量)
四氢呋喃	无色透明液体；有乙醚气味，能与酸、强碱、氧、氧化剂反应；能完全挥发，和水能完全互溶；馏出物$\geqslant 95\%$(体积)
955硅胶	955硅胶是合成粉粒状无定形硅胶；外观为白色的粉末；化学性质稳定，不燃烧；可与HF反应，SiO_2：$99.3 \geqslant \%$(质量)；比表面：$288 \sim 355 \mathrm{m^3/g}$
异戊烷	无色易燃液体；挥发性100%；挥发速度与乙醚相当；溶于烃类和醇类；无色、非黏性溶液，中等的汽油味；正戊烷+异戊烷：$\geqslant 95.0\%$(质量)，异戊烷：$\geqslant 40.0\%$(质量)
三乙基铝 (UCC、BP)	无色液体；分解温度：$12 \sim 125℃$；与空气接触立刻着火；与水接触猛烈反应；化学性质活泼；与水、氧、酸、醇、胺、卤素等发生剧烈反应，对人体有烧伤作用；Al：$\geqslant 23.0\%$(质量)，三乙基铝：$\geqslant 93\%$(质量)
三正己基铝	无色透明液体；熔点：$-77℃$；密度(30℃)：$0.821 \mathrm{g/cm^3}$；化学性质活泼，与水、空气和含有活泼氢的化合物猛烈反应；在空气中自燃，与人体接触能引起严重烧伤；含氧或有机卤化物的化合物与本物质可强烈反应；三正己基铝：$\geqslant 92.0\%$(质量)，三异丁基铝：$\leqslant 2.5\%$(质量)；铝：$9.1\% \sim 9.9\%$(质量)
一氯二乙基铝	无色透明液体；熔点：$-85℃$；密度(25℃)：$0.961 \mathrm{g/cm^3}$；化学性质活泼，与水、氧、酸、醇、胺、卤素等发生剧烈反应；在空气中自燃；与人体接触能引起严重烧伤；铝：$21.9\% \sim 22.4\%$(质量)

2. 原料精制单元

精制单元所用各催化剂的物化性质和主要规格见表4-2。

表 4 - 2　原料精制单元催化剂

名称	物性及主要规格
乙烯脱炔催化剂 （BC - 1 -037）	主要成分是有选择性钯；球形，$\Phi 2.5 \sim 3.5$mm；堆积密度：$740 \sim 840$kg/m³；比表面：$40 \sim 70$m²/g；使用寿命：$3 \sim 5$ 年
乙烯脱氢催化剂 （HC - 1 - 40）	球形，$\Phi 2.5 \sim 5.0$mm；堆积密度：$730 \sim 780$kg/m³；比表面：$240 \sim 280$m²/g；主要化学组成：$0.13\% \pm 0.02\%$（质量）钯；使用寿命：$4 \sim 5$ 年
乙烯脱 CO 催化剂 （BR - 9201）	黑色圆柱状，$\Phi 5$mm × 5mm；堆积密度：$1450 \sim 1600$kg/m³；比表面：$20 \sim 40$m²/g；CuO：$30\% \sim 35\%$，ZnO：$65\% \sim 70\%$；使用寿命：$3 \sim 5$ 年
乙烯脱氧催化剂 （PEEROA）	黑色球形，$\Phi 2.5 \sim 3.5$mm；堆积密度：1180kg/m³；使用寿命：$3 \sim 5$ 年
氮气脱氧催化剂 （HC - 1）	黑色球形；最高耐热温度 <450℃；堆积密度：1180kg/m³；使用寿命：$3 \sim 5$ 年
乙烯脱二氧化碳催化剂（NaOH）	纯品为无色透明晶体；相对密度：2.130；熔点：318.4℃；沸点：1390℃；易溶于水、乙醇、甘油，不溶于丙酮；NaOH：$\geqslant 98\%$（质量），Na_2CO_3：$\leqslant 0.8\%$（质量），NaCl：$\leqslant 1.0\%$（质量）
13X 分子筛	13X 分子筛是钠铝酸硅酸盐，具有 X 型晶体结构，孔径 10×10^{-10}m，能吸收有效直径小于 10×10^{-10}m 的分子；堆积密度：610kg/m³；平衡吸水量：24%（质量）
3Å 分子筛 （UCC、BP）	3Å 分子筛是一种钾铝硅酸盐，具有 A 型晶体结构，孔径 3×10^{-10}m，能吸附临界直径不大于 3×10^{-10}m 的分子包括水、甲醇、氨等；3Å 分子筛孔径较小，吸附水时不会吸附其他分子，防止了烃的共吸附。堆积密度：$\geqslant 680$kg/m³；吸水量 $\geqslant 19\%$（质量）

3. 造粒单元用

塑料助剂又指塑料添加剂，是聚合物（合成树脂）进行成型加工时为改善其加工性能或为改善树脂本身性能不足而必须添加的一些物质。塑料助剂按用途可分为工艺性助剂和功能性助剂。聚乙烯树脂一般所用的塑料助剂包括：阻燃剂、抗氧剂、光稳定剂、润滑剂、抗冲击改性剂、塑料加工助剂、抗静电剂等。LLDPE 产品所用的添加剂包括：热稳定剂、抗氧剂、润滑剂、光稳定剂等。造粒单元各种添加剂的物化性质和主要规格见表 4 - 3。

表 4 - 3　造粒单元用添加剂

名称	物性及主要规格
光稳定剂 622	灰白色无味粉末；熔点 $55 \sim 70$℃；分解温度大于 250℃；不溶于水；用途：是一种空间受阻胺的齐聚体，挥发性低，是一种有效的光稳定剂，可以保护聚合物免受由紫外线照射导致的光氧化降解，使产品户外使用的寿命大大延长；灰分 $\leqslant 0.1\%$
水合硅酸镁	水合硅酸镁是一种高流动性助剂，主要作开口剂、爽滑剂；SiO_2：$58\% \sim 61\%$，MgO：$29\% \sim 32\%$；粒度 325 目筛全通过
芥酸酰胺	白色粉末状、片状、颗粒状物，无毒，不溶于水，溶于乙醇、乙醚等许多有机溶剂；具有特殊的界面润滑作用；熔点：$75.0 \sim 85.0$℃；水分 $\leqslant 0.25\%$，氮含量 >4%，总胺 >95%
抗氧剂 1010 （UCC、BP）	白色无味结晶粉末；熔点 $110 \sim 123$℃；闪点 297℃；溶于苯、丙酮、氯仿，微溶于乙醇，不溶于水；储存稳定性较好；纯度 >98%；灰分 $\leqslant 0.1\%$
抗氧剂 1076 （UCC、BP）	白色结晶粉末；熔点 $50 \sim 55$℃；相对密度 1.020，无味、低毒；溶于苯、甲苯、丙酮、酯类等溶剂，不溶于水；作为抗氧剂和热稳定剂用于聚烯烃树脂；纯度 $\geqslant 98.0\%$；灰分 $\leqslant 0.1\%$

213

名称	物性及主要规格
抗氧剂 168 (UCC、BP)	抗氧剂 168 为白色结晶状粉末；密度 1.03g/cm³，熔点 182～186℃；比其他亚磷酸酯水解稳定性好，易溶于汽油、氯仿、苯、二甲苯、丙酮等有机溶剂，不溶于水和冷乙醇中；无味、毒性低；具有良好的高温加工时的稳定性(耐热达 300℃)；纯度≥99%；挥发分≤0.3%
硬脂酸钙 (UCC、BP)	白色细粉末；密度 1.08g/cm³，熔点 148～155℃；不溶于水，微溶于热的乙醇和乙醚，溶于热的苯、甲苯和松节油；热稳定性能一般，有显著的初期着色性，但长期热稳定性尚好；钙含量：6.5%，加热减量＜2.0%

4.2 BP 工艺化工三剂

与 UCC 工艺相同的化工三剂参见表 4 - 1、表 4 - 2、表 4 - 3。

1. 催化剂制备单元

催化剂制备单元化工三剂性质及规格见表 4 - 4。

表 4 - 4 催化剂制备单元化工三剂

名称	物性及主要规格
四氯化钛	密度：1.72g/cm³；沸点：136℃；为无色或微黄色液体，在潮湿空气中发烟，生成氯化氢烟雾具有毒性及腐蚀性；能溶于稀盐酸，溶于水时发热
正丙醇钛	密度：1.048g/cm³(20℃时)；沸点：164℃(1.33kPa)；为淡黄色液体，在潮湿的空气中发烟，在水中易分解能溶于多数有机溶剂；有机基纯度＞99%；氯＜0.03%(质量)
三正辛基铝(TNOA)	密度：0.832g/cm³(20℃时)；无色液体，与氧反应剧烈；在空气中能自燃；热稳定性差；纯度＞90%(质量)，铝7%(质量)
氯丁烷	密度：0.89g/cm³(20℃时)；沸点：78℃；无色液体，不溶于水，能与乙醇、乙醚混合；蒸馏范围：73～78.4℃；水＜500×10⁻⁶
金属镁粉	密度：1.74g/cm³(5℃时)；沸点：1107℃银白色有金属光泽的粉末；溶于酸，同时放出氢气；不溶于水，但能与水缓慢反应产生热的氢气；镁是一种化学性质活泼的金属；氧化镁＜3%
碘	密度：4.93g/cm³(20℃时)；熔点：113.5℃；有金属光泽的组织上鳞片状固体，强氧化剂，化学性质活泼；受热易升华，蒸气有窒息性，有毒和腐蚀性，极微溶于水，能溶于甲醇、醚而呈褐色
己烷	密度：0.67g/cm³；沸点：68.7℃；无色液体，有刺激性气味，溶于水，能溶于乙醇和乙醚，稍有毒；苯＜250×10⁻⁶，环己烷＜2%(质量)，正己烷46%～52%(质量)；甲基环戊烷8%～12%(质量)

2. 预聚合单元

预聚物的特性参数见表 4 - 5。

表 4 - 5 预聚物特性参数

名称	参数
预聚物	产率 35～45molPE/molTi；钛含量(1300～1600)×10⁻⁶；铝钛比 0.60～1.40；堆积密度 0.28～0.34g/cm³；平均粒径 260～380μm

3. 原料精制单元

原料精制单元催化剂性质、规格见表 4 - 6。

表4-6 原料精制单元催化剂

名　　称	物性及规格
氧化锌脱硫催化剂 G-72	氧化锌90%（质量）；三氧化二铝6.4%（质量）；堆积密度1050kg/m³；直径4.5mm；平均长度6~7mm
脱乙炔催化剂 G-58B	载体：三氧化二铝；活性钯0.05%（质量）；堆积密度600~700kg/m³；表面积150~200m²/g
脱氧催化剂 G-133C	组成：0.3%（质量）的钯在 $\gamma-Al_2O_3$ 载体上；球形；堆积密度(0.6kg/L)600kg/m³；表面积：150~200m²/g

4. 添加剂和母料制备单元

添加剂和母料制备单元化工三剂性质、规格见表4-7。

表4-7 添加剂和母料制备单元化工三剂

名　　称	物性及规格
光稳定剂326	紫外线吸收剂、稳定剂；既可吸收紫外光，对聚合物吸收的光能和热能无破坏地释放出；浅黄色结晶粉末；熔点：137~141℃
粘结剂聚异丁烯30	粘结剂，使产品具有粘连性；清洁、无悬浮物的液体；密度：0.895~0.905g/cm³（在15℃）；黏度：600~670mm²/s（在100℃）；水<100×10⁻⁶
粘结剂聚异丁烯200	清洁、无悬浮物的液体；密度0.905~0.920g/cm³（在15℃）；黏度3900~4600mm²/s（在100℃）；水<100×10⁻⁶
防粘剂Pz904	防粘剂，防止加工过程中的缠绕粘合；颗粒状；MI=7 的 LDPE：87.55%（质量），Erucamide-Er：5.5%（质量），Sylobloc 47 或 Sasil 114：6.75%（质量），抗氧剂1076：0.2%（质量）
交联剂二叔丁基过氧化物	交联剂，使分子内部形成网络以增加聚合物的刚性；清洁、无色、低黏度的液体；活性氧含量 ≥10.6%（质量）；过氧化物含量≥97%（质量）；密度：0.793g/cm³；熔点：-40℃；沸点：111℃（在0.1kPa）；溶解度：溶于有机溶剂，而不溶于水

第5章 气相法工艺操作

5.1 UCC气相法工艺操作

5.1.1 催化剂配制单元

5.1.1.1 工业催化剂的一般要求

工业催化剂的一般要求：

(1) 催化剂的生产能力：通常以单位时间内、单位容积催化剂所生产的目的产物量计算，称为时空产量，其值与催化剂的活性和反应选择性有关。催化剂的活性是指使原料转化的能力；催化剂的选择性是指所耗用的原料向特定反应方向转化的分率。

(2) 催化剂的寿命：催化剂在使用过程中应能在足够长的时期内保持规定的物理状态和化学组成，从而表现稳定的催化效能。

催化剂应具有的几方面的稳定性：

(1) 化学稳定性：保持稳定的化学组成和化合状态。

(2) 热稳定性：能在反应条件下，不因受热而破坏其物理－化学状态；同时，在一定的温度范围内，能保持良好的稳定性。

(3) 机械稳定性：具有足够的机械强度，保证反应床处于适宜的流体力学条件。

(4) 对于毒质有足够的抵抗力。

5.1.1.2 催化剂配制的原理

1. 硅胶活化

硅胶粒子可近似看成球形，实际上其表面是凹凸不平的，很多小空隙。催化剂配制时各种添加剂及组分是通过浸渍吸附在硅胶小孔中，从微观角度看硅胶的表面积很大。活化后的硅胶比表面积达 $280 \sim 355 m^2/g$。

硅胶活化的目的或作用有四点：① 除去所有物理吸附水(氢键作用的)和部分化学吸附水(因水是催化剂的强烈不可逆毒物)。② 扩大比表面使之达 $300m^2/g$ 左右，因为原有潜在比表面被 H_2O 占据。③ 消除过细的微孔，使孔结构分布更均匀。过细的微孔在反应器中与乙烯接触，气－固传质扩散阻力大，容易产生低分子量的共聚物。④ 脱去部分化学吸附水，还留下一些羟基。其目的是给催化剂及其他组分，在载体上浸渍、化学吸附时提供活性基团。

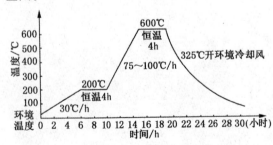

图 5 - 1　硅胶活化时温度与时间的关系

硅胶活化是在硅胶活化器中进行的。其温度与时间的关系见图5－1。

2. TOB配制原理

经过600℃活化后的硅胶，其表面羟基仍然高于规定的要求，必须利用三乙基铝的特性经TOB过程脱去过剩的羟基。该步骤还能提高粉料产品的松密度改善流动性能。配制过程是在配制槽中进行的。

3. 母液配制原理

母液配制是在母液罐中进行的。母液配制是以四氢呋喃为溶剂，加入三氯化钛、二氯化镁，并使之溶解在四氢呋喃中形成络合物溶液的过程。

4. 母体配制原理

母体配制实际是母液在 TOB 上的吸附，该吸附过程是一个物理过程和化学过程的混合过程。

5. 还原原理

该催化剂采用两步还原法：第一步是在配制时进行的，用一氯二乙基铝和三正己基铝作还原剂；第二步是在反应器中用三乙基铝还原。采用两步法的目的是让催化剂活性逐步提高，既有初活性，又有最大活性，避免在配制时就使催化活性最大，活性中心暴露而在储存、输送时受毒物攻击失活，或在反应器中活性变化太大，难以控制。配制过程中的还原是第一步还原，又称部分还原。所用的还原剂为能力较弱的一氯二乙基铝和三正己基铝，而且加料时先加一氯二乙基铝，半小时后再加三正己基铝。用于生产 HDPE 的 M-1 催化剂，只加三正己基铝，不加一氯二乙基铝。

6. 配制槽洗涤原理

配制槽洗涤的目的是除去母体配置过程中在器壁上产生的片，防止夹带到催化剂中堵塞注射管及输送管线。

5.1.1.3 催化剂配制单元操作

1. 硅胶活化操作

1）装硅胶步骤

(1)检查低压 N_2 压力正常；检查工厂风压力正常。(2)确认系统阀门位置正确。(3)确认载体脱水器加热炉停。(4)确认脱水器顶部反吹程序停止运行，流化反吹保持最小流量。(5)现场启动载体脱水器的喷射器，开始装硅胶。(6)装完硅胶后要关闭抽吸流程。停止脱水器的喷射器。

2）升温脱水步骤

(1)确认脱水器压力正常后，投用反吹程序。(2)确认环道冷却风阀门和脱水器底部下料阀关闭。(3)确认系统没有报警，启动加热器。(4)脱水器的升温可以采用手动控制升温或计算机控制升温，根据需要进行选择。

3）卸硅胶操作

(1)确认脱水器内部温度正常，载体吹出罐空，计量秤的工作正常。(2)压力置换载体吹出罐，然后泄压到零。(3)打开脱水器下料阀，使硅胶靠重力下料。(4)确认硅胶卸料完毕后，记录干硅胶重量。(5)将载体吹出罐氮气保压。

2. TOB 配制操作步骤

(1)确认调温水系统已充水，泵已经启动，蒸汽加热回路正常，去催化剂配制罐调温水温度设定在工艺要求值。(2)确认流程正确，设定好配制罐的压力；确认载体吹出罐计量秤准确后，向配制罐送硅胶，送空后关闭流程，启动催化剂配制罐搅拌器。(3)向配制罐中压送规定量的异戊烷。(4)根据硅胶量计算三乙基铝的量，向配制罐加入规定量三乙基铝。(5)打通配制罐到异戊烷回收罐的异戊烷回收流程，将去配制罐的调温水温度设定为异戊烷回收温度，开始回收异戊烷。(6)检查并确认回收完毕。

3. 母液配制操作步骤

确认母液罐的液位指示正常，压力润滑器的液位和压力合适，然后启动母液配制罐搅拌器，将夹套温度设定为工艺要求值，给母液罐升温。按硅胶量计量出所需 $MgCl_2$ 量和 $TiCl_3$ 量，通过加料罐以及加料罐上设置的秤，准确加入 $MgCl_2$ 和 $TiCl_3$。将母液配制罐升压到工艺要求值，确认罐内温度不低。开母液配制罐底部 N_2 吹几次，计时混合规定的时间。

4. 母体配制操作步骤

（1）投用母液过滤器的伴热蒸汽。（2）确认催化剂配制罐下料阀关闭，内部温度、压力正常。确认母液计时混合时间满足。催化剂配制罐搅拌器打高速档。（3）打通母液输送流程，当母液罐的液位渐渐为零时，停催化剂配制罐搅拌器，关母液罐底部阀，用 N_2 将母液过滤器底部残液吹扫至催化剂配制罐，关闭整个输送流程。将母液罐夹套温度设定为常温；催化剂配制罐的压力设定为工艺要求值，计时混合 1h。（4）打通回收四氢呋喃流程，在回收过程中，保持催化剂配制罐的温度不低。（5）当母液罐的液位渐渐升高并保持一定时间不变，且催化剂配制罐内部温度保持四氢呋喃回收温度并维持了规定的时间；将催化剂配制罐的夹套温度设定为干燥温度并投用底部氮气，干燥规定时间后取样分析。

5. 还原干燥操作步骤

（1）确认母体干燥完毕，各项分析指标合格，干燥流程关闭；确认催化剂配制罐搅拌器运行。（2）将催化剂配制罐的夹套水温度设定为常温，配制罐的压力设定为工艺要求值；打通压送异戊烷的流程，按指标向催化剂配制罐中加入异戊烷。（3）根据母体中四氢呋喃的含量计算出一氯二乙基铝和三正己基铝的加入量，将还原剂分别加入计量罐中。（4）打通异戊烷回收流程，将配制罐夹套温度设定为异戊烷回收温度，干燥回收过程基本与 TOB 过程相同，干燥完成后，关闭回收流程取样分析。（5）将配制罐的夹套温度设定为常温，确认配制罐内部温度一定值，方可卸料；卸料时从视镜观察卸料情况，直到卸料干净为止。（6）确认好要储存催化剂的储罐，接上软管用输送 N_2 置换完后，泄压到微正压；记录储罐上秤的零点，然后向储罐输送催化剂，观察秤指示变化，并确认直至将催化剂配制罐送空。

6. 配制罐洗涤操作步骤

（1）确认配制罐中催化剂已完全卸空，配制罐底部三通阀打在去保护过滤器方向。（2）将母液罐中回收的四氢呋喃全部压入配制罐中，启动搅拌器，将配制罐温度、压力设定为工艺要求值。（3）搅拌规定的时间，打通配制罐→保护过滤器→母液罐流程，将洗液经过滤后返回母液罐，注意保护过滤器压差。（4）通过视镜观察洗涤液是否干净。如果洗液浑浊，应重复洗罐，直到干净为止。（5）四氢呋喃排尽后再用异戊烷回收罐中的异戊烷，经淋洗管线淋洗配制罐，洗液经保护过滤器后排放至废液罐中。

5.1.1.4 烷基铝单元操作（向反应系统送三乙基铝的操作）

（1）打通三乙基铝钢瓶→三乙基铝泵入口加料罐→三乙基铝泵→反应器循环气管线的流程。（2）打开输送 N_2 和钢瓶出口阀，将三乙基铝连续的压入加料罐中，观察加料罐液位的变化（控制在合适的液位）。（3）将三乙基铝引入要使用的泵的入口，保证入口加料罐的压力正常；确认泵已经送电，现场启动三乙基铝泵，确认泵出口压力正常。（4）初次开车时存在管线充填问题；正常运行期间，要保证流程畅通，加料罐有液位、有压力。

5.1.2 原料精制单元

5.1.2.1 原料精制单元工艺说明

1. 乙烯精制

乙烯精制是用来脱除乙烯中微量的乙炔、一氧化碳、氧气、二氧化碳、水和甲醇。这些杂质是催化剂的毒物，可严重影响催化剂产率和产品性能。

1）乙烯脱炔

乙烯脱一氧化碳和脱氧床中一般使用铜催化剂，乙炔与铜催化剂反应可生成乙炔铜，乙炔铜在遇到高温、火花或强烈的机械碰撞时，即使在没有氧气的情况下也可能发生爆炸，因此，乙炔脱除应该在含铜催化剂的上游。

在乙炔脱除器中，乙烯中的乙炔在固定床催化剂存在下与控制量的氢气进行加氢反应。乙烯脱炔一般使用含钯的催化剂，由于催化剂寿命受催化剂表面杂质（如硫化氢）等毒物的影响，可以适当提高温度使催化剂获得较高的活性。但在较低的温度范围内操作为佳，以保证选择性方面乙炔加氢大于乙烯加氢。

2）一氧化碳的脱除

一氧化碳是所有 Unipol 聚合催化剂的毒物。CO 的脱除一般使用铜催化剂，CO 与 CuO 和 Cu_2O 反应形成铜单质和 CO_2，使乙烯中的 CO 被脱除。反应方程式如下：$Cu_2O + CO \rightarrow 2Cu + CO_2$；$CuO + CO \rightarrow Cu + CO_2$。新装的脱一氧化碳催化剂虽然为氧化态，但此时活性不高，为提高其活性，必须用仪表风进行活化处理。活化是将床层温度升至活化温度时，通入含一定浓度仪表风的氮气。脱一氧化碳催化剂在卸床前必须先用氢气还原，然后用仪表风氧化。这是因为床层中可能含有少量乙炔铜，卸床前需用氢气将其还原，以免发生危险。而铜催化剂卸床时与大量空气接触可发生氧化反应，产生自燃现象，所以要用仪表风进行氧化。

3）氧气的脱除

氧气的脱除一般使用铜与 O_2 反应生成氧化亚铜（主要的）或氧化铜从乙烯中脱除。反应方程式如下：$4Cu + O_2 \rightarrow 2Cu_2O$；$2Cu + O_2 \rightarrow 2CuO$。催化剂以氧化态装运，在使用前必须进行还原，即把加热的 H_2/N_2 混合物通入床层，以水的形式将氧原子脱除。

4）二氧化碳的脱除

二氧化碳可通过与固体氢氧化钠反应被脱除，脱除反应发生在氢氧化钠粒子表面的水相内。反应式如下：$CO_2 + H_2O \rightarrow H_2CO_3$；$H_2CO_3 + 2NaOH \rightarrow Na_2CO_3 + 2H_2O$。正常操作时避免床层温度超过工艺规定的上限温度以上，以防止固体氢氧化钠软化和板结。

5）水的脱除

水的脱除是利用吸附原理，由乙烯净化系统末端的 13X 分子筛床层脱除掉。由于 13X 分子筛孔径较大，除了脱除水之外，还有能力脱除如甲醇、丙酮等极性杂质。

分子筛的再生采用低压再生工艺，使用热氮对床层进行加热。其再生原理是：（1）温度转换再生法：由于温度越高分子筛的吸附能力越低，采用升高床层温度的方法使原先吸附的杂质脱附。（2）压力转换再生法：利用压力越低吸附能力越低的原理，降低在高压下进行吸附的干燥床的压力，使吸附质脱附而除去。（3）冲洗解吸法：用惰性气体冲刷床层使杂质脱附。

2. 共聚单体精制

共聚单体以液态形式用压力槽车或管线输送到装置，然后储存在共聚单体储罐中。脱气塔用以脱除轻组分杂质：共聚单体中可能含有易挥发的气体，如氧、一氧化碳、硫化氢和二氧化碳等。它们通过少量的顶部气体排放这个脱气过程得以被脱除。分子筛脱水：使用 13X 分子筛脱除水分。

3. 氢气精制

氢气作为一种反应物用于加氢反应床层和流化床反应器，以及作为还原剂用于脱氧催化剂再生。氢气精制主要脱除氢气中含有的水和氧。氢气精制的逻辑顺序应设置为：① 一个预热器；②脱氧；③脱水。

氢气脱氧：由 Engelhand 工业公司提供的脱氧气体净化催化剂，可脱除氢气中的氧，由于该过程形成水，所以应将脱氧器设置于脱水分子筛的上游。

氢气脱水：氢气脱水使用 13X 分子筛，再生后的分子筛不需要预负荷。

4. 氮气精制

供给的氮气中一般含有水和氧杂质。尽管含量很小，但不适宜用于催化剂配制、催化剂加料器的输送氮气、反应器上仪表反吹等。氮气脱氧：氮气脱氧通常是用 UCC-1101 催化剂来完成的，主要成分为铜。也有装置使用 HC-1 催化剂来脱氧，主要成分为锰。氮气脱水：使用 13X 分子筛进行干燥，氮气精制床层中的分子筛再生后不需要进行预负荷。

5. 异戊烷、四氢呋喃精制

由于各装置供给的原料来源不同，其杂质含量也不同，齐鲁 LLDPE 装置的异戊烷、四氢呋喃只需要脱水即可以用于催化剂配制（用 13X 分子筛进行脱水）。而有些装置则需要经过汽提塔对异戊烷中的一些高沸点的化合物进行脱除（其过程与共聚单体汽提塔类似），然后再进行脱水。13X 分子筛需定期用热氮气再生，再生后不需要预负荷，但需要有一个充液过程。

5.1.2.2 原料精制单元操作

1. 乙烯精制系统

1）开车准备

（1）确认系统已经吹扫、气密、消漏完毕；各乙烯精制床层催化剂已装填完毕；确认界区乙烯阀关闭，乙烯系统到反应单元阀门关闭，系统各容器相互隔离。（2）从界区因氮气进入系统，对系统分段进行流动置换或压力置换，至氧含量合格。（3）打通乙烯系统全流程，从界区引入氮气，至反应进料处排放，置换至氧含量合格，系统保压，关各容器出入口阀，使之相互隔离。（4）按再生程序分别再生乙烯脱一氧化碳器、乙烯脱二氧化碳器、乙烯干燥器待用。

2）开车步骤

（1）确认系统仪表正常投用，各容器已置换再生完毕，乙烯系统各容器隔离，工艺管线各阀门关闭。（2）缓慢打开乙烯界区阀，将乙烯引入脱炔器并流动置换，气体排火炬，置换后要确认无漏点，将脱炔器升到乙烯源压力。（3）用同样的方法分别对脱一氧化碳、脱氧器、脱二氧化碳器及碱粉过滤器流动置换后升到乙烯源压力。（4）按预负荷程序分别对干燥器进行预负荷及升压。并按操作要求，投用一个干燥器。（5）将乙烯引至反应单元进料处排火炬，排放一定时间，系统稳定后，将乙烯切入反应系统，通过乙烯调压阀控制乙烯压力，配合反应调组分。（6）当乙烯流量大于系统设置的低报警值时，投用系统蒸汽，将脱炔器床温升至正常操作温度，将脱一氧化碳、脱二氧化碳床温升至正常操作温度；投用脱炔氢气。（7）分析精制后乙烯中的水、氧、CO、CO_2 及炔含量，并根据分析结果调整操作参数。

3）精制床层的切换操作（以乙烯干燥器切换为例）

确认备用干燥器已再生、预负荷、升压完毕且保压正常，床温正常；缓慢打开备用干燥器入口阀及出口阀，使两台干燥器并联，观察静电变化及在线分析仪读数，观察工艺规定的时间后，缓慢关闭在线干燥器进出口阀，并观察反应有无异常，若无异常逐渐全关进出口双阀组，并将双阀中间导淋打开。

4）精制床再生前停车操作（以乙烯脱一氧化碳器为例）

逐渐打开乙烯脱一氧化碳器旁通阀，让乙烯经旁通线进入乙烯脱氧器，同时观察反应器静电变化。若静电无变化，则缓慢关闭乙烯脱一氧化碳器进出口阀，观察无异常，逐渐全关进出口双阀组，中间导淋打开。将乙烯脱一氧化碳器中乙烯经泄压孔板向火炬缓慢泄压至微正压后关泄压孔板切断阀。打通乙烯脱一氧化碳器再生流程，引入再生氮气吹扫后准备再生。

5）乙烯脱一氧化碳床的再生（乙烯脱氧床再生步骤相同）

（1）打通再生流程，将再生 N_2 引入再生 N_2 加热器。（2）将再生 N_2 引入脱一氧化碳床，向火炬流动吹扫置换床层。（3）设定好再生 N_2 流量，给加热器送电，将脱 CO 床床温升至再生温度，并将流程由排火炬切向排大气。（4）吹扫、连接仪表风管线，通入仪表风并监视床温，当脱 CO 床测温点温度曲线温峰已过，继续增加仪表风浓度，温度不变时，可认为再生完成。（5）停仪表风并断开仪表风管线，给 N_2 加热器断电，用 N_2 将床温冷却。关排大气阀，停 N_2，系统保压待用。

6）乙烯脱 CO 床再生后的投用（乙烯脱氧床再生后投用步骤相同）

把乙烯引入脱 CO 床进行压力置换后，将乙烯脱 CO 床升至工作压力，然后投用乙烯脱 CO 床，注意反应器静电等变化。关闭乙烯脱 CO 床旁通阀，投用乙烯加热器蒸汽，将床温升至正常操作温度。取样分析乙烯脱 CO 床出口 CO 含量，并根据分析结果适当调节床温。

7）乙烯干燥器再生

（1）确认备用干燥器已再生、预负荷、升压完毕且保压正常，床温正常。使准备再生干燥器与备用干燥器并联使用，观察静电变化无异常后逐渐将准备再生干燥器切出，干燥器中乙烯经泄压孔板泄压至微正压后关闭泄压孔板切断阀。（2）将再生 N_2 引入氮气加热器、再生干燥器，由顶部再生/预负荷孔板排放，冷氮气吹扫置换床层。（3）设定好再生 N_2 流量，给加热器送电，手动调整加热器出口温度，以再生干燥器上部温度点达到第一解吸温度时计，保持床层为第一解吸温度恒温工艺要求的时间。（4）恒温结束后手动用加热器将床层温度升至第二解吸温度恒温工艺规定的时间，恒温时间以床温上部温度点达到要求时计。（5）恒温结束后给氮气加热器断电，用 N_2 冷却床温至规定温度（上部温度点），然后停止 N_2 吹扫，床层自然冷却。床温符合要求后，准备预负荷。

8）乙烯干燥器预负荷、升压步骤

（1）干燥器预负荷的作用及原理：

作用：干燥器内再生后的分子筛活性很高，除能吸附水外，还能大量吸附乙烯、丁烯、己烯等物料。吸附过程是一个放热过程，如热量不能移出，就会出现飞温烧坏分子筛和容器，所以，要进行预负荷。

其原理是用含有少量乙烯的氮气流动状态通过床层，使分子筛慢慢吸附烃类逐渐达到饱和，并用氮气将产生的吸附热不断带走，这样精制床在投用后就不会发生大量吸附烃类而产生高温，防止飞温事故发生。

（2）操作步骤：① 确认干燥器再生完成，床温符合要求，加热器停电。将再生 N_2 引入需要预负荷的干燥器，打通预负荷流程，调整 N_2 流量。② 投用预负荷所使用的乙烯流程，让乙烯与 N_2 混合后进入干燥器。严格监视床温，床温不得高于设定的报警温度。③ 逐渐全开预负荷乙烯加料手阀，当测温点温度曲线峰值已过、温度不变时，保持乙烯流量不变，把 N_2 流量逐步降低，同时严格监视床温，当床温峰值已过且温度不再上升时可认为预负荷完成。④ 停 N_2 然后把预负荷/升压开关打到"升压"位，让乙烯进入干燥器，关闭排火炬阀，让系统逐渐升压，同时观察床温变化，床温不得高于设定的报警温度。⑤ 当压力升至乙烯源压力后，关乙烯充压阀，将干燥器出口阀略开保压。

9）停车步骤

（1）反应进料停车后，关闭乙烯送料阀及界区手阀；关脱炔氢气加料手阀；关闭系统加热器加热蒸汽进出口阀，排尽加热器内凝液。（2）关闭乙烯换热器进出口阀，乙烯过滤器出口阀。通过排火炬线将乙烯系统泄压至零。（3）分别用氮气对乙烯脱炔器、乙烯换热器、脱 CO 预热器、脱 CO 器、脱氧器、乙烯脱二氧化碳器、碱粉过滤器升降压置换至可燃气合格，N_2 保压。（4）用再生氮气吹扫乙烯干燥器，然后将床温升至第一解吸温度，热氮气吹扫规定时间后，将床温冷却，停止氮气吹扫，系统保压。（5）吹扫干燥器出口、乙烯过滤器至反应单元进料处管线至可燃气合格。界区乙烯进料管线加盲板。

2. 共聚单体精制系统

1）开车准备

投用共聚单体系统所有安全阀及仪表；用 N_2 分别对共聚单体储罐、共聚单体输送泵入口至脱气塔进料阀前管线、脱气塔及缓冲罐进行置换，然后对共聚单体冷却器、高速泵、共聚单体后冷器—起置换至干燥器入口，置换至水、氧含量合格，系统保压。引再生 N_2 至共聚单体干燥器进行置换，至水、氧含量合格。用氮气吹扫干燥器出口至反应进料处管线，水、氧含量合格后 N_2 保压。按程序分别进行干燥器再生，干燥器预负荷，预负荷后马上充液。

2）开车步骤（以 1 - 丁烯系统为例）

（1）确认 1 - 丁烯系统仪表、电气正常。（2）接收 1 - 丁烯至储罐。打通储罐至输送泵流程，按步骤启动 1 - 丁烯输送泵，泵运行正常后，打通输送泵至脱气塔流程，将共聚单体缓冲罐逐渐建立正常操作液位，打通缓冲罐至共聚单体加料泵流程，启动加料泵打循环。（3）投用塔顶冷却器冷却水，投用脱气塔再沸器加热蒸汽，设定缓冲罐温度，投用塔顶排放系统。（4）投用共聚单体冷却器和共聚单体后冷却器。（5）确认 1 - 丁烯干燥器再生、预负荷完成后，按步骤进行充液，充液完毕后打通至反应流程排火炬，取样分析水含量，合格后准备切入反应器。

注：己烯系统开车步骤与 1 - 丁烯系统相同，只是缓冲罐控制参数不同。

3）停车步骤（以 1 - 丁烯系统为例，己烯系统相同）

（1）与反应单元联系准备停车；停 1 - 丁烯输送泵，将 1 - 丁烯储罐保压，将输送泵内残余液体 1 - 丁烯排往共聚单体回收罐。（2）停脱气塔再沸器加热蒸汽并排尽凝液。（3）用加料泵把缓冲罐中 1 - 丁烯抽至较低液位后停泵，剩余 1 - 丁烯与干燥器内 1 - 丁烯可通过回收管线压往共聚单体回收罐；将泵中残余液体排往火炬；停脱气塔塔顶冷却器、共聚单体冷却器、共聚单体后冷却器冷却水并排尽残液。（4）确认干燥器内 1 - 丁烯已压送干净。引入再生 N_2 将干燥器床温升至第一解吸温度，热氮气吹扫规定的时间，冷却后 N_2 保压，用 N_2 吹扫干燥器出口至反应进料管线至可燃气合格。（5）用 N_2 置换缓冲罐至可燃气合格，N_2 保压；用 N_2 置换输送泵及加料泵泵体及管线，至可燃气合格。（6）1 - 丁烯储罐出口加盲板，界区加盲板。

注：共聚单体干燥器使用 13X 分子筛干燥剂，再生步骤同乙烯干燥器相同，共聚单体干燥器和乙烯干燥器都使用乙烯进行预负荷，预负荷完成后，乙烯干燥器有一个乙烯充压过程，而共聚单体干燥器有一个共聚单体的充液过程。

3. 氢气精制系统

1）开车准备

确认系统仪表正常，安全阀、压力表切断阀开，系统已气密、消漏完毕；确认系统阀门正确。用氮气分别对氢气缓冲罐至界区的管线、氢气脱氧预热器、氢气脱氧器氢气干燥器进行置换，合格后 N_2 保压。打开氢气旁通线，流动置换干燥器出口至反应进料处管线；流动置换各用户管线。置换完毕后将各容器隔离、保压；将氢气干燥器再生后保压待用。

2）开车步骤

确认仪表投用正常，氢气干燥器已再生完毕，整个系统 N_2 保压，床温正常。从界区引 H_2 至氢气缓冲罐，用 H_2 压力置换后升到 H_2 源压力；引 H_2 至脱氧预热器、脱氧器、干燥器用 H_2 置换后，然后升到 H_2 源压力；引 H_2 至反应排火炬。投用氢气预热器，将预热器出口温度控制在正常操作温度。分析精制后氢气中水、氧含量，合格后准备向反应送料。

注：氢气干燥器中使用 13X 分子筛，再生步骤与乙烯干燥器相同，再生后不需要预负荷，升压后可直接投用。

3）停车步骤

与反应单元联系后停车。关界区进料阀，关干燥器进出口阀；停氢气预热器冷却水并排尽残液；分别将各容器泄压，引氮气分别置换缓冲罐至界区管线、脱氧预热器、脱氧器、干燥器至可燃气合格；流动置换干燥器出口到反应进料管线至可燃气合格；置换各 H_2 用户管线。系统保压，各容器相互隔离。界区加盲板。

4. 氮气精制系统

1）开车准备

确认系统仪表正常，系统已气密，消漏完毕，系统阀门位置正确。引 N_2 对脱氧预热器、脱氧器、脱氧后冷却器升降压置换；用氮气升降压置换氮气干燥器；用氮气压力置换精制氮气缓冲罐；用 N_2 置换氮气增压机。氮气脱氧再生并保压；氮气干燥器再生并保压；系统保压待用。

2）氮气精制系统开车

确认系统各仪表、电气正常。打通 N_2 流程，让 N_2 经脱氧预热器、脱氧器、脱氧器后冷却器、氮气干燥器及氮气增压机旁通进入精制氮气缓冲罐。给氮压机、氮压机后冷器、脱氧后冷器通冷却水；给氮气脱氧预热器通蒸汽并将床温升至正常操作温度。给 N_2 增压机送电并启动氮压机。由氮气缓冲罐出口测 N_2 中水、氧含量，合格后送反应单元。

3）氮气脱氧器的再生及投用

（1）旁通并隔离氮气脱氧器，缓慢泄压至微正压。（2）打通脱氧器再生流程，投用氮气预热器蒸汽并将床温升至再生温度。（3）通入 H_2，严密监视床温，当 H_2 手阀全开，氮气只走再生孔板，三个测温点温度曲线峰值已过且不变时，可认为再生完成；停再生 H_2 加入，用 N_2 热吹扫，降低床温。（4）关再生流程，将氮气脱氧器投入系统，关旁通阀，调整床层温度至正常操作温度。

注：氮气干燥器中使用 13X 分子筛干燥剂，其再生步骤与乙烯干燥器相同，再生后不需要预负荷，可升压后直接投用。

4）停车步骤

根据反应要求，关氮气缓冲罐出口阀；停 N_2 增压机，并停增压机冷却水，排尽残液；停氮气脱氧预热器加热蒸汽并排尽残液；停增压机后冷器、脱氧器后冷却器冷却水并排尽残液。将各容器和增压机隔离；系统保压。

5. 异戊烷精制系统

1）开车准备

确认系统仪表正常，系统已气密，消漏完毕。用 N_2 对异戊烷储罐、异戊烷加热器、干燥器及到催化剂单元的管线和旁通线进行置换，分析水、氧含量合格后隔离异戊烷干燥器和异戊烷储罐，系统保压。再生异戊烷干燥器保压待用。异戊烷储罐接料至正常操作液位，氮气保压；投用异戊烷加热器循环水。

2）开车步骤

确认系统仪表正常，干燥器已再生完毕且压力、温度正常；缓慢打开异戊烷储罐出口阀，让异戊烷经加热器后进入异戊烷干燥器，给干燥器充液并排尽其中 N_2；调整好异戊烷干燥器的压力，分析合格后将异戊烷缓慢压往催化剂单元。压送完毕后关闭异戊烷储罐及异戊烷干燥器出口阀保压。

注：异戊烷干燥器中装有 13X 分子筛干燥剂，其再生步骤与乙烯干燥器相同，再生后不需要预负荷，可直接充液后投用。

3）停车步骤

与催化剂单元联系，准备停车；关异戊烷储罐出口阀，储罐保压；用 N_2 将异戊烷加热器、异戊烷干燥器及管线中的异戊烷压送至催化剂单元，关异戊烷干燥器出口阀；用 N_2 流动置换异戊烷加热器、干燥器及有关管线至可燃气合格。

注：四氢呋喃系统精制与异戊烷系统精制的操作方法、步骤和干燥器的再生步骤相同，不再叙述。

5.1.3 聚合反应、回收单元

5.1.3.1 聚合反应单元工艺说明

聚合反应单元主要由以下几个系统组成：反应系统；调温水系统；产品出料系统；催化剂加料系统；压缩机系统；终止系统；抗静电系统。

聚合反应在流化床反应器中进行，根据生产的产品牌号不同，反应器可以在操作压力为 1.9~2.3MPa，操作温度为 82~110℃ 的条件下操作，配制好的反应催化剂和精制后的反应物（乙烯、氢气和共聚单体等）被连续地加入到反应器中。生成的树脂粉料由产品出料系统间断排出，连续循环的气相反应物由反应器顶部出来，通过离心式循环气压缩机和循环气冷却器又返回反应器。这个循环气流是用于流化反应床层，并移除聚合反应放出的热量。

乙烯聚合反应是放热的，反应热为 3489.2~3838.1kJ/kg 树脂。热量由流化床中的循环气携带出来，气体在平均床层温度下离开反应器，通常控制在 82~110℃ 之间。树脂的性质主要通过使用的催化剂和循环气组分来控制。催化剂类型决定了产品的分子量分布，循环气中共聚单体的量决定了树脂密度，氢气量决定熔融指数。

1. 反应系统

反应系统由一个流化床反应器、一台循环气冷却器、一台离心式压缩机组成。催化剂由特殊的加料器连续地加入反应器中。循环气体由乙烯、共聚单体、氢气、氮气及其他惰性气体组成，循环气体通过反应器时一方面流化聚乙烯颗粒、另一方面部分乙烯被聚合，从反应器出来的循环气体首先经过循环气压缩机，再经过循环气冷却器，之后重新回到反应器。精制的原料乙烯大部分从流化床循环气路进入聚合系统，少部分乙烯从吹扫总管进入聚合系统；氢气和乙烯混合后，一起进入循环管线。精制的共聚单体从循环气体压缩机出口、冷却器进口之间进入聚合反应器；三乙基铝加入循环管线的位置是在冷却器出口与反应器入口之

224

间。在反应器中，由催化剂引发放热的聚合反应，外部冷却的循环气使反应床层流化，并提供新鲜的反应物，而且将聚合反应释放的热量撤除。聚合反应产生的粉料树脂产品间断地从反应器中排到产品出料系统，在出料系统中粉料树脂分离掉反应气后被排到产品脱气仓。

2. 催化剂加料系统

装置一般设有两台催化剂加料器，每台加料器设有两个加料口。催化剂由催化剂储罐输送至加料器，通过高压精制氮气输送加入反应器。在通常操作状态下，两台同时使用。在催化剂加料器检修或催化剂不用时可将催化剂返回储罐。催化剂的加入速率决定了反应的产率。

3. 产品出料系统

反应器设有两套产品出料系统。正常操作时是交替工作的。在其中一套故障时，另一套可独立工作。每套出料系统由产品出料罐和产品吹送罐组成。两套出料系统之间由管线和程序线横向串接组成多级交替程序，以尽可能地减少随产品出料而带出的循环气量。

4. 终止系统

在故障或不正常操作状态下可用终止系统终止或控制聚合反应。终止系统的作用是将一种可逆的催化剂毒物注入反应器与活性催化剂作用使之失去活性。该系统由高压一氧化碳钢瓶、自动程控阀及相应管线组成。该系统可自动操作，也可手动操作。有"Ⅰ"型终止、"Ⅱ"型终止、小终止、微终止四种终止方式。

5. 抗静电系统

为了有效地控制反应器内的静电，设置了反应器静电监测仪，它可以把反应器内静电情况及时反映在中控室 DCS 屏幕上。操作人员可根据静电的波动情况确定是否使用抗静电系统。该系统能及时地把适量的水或醇类注入反应器内，以最终消除"正"或者"负"静电荷，达到稳定生产的目的。

5.1.3.2 聚合反应的控制

1. 反应器压力控制

正常操作过程中，反应器压力一般控制在稳定的值上。通过设置在反应器顶部的压力调节器调节新鲜乙烯进料阀的开度来控制乙烯的进料量以达到控制反应器压力的目的。当反应器压力超过设定值时，乙烯进料阀关小，减少乙烯的进料量。当反应器压力低于设定值时，乙烯进料阀开大，增加乙烯的进料量。当反应器压力超高时，将触发高压联锁，设置在循环气管线上的排放阀门将打开，泄压至正常后关闭。

2. 反应器温度控制

反应器的温度对催化剂的活性、树脂产率等性能有较大的影响，因此在生产某一牌号的产品时，必须严格控制反应器的温度。聚合反应热由循环气带出，经过压缩机后，在冷却器中放出热量，使气体得以冷却，然后又返回反应器，从而达到一个稳定的热量平衡以维持反应器温度不波动。

循环气的温度是通过控制调温水的流量实现的。通过控制调温水阀门热水阀（控制没有经过换热器的调温水流量）和冷水阀（控制经过换热器的调温水流量）的分程动作来控制水流量。

3. 反应器料位控制

在正常的生产过程中，要求床层料位有一合适的高度。床层料位控制的好坏直接影响着生产的平稳。料位过高，挟带量增大，这样容易堵塞冷却器及分布板，并有可能在管内结片；料位太低，会丧失冲刷作用，则易在反应器扩大段结片，一旦形成大片剥落则容易在反应器内结成大块。过低的料位还容易在反应床层内出现热点造成结块。

4. 反应器静电控制

如果系统内有杂质存在（如 H_2O、O_2），他们与三乙基铝作用将会产生静电引发剂，导致静电的产生。一般认为：H_2O 可导致负电产生，O_2、醇类可导致正电产生。

一旦反应器内有较强的静电产生，将迫使细粉和催化剂颗粒被吸附到气泡牵引力较低的壁面上，因壁面限制了传热，细粉和催化剂将继续反应产生熔融树脂而生成片状物，并有可能生成更大的熔融片。因此，为了生产的平稳运行，要有较好的控制手段和操作方法。下述操作程序有利于避免静电的产生：（1）要求反应器控制要平稳。调节好乙烯分压，控制产品的灰分在合适的范围内。（2）密切监视原料杂质含量的波动情况，同时，避免进料大幅度波动。（3）密切监视压缩机密封油的液位指示。（4）要保证充足的三乙基铝加入反应器。（5）经常检查确认注水注醇系统水、醇液位，流程正确；密切监视静电探测仪的变化趋势，如出现静电大幅度波动，应及时向反应器注水或注醇。

5. 聚合反应的组分控制

1）氢气/乙烯比的控制

氢气/乙烯比由改变氢气的加入量来控制：在线色谱分析仪通过检测氢气和乙烯浓度，得出比值与设定的比值进行比较，可由程序通过计算调整氢气的注入量，或者通过手动调整氢气的加入量从而改变氢气/乙烯比。氢气/乙烯比对产品质量的影响：氢气/乙烯比值增大，MI（熔融指数）将增加，反之将减小。

2）1－丁烯/乙烯比的控制

1－丁烯/乙烯比由1－丁烯的加入量来控制：在线色谱分析仪通过检测1－丁烯和乙烯浓度，得出比值与设定的比值进行比较，可由程序通过计算调整注入和循环时间来自动调节1－丁烯的注入量，从而改变1－丁烯/乙烯。共聚单体的含量是控制聚合物密度的最主要参数。增加1－丁烯/乙烯的比值，将会使产品密度降低，反之则产品密度升高。

3）乙烯分压的控制

乙烯分压对催化剂活性有很大影响。在过高的乙烯分压下生产会导致催化剂的活性增大，造成温度波动以及产率波动；在过低的乙烯分压下生产，又会使催化剂的活性骤减，产率下降，灰分增高，细粉含量增多，严重危害生产的稳定运行。因此，在生产过程中应当保持乙烯分压在适宜的范围内。通过向反应器加入精制高压氮气来有效地控制乙烯的分压。根据乙烯分压及反应器压力的情况，由控制阀控制高压精制 N_2 的流量。分压高则开大阀门补充 N_2，反之减少 N_2 量。在乙烯分压低时，为了更快地提高乙烯分压，可以通过适量的排放来实施。

5.1.3.3 催化剂加料系统

本类装置使用的催化剂加料器一般设有两个，每个加料器有两个加料口，以下谈到的有关催化剂加料器的操作说明，均以 1# 催化剂加料器为例。

1. 催化剂加料器的开车

1）加料器的置换

检查确认加料器所有的手阀和程控阀关闭，打通加料器氮气充压流程，打开加料器顶部放空线上阀门，用高压精制氮气对加料器进行升降压置换，氧含量合格后维持正氮压保护。

2）给加料器输送催化剂

（1）确认加料器压力为微正压；确认催化剂的牌号，现场确认催化剂储罐压力不低，并确认储罐内有足够的催化剂。（2）连接输送软管和过滤器并用输送氮气置换，置换合格后打通输送流程，同时打开加料器放空管线的阀门，确认输送 N_2 流量正常。（3）慢慢把催化剂储罐底部的下料阀打开 1/2 开度，观察输送管线上视镜中催化剂的流动情况。（4）当储罐称重指示已送出要求量的催化剂时，关闭储罐底部下料阀，继续用 N_2 吹扫管线，由视镜观察无催化剂时，停过滤器的搅拌器，停输送 N_2。关闭相应阀门，软管泄压并拆下。（5）用 N_2 反吹顶部过滤器，然后关闭排放阀门。

3）加料器的开车

加料器的操作过程中会用到五个开关，做一下简单介绍：

模式开关：两位开关"自动/手动"。选择"自动"位置时，可启动逻辑，逻辑启动电机；选择"手动"时无法启动逻辑，但可在现场启动电机。

$1^\#$加料口逻辑开关：三位开关"开/关/中间"，启动或停止 $1^\#$加料口逻辑。

$2^\#$加料口逻辑开关：三位开关"开/关/中间"，启动或停止 $2^\#$加料口逻辑。

旁通开关：两位开关"正常/旁通"，当切至"旁通"时，可使输送氮气流量控制阀受控且使充压自动阀打开充压为启动逻辑提供条件。

现场开关：两位开关"启动/停止"，用于现场启动或停止加料器电机。

加料器开车步骤（以 $1^\#$加速段为例，$2^\#$加速段的开车方法相同）：

（1）打开 $1^\#$加速段顶部平衡阀的截止阀，打开充压阀截止阀，确认加料罐与加速段压差表、加速段压差表投用，注射管已插入反应器，建立输送 N_2 流量。（2）检查现场开关不在"停止"位置，将旁通开关切至"旁通"位；模式开关切至"自动"位；电机转速设定为零。（3）当输送氮气流量指示正常后，将 $1^\#$加料口逻辑开关切至"开"位置；充压阀打开给加料器充压。（4）当加料罐与加速段压差和加速段压差表指示在逻辑启动要求的范围时，输送 N_2 流量正常时，充压阀自动关闭，$1^\#$加速段顶部平衡阀打开，计量盘氮气吹扫阀和加料罐底部 $1^\#$下料自动阀打开，逻辑启动成功。（5）若需向反应器加催化剂，则打开加料罐底部 $1^\#$下料自动阀下部的手阀，根据需要设定电机的转速即可。

2. 催化剂加料器的停车

1）加料器的自动停车

（1）注射管的输送氮气流量小于低报警值。（2）加料器加速段压差高报警或低报警。（3）充压阀打开或限位开关信号故障。上述三个原因的任何一个存在，均可使加料器的相应加速段逻辑停车，程控阀关闭；若两个加速段均停车，则电机也断电停车；若终止逻辑触发，则两个加料器的四个加速段及两个电机均停车。

2）催化剂的返回

催化剂加料器需要倒空时，里面存有的催化剂必须返回催化剂储罐，具体操作如下：（1）加料器停车，拔出注射管，按要求连接并置换软管。（2）准备好加料器至催化剂储罐的流程，打通储罐排空流程，打开返回管线上游 N_2 阀，用 N_2 流动吹扫返回物料管线。（3）调整好加料器压力和催化剂储罐压力，将返回管线上游 N_2 阀关闭，慢慢打开计量盘上部的排放阀至 1/2 开度同时由催化剂返回视镜观察催化剂的流动状况。（4）当从催化剂返回视镜确认无催化剂流动时，可慢慢打开计量盘下部的排放阀，同时关闭上部排放阀，直至从视镜中看不到催化剂流动为止。（5）保持加料器压力，模式开关切至"手动"位，现场启动电机，室内给定加料器电机转速，由返回视镜确认加料器内无催化剂时，关闭 N_2 阀。关闭下部排放阀，将下游流程上相应的截止阀关闭，按需求拆卸软管。

3）加料器的氧化和真空抽吸操作

加料器在打开之前，必须进行氧化和真空抽吸操作，防止加料器内残存的催化剂在加料器打开接触大气时氧化放热对加料器造成影响。氧化步骤如下：（1）确认催化剂已被返回，加料器无压。（2）将氧化用氮气软管与加料器的氧化接头连接好，连接仪表风与氮气之间的软管。（3）打开加料器顶部排放阀，先通入 N_2，后通入仪表风，流动吹扫规定的时间。（4）随时触摸计量盘及底部法兰外表面，如表面太热则应关闭仪表风，冷却后再投入仪表风，直至底部表面不再发热，则氧化结束。

加料器的真空抽吸操作步骤：确认加料器所有阀门都关闭；打通加料器真空抽吸流程，投用真空抽吸喷射器。通过开车置换管线或氧化进气管线向加料器供气，通过抽吸管线截止阀开度调节系统真空度。确认催化剂被抽空后，停止喷射器，关闭真空抽吸流程。

4）催化剂加料器手动停车

当加料罐料位低报警时，需要重新输送催化剂，将 $1^\#$、$2^\#$ 加料口逻辑开关切至"关"位置，则逻辑停止，电机停转；现场将停止的加料器的平衡阀截止阀、加料段手阀、差压表取压阀关闭，拔出注射管；由加料器顶部的泄压孔板泄压至微正压，等待催化剂输送操作。

5.1.3.4 反应终止系统

1. 设置终止系统的目的和分类

1）目的

终止系统主要用于故障状态下，将终止剂一氧化碳注入流化床中，使反应催化剂失活，终止反应以消除热量的来源，避免系统发生结块、熔床等事故。

2）分类

终止系统根据不同的反应异常状况，采取不同的操作方式。大致分为下面四种：（1）Ⅰ型终止：循环气流量仍旧维持时需进行的终止操作，彻底杀死反应。（2）Ⅱ型终止：在循环气流量中断时需进行的终止操作，彻底杀死反应。（3）小终止：手动终止操作，反应速率恰好降为零，而恢复反应无需进行置换操作。（4）微终止操作：手动终止操作，反应速率仅降低 20% ~ 30%。

2. 终止系统的自动控制

终止系统中用到一个重要的选择开关，有四个位置："Ⅰ型终止"；"Ⅱ型终止"；"自动"；"解除/复位"。正常操作情况下，将选择开关置于"自动"位置上，此时整个终止系统就被逻辑系统置于自动控制状态，当某些工艺变量出现异常时，终止逻辑便被自动触发，自动实施对反应系统的终止操作。

1）触发Ⅰ型终止的条件

（1）选择开关切换至"Ⅰ型终止"位置。（2）反应器高温报警。触发上述任何一个条件均能触发Ⅰ型终止。

2）触发Ⅱ型终止的条件

（1）选择开关切换至"Ⅱ型终止"位置。（2）循环气压缩机停车。（3）当反应器压力大于 1.4MPa 时，循环气流量低报警，反应器床层重量低报警。（4）当反应器压力大于 1.4MPa 时，循环气流量低报警，反应器上部松密度低报警。上述四个条件中的任何一个存在均可触发Ⅱ型终止。

3）Ⅰ型终止逻辑运行程序（叙述中出现的阀门、开关等，请参照图 5-2 终止系统流程

简图）

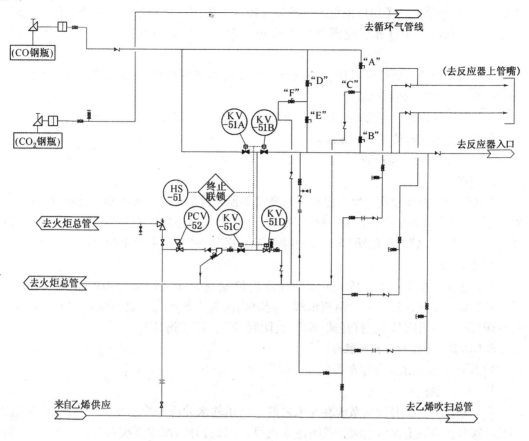

图5-2 终止系统流程简图

当Ⅰ型终止逻辑触发的条件满足时，终止逻辑进行下列动作：

（1）室内集中报警盘"终止"位置闪烁报警；选择开关开关中"Ⅰ型终止"位置指示灯报警。排放火炬程控阀 KV-51D 关闭，延时10s，在此期间，若操作人员发现是假报警，可迅速将选择开关切至"解除/复位"位置，便可停止逻辑的运行。

（2）触发Ⅰ型终止逻辑运作，包括：① 停止催化剂加料器逻辑。② 停止反应器各进料阀或泵：关闭乙烯进料阀；关闭共聚单体进料阀；关闭冷剂进料阀；关闭三乙基铝注入阀，三乙基铝计量泵停止运行；共聚单体返回泵停止运行；关闭循环气单体冷凝器排放阀；关闭氯仿进料阀，停氯仿加料泵；关闭冷凝剂进料阀。③ 启动终止剂注入程序：KV-51A 打开，KV-51C 打开；延时4s，使 PCV-52 管段增压后关闭 KV-51C；KV-51B 打开，向反应器注入终止剂；延时100s后，关闭 KV-51A、KV-51B，打开 KV-51D。

（3）终止逻辑运行完后，将选择开关切换至"解除/复位"位置，使逻辑复位。系统恢复正常后，将选择开关切换至"自动"位置上。

4）Ⅱ型终止逻辑运行程序

当Ⅱ型终止被触发时，终止逻辑将进行以下动作：

（1）室内集中报警盘"终止"位置闪烁报警；选择开关中"Ⅱ型终止"位置指示灯报警。KV-51D 关闭，延时10s，在此期间，若操作人员发现是假报警，可迅速将选择开关切至"解除/复位"位置，便可停止逻辑的运行。

（2）触发Ⅱ型终止逻辑运作，包括：①停止催化剂加料器逻辑。停循环气压缩机。②同Ⅰ型终止（2）中②。③关闭压缩机入口循环气阀；关闭产品出料系统根部程控阀；关闭注射套管反吹自动阀。④打开反应器顶部排放阀。⑤启动终止剂注入程序，同Ⅰ型终止（2）中③。

（3）当反应器压力降至低压报警点时，关闭反应器顶部排放阀，将选择开关开关切至"解除/复位"位置，使系统复位。

（4）若系统正常，可启动压缩机，重新开车。若压缩机无法启动，可将进料切为高压氮气，打开顶部排放阀流动冷却床层。

3. 终止系统的手动控制

1）小终止

当出现反应温度过高，反应器料位超高或其他异常变化时，可手动实施小终止操作。步骤如下：（1）确认系统阀位正确，钢瓶角阀打开一个，检查终止剂钢瓶压力足够。（2）关闭阀"C"；打开阀"A"，关闭阀"A"；打开阀"B"，关闭阀"B"；打开阀"C"。

2）微终止

微终止主要用于产率过高，温度偏高或料位偏高等异常情况的初级阶段。步骤如下：（1）检查阀位正确，打开一个钢瓶角阀，同时确认终止剂压力满足要求。（2）关闭阀"F"；打开阀"D"，关闭阀"D"；打开阀"E"，关闭阀"E"；打开阀"F"。

5.1.3.5 反应相关系统操作

1. 反应调温水系统开停车操作

1）开车准备

（1）系统充水，并确认系统在冲水之前，已用软水冲洗干净；确认流程，缓冲罐注水；当缓冲罐溢流管线有水流出时，关闭注水流程。（2）打开调温水系统各高点排放阀、相应阀门，通过缓冲罐底部阀向系统冲水。（3）投用缓冲罐保压氮气。当系统充满水后，关闭高点排放阀；当缓冲罐液位高于低报警时将回路投用。

2）开车步骤

在系统充满水后，确认流程正确，灌泵后现场启动调温水泵，并确认泵运行正常。投用调温水冷却器。温度系统稳定后投自动运行。

3）正常操作

检查泄漏情况、冷却器的堵塞情况；监视缓冲罐的液位指示；检查所有伴热正常；确认所有现场仪表和控制室仪表工艺参数正确。

4）停车步骤

停水泵，关泵出口阀；关闭缓冲罐底部球阀；通过导淋阀将系统水排净；系统隔离或进行维修（维修前，要测量系统内部烃含量）。

2. 抗静电系统的操作

1）系统置换

确认系统阀门位置正确，从注水罐引氮气置换注水罐及注水管线，流动吹扫合格后关闭氮气入口阀。用同样的方法置换注醇罐。

2）灌水和醇

灌水步骤：（1）关闭注水罐的乙烯和氮气入口阀。（2）关闭注水罐出口截止阀；打开注水罐溢流导淋阀。（3）打开注水漏斗底部截止阀；将水加到液位视镜的2/3处。（4）灌水结

230

束后，关闭漏斗底部截止阀和罐体溢流导淋阀。(5)打开注水罐出口管线导淋阀，打开氮气入口阀，吹扫合格后将导淋阀和氮气阀关闭(灌醇步骤与灌水步骤相同)。

3) 注水、注醇系统投用

注水系统投用步骤：(1)确认注水罐已充满水。(2)打通注水流程。(3)当反应器正电荷波动超出范围时，投用注水管线上流量控制阀。(4)根据反应器静电的强弱，决定阀门的开度和注入时间。⑤观察一段时间，如果静电不能恢复正常，可重复进行上述操作，直至静电恢复正常(注醇系统投用步骤与注水系统投用步骤相同)。

5.1.3.6 反应系统开车

反应器的开车分为如下两类：(1)完全停车后的开车：此时床层已经卸空，且系统暴露于大气；(2)部分停车后的开车：此时床层未卸，只是系统部分敞开。

1. 完全停车后的开车

1) 开车前准备

(1)循环气压缩机检修后复位，具备开车条件；反应器各人孔复位，反应器相应管线复位；一氧化碳、水、醇注入口畅通；注射管长度测量完毕；调温水系统充水完毕。(2)检查压缩机油系统油箱油位、油温正常，压缩机轴承温度正常，否则投用油箱电加热器。(3)仪表人员确认反应系统各测温点、静电探头、各压差表具备投用条件。(4)抽出加在氮气、火炬以及其他工艺管线上的盲板，并将管线复位；用氮气吹扫所有管线，确认管线畅通。(5)解除终止系统；检查循环系统回路通畅。(6)按操作规程启动压缩机润滑油和密封油系统；反应器升压至700kPa时稳定压力做系统气密检查，将漏点消除后系统泄压至0kPa。

2) 种子床装填

(1)确认系统阀门位置正确；安全阀投用。(2)确认反应器顶部人孔和种子床管线短接口法兰敞开；启动种子床输送风机，吹扫输送管线；停风机，将输送短管与反应器相连接。(3)检查种子床输送斗中筛网完好，启动种子床输送加料器，向反应器输送种子床。(4)通过顶部人孔测量床层至需要的高度后拆除接床短管，并将种子床接口法兰复位；将顶部人孔法兰复位。

3) 氮气置换、脱水

(1)确认压缩机入口阀开；各差压表停；各反吹阀门开；终止解除。(2)确认调温水系统运行正常；出料系统输送气切换为氮气；确认导向叶轮的开度正常；压缩机系统具备启动条件。(3)用高压氮气给系统充压，在系统压力达到投用密封油压力时投用密封油系统，当压力达到启动循环气压缩机压力时，系统进行静态气密；确认无泄漏后，启动循环气压缩机。(4)在系统压力为投用催化剂压力时，对系统进行高压检漏。(5)通过排放大气阀将系统压力降至启动循环气压缩机压力；投用系统加热蒸汽，将系统升温至正常反应温度。(6)投用各压差表；投用出料系统，根据推荐料位调整床层料位，并试运行出料系统。(6)保持系统流动置换，分析系统氧含量合格时，将系统排放切至火炬。

4) 零压吹扫

(1)确认系统氧含量合格，反应器温度为正常反应温度，反应器降压至停止循环气压缩机压力时，现场停压缩机；系统降至停止密封油压力时，停密封油和缓冲气，系统泄压至零。(2)将压缩机入口阀关闭，反应器顶部排放阀打开，用大流量高压氮气流动吹扫床层；吹扫期间投用调温水加热蒸汽，维持反应器入口温度在较高温度。当床层温度降至规定温度时停止零压吹扫。(3)压缩机启动条件确认后，重新启动压缩机；将床温升至正常反应温度，继续脱水。

5) 滴定、钝化

滴定是为了脱除氮气置换脱水过程中很难脱除掉的水分，进一步降低系统水含量；钝化的目的是将系统中的杂质除去，防止开车时大量静电的产生，有利于开车时尽快建立反应。其操作步骤如下：

(1) 确认 T_2(三乙基铝)管线已吹扫完，流程正确；维持系统压力为调组分的初始压力；启动 T_2 加料泵，充填 T_2 管线。(2)根据水分析仪指示的水含量，按一定比例，确定 T_2 的加入量。T_2 加完后保持系统循环工艺要求的时间后检查水含量，如果系统水含量偏高，则继续加 T_2 循环，直至水含量合格。(3)确认 T_2 钝化条件满足：反应器压力为调组分的初始压力；反应器温度为正常反应温度；系统水含量合格。(4)拆除水分析仪；调整各反吹流量；关闭反应器排放阀，向反应器加入规定量的 T_2，在无排放的情况下，保持循环工艺要求的时间。(5)维持反应器压力为调组分的初始压力，保持反应器尽可能小的排放，系统循环规定的时间。

6) 建立反应组分

(1) 确认静电控制系统、产品出料系统、终止系统、催化剂加料系统等具备使用条件；确认精制后的乙烯、共聚单体、氮气及氢气合格；确认乙烯、共聚单体、氢气及 T_2 加料管线截止阀打开。(2)在开始建立组分前，将乙烯、共聚单体、氢气引至反应，小流量排火炬；组分调整前投用在线仪表。(3)启动催化剂加料器程序；将系统压力调整至开始调组分压力，关闭排放阀。(4)将反应器进料由高压氮气切换为乙烯；乙烯加入的同时加入 T_2；乙烯加入后加入共聚单体；最后加入氢气。同时注意观察系统静电的变化。(5)当系统压力达到加入催化剂压力时，确认反应器条件：压力、温度、乙烯分压合适；氢气/乙烯比、共聚单体/乙烯比、T_2 浓度达到要求。至此，组分调整完毕。

7) 投催化剂建立反应

(1) 确认组分调整达到目标值；设定催化剂加料器转速，加入催化剂。(2)适当降低共聚单体和 H_2 加入量，然后根据反应器组分调整共聚单体及 H_2 加料量。(3)在建立反应后，维持低负荷运行，并密切监视静电的变化，根据静电波动情况投用静电控制系统；投用出料系统，在系统出料后，取样分析树脂的指数和密度。(4)在反应稳定一段时间后，逐渐关闭加热蒸汽阀门，并调整各反吹流量至正常值；当排放气中水、氧含量合格后出料系统输送气切换为排放气；当回收的共聚单体中水、氧含量合格后将共聚单体切换回反应器。(5)脱气仓料位有指示后通知造粒单元开车。(6)调整好各反应参数，控制好产品质量。

2. 部分停车后的开车

(1) 启动压缩机润滑油系统；启动循环水泵，建立调温水系统循环；检查流程，确保系统正常复位。(2)终止解除后，引氮气给反应器充压，当系统压力达到投用密封油压力时，投用密封油系统；在压力升至启动压缩机压力时，进行系统静态泄漏检查。(3)启动循环气压缩机；系统升温至控制值；流动置换至氧含量合格，排放切至火炬；进行正常开车的步骤。(4)若终止后开车，需要置换至 CO 合格，然后建立组份投催化剂。(5)根据生产情况控制产率为正常值。

5.1.3.7 反应系统停车

1. 常规卸床停车

1) 停止反应

停催化剂加料，现场拔出注射管；实施小终止，同时切断乙烯、共聚单体、氢气、三乙基铝进料；适当降低催化剂注射套管的乙烯反吹流量；确认反应停止后，反应器降压，根据高压氮气压力情况将乙烯切为高压氮气。

2）反应器卸床

维持反应器压力在卸床压力，手动控制产品出料系统，给反应器卸床，根据料位、床重、松密度及现场出料情况，确保物料卸空；关出料系统与反应器连接处根部手阀；停各压差表。

3）反应器的水解

反应器水解的目的：反应器及树脂中有助催化剂 T_2（三乙基铝），当反应器打开与大气接触时，T_2 与氧反应生成醇盐。在下次开车时，这些醇盐就会在注入 T_2 并升温的过程中分解成醇、醛和其他烃类氧化物，这些均是静电引发剂，能够产生静电，造成反应结片。T_2 如与水反应后再接触空气时，就会防止醇盐的生成，同时，水解还可以防止 T_2 接触空气着火。具体操作如下：

调温水系统通中压蒸汽，控制反应器温度、压力、导向叶轮开度在要求值；通过注水口向反应器注入水或中压蒸汽，循环规定时间后分析反应器中水含量，若水含量低可再次加入，确保反应器中水含量达到要求值，循环要求的时间，水解完成。

4）停压缩机

停调温水中压蒸汽，待反应器各点温度降至常温，反应器压力为停止压缩机压力时现场停压缩机，系统降压，当压力降至停止密封有压力将备用油泵切至手动，然后停密封油和缓冲气，密封油停后，压缩机各轴温降至正常温度后停润滑油。

5）反应器的置换

用高压氮气对反应器进行压力置换直到可燃气含量合格，反应器泄压至零压，系统排放切为排大气。

6）停调温水系统

反应器置换期间，现场停调温水泵，关闭调温水膨胀罐进料阀，关闭调温水膨胀罐底部下料阀，将调温水管线及板式换热器内水放干净。

7）系统隔离置换

(1)切断反应器所有进料管线上阀门，并将与系统连接的各物料管线加设盲板或用双阀组隔离。(2)各进料管线至火炬阀门打开泄压，由精制单元引高压氮气置换至可燃气分析合格后保压。(3)用氮气吹扫三乙基铝管线，将三乙基铝返回催化剂单元。(4)用高压氮气升降压置换注水、注醇系统。可燃气分析合格后系统隔离。(5)用氮气对出料系统进行升降压置换，可燃气分析合格后系统隔离。(6)将终止系统一氧化碳钢瓶拆除，用氮气吹扫终止系统管线至可燃气含量合格。

8）打开反应器

确认反应器各进料阀和去火炬阀切断，氢气、乙烯、共聚单体进入反应器处及反吹总管前加盲板；确认反应器降至常压；打开反应器顶部人孔，分布板上下人孔，反应器入口短节等，系统氧含量分析合格，按规定办理进容器作业证后方可进入检修。

2. 常规不卸床停车

(1)停止催化剂加料并拔出注射管；保持反应条件，保持各组分正常含量；停回收系统。(2)向反应器注入一氧化碳，终止反应。(3)切断各进料阀门，反应器降温降压，降低催化剂注射套管反吹流量，乙烯进料切换为高压氮气。（4）反应器泄压至停止压缩机压力，维持此压力用 N_2 置换至可燃气合格。（5）床层冷却至常温，停循环气压缩机，隔离反应器。（6）确保反应器内无异常，进行正常的维修处理。

5.1.3.8 产品出料系统（PDS）

在产品出料系统的操作中，涉及几个控制开关：

现场 1#、2#PDS 锁定开关："自动"和"停止"两位开关。

1#、2#PDS 逻辑状态开关："停止"和"启动"两位开关。

1#、2#PDS 模式开关："手动"/"停止"/"自动"三位开关。

PDS 选择开关："1#PDS"/"交替多级程序"/"2#PDS"三位开关。

1. 出料系统开车（参照图 5 - 3 产品出料系统流程简图）

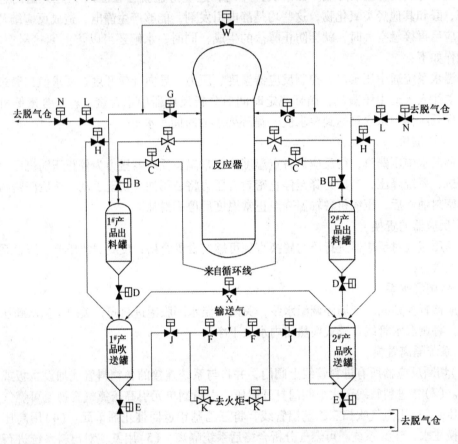

图 5 - 3　产品出料系统流程简图

1）出料系统手动操作

产品出料系统可采用手动操作的方式，开或关各程控阀门，以便在故障状态下，继续维持出料系统的运行。各程控阀进行手动操作的条件是：（1）现场锁定开关切换至"自动"位置。（2）1#、2#PDS 模式开关切至"手动"位置。（3）各阀门手动操作时的联锁条件满足。上述条件具备就可进行操作盘上各阀门的手动操作。

2）自动出料的开车准备

准备步骤如下：（1）把现场锁定开关切至"自动"位置上；将模式开关切至"手动"位置上；确

234

认系统手动阀和程控阀阀位正确。(2)利用出料系统输送低压氮气对出料罐和吹送罐进行升降压置换至合格。(3)调整出料罐和吹送罐压力合适后,将模式开关切换至"自动",系统备用。

3)单系统自动出料

单系统自动出料操作步骤:(1)确认系统程控阀,手动阀阀位正确系统已置换合格;PC(产品出料罐)和PBT(产品吹送罐)压力条件满足;模式开关切换至"自动"。用PDS选择开关选择运行的系统。逻辑对PPB(脱气仓)压力和反应器料位进行确认,符合要求则向PDS发出允许信号。(2)逻辑确认程控阀初始阀位:阀"A"、"C"、"K"打开,其余程控阀处于关闭状态;检查循环气到PDS的反吹流量正常;将逻辑状态开关切换至"启动"位置上。(3)逻辑检查:PC压力和PBT压力条件满足后逻辑状态开关的"启动"灯亮。当各程控阀初始阀位满足,吹扫气流量满足则逻辑进程灯亮。逻辑已处于备用状态,一旦获得反应器高料位信号并持续5s后,则逻辑被触发开始单系统自动出料。(4)出料至PC罐,逻辑进程灯"树脂卸料至PC罐"亮。(5)树脂由PC罐输送至PBT罐,进程灯"树脂由PC罐输送至PBT罐"灯亮。(6)由PBT向PPB(脱气仓)送料,进程灯"PBT向PPB送料"灯亮。(7)当阀"E"关闭,进程灯全部熄灭,一个出料循环结束,逻辑又回到等待出料的准备状态。

4)双出料系统"交替多级"自动出料

双出料系统"交替多级"自动出料步骤:(1)确认两出料系统的阀位正确,系统置换合格,PC罐和PBT罐压力符合要求;将模式开关均切换至"自动"位置;将选择开关切换至"交替多级程序"位置。(2)逻辑检查PPB压力和料位不高。逻辑确认系统阀位正确和PDS的反吹流量正常;将逻辑状态开关切换至"启动"位置。首先切至"启动"位置的开关,其相应的出料系统也首先出料。(3)逻辑检查两PC罐压力、两PBT罐压力符合要求后,逻辑状态开关的"启动"灯亮。当阀位和反吹量均符合要求时,两个逻辑进程灯均亮。逻辑处于备用状态,等待获得反应器的连续5s的高料位信号,此时首先被启动的PDS将开始出料。(4)树脂出料至PC罐,当逻辑由反应器获得连续5s的高料位信号后,逻辑被触发,开始出料,进程灯"树脂卸料至PC"灯亮。(5)两PC罐间的气体平衡,进程灯"气体输送PC1#到PC2#"(或气体输送PC2#到PC1#)灯亮,计时器启动;当计时器完成后,阀"W"关闭,PC罐间气体输送过程结束。"W"阀关闭后,若另一PDS的所有条件满足后,逻辑允许其开始出料循环。(6)PC和PBT罐间的树脂输送,进程灯"树脂由PC罐输送至PBT罐"灯亮。(7)两PBT间的气体平衡,进程灯"气体输送PBT1#至PBT2#(或气体输送PBT2#至PBT1#)"灯亮,计时器启动。当计时器完成后,阀"X"关闭。(8)由PBT向PPB送料,进程灯"PBT向PPB送料"灯亮。当阀"E"关闭,所有进程灯熄灭,逻辑回到初始状态。(9)另一出料系统的出料:在一个出料系统开始出料过程中,阻止另一个出料系统的运行,只有当运行的系统结束"PC罐向PBT罐的树脂输送"步骤后,逻辑就允许另一系统开始出料,其步骤完全一样,其后两个系统进行"交替多级"的自动出料。(10)若"交替"出料中,不希望进行气体平衡,那么只需在初始确认阀位时利用"手动"关闭阀"W"或"X",然后切回"自动"投用,则相应的PC罐间气体平衡或PBT间的气体平衡就不再进行了。

2. 出料系统停车

在"交替多级"自动出料逻辑运行中,要停止逻辑运行程序,可采用下列四种方法的任一种:(1)将模式开关切换至"停止"位置,此时允许正在运行的PDS完成出料循环,然后逻辑将停在备用状态,然后将逻辑状态开关切换至"停止"位置。(2)将选择开关切换至"停止"位置,此时允许带树脂的PDS完成出料循环,但"W"阀和"X"的平衡将不再进行,系统

235

回到备用状态，然后将逻辑状态开关切换至"停止"位置。（3）将逻辑状态开关切换至"停止"位置上，这样可立即停止 PDS 循环。（4）将现场锁定开关切换至"停止"位置，此时立即终止出料循环。

5.1.3.9　循环气压缩机系统的操作

齐鲁 LLDPE 装置采用的循环气压缩机是型号为 DH – 7M 的垂直剖分筒形单级恒速离心式压缩机。其主要作用是维持流化床反应器内的流化过程。该压缩机采用了单套组合的润滑油和密封油系统。

1. 公用工程条件的确认

要做好以下确认：（1）油冷却器内已通入冷却水；油泵、主电机、油加热器已送上电，主电机应当在其运行前 8h 送电，油加热器尽早投入运行（特别是在冬季）。（2）作为设备保护的密封 N_2 通入，进入各点的 N_2 压力保持微正压即可。（3）油箱油位正常，油温正常。（4）确认整个油系统流程具备，各气动阀门仪表风通入。

2. 建立 LO（润滑油）系统循环

操作步骤如下：（1）启动一台油泵，调整油泵主回流旁通阀的开度使油总管压力在要求的压力范围内；检查 LO 供油压力表达到正常操作压力并检查 LO 各回油视镜，以及各泄油孔有无泄漏状况。（2）给 LO 高位油槽上油，直到回流视镜可观察到 LO 回流。为了保持高位槽的油位，旁通手阀开度应尽量小，使视镜中可见到微量回流即可。（3）润滑油循环建立后，对系统进行检查，倾听油泵有无杂音和振动，油系统有无泄漏。

3. 建立 SO（密封油）系统循环

操作步骤如下：（1）确认反应系统压力达到投用密封油压力时，投密封缓冲气，调节流量指示达到要求。（2）投用缓冲气稳定后，调整 SO 高位槽液位设定，然后慢慢打开密封油供油阀投入密封油，保证油总管压力稳定在要求的范围内。观察油位上升情况，逐渐提高液位设定至正常值。（3）油系统稳定后，必须确认油泵主回流旁通阀关闭，使整个油系统投入自动操作状态。（4）密封油系统稳定后，油总管压力、SO 供油压力和反应系统压力（压缩机入口压力）成一定比例关系，三者之间依次差值在要求的范围左右。如上述关系不成立，必须进行系统调整，不准启动压缩机。（5）检查油气分离器的视镜，了解酸油排放情况。（6）打开主机联轴节护罩，盘车 1～2 转。

4. 启动压缩机主机

操作步骤如下：确认反应系统压力达到启动压缩机压力时启动主电机；在机组运行的最初 1h 内必须加强现场巡检；若在油系统投入运行或主机投入运行之后出现油系统压力波动，此时应迅速查明原因，调整油总管压力，待系统恢复平静后，使系统自动调节；机组正常运行 1h 后，将备用油泵打到自动位置。

5. 压缩机组停车

操作步骤如下：当反应系统压力降到停止压缩机压力时停主机。在反应系统压力降到停止密封油压力时，首先解除备用油泵的联锁（将备用油泵切至手动），然后逐渐关闭密封油供油阀，将 SO 高位槽的油放回油箱，使 SO 系统完全停下来，停止缓冲气，保持 LO 系统循环直至机组温度降到常温时，才可停油泵。

5.1.3.10　脱气及回收系统

1. 系统流程叙述

来自反应器出料系统的树脂在脱气仓中由 N_2 和水解蒸汽除去树脂中夹带的烃和三乙基

铝，脱气后的树脂经脱气仓的底部进入造粒单元。

脱气仓分上下两段，上段为脱气段，主要用于脱除树脂中烃类，下段为水解段，主要用于水解树脂中残留的三乙基铝。N_2首先由N_2加热器加热，然后分为两大支，一支进入脱气仓上段，脱除树脂中的烃类，气体经上部过滤器后一部分气体进入共聚单体回收系统，回收共聚单体和冷凝剂，多余气体排放火炬。另一支N_2进入脱气仓水解段，与蒸汽混合后水解树脂中三乙基铝，然后气体由侧线过滤器排入大气。为保证蒸汽不窜入脱气段，侧线排放流量应大于水解段N_2和蒸汽的流量之和。

回收系统分为低压、高压两部分，以排放气压缩机为界，低压部分主要用于回收己烯和部分冷凝剂，高压部分主要用于回收1-丁烯和冷凝剂。排放气压缩机有两个主要作用，一为提高气体压力，以便于共聚单体和冷剂冷凝回收；二为出料系统提供输送动力。

从脱气仓来的排放气，首先通过入口保护过滤器，然后进入排放气回收系统。在排放气回收系统中，气体经过低压冷却器和低压冷凝器，进入低压集液器。冷凝的共聚单体和冷凝剂从排放气中分离出来，用低压凝液返回泵打回反应系统。不冷凝的气体经过排放气压缩机升压后进入高压部分。高压排放气首先进入中间换热器换热，然后进入高压冷却器和高压冷凝器，大部分共聚单体和冷凝剂都被冷凝下来，然后进入高压集液器进行气液分离。分离出的凝液，经高压凝液泵增压后，送回反应器。低温不冷凝的气体经过中间换热器与来自排放气压缩机出口的高温气体换热后进入排放气缓冲罐，缓冲罐中气体用于出料系统到脱气仓的树脂输送，多余的气体排入火炬。

制冷系统主要担负着回收的共聚单体冷凝的作用。制冷系统冷凝剂为乙二醇的水溶液。制冷系统主要由冰机、乙二醇泵及乙二醇储罐组成，其心脏部分是冰机。储存在储罐中的乙二醇水溶液由乙二醇泵输送到各用户，用户返回的乙二醇水溶液经过冰机的冷却，再返回到储罐中，然后再由输送泵送到各用户。

冰机是以压缩机为中心的氟里昂制冷系统，该系统以氟里昂R-22为制冷介质，制冷压缩机将氟里昂压力提高，在冷凝器中用循环水将氟里昂冷凝。压缩机和冷凝器中间有一个油气分离器，它可以将压缩机带出的润滑油返回油箱，液相氟里昂经过干燥过滤器干燥后，通过膨胀阀节流膨胀后进入蒸发器，对乙二醇冷却后进入氟里昂气液分离器，部分氟里昂以液态形式留在气液分离器中，完全气化的氟里昂进入压缩机的入口开始第二次循环。压缩机内的润滑油由内部油泵循环，润滑油由外部冷却器进行冷却。

2. 脱气及回收系统操作

1）脱气仓的吹扫、置换

关闭排火炬阀；打开放空阀；投用氮气加热器，将氮气加热，用热氮气吹扫脱气仓，关闭侧线排放阀；当排放气中氧含量合格后，关闭放空阀，打开排火炬阀；打开侧线排放阀。

2）脱气仓的投用

打开反应器出料系统到脱气仓树脂输送管线阀门，确认各吹扫氮气投用且流量正常；侧线排放流量投串级控制；当低料位报警或低料位报警灯灭后，投用水解蒸汽。

3）脱气仓的停车

关闭反应单元去脱气仓截止阀，反应单元排放切向火炬；在料位降到低低报警点前关水解蒸汽阀；关闭侧线排放管线截止阀；造粒造空脱气仓后关闭脱气仓下料阀；停N_2加热器蒸汽，停吹扫氮气，系统保压待用。

4）回收系统开车准备

用氮气吹扫整个系统，使水、氧含量合格；低压冷却器和高压冷却器投用冷却水；冰机系统投用；打开脱气仓到回收系统管线上阀门。

5）回收系统投用

建立排放气压缩机氮气和冷却水流量，启动润滑油泵；设定排放气压缩机出口压力及温度；启动排放气压缩机。当排放气缓冲罐压力达到要求后，分析水、氧含量合格后，打开去出料系统输送气管线阀门。当低压集液罐或高压集液罐建立液位后，分析共聚单体中水含量合格后，打开共聚单体返回管线所有阀门；启动返回泵。

6）回收系统停车

停返回泵并排尽残液；停排放气压缩机；停冰机系统；系统保压待用；如长期停车或停车检修时，对系统进行彻底置换，并取样分析。

5.1.4 造粒、风送单元

5.1.4.1 造粒单元流程

1. 粉料树脂系统流程

反应系统生产出来的粉料经脱气仓脱除剩余单体后，从脱气仓底部靠重力作用进入破块加料器，将从反应器带来的粉料树脂中由于各种原因所产生的块或片状物破碎，以防其卡住下游设备，或进入混炼机后由于熔融塑化不好而影响产品质量。为使粉料树脂不进入破块加料器转子的轴承，故在两轴端通入氮气予以保护。从破块加料器来的粉料树脂进入粉料振动筛，粉料树脂中夹带的经破块器破碎后的块或片状物经筛网筛出来后，可通过手动控制或定时程序控制的阀门排向地面的废料箱收集处理。粉料树脂通过筛网靠重力作用通过三通阀后进入质量流量计，计量后的粉料树脂靠重力作用送入混炼机料斗。如需为反应器留种子床或粉料包装时，则可通过三通阀的另一路由旋转加料器送入粉料仓，直接送入反应器或经包装后储存待用。

2. 添加剂系统流程

为了使粉料树脂在加工过程中和以后塑料的储存、制品的使用中，不致于受到机械力、热、氧、光等作用而破坏其原有性能以及改性的需要，树脂在造粒过程中必须按其不同用途加入一定量的不同品种的添加剂。(1号/2号)添加剂的加入将根据生产的牌号按添加剂配方要求，用人工将其倒入添加剂倾倒站，添加剂倾倒站中通有氮气，使物料与空气隔绝，通入的氮气由风机抽出排大气。添加剂经过添加剂缓冲罐、一个三通阀，进入到螺杆加料器中，按工艺要求定量地加入到混炼机料斗中。来自质量流量计的粉料树脂和来自两个螺杆加料器的添加剂汇合于混炼机料斗中，混炼机料斗通有氮气，使物料与空气隔绝，通入的氮气由风机通过一个过滤器抽出排大气，使混炼机料斗内呈微负压，有利于下料。

3. 混炼造粒的原理及流程

混炼机组是造粒单元的主要设备，本部分介绍的混炼机组是由连续混炼机和直齿齿轮泵(熔融泵)及水下切粒机所组成。主要任务是接受脱气仓来的合格粉料，按规定配方加入添加剂进行混炼造粒，干燥后将颗粒送至风送单元。该机组的主要特点是：(1)连续混炼机为两级双螺杆结构，其第一掺混区(1号室)配有一个闸口系统，其第二掺混区(2号室)配有一熔融泵吸入压力控制系统，分别用来控制树脂混炼度和调整树脂混炼温度。(2)混炼机有两档转速。可通过齿轮减速箱的变速杆进行两种输出速度切换。(3)两根螺杆由两端轴承支撑，同处于一个筒腔内，可进行空载运行。(4)可以通过开大或关小闸口来达到改变树脂的流动阻力，从而控制转子第一混炼段的混炼度。（5）切粒为水下切粒法，模板与切刀浸没在水中。

当汇集于混炼机料斗的物料在重力作用下，进入混炼机进料段，两转子上相互啮合的螺纹将进料段的物料推送到混炼室。混合物料从进料段进入1号混炼室，在混炼室中由于转子与简体内表面之间的间隙（顶间隙）的剪切作用使聚合物融化并充分混合。树脂被旋转的螺杆强制送到用来控制转子第一混炼段混炼度的闸口，通过开大或关小闸口来达到改变树脂的流动阻力。熔融物料通过闸口到排放段后压力降低，熔融物料内的残余挥发性物质从中逸出并通过排放口排放到外部。从闸口而来的熔融物料被螺杆送到第二混炼区进一步混炼（掺混情况可由过渡段压力控制），然后熔融物料经排放段到过渡段。在2号混炼室出口设有开车阀，用于清洗机简时，将物料排地。过渡段来的熔融物料经过熔融泵，使物料得到更好的塑化后通过滤网，物料中的杂质和未融熔的聚乙烯树脂被滤网挡住。滤网由可互为切换的两套筛板支撑，可根据工艺需要由液压系统完成切换。通过滤网后的物料从模板的孔中不断被挤出。同时紧贴模板的切刀在切粒机电机的带动下不断旋转，将挤出的物料在水室切成一定规格的颗粒，并被循环着的颗粒水冷却，使颗粒凝固后被送往脱块器。颗粒的大小可根据需要调节切粒机的转速来实现，在脱块器中，将水和颗粒分开，并使颗粒中粘连在一起的成块物料脱除。颗粒进入离心干燥器，干燥后的颗粒经颗粒振动筛送入产品料斗中。

4. 颗粒水系统流程

从管廊引进的软水（脱盐水）可旁路手动进水或通过自动控制阀实现自动进水。通过观察颗粒水箱视镜，将颗粒水箱充水至一定高度液位后，通过控制通入水箱的蒸汽量，将颗粒水加热至工艺所需的温度。当造粒开车时，颗粒水由离心水泵，经过滤器送入板式换热器。板式换热器主要用于撤除在造粒生产过程中的颗粒水所吸收的模板和颗粒的热量，将其控制在所需的范围内。温度控制由板式换热器出口温度控制表设定后，通过控制进入板式换热器冷却水流量阀的开度来实现的。从板式换热器出来的颗粒水通过三通阀后进入水室，用于冷却从模板挤出经切刀切成一定规格的颗粒，使其凝固，并且将颗粒送往干燥系统将水与颗粒分开，然后颗粒水进入颗粒水箱，进行循环使用。在正常开车期间，颗粒水通过三通阀后进入水室，完成循环；在停车期间，颗粒水走三通阀的另一路直接返回水箱，完成循环。为保证颗粒水的质量，在进水室管线上装有孔板流量计显示其流量，当由于各种原因引起水流量低于一定值时，仪表联锁混炼机组停车，以防止灌肠等故障发生。同时在刀轴水管线上也装有孔板流量计显示其流量。

5. 机组加热冷却系统流程

（1）简体加热系统采用中压蒸汽。主要用于混炼机组开车前加热一、二段简体、水端和开车阀。为防止超压，在引入的中压蒸汽总阀后三条管线上分别设置三个安全阀。经过简体和水端的中压蒸汽凝液通过疏水器返回管廊。

（2）熔融泵、换筛器及模板加热系统采用的是从管廊引进的高压蒸汽，主要用于开车前及开车中加热各对应的设备，高压蒸汽凝液通过疏水器返回管廊。

（3）简体冷却系统采用的是从管廊引进的软水，软水通过自动进水阀，将简体冷却水水箱充水至一定液位。当造粒开车后，如果混炼树脂温度过高，则根据工艺需要，通过对简体的冷却降低混炼树脂的温度。简体冷却水箱中的软水由离心水泵通过列管式冷却器送入简体，吸收树脂的热量后，返回水箱。

6. 润滑油系统流程

润滑油系统是对混炼机减速箱和熔融泵的独立驱动齿轮进行强制润滑，并带走其热量，当混炼机组开车时，齿轮油泵将润滑油升压后进入一个列管式冷却器，冷却至一定温度范围后进入复式油过滤器，滤去润滑油中的杂质，然后分四股，分别去混炼机减速箱、驱动端、冷却端和熔融泵减速箱，混炼机及混炼机齿轮减速器内的润滑油以自然回流的方式流回油箱，熔融泵齿轮减速器的润滑油依靠油泵实现回流。当润滑油油位低于设定油位时要补充润滑油使油位达到规定值。

7. 液压油系统

液压油系统主要用途：混炼机闸门的开关；开车阀的操作；混炼机腔体打开、关闭；切粒水室锁紧；切粒机拖架；切粒机轴锁；换筛器的切换。

液压油系统由油箱、油泵、冷却器组成，油泵正常运转，系统自身调节、控制，保持一定的压力和温度，确保各用户随时使用。

8. 切粒机润滑油系统

该润滑油系统是对切粒机轴的推力轴承进行强制润滑，在切粒机轴的后部装有润滑油出入口，由泵进行循环。

9. 热油系统

热油系统主要用于熔融泵转子部分的加热或冷却。

5.1.4.2　造粒单元的工艺操作（本操作以齐鲁石化 LLDPE 装置造粒机组为参照）

1. 开车准备

1）仪表盘投用

将操作方式开关置于"手动"位置；将相互联锁开关置于"关"位，系统开车正常后，将此开关置于"开"位；将紧急停车按钮复位。

2）混炼机加热冷却

打开到机座的冷却水的出入口阀；关闭开车阀冷却水阀；打开混炼机筒体冷凝液管线的导淋阀。慢慢打开筒体蒸汽阀，待导淋阀有蒸汽排出时关闭导淋阀，打通冷凝液管线的流程，继续打开蒸汽阀慢慢升温。

3）熔融泵的加热

打开冷凝液管线的导淋阀，缓慢打开筒体蒸汽阀，待导淋阀有蒸汽排出时关闭导淋阀，打通冷凝液管线的流程，全开蒸汽阀升温。

4）换筛器和模板的加热与冷却

打开换筛器和模板的高压蒸汽冷凝液管线疏水器的前后阀，缓慢打开换筛器和模板的高压蒸汽入口阀门；换筛器和模板各点温度升至要求的温度恒温规定的时间，熔融泵的轴承处如有树脂泄漏时，可通冷却水冷却填料夹套。

5）颗粒水系统

系统流程确认，电气、仪表具备试车投用条件。投用颗粒水箱自动补水阀，向颗粒水箱充水；投用颗粒水温度控制阀，投用颗粒水冷却器，投用颗粒水流量计，投用颗粒水三通阀，将三通阀置于"旁通"位，打通颗粒水的循环路线。当水箱达到一定水位后，启动颗粒水水泵，然后投用水箱的中压蒸汽阀，给颗粒水升温。检查确认系统运行状况；将颗粒水温度设定在要生产牌号所需温度。

6）筒体冷却水系统

确认系统流程正确，电气、仪表具备试车投用条件。投用筒体冷却水水箱自动补水阀，向水箱充水；投用筒体冷却水温度控制阀，投用筒体冷却水冷却器，投用筒体冷却水温控器。打通系统流程，启动筒体冷却水水泵；检查系统运行状况，系统备用。

7）液压油系统

确认系统流程正确，油箱油位、油温正常；打开系统管线上的所有阀门，用油填充管线，打开液压油泵出口调压阀和所有压力控制阀并调整；手动转动液压油泵联轴器，按其旋转方向转动几次，对液压泵进行盘车；打开液压油换热器冷却水出入口阀门，将液压油泵启动开关打至"启动"，启动液压油泵；检查操作压力、执行器速度、油箱油位变化、油温变化、运转声音、油泄漏等，确认去各用户有规定的输出，系统备用。

8）润滑油系统

混炼机及混炼机齿轮减速器内的润滑油以自然回流的方式流回油箱。熔融泵齿轮减速器的润滑油依靠油泵实现回流。当润滑油油位低于设定油位时要补充润滑油使油位达到规定值。准备工作如下：（1）确认仪表、电气具备投用条件；确认系统流程、阀位正确；通过观察油箱视镜，检查油位正常。（2）打通系统流程，用油填充所有的管线；投用润滑油冷却器；投用润滑油加热器，将润滑油加热到正常操作温度，停加热器；启动润滑油泵。（3）熔融泵减速器的润滑油油位低报消除后，启动返回油泵，通过现场视镜观察润滑油流动状况。（4）通过润滑油温度控制阀对润滑油温度进行调整，确认温控系统正常。

9）热油系统

确认系统流程正确，油箱油位、油温正常，膨胀罐 N_2 投用；投用热油冷却器冷却水，投用热油温控阀的仪表风，调整温控阀，将冷却器并入循环；启动热油泵；检查确认热油循环状况良好。

10）离心颗粒干燥器及颗粒振动筛

确认两设备仪表、电气具备投用条件；投用各挡板阀仪表风；启动离心颗粒干燥器，启动排风机，启动颗粒振动筛。

11）添加剂系统

（1）投用保护氮气，调整调压阀，使保护氮气压力为微正压；调节1号、2号添加剂倾倒站的保护氮气至合适流量；调节1号、2号添加剂缓冲料斗的保护氮气至合适流量。（2）投用添加剂下料管线夹套冷却水。（3）1号、2号添加剂倾倒站中加入足够的添加剂；投用倾倒站排气风机的反吹氮气，启动风机；将1号、2号添加剂的螺杆加料器投自动。

12）粉料树脂系统

将脱气仓底部下料阀门投"自动"位；投用破块加料器两轴端的保护氮气；造粒系统需要输送粉料时，将粉料振动筛下游三通阀切至用于粉料输送的旋转加料器侧，现场启动粉料振动筛，启动加料器输送粉料。

13）其他系统投用

投用混炼机料斗抽风系统；将切刀轴退到尾部，在切刀和模板上涂硅油；投用切粒机刀轴润滑油系统。

2. 开车步骤

1）混炼机组的初次带料开车步骤

（1）将质量流量计的下料量设定为拉料下料量；将混炼机齿轮减速器切换到"低速"档。

连接主电机与盘车电机之间的离合器，将开车阀打至"排地"；将闸门全关。启动盘车电机，当启动电机电流合适，主电机允许运行灯亮时启动主电机，主电机电流回落平稳后，立刻启动破块加料器，并从开车阀拉料；当开车阀排出的熔融树脂均匀干净时，停破块加料器，停主电机，将开车阀打向"直通"侧。

（2）将质量流量计设定至拉料下料量，连接主电机与启动电机之间的离合器，启动盘车电机和破块加料器；通过观察熔融泵入口压力的变化，检查熔融树脂充满过渡段和熔融泵的入口腔，然后停下加料器和盘车电机。让树脂充分熔融规定时间。以最小速度转动熔融泵转子，当入口端缺少熔融树脂时再次启动加料器和盘车电机，树脂充满入口端后，再次以最小速度转动转子，当入口压力达到要求时，停下加料器。重复上面的程序直到从熔融泵两个返回入口阀中有聚合物流出。将开车阀打至"排地"，确认换筛器到位。

（3）启动盘车电机，当启动电机电流合适，主电机允许运行灯亮时启动主电机，主电机电流回落平稳后，立刻启动破块加料器，并从开车阀拉料。启动熔融泵，将开车阀打至"直通"位，熔融泵转速尽量低，从模板处拉料，直到流出的树脂干净且所有模孔已被树脂充满并畅通时将开车阀打至"排地"，停熔融泵。停破块加料器和主电机；清洁模板与切刀表面，并涂抹硅油；确认切粒机刀轴可顺畅移动，前进切粒机车架并夹紧水室，将颗粒水三通阀打至"直通"位，供切粒冷却水（PCW）到水室。

（4）启动切粒机电机并增加转速；投用切粒机刀轴水，前进切粒机刀轴，延时后，切粒机轴前进缸的压力从启动压力（高）转换到操作压力（低），切粒机运转规定的时间。停供切粒冷却水，停切粒机电机，将水室解锁，打开水室；后退切粒机刀轴；确认切粒冷却水从水室中完全排出后，后退切粒机车架；检查模板和切刀之间的接触情况，磨刀操作结束。

（5）将质量流量计设定至拉料下料量；连接主电机与盘车电机之间的离合器，启动盘车电机，当启动电机电流合适，主电机允许运行灯亮时启动主电机，主电机电流回落平稳后，立刻启动破块加料器，并从开车阀拉料。启动熔融泵，将开车阀打至"直通"位，熔融泵转速尽量低；从模板处拉料，直到流出的树脂干净且所有模孔已被树脂充满并畅通时，将开车阀打至"排地"，停熔融泵。

（6）清洁模板表面，在模板和切刀的表面涂抹硅油；前进切粒机车架并夹紧水室；启动切粒机电机并提高转速，投用刀轴水；启动熔融泵；前进切粒机刀轴；颗粒水三通阀打至"直通"位，投用颗粒水；当熔融泵入口压力达到设定值后，将操作方式开关从"手动"换至"自动。

（7）检查粒子形状，调整切粒机转速，确认无异常后，将联锁开关打至"ON"位；逐渐提高负荷，检查混炼机电流和熔融泵入口压力；检查树脂温度和压力，调节闸门开度和熔融泵入口压力设定值。达到满负荷后，将混炼机1号、2号混炼段切换为冷却操作。

2）混炼机组正常开车步骤

（1）将开车阀打至"排地"；将闸门全关；筛网打至"通入"侧。将混炼机齿轮减速器切换到"高速"档，连接主电机与盘车电机之间的离合器；启动盘车电机，当启动电机电流合适，主电机允许运行灯亮时启动主电机。

（2）将质量流量计设定至拉料下料量，启动破块加料器；投用添加剂系统，按配方加入添加剂；手动设定熔融泵入口压力。

（3）根据开车阀排出树脂熔融状况和主电机电流，调整闸门开度。确认开车阀排出树脂熔融状况良好且清洁后，将开车阀打至"直通"位置；当熔融泵入口压力升至启动熔融泵压力时，启动熔融泵，当熔融泵入口压力达到设定值后，将熔融泵入口压力投"自动"。

（4）检查筛网前后压力、温度是否正常；清理模板表面，直到模孔均匀流出熔融树脂，停破块加料器，当熔融泵入口压力降至停熔融泵压力时，停熔融泵，开车阀打至"排地"；清理模板和切刀并涂抹硅油。前进切粒机车架并夹紧水室。

（5）选择开车方式：自动Ⅱ开车；自动Ⅰ开车；手动开车。

① 自动Ⅱ开车

A. 将操作方式开关打至"自动Ⅱ"，进料方式打"自动"。B. 确认具备开车条件，按自动启动按钮。C. 开始进料后，根据树脂温度调节闸门开度。D. 当熔融泵入口压力升至设定值时，经延时，机组按程序进行：熔融泵转动→切刀轴推进→PCW进水→切刀轴运转→刀轴水投用。E. 熔融泵入口压力达到设定值时，将入口压力打"自动"。

② 自动Ⅰ开车

A. 将分流器装在S/C（换筛器）的滑板上，松开分流阀门，将S/C的滑板打至"操作"侧。B. 将开车方式打至"自动Ⅰ"，进料方式打"自动"。C. 确认具备开车条件，按自动启动按钮。D. 开始进料后，根据树脂温度调节闸门开度。E. 当熔融泵入口压力升至设定值时熔融泵启动。F. 聚合物从S/C分流器中排出。G. 经延时，机组按程序进行：S/C滑板换位→切刀轴推进→PCW进水→切刀轴运转→刀轴水投用。H. 熔融泵入口压力达到设定值时，将入口压力打"自动"。

③ 手动开车

A. 将开车方式打至"手动"，进料方式打"手动"。B. 确认具备开车条件，手动进料，根据树脂温度调节闸门开度。C. 切刀解锁，启动切粒机电机，投用刀轴水。D. 当熔融泵入口压力升至启动熔融泵压力时启动熔融泵。E. 切刀前进并调整切刀转速，将PCW由"旁通"打至"直通"位，投用颗粒水。F. 熔融泵入口压力达到设定值时，将入口压力打"自动"。

（6）检查粒子外观，调整切粒机转速；确认无异常后，将联锁开关打至"ON"位；逐渐提高下料量。检查混炼机电流和熔融泵入口压力；检查树脂温度和压力，调节闸门开度和熔融泵入口压力设定值。达到满负荷后，将混炼机1号、2号混炼段切换为冷却操作。

3. 停车步骤

1）临时停车

停车步骤：（1）将联锁开关打至"关"，开车方式开关打至"手动"，将进料状态打至"手动"，停破块加料器；当熔融泵入口压力开始下降时，手动调节熔融泵转速，当熔融泵入口压力降至停熔融泵压力时，停熔融泵。（2）观察水室中无颗粒时，降低切刀转速，停切粒机，停刀轴水，松开轴锁，后退切刀，锁紧轴锁；颗粒水三通阀打至"旁通"位，排净水室中的PCW。松开机头并移走，清理切刀和模板。（3）切换混炼机1号、2号混炼室的加热状态，水端由"水冷"切换至"加热"，停BCW（挤压机筒体冷却水）并将水排空；熔融泵、换筛器、模板保持加热状态；各辅助设备保持运转。

2）长期停车

停车步骤：（1）停车前，计算添加剂用量，将添加剂全部用空或排净，停添加剂系统。（2）将联锁开关打至"关"，开车方式开关打"手动"，将进料状态打"手动"，停破块加料器；当熔融泵入口压力开始下降时，手动调节熔融泵转速，当熔融泵入口压力降至停熔融泵压力时，停熔融泵。（3）观察水室中无颗粒时，降低切刀转速，停切粒机，停刀轴水，松开轴锁，后退切刀，锁紧轴锁；颗粒水三通阀打至"旁通"位，排净水室中的PCW。松开机头并移走，清理切刀和模板；混炼机继续运转，延时后停混炼机。(4)停止蒸汽、氮气、BCW、FW(新鲜水)的供应；停各风机、颗粒水泵、颗粒干燥器、颗粒振动筛、BCW水泵、粉料振动筛；排空PCW水箱、BCW(挤压机筒体冷却水)水箱中的水；停润滑油、热油、液压油系统；确认所有设备停车后，关闭控制盘上的所有开关。

3）紧急停车

(1) 如发生紧急情况，不能按正常停车步骤处理时，可使用紧急停车按钮。按下紧急停车按钮后机组动作如下：① 破块加料器停止；② 混炼机停止；③ 熔融泵停止；④ 切粒机停止；⑤ 所有辅助设备停止。

(2) 重新启动时，需按下列程序进行：① 颗粒水三通阀打至"旁通"位，排净水室中的PCW；② 松开机头锁定开关并移走；③ 将开车阀打至"排地"；④ 启动盘车电机，排出筒体内残余树脂；⑤ 按正常开车程序准备开车。

5.1.4.3 风送单元工艺流程

1. 风送单元的作用

给流化床反应器输送种子床；将熔融指数及密度不均匀的颗粒树脂在掺混料仓掺混均匀，以得到合格产品；将造粒的最终产品颗粒树脂输送到成品包装线；接收造粒系统开车料及不合格产品料，并输送到成品包装线；接收脱气仓送来的松散粉料经过冷却后送至成品包装线。

2. 风送单元流程叙述

来自颗粒料斗的树脂经旋转加料器，通过换向阀进入合格产品掺混仓，粒料通过仓内的沉降管的作用来达到掺混的目的，掺混后的粒料经过旋转加料器，通过换向阀被分别送入各产品料仓。这些料仓是装置的最终产品料仓，它根据生产的实际情况储存产品粒料，均衡地送到包装料斗进行包装。

从脱气仓下来的粉料在经过粉料振动筛下游的三通阀后，可以有两个路径，一路进入造粒机组混炼造粒；另一路可以用粉料加料器送入粉料料仓，通过冷却风将粉料冷却，冷却后的粉料可以通过旋转加料器送入反应器作为种子床使用，或者直接送至成品包装线。

来自颗粒料斗的不合格粒料及开车料通过旋转加料器被送入不合格产品料仓，然后用加料器送至包装线。人工倾倒在种子床装填料斗中的粉料，可通过加料器直接送入粉料仓，然后从粉料仓被送入反应器。

来自界区的脱盐水，进入注水罐，可以通过注水泵增压后对各料仓进行冲洗。来自界区的工厂风(PA)经减压阀进入两个工厂风缓冲罐，一个为风送系统提供输送风，另一个为风送系统提供吹扫风。

5.1.4.4 风送单元工艺操作

1. 风送单元开车

1）系统检查确认

系统改造、检修复位完毕；系统冲洗完毕无污物；公用工程系统已具备条件并引到各入口阀前；电气、仪表人员检查确认完毕具备投用条件，各电机电源已送电；各加料器试车完毕具备投用条件；产品料仓有料已具备送成品车间条件；成品车间包装线具备接收料的条件。

2）送料

将工厂风(PA)引入工厂风缓冲罐，工厂风缓冲罐底部排冷凝液，冬天通保温蒸汽；打

244

开输送风、吹扫风、均化风、冷却风电磁阀前的手动阀,吹扫输送管线,确认吹扫压力不高;选择一个掺混料仓接料并保持一定料位,使其充分均化,待料位合适后,选择成品仓,打通流程,吹扫管线,确认吹扫压力不高,启动掺混料仓底部加料器,向成品料仓输送合格粒料。

3)料仓切换

停止正在送料的掺混料仓底部加料器,吹扫管线,确认吹扫压力不高;选择要切换的成品料仓,并进行流程吹扫,确认吹扫压力不高;重新启动掺混料仓底部加料器。

4)正常检查

室内操作:经常检查工厂风缓冲罐的压力及工厂风的流量;随时检查各料仓的料位指示,均化料仓的料位不低于设定料位。按时向包装送料单,并及时送料。

室外操作:按时巡检,检查工厂风缓冲罐的压力,是否在正常值;工厂风缓冲罐底部每天打开导淋检查一次;检查旋转加料器的运转情况,油位、调压阀的压力是否在正常值;检查送料料仓是否送空,并及时通知室内;认真检查管线、阀门有无泄漏。

5)输送种子床的操作

确认粉料仓已接受作为种子床的粉料,其出口加料器具备使用条件;连接粉料仓至流化床反应器管线,并通入输送风,确认管线畅通;启动粉料仓加料器,开始向流化床反应器输送种子床;输送完毕后,停加料器,管线吹扫后,停输送风。也可将种子床由种子床加料料斗先送入粉料仓,然后送入流化床反应器。

2. 风送单元停车

停车步骤:(1)掺混料仓中成品料全部送到成品料仓,确认料仓送空后停掺混料仓加料器,吹扫管线。(2)成品中合格料全部送往包装线包装,停成品料仓加料器,吹扫管线。(3)不合格料仓中粒料全部送至包装线包装,停不合格料仓加料器,吹扫管线。(4)粉料仓中粉料若需成品包装则送至包装线进行包装。(5)关闭 PA 进工厂风缓冲罐前总阀;工厂风缓冲罐倒空泄压;关闭风送单元的所有仪表风阀门;通知电气停电。

5.2 BP 气相法工艺操作

注:本工艺操作的资料来源于兰州石化 BP 装置,具体的操作步骤与其他同类装置可能略有不同。

5.2.1 原料精制单元

5.2.1.1 生产原理及工艺流程说明

1. 乙烯精制系统

1)生产原理

乙烯脱炔、CO 脱除、O_2 脱除、CO_2 脱除及乙烯干燥原理与 UCC 工艺乙烯精制相同;与齐鲁石化 LLDPE 装置相比,兰州石化 LLDPE 多一个脱硫步骤,生产原理:$H_2S + ZnO \rightarrow ZnS + H_2O$。

2)工艺流程说明

来自界区外的乙烯,在低压蒸汽换热器内预热后,通过装有氧化锌催化剂的硫吸附器,乙烯气体中以 H_2S 气体形式存在的杂质硫就被吸附脱除。脱硫后的乙烯流程,从乙烯进入脱炔器开始与齐鲁 LLDPE 乙烯精制流程相同(可参照)。经过以上精制后的乙烯,小部分间断送预聚合,大部分经乙烯压缩机升压后,送至聚合工序。

2. 1－丁烯精制系统

1）生产原理

采用物理吸附法脱去1－丁烯中水分。

2）工艺流程说明

间断来自界区外的1－丁烯，储存在两个储罐内，经输送泵部分循环，另一部分送入1－丁烯干燥器，经过滤器除去细粉后，送到聚合单元1－丁烯储罐。

3. 氢气精制系统

1）生产原理

采用物理吸附方法。

2）工艺流程说明

为了减少降压过程中氢气的损失和获得较高的氢回收率，氢气的精制采用了四塔二次均压式压力变动吸附PSA净化工艺。该工艺设有：吸附，一次压力平衡，顺向放压，二次压力平衡，逆向放压，冲洗，一次充压，二次充压，三次充压等九个工艺过程组成一个循环周期。

来自界区外经调节阀控制减压后的氢气，经流量计和控制阀后送入变压吸附器，压力变动吸附器净化后的氢气，经计量后小部分送往氮气精制和乙烯精制系统；大部分通过缓冲罐后，进入氢气压缩机，增压后经过干燥器干燥、过滤器除去细粉，然后送到预聚合和聚合单元。

4. 氮气精制系统

（1）氮气脱氧：$2H_2 + O_2 \rightarrow 2H_2O$

（2）脱水：来自界区外的氮气分两部分，其中一部分经过中压蒸汽换热器加热，然后进入电加热器加热，作为各干燥器再生用热氮。另一部分和来自变压吸附器的氢气一起进入低压蒸汽预精制换热器预热，进入预精制脱氧罐将氧还原成水，使出口处氧含量达到要求值，脱氧后氮气进入预精制干燥器。预精制后的氮气，再配入适量氢进入低压蒸汽换热器预热，然后通过脱氧罐，将氧还原成水，出口氧含量合格后进入干燥器。干燥后的氮气经过滤器除去细粉后，部分送入低压预聚合用户；另一部分送往氮气用户；还有一部分氮气通过氮气增压机增压至工艺要求压力后，经缓冲罐送入高压氮用户。高压氮一部分供流化床反应器预聚物的注入，另一部分用以供流化床反应器调整反应器压力，其余部分降压后返回氮气精制脱氧器入口回收利用。

5.2.1.2 乙烯精制系统的开停车及正常操作

1. 乙烯精制系统的开车

（1）核实该系统内所有设备、管线、电气、仪表设备已进行了试车、调试和调校，该系统内是清洁的，其内部没有碎屑；核实各公用工程水、电、汽、仪表空气、氮气均正常供应，并已投用。

（2）确认各床所用三剂均已正确充装；将各采样管线和有关分析仪连通；将充装三剂后的各床用精氮气进行试压试漏。

（3）隔离乙烯脱硫器、乙烯脱炔器；建立加氢加热器供汽回路，用热氮气对脱硫器、脱炔器进行置换和干燥，直到脱炔器出口水、氧含量合格，降温。

（4）进行上述操作的同时，用氮气对乙烯换热器、乙烯加热器、乙烯脱CO器、乙烯脱氧器、乙烯冷却器进行置换，直到氧含量合格分别隔离。

246

（5）开始对乙烯脱氧器进行还原：①打开再生供氮流程。②建立通至脱氧器的氢气回路。③用来自再生氮气加热器的氮气对脱氧器置换。④用流动的热氮气，使脱氧器达到工艺要求的均匀床温。⑤通入氢气，控制氢气加入量，确保床层温度不超温，直到出、入口还原气体浓度相等时为止。⑥按工艺要求提高氮气入口温度，床温重新稳定后，将氢气浓度提高到催化剂还原的要求值，在规定的时间内温度不再升高，还原结束。⑦将还原氢和该系统隔离。停氮气加热器加热，用冷氮气使床温降到常温，关闭排大气和进氮气各手阀，给进氮气阀和排大气阀处加盲板。

（6）用脱 CO_2 器底部氮气对脱 CO_2 器进行置换，使系统氧含量合格。

（7）对乙烯干燥器进行再生：①打通干燥器再生流程，建立氮气的蒸汽加热器和电加热器到乙烯干燥器的供氮回路。②根据需要调节氮气流量，建立电加热器加热回路，将电加热器温度调至需要值，使床温在进行加热的规定时间内达到第一解吸温度。然后将温度升到第二解吸温度，使床温保持该温度，恒温时间由工艺决定。③切断送往加热器的蒸汽和电加热。④切断干燥器的进氮气阀和放空阀，并加盲板，使床自然冷却到常温。

（8）从乙烯压缩机入口过滤器前引氮气对压缩机系统和有关管线进行置换，由压缩机出口处放火炬，直至氧含量合格，关闭进排氮气各手动阀。

（9）建立通至乙烯低压蒸气换热器、加氢加热器、乙烯加热器蒸汽回路，将温度分别按要求设定；打开乙烯进料阀，引乙烯进入脱硫器，用乙烯对脱硫器、脱炔器置换，由脱炔器出口排火炬，将脱炔氢气流量投自动；使脱硫器、脱炔器增压到操作压力，检查有无泄漏并置换，直到分析乙炔含量合格，关闭排火炬阀。同样的方法分别将乙烯引入乙烯进入脱 CO 器、乙烯脱氧器、乙烯脱 CO_2 器。投用乙烯冷却器，引乙烯进入干燥器，对干燥器置换，然后升压至操作压力，对系统试漏，合格后，关闭排火炬各手动阀；使乙烯引入乙烯压缩机系统，对该系统进行置换，并在压缩机出口放火炬，合格后关闭放火炬手动阀。

（10）按乙烯压缩机操作说明启动压缩机：检查曲轴箱润滑油位正常；对压缩机盘车，并确认系统阀门位置正确。启动润滑油加热器，启动辅助润滑油泵。启动水、乙二醇加热器，启动水、乙二醇泵。确认乙二醇、水系统温度正常，润滑油温度正常。启动主电机，确认润滑油压差正常。对压缩的机械运行情况进行确认。逐渐增压的同时，使乙烯净化系统循环，直到预聚合、聚合单元需要乙烯时为止。

2. 乙烯精制系统的正常操作

（1）根据脱氧器出口氧含量情况，对脱氧器中催化剂进行还原，方法如下：将脱氧器切出系统，释压至火炬背压。打开氮气阀对该床置换，使床内烃含量合格。以下操作见开车步骤中第(5)条的还原方法和步骤。

（2）定期对脱 CO 器中催化剂再生氧化，方法如下：①将脱 CO 器切出系统，释压至火炬背压。用氮气对该床置换，使床内烃含量合格。②建立再生氮气蒸汽加热器中压蒸汽回路。打通脱 CO 器再生氮气流程，排放至大气，调定规定的氮气流量，并建立通至脱 CO 器再生空气回路。③在氮气气流中加入空气。④投用氮气加热回路，将氮气流加热到规定的温度。⑤当脱 CO 器出口处氮气中氧浓度接近入口处氧浓度时，将氮气中的空气浓度逐渐提高到工艺要求值，并使床温保持较高且不超温，恒温工艺规定的时间。以床温不再升高为止，停氮气加热。⑥使空气系统隔离，用冷氮将该床冷却到常温。关闭再生流程。

（3）定期对乙烯干燥器进行再生：将饱和的干燥器切出，干燥器内的气体排至火炬，达到火炬背压后，用入口氮气对该床置换，使烃含量合格。按开车步骤中第(7)条的方法进行再生。

（4）密切监视各精制床层出口原料质量变化情况，及时调整工艺各参数。

（5）根据各床层催化剂的使用情况和使用寿命定期进行更换。注意该系统报警器报警，及时处理异常情况。

（6）定期监视乙烯压缩机吸入、排出压力和温度；定期监视乙烯压缩机润滑油压力、温度，电机电流、轴封及冷却水的情况，发现问题及时处理。

3. 乙烯精制系统的停车

通知聚合、预聚合单元乙烯净化系统停车，切断乙烯使用各阀；切断乙烯脱炔用氢气，短期停车使乙烯通过乙烯压缩机打循环。长期停车则关闭界区乙烯总阀和乙烯进料阀，在乙烯压缩机循环过程中降低各蒸汽加热换热器温度设定，逐渐关闭蒸汽系统，使系统冷却至常温；停乙烯压缩机，关闭进出口阀，使压缩机隔离，释压后，用氮气对压缩机置换并排火炬，直至烃含量合格；各床排火炬释压后，用氮气对各床置换，直至烃含量合格，关闭各床出入口双截止阀，使该系统在氮封下处于备用。

5.2.1.3　1－丁烯精制系统开停车及正常操作

1. 1－丁烯精制系统的开车

（1）对电气、机械设备、仪表均已进行了调试、调校，该系统是清洁的，其内没有碎屑。核实公用工程水、电、仪表空气、氮气均正常供应，并已投用。核实各采样管线是和相关的分析仪连通。干燥器已充装分子筛。

（2）从界区用氮气使1－丁烯储罐和管路增压至氮气压力，检查无泄漏后由1－丁烯储罐排大气，置换到氧合格。将储罐压力调至操作压力，投自动。

（3）用氮气使1－丁烯干燥器增压至氮气压力，检查无泄漏后对干燥器进行置换，直到氧合格。用过滤器出口氮气对上下游管线及聚合单元1－丁烯缓冲罐进行置换，直至氧含量合格。

（4）建立1－丁烯输送泵出口冷却器循环水回路。

（5）打通流程，将1－丁烯接入1－丁烯储罐，注意液位计读数，达到要求量后关闭接料各阀门。打通流程，启动1－丁烯输送泵，使1－丁烯循环回储罐。

（6）对1－丁烯干燥器进行再生：再生步骤与乙烯干燥器相同。

（7）缓慢将引入1－丁烯干燥器从干燥器出口排火炬，对干燥床置换。逐渐让干燥床充满1－丁烯。打开干燥器出口双截止阀，将1－丁烯送往聚合单元。

2. 1－丁烯精制系统的正常操作

定期根据1－丁烯储罐液位，联系接受1－丁烯。定期检查干燥器出入口水含量是否合格。定期对分子筛床再生，方法如下：将饱和的干燥床切出，干燥床内液体缓慢排至火炬，注意排放速率应低得足以避免1－丁烯在排气管线内冷凝，确认排空后，用氮气对该床置换，直到烃合格时，开始再生，再生步骤与乙烯干燥器相同。经常调整不正常工艺参数，确保工艺稳定。

3. 1－丁烯精制系统的正常停车

通知相关单元，1－丁烯系统停车，停止接受1－丁烯进入储罐。关闭界区和界区来1－丁烯入储罐的阀。使储罐内1－丁烯经输送泵打循环。关闭干燥器出入口双截止阀。若对其

248

中一个储罐进行检修，可在上述操作打循环时将该罐内 1 - 丁烯存在另一个罐内，并隔离该罐，置换合格后方可检修。

5.2.1.4 氢气精制系统开停车及正常操作

1. 氢气精制系统的开车

（1）核实该系统内所有管线、机械设备、电气设备、仪表均已进行调试完毕，该系统是清洁的，其内没有碎屑。核实公用工程水、电、仪表空气、氮气均正常供应，并已投用。核实采样管线和相关的分析仪连通。

（2）给变压吸附器四个床和干燥器充装吸附剂，接临时高压氮管线，对装填吸附剂后的吸附器和管道、设备进行试漏；变压吸附器试漏合格后，启动变压吸附器运行程序。

（3）对氢气干燥器再生，方法按乙烯干燥器再生步骤进行。

（4）建立变压吸附器排出阀阀组后的回路，即氢气缓冲罐、氢气压缩机、氢气干燥器到过滤器排火炬回路。投用各仪表，缓慢打开变压吸附器排出阀组，注意确保变压吸附器压力正常。用变压吸附器排出的高压纯氮对后系统试漏合格后置换至该系统至氧和水含量均合格。关闭变压吸附器排出阀组，将排出阀组后的系统放压后，切断过滤器排放阀，停高压氮并拆除临时管线。

（5）将变压吸附器步骤开关打手动，手动操作将各吸附器压力逐渐降压，降压速度不能太快。

（6）再次确认该系统工艺管路正常，打开界区阀接入氢气，并调节压力控制在操作压力，选择相应的流量计。

（7）使用步骤开关和步骤进行按钮，将 4 个吸附器进行调整，直到变压吸附器大致调好。将步骤开关调到自动，为建立稳定状态的吸附前沿和达到产品氢纯度，要使变压吸附器自身循环工艺要求的时间。

（8）确认变压吸附器排出阀组后的工艺流程建立正确后，缓慢打开该排出阀组，确保后系统压力在操作压力下，对后系统置换，在过滤器处放火炬。

（9）建立氢气压缩机冷却水回路，接到聚合、预聚合单元送氢气通知，按压缩机启动要求启动压缩机：①对压缩机进行手动盘车。②进行润滑油泵和补偿泵的引液。③将润滑剂注入缸内。④打开压缩视出入口阀，启动压缩机，并检查核实它的转向正常。⑤检查油压、气体压力、油温、气体温度、噪音和振动是否正常。

（10）设定氢气压力在工艺要求压力，直到聚合和预聚合需要时为止。

2. 氢气精制系统正常操作

定期对氢气干燥器进行再生，方法按乙烯干燥器再生步骤进行。注意该系统报警，若有则及时处理。定期监视压缩机出口压力是否正常；监视压缩机出入口温度、油压、电机电流及冷却水温度，出现问题及时处理。注意变压吸附器入口压力和出口产品质量。

3. 氢气精制系统停车

接停车指令后，通知聚合、原料精制单元和预聚合单元停送氢气，关闭去这些单元的阀门，缓慢打开变压吸附器放火炬阀。按压缩机停车步骤停压缩机。关闭变压吸附器排出阀组，后系统在过滤器处排火炬降压后，关闭排火炬阀。关闭界区进料阀、压力控制阀及前后手动阀。按下变压吸附器的停止钮，停止程序。若变压吸附器停车仅几小时，可按上述操作；若停车时间较长，则继续运行变压吸附器程序；系统循环直到所有吸附器压力降到常压为止。

5.2.1.5 氮气精制系统开停车及正常操作

1. 氮气精制系统的开车

（1）核实电气、机械和仪表设备调试完毕，该系统内是清洁的，其内没有碎屑。核实各公用工程水、电、汽、仪表空气，均正常供应，并已投用。核实各仪表和采样管线均已投用。

（2）确认各床所用三剂均正确充装。对氮气预聚合干燥器和氮气精制干燥器再生，方法按乙烯干燥器再生方法，并建立预精制氮气加热器、精制氮气加热器蒸汽回路，建立精制氮气冷却器水回路。

（3）关闭氮气精制脱氧器入口截止阀；建立预精制氮气加热器、氮气脱氧器、氮气干燥器的流程，打开界区氮气阀；用氮气对预精制试漏和置换，在氮气精制脱氧器前排大气，投用预精制加氢系统，并手动调整加氢量和预精制氮气脱氧器温度。确保氧、水含量达到设计值。

（4）建立从精制氮气预热器、脱氧器、冷却器、干燥器、过滤器及低压氮流程。对后系统试漏和置换，投用脱氧加氢控制系统、调整脱氧床温度，直到氧和水含量合格。

（5）用精氮对氮压机及后系统试漏、置换，直到氮、水含量合格；检查压缩机曲轴箱油位正常；对压缩机进行盘车，并根据需要和设备的维护要求排掉分离器中的凝液；建立压缩机冷却水系统，使之正常循环；确认氮气入口压力正常，并且压缩机无报警，则启动主电机，确认润滑油压力正常；缓慢增加压缩机负荷。

（6）正确建立高压精制氮气缓冲罐工艺流程，并将缓冲罐出来的氮气在压力控制阀的控制下，将压力分别控制在工艺要求值，供应不同的氮气用户。

2. 氮气精制系统的正常操作

注意界区氮气质量，如油、二氧化碳、一氧化碳、水和氧是否正常，不正常及时处理；注意各工艺参数是否正常，质量是否合格，出现问题及时调整。及时调整加氢量，确保氮气合格。注意该系统的报警，如有要及时处理。定期对分子筛进行再生。监视氮压机各段压力和温度及润滑油压是否正常，电机电流是否稳定并在正常范围；监视冷却水系统压力和温度变化，以及压缩机轴封是否正常。

3. 氮气精制系统的停车

通知其他单元，氮气精制系统将要停车。停氮气压缩机，并将各段放压至稍高于大气压力。切断预精制氮气加热器和精制氮气预热器蒸汽，停预精制和精制氢气，使氢气系统隔离。关闭界区阀，使氮气精制系统在稍高于大气压力的氮封下备用。

5.2.2 溶剂回收单元

5.2.2.1 生产原理及工艺流程说明

1. 生产原理

（1）脱除氯丁烷原理：采用化学方法，氯丁烷和三乙基铝发生反应。

反应如下：氯丁烷＋三乙基铝——→1－丁烯＋聚丁烯＋三氯化铝＋乙烷

（2）催化剂残渣的水解：残渣＋水——→氧化钛＋氧化镁＋氯化镁＋正丙醇＋氯化氢

（3）中和反应：氯化氢＋氢氧化钠——→氯化钠＋水

（4）蒸发原理：本单元接收到的废溶剂和使用过的溶剂中，以己烷为主要成分，溶剂沸点低，挥发度大，重组分沸点高，挥发度小，而催化剂及预聚物细粉不挥发。将混合物在干燥器内加热，溶剂汽化蒸发出去，高沸点的重组分及固体颗粒留在蒸发器中，从而达到分离目的。

（5）精馏原理：混合液中各组分的挥发性能是有差异的，沸点低的组分易挥发，沸点高的组分难挥发。将混合液加热部分汽化时，易挥发组分在蒸汽中的含量要比难挥发组分多，而混合蒸汽冷凝时，难挥发的组分先冷凝，精馏就是这样同时并多次地运用部分汽化和部分冷凝的方法将混合液分离为几乎纯组分的操作。

注：S：含有己烷的氮气；CD：清洁溶剂；UD：使用过的溶剂；SD：含有催化剂的溶剂。

2. 工艺流程说明

1）溶剂接收系统

来自催化剂单元及预聚合单元含有固体颗粒的废溶剂，均收集到干燥器中；来自催化剂制备反应釜的洗涤溶剂，收集到精馏塔进料罐的北端，然后经干燥器进料泵送往干燥器；来自催化剂制备单元和预聚合单元使用过的溶剂，收集到精馏塔进料罐水包所在区间；来自预聚合单元干燥系统滗析器的溶剂由溶剂泵送入沉降槽水包所在区间，经沉降后溢流至精馏塔进料罐水包所在区间；来自界区的新鲜补充溶剂进入精馏塔进料罐水包所在区间。

2）氯丁烷脱除系统

含有高浓度氯丁烷的溶剂在溶剂干燥器中与三乙基铝溶液发生化学反应。根据取样分析氯丁烷含量及干燥器的料面来确定加入三乙基铝的量，反应温度由夹套蒸汽加入量控制。待分析氯丁烷含量达到要求值时，开始蒸发。

3）溶剂蒸发系统

处理完氯丁烷的溶剂和送到干燥器中的 SD 溶剂要分别进行蒸发，蒸出的溶剂经溶剂冷凝器冷凝后进入精馏塔进料罐水包所在区间。

4）水解系统

蒸发结束后，蒸发器底部淤浆靠重力和压差排入装有生活水的水解槽中进行水解，水解完毕后用一定浓度的氢氧化钠碱溶液进行中和，中和结束后排往化污系统。

5）精馏塔系统

精馏塔进料罐水包区溶剂翻过挡板流入进料区，由进料泵送入精馏塔；塔顶馏分经塔顶冷凝器冷凝后，进入回流罐，经回流泵从填料层上方进入塔内；采出的溶剂蒸汽经溶剂冷凝器冷凝后，合格的送往合格己烷储罐，不合格的进入精馏塔进料罐水包区；精馏塔再沸器由低压蒸汽进行加热；塔釜重组分经冷凝器冷凝后，靠重力和压差排入塔底重组分排放罐；由聚合单元送来的齐聚物进入塔底重组分排放罐，定期由泵送往界区外。

6）污水站系统

来自各单元的污水及水解槽水解后的产物排入"三废"池内，水层表面上的固体悬浮物被捞出送入废料区，污水则由污水泵送往厂化污系统进行处理。

7）S 回收系统

由各单元排 S 系统送来的含有己烷气的氮气，汇集于排 S 总管，经过冷凝器冷凝下来的己烷液体流入己烷回收罐，气体排大气。当己烷回收罐液面达到一定高度时，由泵送往精馏塔进料罐中端进行回收。

5.2.2.2 开车前的准备

清洗：对静设备用合格氮气进行吹扫，必要时用干净布进行人工处理，死角进行拆卸清理。所有管线用氮气进行吹扫。

试漏：将本系统用氮气对设备、阀门、法兰和设备密封系统进行试漏，如有泄漏作好标记泄压后处理。然后再试漏，直至合格。

置换：精馏塔系统、干燥器系统用精氮置换，要求水、氧含量合格。

隔离、密封：将各静设备隔离，进行氮封保护。

系统的控制阀门均处于关闭位置。检查各传动设备运转及润滑情况良好。检查进入本单元的S、CD、UD、SD管网，打开有关的阀门。

5.2.2.3 开车操作

1. 沉降槽系统的开车

1) 沉降槽开车前的准备

核实沉降槽置于氮封保护之下。确认滗析器下游溶剂泵出口至沉降槽的进料管线是畅通的，用氮气吹扫；确认溶剂泵是完好备用的。检查系统压力处于可控状态，并能正常运行。检查沉降槽玻璃液面计是完好的。确认核实滗析器液位处于可控状态。

2) 沉降槽接新鲜己烷（此步骤适用沉降槽检修倒空后重新开车时进行）

(1)建立精馏塔进料罐新鲜己烷管线至沉降槽。(2)关闭精馏塔进料罐接新鲜己烷手动阀。(3)关闭沉降槽溢流口处至己烷储罐的手动阀及倒淋阀，打开去精馏塔进料罐的手动阀。(4)打开沉降槽至精馏塔进料罐的平衡管线上的手动阀。(5)将精馏塔进料罐压力调至正常氮封压力。(6)通知调度接新鲜己烷，在接料过程中应严密监视沉降槽溢流口倒淋有无己烷及精馏塔进料罐液面的情况。(7)当沉降槽溢流口导淋有己烷流出或进料罐液面有上升趋势时，则停止接己烷。(8)关闭溢流口去进料罐的手动阀，使沉降槽处于开车状态。

3) 沉降槽开始接收干燥系统己烷和淘析系统己烷

(1)打开滗析器下游溶剂泵进出口手动阀，滗析器进料控制阀打手动关闭。关闭旁通手动阀，打开控制阀上下游手动阀。(2)建立溶剂泵至沉降槽进料回路。(3)校验滗析器液位计，确定高低料位报警值，用于自控溶剂泵及进料控制阀。(4)打开沉降槽溢流口至精馏塔进料罐溢流管线上手动阀，建立沉降槽至进料罐溢流回路。(5)打开沉降槽进料管线上的手动阀，关闭溶剂泵至进料罐入口手动阀，准备接收干燥系统夹带粉末的己烷。(6)沉降槽开始进料后检查溢流口倒淋是否有己烷流出，同时观察进料罐液位有无上升趋势，以核实沉降槽开始正常溢流。(7)控制好滗析器液位，启动溶剂泵，适当调整出口手动阀以确保溶剂泵较长时间运行。当滗析器液位低报警动作后自动停溶剂泵，滗析器进料阀打手动关闭。(8)当干燥结束后，打开滗析器清洁己烷手动阀进清洁溶剂，对溶剂泵及滗析器进行冲洗，冲洗完毕后，关闭溶剂泵进出口手动阀及进料阀的上下游手动阀。(9)沉降槽的沉降室要进行定期排放，防止粉末积聚过多影响沉降效果，对第二沉降室的水包排放，可视溢流口己烷清洁程度进行。(10)精馏塔进料罐因料面低需接新鲜己烷时，打开进料管线上手动阀，新鲜己烷接进进料罐。

2. 干燥系统开车

1) 干燥器使用前的准备

(1)检查核实干燥器是空的、清洁的，并置于氮封保护之下。(2)用氮气吹扫干燥器至水解槽管线，核实它是畅通的，关闭干燥器底阀，关闭水解槽入口阀。(3)检查SD管线上除干燥器入口手动阀外，所有手动阀是打开的，干燥器至顶部排放冷凝器管路正确建立。(4)检查三乙基铝管路已正确建立，阀门是关的；检查水、蒸汽及排污系统正常，且是隔离的。(5)设定好干燥器压力，启动干燥器搅拌器；干燥器已作好一切开车准备。

2）干燥器的接料

（1）将干燥器压力降至微正压。（2）打开 SD 管线至干燥器的入口阀，当由催化剂或预聚合单元送来的一批溶剂，或干燥器接至规定量的溶剂时，开始处理。（3）接收来自精馏塔进料罐含氯丁烷的溶剂：关闭进料罐水包下的手动阀门；打开含氯丁烷溶剂管线的出口阀；打开干燥器进料泵密封冲洗液阀，打开泵的入口阀；打开干燥器入口阀、启动干燥器进料泵，打开泵的出口阀，待干燥器料位至工艺要求值时，停止进料，关闭上述有关阀门。

3）处理氯丁烷

（1）根据干燥器的进料溶剂量及从干燥器取样分析氯丁烷的含量，按照配比要求，计算所需三乙基铝稀释液的量。（2）通知催化剂制备单元准备输送所需量的三乙基铝溶液；开始输送后，打开进干燥器的阀门，加料完毕后关闭。（3）将干燥器压力适当提高，打开干燥器顶部排放冷凝器上下水阀门。（4）投用干燥器夹套的加热蒸汽，使干燥器温度达到工艺要求值。（5）在此温度下反应规定的时间，取样分析氯丁烷含量合格时，脱除氯丁烷结束，开始蒸发，否则适当补加三乙基铝的量，直至分析合格为止。

4）蒸发溶剂

（1）确认干燥器顶部排放冷凝器冷却水投用。（2）设定需要的干燥器压力；干燥器升温到工艺要求温度。（3）打开进冷凝器的手动阀；当干燥器料位不再降低，温度开始上升，表明蒸发结束；关闭蒸汽阀门。（4）干燥器降压后关闭干燥器至冷凝器的手动阀。

3. 催化剂残渣水解

1）水解槽的准备

（1）确认水解槽已倒空，并已隔离；水解槽的进出管线畅通；生活水、循环水供应正常。（2）水解槽压力设定为微正压。（3）打开水解槽夹套冷却水阀门，启动水解槽搅拌器。（4）经计量后，加入足够数量的生活水。

2）干燥器残渣送往水解槽

（1）提高干燥器压力设定，停干燥器搅拌器。（2）打开水解槽的进料阀门，然后打开干燥器出口阀。（3）干燥器压力突然降低，表明输送结束。（4）关闭干燥器底部排料阀，干燥器压力设定降为微正压。（5）用氮气吹扫输送管线。（6）关闭水解槽的进料阀。

3）处理催化剂残渣

（1）检查确认水解槽压力正常。（2）搅拌规定的时间，并观察水解槽压力及温度。（3）取样分析水解液的 pH 值。（4）NaOH 计量罐中，预先接入一定浓度的碱液。（5）将估计量的碱液分两次加入到水解槽中，搅拌规定的时间，取样分析 pH 值，最终淤浆 pH 值为 8 ~ 9。

4）排出水解残渣

（1）建立水解槽至化污系统流程。（2）适当提高水解槽压力。（3）缓慢打开水解槽底部排料阀门排料。（4）用生活水冲洗水解槽 3 ~ 5 次，冲洗液排至化污系统。（5）停水解槽搅拌器，并隔离水解槽；关闭循环水供应阀门。

4. 污水处理系统

来自各单元的污水，排入化污池，操作工手动定期将固体粉末捞出并送至界区外，污水则由泵送至厂化污系统进行处理。

5. 精馏塔系统开车

1）精馏塔、精馏塔进料罐、合格己烷储罐、重组分排放罐、回流罐的准备

（1）检查这些设备安装正确，第一次开车时，水、氧合格，而且处于氮封之下。（2）检

查核实来自补充溶剂 CD、UD、SD 以及来自干燥器的管路已正确建立。(3)由进料罐→进料泵→精馏塔管路已正确建立。(4)由精馏塔→塔顶冷凝器→回流罐→回流泵→精馏塔管路已正确建立。(5)由回流罐→重组分排放罐管路已正确建立。(6)精馏塔塔釜→塔釜液冷凝器→重组分排放罐→重组分泵→界区的管路已正确建立。(7)精馏塔→己烷冷凝器→精馏塔进料罐管路已正确建立。(8)各容器压力控制正常；各冷凝器冷却水供应充足。

2)精馏塔系统的开车

(1)接新鲜溶剂：检查溶剂流量计→溶剂干燥器→精馏塔进料罐管路已正确建立；进料罐压力设定为微正压；打开界区处手动阀门开始接溶剂；注意观察流量计及进料罐料位的变化，当料位达到要求时，关闭界区阀门，记下流量计显示所接收的溶剂量。(2)接 SD、UD 溶剂：打开来自催化剂制备、预聚合单元进入精馏塔进料罐中端管线上的手动阀门，注意观察进料罐的液面指示；打开来自催化剂制备进入进料罐北端溶剂管线上的手动阀门，注意观察液面指示不能超标。(3)精馏塔开车：启动精馏塔进料泵，将溶剂注入精馏塔塔釜及再沸器，并缓慢建立加热系统。当塔釜料位至要求值时，停止进料，停进料泵；打开精馏塔系统各冷凝器冷却水阀门。监视塔的工作状态，通过补充溶剂以保持塔釜液，通过回流罐料位观察蒸出溶剂的液位，当料位满足要求时，启动回流泵，建立稳定的全回流操作，并保持回流罐液位；如果开车前回流罐有料，精馏塔无料，可先由进料罐向塔进料至一定料位，升温后，待有溶剂蒸出时，开始全回流操作；全回流操作稳定后，将塔釜料位、回流罐料位分别按工艺要求值控制，同时打开采出阀，回流罐料位打自动。采出先进入进料罐，待水含量分析合格后，切至合格己烷储罐，待储罐有一定料面后，启动己烷泵，建立储罐→泵→储罐自身循环。循环一段时间后，从该管线上取样分析，若不合格，停止循环，将储罐溶剂送往进料罐，重复精馏，直至合格。当塔釜温度升高时，说明塔底重组分增多，可建立精馏塔→釜液冷凝器→重组分排放罐流程进行排放，当排放罐料面较高时，将排放罐内重组分排往界区。(4)精馏塔转入备用状态：当不再进溶剂，不再采出时，将塔转入全回流操作，一旦需要，可迅速恢复生产。

5.2.2.4 精馏塔系统停车

打开采出至进料罐的手动阀门，关闭去己烷储罐阀门，关闭精馏塔进料阀门，停进料泵；塔釜液减少，逐步关闭再沸器的蒸汽供应阀门；蒸出停止后，停回流泵，确保回流罐有一定料面，关闭采出至进料罐的手动阀门。将系统各容器隔离，并使之处于正常氮封之下。

5.2.3 催化剂单元

5.2.3.1 工艺流程说明

外购的正丙醇钛、四氯化钛由泵抽入相应的储罐中，再用氮气压入相应的计量槽；外购的异丁醇、二甲基甲酰胺(DMF)、碘及软水以人工手动的方式加入相应的计量槽；外购的镁粉储存于有特殊安全措施的储存间，制备催化剂时，利用卷扬机人工手动加入计量槽；外购的桶装三正辛基铝(TNOA)存放在储存间，用氮气送入稀释罐，经溶剂稀释，配制成需要浓度的溶液，利用低压氮送入本单元的 TNOA 计量槽；外购的桶装三乙基铝存放在储存间，用氮气送入稀释罐，经溶剂稀释，配制成一定浓度的溶液。利用低压氮气送入聚合单元的三乙基铝计量槽及溶剂回收单元的干燥器；外购的氯丁烷经泵送入储罐，在催化剂制备时，再经泵送至三个计量槽；来自溶剂回收单元的溶剂己烷经计量后进入催化剂制备反应釜。上述各种原料在催化剂制备反应的不同阶段加入催化剂制备反应釜。

催化剂制备反应釜是带搅拌器和夹套的釜式反应器。反应温度可显示控制，设有高温报警。有一根烛管装有料面计，设有高料面报警。反应压力可显示和控制。催化剂制备反应釜装有一台在线色谱仪，分析气相中丁烷、异戊烷、氯丁烷的含量。反应结束后降温，用溶剂洗涤，氯丁烷含量合乎要求后排入调理罐，催化剂浓度合适后经淘析塔送料泵送入淘析塔上部。淘析溶剂循环使用，由循环泵送出经过滤器后进入淘析塔下部，多余溶剂送至溶剂回收单元。

在淘析塔内，催化剂由上而下流动，其中大颗粒逐渐沉降下来，由塔底进入接收罐，用氮气送往预聚合单元。溶剂在淘析塔内由下而上流动，将催化剂细粒带走，从塔顶进入沉降槽。细粒催化剂在沉降槽中沉淀，由底部排入溶剂回收单元。

5.2.3.2 开车前的准备

1）清洗

本单元的所有储槽、计量槽、反应釜、密封罐及工艺管线均用溶剂进行清洗。有搅拌器的开启搅拌器，视情况清洗 1～3 次。部分设备的洗涤液排入溶剂回收单元的干燥器。用精氮吹洗设备和工艺管线。

2）试漏

各容器系统用盲板彼此隔离，用精氮进行气密性试验。拆除所加盲板，对此法兰再进行试漏，直到合格为止。

3）置换

用精氮将设备和物料管线进行置换，要求水、氧含量合格。

4）检查机、电、仪

确认润滑油、密封油型号正确，油路畅通，油液面正确，无泄漏。手动对各搅拌器盘车。计量泵经标定后，冲程调校正确。制备反应器搅拌器的润滑油泵运转正常后，启动搅拌器。启动传动设备，检查动转方向、轴承温度、运转声音。电气设备备用，仪表的调节器、传感器、称量元件、料面计、遥控阀、程序等功能模拟试验正常。在线色谱仪正常。

5）公用工程及外单元联系

水、电、汽、气联系送上，压力稳定，供应充足。本单元所用的一切化学品质量保证，数量充足。与其他单元联系好，保证精氮、溶剂供应充足。分析工段做好准备，随时可作样品的分析。

5.2.3.3 开车操作

1. 化学品接收系统开车

（1）检查化学品来料的原包装，对照名牌和料单，核实来料的名称、规格、数量、氮封及包装桶的破损情况。检查来料接收罐具备接收物料的条件。

（2）TNOA 的接收：①连接 TNOA 的接收流程。②通过计量表，稀释罐进规定量的溶剂，启动稀释罐搅拌器。③打开流程 TNOA 进入稀释罐。④预定 TNOA 输送完毕，关闭TNOA 原料桶氮气阀门，用氮气将残留在物料管线中的 TNOA 吹入稀释罐和原料桶内。关闭送料流程。⑤稀释罐搅拌规定时间后，可取样分析其浓度，必要时加溶剂进行调理，调至合适的浓度。

（3）三乙基铝的接收：操作步骤完全同 TNOA 的接收。三乙基铝稀释罐内的浓度调至合适的浓度。

（4）正丙醇钛、四氯化钛的接收：正丙醇钛和四氯化钛储罐控制在要求的压力。连接接料流程，启动泵开始接料。接料过程中，监视储罐料位的增加，料面不得过高。

（5）氯丁烷的接收：安全捕集器内装入一定量的煤油。氯丁烷储罐控制在合适压力。连接接料流程，启动送料泵，氯丁烷被抽入储罐内。

（6）异丁醇、DMF 的接收：利用抽提手动将大桶内的异丁醇、DMF 分别装入小桶内，再人工装入相应的计量槽。

（7）镁粉的接收：一批镁粉运至现场，人工搬运至镁粉储存间。

（8）碘的接收：一批碘运至现场，在有精氮保护的分装箱内进行分装，并密封保存。

2. 催化剂反应系统开车

（1）检查氯丁烷计量罐、正丙醇钛计量罐、四氯化钛计量罐、DMF 计量罐、脱盐水计量罐处于隔离状态，氮封备用，具备接料条件。

（2）正丙醇钛、四氯化钛的充装靠氮气加压进行。将储罐控制在合适压力。充装计量槽时，密切注视料面的升高；确保加料准确。

（3）镁粉桶被运至操作平台上，人工加入镁粉计量槽。

（4）分装好的一袋碘倒入碘计量槽。

（5）氯丁烷的充装：确认氯丁烷计量罐均系空罐。建立充装流程。启动泵，对计量罐充装氯丁烷。

（6）催化剂制备反应釜的准备工作：检查所有计量槽与反应釜之间的管路正确，并处于隔离状态。反应釜在常温、常压下经流量计往反应釜送入规定量的溶剂。启动搅拌，并将压力提至洗涤压力；搅拌规定时间后，将洗涤液排往"SD"系统。压力重新控制在常压下。洗涤用己烷取样分析水含量合格，洗涤结束。

3. 催化剂淘析开车

（1）检查调理罐、淘洗塔、接收罐、沉降槽、循环缓冲罐、TNOA 计量槽等设备均处于隔离状态，氮封备用，压力控制系统正常。

（2）打开有关的阀门，正确建立如下回路：沉降槽→循环缓冲罐→溶剂循环泵→溶剂过滤器→淘洗塔→接收罐；待上述系统充满溶剂后，启动溶剂循环泵，停止 CD 溶剂的加入。以一定的流量循环规定的时间，调整控制回路使循环缓冲罐液面稳定在设定值，并确认接收罐搅拌器是停的。

（3）TNOA 计量槽接 TNOA 溶液至规定刻度。

5.2.3.4 正常操作

1. 化学品接收系统正常操作

定期检查氯丁烷储槽、正丙醇钛储槽、四氯化钛储槽、TNOA 稀释槽、三乙基铝稀释槽的压力、料面；定期检查烷基铝、镁粉储存间的情况；接到送料通知，储罐进行充压送料斗。送毕，降至正常氮封压力，并关闭送料管线阀门。

2. 催化剂制备反应系统正常操作

（1）经计量后，加规定量的溶剂于催化剂制备反应釜中；启动反应釜搅拌器、反应釜温度控制在常温。

（2）将碘计量槽中碘加入反应釜，搅拌规定时间后，取样检验碘溶液为均匀紫黑色；将镁计量槽中的镁粉加入反应釜中，按工艺要求的时间搅拌，氧化镁含量越高搅拌时间越长，取样分析溶液为桃红色。

（3）引发反应：反应釜控制在合适的压力、温度下，用氮气将异丁醇加入到反应釜。用

256

同样的方法将正丙醇钛加入到反应釜。

（4）加第一阶段氯丁烷：①适当降低反应釜温度要求值。②按照异丁醇的加料方法，在规定的时间内加完正丙醇钛计量槽中的正丙醇钛。搅拌规定的时间。按照同样的方法，加完四氯化钛计量槽中的四氯化钛。③加完规定计量槽中的氯丁烷。气相中丁烷浓度增加，当丁烷浓度达到要求时，开始第二阶段加氯丁烷。

（5）加入第二阶段的氯丁烷：①程序控制将规定计量槽中的氯丁烷加入反应釜。②调整氯丁烷计量泵冲程，确保在规定时间内氯丁烷连续、均匀、稳定加入反应釜。③加氯丁烷设定时间结束后，取样分析氯丁烷含量。从取样时间起，规定时间内必须收到分析结果，以确定是否要补加氯丁烷。④当计量槽低料面报警动作或者时间到，程序停氯丁烷计量泵，程序结束。

（6）催化剂沉淀反应后的处理：①加料结束，取样分析氯丁烷含量。②保持反应釜温度，反应釜恒温第一时间段、第二时间段后分别取样分析氯丁烷含量。③设定好脱盐水计量槽压力，启动脱盐水计量泵，确保规定时间内将脱盐水计量槽中的水连续均匀、稳定加入反应釜，加水完毕，恒温一定时间。④当生产 COTiM$_{11}$ 催化剂时，在规定时间内将 DMF 计量槽中 DMF 加入到反应釜，在工艺要求温度下恒温一定时间。⑤将反应釜降温，压力设定为微正压。⑥用己烷溶剂洗涤催化剂 3~4 次，每次使用溶剂的量，要使氯丁烷含量降至要求值以下。⑦取样作化学分析。

（7）催化剂悬浮液送到调理罐：① 反应釜最后一次洗涤结束，沉降一定时间，抽取上层清液以后，加入规定量的溶剂。② 启动搅拌，搅拌规定时间。③ 适当提高反应釜压力，打通流程将催化剂浆料排入调理罐。④ CD 溶剂从反应釜底部进入，进行反应釜洗涤，洗涤液排入调理罐。

3. 淘析系统正常操作

（1）启动调理罐搅拌器，搅拌一定时间后，取样分析催化剂浓度。TNOA 计量罐内的TNOA 溶液排入调理罐，然后启动淘析塔进料泵，将催化剂悬浮液送进淘析塔上部。定期观察调理罐的料位，将催化剂悬浮液送进淘析塔，以确保催化剂流量正确，稳定和均匀。

（2）开始淘析一定时间后，从塔顶采样分析细粒含量，供淘析调整之用。

（3）淘析塔内催化剂淘析完毕，用 CD 溶剂逆向冲洗调理罐及出料管线。冲洗液送入淘析塔；冲洗液淘析完毕，停进料泵；将循环的溶剂量提高到需要量，循环一定时间后，关闭淘析塔→淘析器之间的阀门，停循环泵。让催化剂沉降一定时间。调整淘析器压力，抽取淘析器上层清液到 SD；抽取完毕，淘析器压力降到微正压，启动搅拌器，搅拌一定时间后取样分析浓度。

（4）分析催化剂质量合格并接到预聚合单元送料通知后，启动搅拌器，搅拌至工艺规定的时间后，提高淘析器压力，打开淘析器的出料阀门，催化剂送往聚合单元。催化剂输送完毕，淘析器压力降到微正压，进少许溶剂从底部进入淘析器冲洗淘析器及出料管线，冲洗液送往预聚合单元；冲洗结束后，由后往前关阀门，最后关闭溶剂阀门，使管线内充满溶剂。

5.2.3.5 停车操作

本单元为批生产，每批催化剂制备结束即处于停车状态。

正丙醇钛计量槽、四氯化钛计量槽、DMF 计量槽、异丁醇计量槽、氯丁烷计量槽分别隔离，并用精氮保护；脱盐水计量槽、计量泵及其管道倒空，用氮气保护；制备反应釜用溶剂浸泡，停搅拌，压力控制在微正压；沉降槽内含细粒催化剂的溶剂送往溶剂回收单元处理；淘析塔、淘析器、循环缓冲罐、TNOA 计量槽压力均控制在微正压；停各搅拌设备搅拌器；淘析塔、淘析器、循环缓冲罐内溶剂保留。等待下次开车处理。

5.2.4 预聚合单元

5.2.4.1 工艺流程说明

1. 催化剂的加入

来自催化剂单元的催化剂，通过程序控制或手动方式，用氮气压送至催化剂储罐中，并在氮封保护之下储存；预聚合反应前，计算出每批预聚合反应所需催化剂悬浮液的重量，然后通过程序控制或手动方式将催化剂悬浮液加入到计量槽中，经计量后与溶剂一起加入预聚合反应器中。

2. 助催化剂的加入

预聚合反应前，计算出每批预聚合反应所需助催化剂在计量罐的液位高度，然后通过程序控制或手动方式，用氮气从催化剂制备单元将助催化剂输送至计量罐中。再通过程序控制或手动方式与溶剂一起加入到预聚合反应器中。

3. 溶剂的加入

来自溶剂回收系统的合格溶剂，经计量后，在加热器中通过低压蒸汽加热至所设定的温度，或不加热，将溶剂加入到预聚合反应器。

4. 预聚合反应

预聚合反应是由程序控制进行的。反应热由夹套冷却水带走；专设仪表分别控制乙烯的进料量、反应器气相中氢气的浓度、反应温度、反应器压力等。当程序准备就绪后，可启动程序，开始反应。反应结束经冷却后，由程序控制或手动方式将预聚合反应器内预聚物浆排入预聚物干燥器中。

5. 预聚物干燥系统

预聚物干燥器为带锥形底部的圆筒容器，内有搅拌且外有夹套。干燥所需的部分热量由夹套的循环热水提供。热氮从干燥器底部分三路进入干燥器，随同溶剂蒸气从干燥器顶部排出。干燥好的预聚物经锥底旋转阀，被输送至预聚物储罐。

6. 预聚物的储存和输送

从干燥器送出的氮气和粉末在旋风分离器内进行分离，粉末靠重力落入预聚物储罐中。储罐上装有重量传感元件、料面报警器。预聚物储罐中的预聚物粉末经旋转阀进入振动筛内筛分，除去大颗粒，筛分是在氮封下进行。大颗粒进入废料斗中，合格的粉末由风机送入旋风分离器，分离后的粉末送到聚合单元。由以上两个旋风分离器分离出的氮气进入各自的袋式过滤器。袋式过滤器装有自动氮气反吹系统，清洁氮气返回各自输送风机的入口。回收的细粒进入预聚物废料斗中，并定期排放。

7. 干燥氮气回路

离开预聚物干燥器的氮气流，被溶剂所饱和并带有一些液滴和预聚物，经液环压缩机压缩后进入液环分离器，分离出的氮气进入换热器中冷却，溶剂蒸气被冷凝下来，并随氮气进入液气分离罐中分离，溶剂靠重力流入淘析器内，氮气从分离罐顶部出来经加热器加热后循环到预聚物干燥器锥形底的下部进入干燥器。

8. 回收溶剂

液环分离器分离出的液体从底部排出，经泵送入冷却器冷却后进入淘析器，同来自气液分离器的溶剂一起在淘析器内沉积。当淘析器液面高报时，溶剂泵自动启动，将溶剂送往精馏塔进料罐中间区，底部较脏溶剂则在干燥结束后排至 UD 系统，由液环分离器后冷却器出来的部分溶剂经水力分离器分离，清液进入液环式压缩机，含有粉末的溶剂排入滗析器。

9. 热水系统

两台热水泵将热水送往气液分离器后加热器及预聚物干燥器夹套进行循环，来自界区的脱盐水由夹套补充到回路中，热量则由低压蒸汽通过在线喷射器补充到回路中。该系统配有膨胀罐，它将过量的热水送至切粒单元。

5.2.4.2 开停车及正常操作

1. 开车前的准备

吹扫：所有设备、物料管线用氮气吹扫，粉料输送系统开启风机后用氮气进行吹扫，吹扫时不得经过调节阀及仪表。

试漏：将各容器用盲板隔离，用氮气进行气密性试验。拆去盲板，用氮气对管路各法兰进行试漏。

置换：用精氮将设备及管线进行置换，直至水、氧含量合格为止。

清洗：在大检修后，可对预聚合催化剂储罐、TNOA 计量罐、预聚合计量罐、预聚合反应器、预聚物干燥器、液环分离器、液环式压缩机、滗析器及相应的管线和设备用清洁溶剂进行清洗，洗涤液排往 UD 系统，然后用精氮进行置换。

检查机、电、仪：机械传动设备启动前必须盘车，并进行数小时试运转，检查运转方向、密封、润滑等情况；电气设备处于良好状态；程序调试完毕，常规仪表处于良好状态。

公用工程及与外单元联系：水、电、汽、气要联系送上；与其他单元联系好，保证溶剂、精氮、催化剂、助催化剂、乙烯、氢气合格并充分供应；分析人员作好样品分析准备。

预聚合反应器大检修后重新开车作如下处理：

（1）干燥：检查反应器是清洁的。将预聚合反应器与预聚物干燥器的连结管线内部处理干净。使夹套隔离，并将其内的水排尽。将蒸汽注入夹套，夹套加热到工艺要求的温度，用氮气进行置换，从干燥器→反应器→人孔，从人孔排出的氮气，由便携式通风器使之消散。反应器干燥后，关闭通向夹套蒸汽管线上的隔离阀，停止氮气置换，关闭有关阀门，封好人孔，隔离预聚合反应器。

（2）试漏：如前所述。

（3）置换和清洗：将反应器内试压的气体排掉，用氮气升降压置换反应器。将预热到一定温度的溶剂，加到预聚合反应器内，溶剂保持该温度恒温一定时间后停止加热，使反应器隔离，用氮气使反应器适当增压。反应器降温，适当注入氮气，以防形成真空。把反应器物料排入 SD 系统。再次注入溶剂到反应器内，搅拌一定时间，取样分析水含量合格，则洗涤液排入 SD 系统，反应器隔离可以开车。若水含量不合格，则进行下面的处理。

（4）精洗：加一定量的 TNOA 溶液到预聚合反应器，然后加入溶剂，将反应器加热到工艺要求温度，恒温一定时间。停止加热，反应器降温，并适当补充氮气以防备形成真空。将洗涤液排往废液系统。重新加入溶剂到预聚合反应器中，取样分析水含量合格，倒空预聚合反应器，准备开车；若水含量不合格，则重复操作，直至合格。

2. 助催化剂计量槽的充装

确认 TNOA 的供应已准备就绪，助催化剂稀释罐搅拌器启动已达到规定时间；确认从助催化剂稀释罐至计量槽的管路已正确建立；计量槽系统手动阀门处于正确位置；设定好计量槽压力；启动自动程序或手动操作。

手动操作如下：（1）将计量槽压力降至微正压时，打开稀释罐出口手动阀。手动打开计量槽进料阀。（2）待计量槽现场液面计液面达到计算高度时，关闭入口手动阀。（3）通知催化剂制备单元人员停止送料；调整计量槽压力。

3. 催化剂储罐的充装

1）充装操作

向催化剂制备单元人员了解送来的催化剂数量和浓度，提前通知他们准备送料；在接料之前，提前启动预聚合催化剂储罐的搅拌器；确认催化剂制备单元淘析器至催化剂储罐各阀门处于正确位置，确认接料的催化剂储罐有足够的空间；启动自动程序或手动操作。

手动操作如下：（1）设定储罐压力，储罐压力降至微正压时，通知催化剂单元开始送料。（2）打通接料流程阀门开始接料。待储罐计量秤保持恒定时，通知催化剂单元开始加冲洗溶剂。（3）待储罐计量秤再次保持恒定时，送料结束。（4）关闭接料流程，调整储罐压力。

2）催化剂浓度分析

接料结束一定时间后，通知分析人员分析储罐悬浮液的浓度；分析人员分别取两个样分析；若两个分析数据差不大，且它们的平均值在规定范围内，则这个平均值即作为计算时的标准浓度；若两个分析数据差较大，则通知分析人员再取一个样，并及时给报结果，由技术人员处理。

4. 预聚合反应器的加料

确认除乙烯和氢气外，其他加料管线上阀门位置正确；确认 TNOA 计量槽、催化剂储罐充装完毕，储罐搅拌器启动一定时间；通知溶剂回收单元做好送溶剂的准备；TNOA 计量槽、催化剂储罐压力合适；程序条件满足后，启动自动程序开始加料或手动操作。

手动操作如下：（1）检查预聚合反应器冷却水系统阀门均处于正确位置；启动冷却水泵，并打开反应器夹套排气阀，使夹套内充满水。设定好所加溶剂的体积。（2）反应器压力设定为自动方式，设定好压力；反应器搅拌器设定自动方式，设定为慢速。（3）通知溶剂回收单元送溶剂，同时启动溶剂流量控制器；打开溶剂加料阀，开始加溶剂。（4）预聚合催化剂计量槽计量秤复位，打通至计量槽流程，待计量槽接到所需重量催化剂时，关闭流程，调整计量槽压力。（5）待溶剂流量控制器累积量达到要求值时，将反应器搅拌器设定为高速，将催化剂悬浮液加入反应器中。（6）催化剂加完后，手动降低计量槽压力，开始加冲洗溶剂。加到所需重量后，重新设定压力，将冲洗溶剂加入到反应器中。（7）确认催化剂与冲洗溶剂已加完，将助催化剂与溶剂一起被加入到反应器中。

5. 预聚合反应（预聚合反应是在程序控制下进行的）

1）程序的初始条件

预聚合反应器加料程序已结束或手动加料已结束；反应器搅拌器在高速运转，反应器夹套冷却水泵在运转。系统各程控阀均处于自动位置，而且阀位正确；乙烯和氢气管线上的手动阀门是开的；反应器温度、压力均处于自动位置，给定点已调定；开始系统升温；当反应器温度达到引发温度时，启动反应程序。

2）预聚合反应步骤

启动反应程序，按照程序提示输入相应参数，并开始反应。当乙烯累计量达到设定值时，可以通过程序自动或操作工手动停止反应程序。如果在反应结束的时间内乙烯累计量未达到设定值，按照程序提示输入需要的附加时间。反应结束后，手动设定循环水入口温度，按要求对反应器进行降温、冷却。

6. 预聚合反应器的出料和冲洗

确认反应器至干燥器管线上手动阀打开，干燥器是空的，已做好接料准备。确认排料程序的起始条件已满足；启动排料程序或手动排料。

手动排料步骤：

（1）启动干燥器搅拌器，确认在启动之前，油泵已启动并运转正常。

（2）通知溶剂回收单元准备送溶剂。

（3）给预聚合反应器充压，使预聚合反应器与预聚物干燥器压力平衡一段时间；对预聚合反应器进行反向冲洗一定时间；给预聚合反应器充压；使预聚合反应器与预聚物干燥器压力平衡一段时间。

（4）启动溶剂加料，当溶剂累积量达要求值时，关闭溶剂流程。

（5）给预聚合反应器充压；使预聚合反应器与预聚物干燥器压力平衡一段时间；重复步骤（5）1~2次。

（6）停反应器搅拌器，关闭反应器至干燥器管线上的阀门；预聚合反应器充压后隔离反应器，氮封保护。

7. 预聚物的干燥

反应器出料程序已结束或手动排料已结束；干燥器干燥回路已正确建立；液环式压缩机正在运转，液环分离器液体输送泵运转正常；干燥器搅拌器运转正常；各程控阀阀位正确；液环分离器内有一定的液位；溶剂回路已正常开车；干燥氮气的旁路流量调节阀全开，干燥回路中氧含量合格；去干燥器夹套和气液分离器后加热器的热水泵运转正常。

预聚物干燥手动操作如下：

1）准备工作

（1）热水系统已正确建立，启动系统热水泵，使夹套充满脱盐水；打开蒸汽阀门，缓慢升温，并设定好温度，操作过程中应避免升温过快。（2）确认滗析器→溶剂泵→精馏塔加料罐手动阀是开的；确认滗析器→气液分离器之间平衡管线上的手动阀门是开的；确认动设备具备启动条件；确认滗析器底阀是关的。（3）确认流程干燥器→液环式压缩机→液环分离器→液环分离器气体冷凝器→气液分离器气体加热器→干燥器打通。（4）检查通 S 系统的手动阀是开的，氮气手动阀是打开的。（5）用清洁溶剂给液环分离器充液至一定液位。（6）检查液环压缩机内液体液面正常；打开液环分离器液体输送泵、液环式压缩机、溶剂泵的密封溶剂手动阀门。

2）干燥的正常开车操作

（1）启动液环分离器液体输送泵，启动液环式压缩机，手动调节循环液体流量至需要流量；确认泵和压缩机运转正常。

（2）液环式压缩机运转平稳后，打通热氮气流程，设定需要的热氮气流量。

（3）在干燥时，应密切注意液环式压缩机的运转情况，以及流量、温度的变化情况。

（4）当干燥温度恒定后，适当降低热氮气流量。当干燥温度开始上升时，继续降低热氮气流量；当温度大于设定值时，表明干燥可以结束了，并通知化验室取样分析。

3）干燥的停车

将干燥氮气的旁路流量调节阀打开。停液环压缩机，用泵将液环分离器内溶剂送空，再打开清洗溶剂清洗分离器，将废液送出；打开压缩机至液环分离器液体输送泵的阀门，将压缩机内的脏溶剂送空后停泵。关闭预聚物干燥器出口阀。打开滗析器底部阀门，将脏料排入 UD 系统并用

261

清洁溶剂清洗，清洗液排往 UD 系统，关闭滗析器底阀。关闭蒸汽阀门，干燥器降温。

8. 预聚物的输送

1）由预聚物干燥器送往预聚物储罐

(1)确认预聚物储罐已做好接料准备；确认输送风机→旋转加料器→旋风分离器→第一袋式过滤器→输送风机回路流程打通；袋式过滤器至预聚物废料斗手动阀是关的。确认回路中氧含量合格。(2)将干燥器压力升到工艺要求值。启动袋式过滤器反吹系统，启动旋风分离器，启动输送风机，打开干燥器下料阀；观察过滤器压差增大，压差在正常范围内，表明输送正常。(3)当预聚物储罐重量不再增加时，过滤器压差下降至一定值，且干燥器压力突然下降，表明输送结束。(4)关闭干燥器下料阀，停旋转加料器，停旋风分离器，停输送风机和袋式过滤器反吹系统；关闭输送回路有关阀门；干燥器氮气封闭保护。

2）由预聚物储罐向预聚物接收器送料

(1)接到聚合单元接料要求后准备送料。打通输送风机→旋转加料器→旋风分离器→第二袋式过滤器→输送风机流程；袋式过滤器至预聚物废料斗手动阀是关的。检查振动筛油泵运行正常，油路正确；投用袋式过滤器氮气反吹，启动袋式过滤器反吹系统；确认由干燥器→预聚物储罐送料是停止的；检查输送回路中氧含量合格。(2)确认聚合单元已做好接料准备；启动输送风机；启动振动筛下游旋转加料器、振动筛、预聚物储罐底部旋转加料器，打开储罐下料阀；观察过滤器压差升高，压差在正常范围内，表明输送正常，若压差过低，打开预聚物储罐底部氮气手动阀进行反吹。(3)当输送完所需量的预聚物或预聚物接收器料位高报警，则关闭预聚物储罐下料阀、停振动筛、旋转加料器，关闭时间应有一定间隔，防止积料；停输送风机，关闭袋式过滤器反吹系统，通知聚合单元人员可以关闭接料阀门。

9. 第一、第二袋式过滤器送料后的处理

输送结束后，使第一、第二袋式过滤器分别隔离，手动打开第一、第二袋式过滤器底部氮气手动阀门，使第一、第二袋式过滤器增压，然后打开底部手动阀门，借助压差，分别将捕集到的粉末排入预聚物废料斗。

5.2.5　流化床聚合单元

5.2.5.1　生产原理及工艺流程说明

1. 流化床反应器的基本原理

固体粒子的流化，就是要使粒子悬浮在气流中。自下而上流动的气流，经过由多孔板构成的底部，进入立式圆形的空间内，气体的流速应足以将粒子托起，并使它们保持悬浮状态，但气体的流速也不能太高，否则就会把粒子带出反应器外，而流化床反应工艺中实际采用的流化气速是最低流化气速的 2～5 倍。乙烯的气相聚合反应，是在立式流化床反应器内悬浮在由下而上流动的流化气气流中的预聚物颗粒与单体乙烯进行反应，随着反应进行，每一个预聚物粒子逐渐长大成为一个聚合物粒子，粒子在床内的平均停留时间约 4h。流化床上方，粒子浓度逐渐降低，在脱离输送高度处达到稳定。流化床反应器上部(扩大段)呈倒锥形，使气速降低，从而使大部分细粒返回床内，只有那些在反应器扩大段沉降速度低的粒子，才被夹带出反应器。被气体夹带出的粒子，在旋风分离器内与气体分离，气体经净化、冷却、增压后，回到反应器循环使用。

2. 工艺流程说明

1）预聚物注入

储存在预聚物接收器内的预聚物，由程序控制"将预聚物从预聚物接收器送到预聚物中间储斗"或手动控制倒入预聚物中间储斗，然后由程序"中间储斗的打开"控制或手动定期地将氮气冲入中间储斗底部，使预聚物靠重力顺利地流入第一加料斗。第一加料斗内的预聚物粉末按需要的量，由程序"预聚物的注入"控制注入流化床反应器。

2）反应物的加入

来自原料精制单元的乙烯，在流化气压缩机入口处，通过串级控制乙烯流量进入流化回路；来自原料精制单元的1－丁烯，在计量罐液位计控制下流入计量罐，并由程序"1－丁烯泵送和计量"控制连续地经过计量泵，从流化气压缩机出口换热器入口侧进入流化回路；来自原料精制单元的氮气，在流化气压缩机入口端，通过乙烯浓度控制回路控制下进入流化回路；用来使催化剂中毒而终止反应所加入的二氧化碳，是在紧急情况下，由反应器流化气进气管，通过中控室操作自动或现场手动注入反应器，它通常储存在 CO_2 储存罐内，由市售高压钢瓶气将它充满；来自催化剂单元经己烷稀释后的烷基铝三乙基铝，在计量罐液位计控制下流入计量罐内，按工艺需要现场手动经计量泵注入反应器。

3）反应回路

注入流化床反应器的预聚物，悬浮于来自反应器分布板底部自下而上流动的流化气体中，同其中的单体乙烯和共聚单体1－丁烯，在工艺要求的温度、压力下进行聚合反应。为了去除聚合反应热并使床层保持流化状态，气体的流量比聚合所需要的流量要大，只有约5%的乙烯转化为聚乙烯，而大部分气体带走聚合时放出的热量，由反应器顶部出来，经过旋风分离器，使气体中夹带的细粉分离，细粉借助于喷射器，利用来自流化气压缩机出口的工艺气体，作为动力流体，返回流化床反应器。清洁的气体进入流化气前冷却器，除去部分聚合热，经流化气压缩机增压，剩余的聚合热和压缩热一起，在流化气后冷却器内除去后，返回流化床反应器，构成循环流化回路。后冷却器调节进入反应器的气体温度，以控制反应器出口气体温度。

4）辅助系统

来自流化气体压缩机出口端的部分流化气体，在换热器中得到冷却，进入齐聚物分离回路。生产线型低密度聚乙烯时，基本上没有齐聚物产生。而生产高密度聚乙烯时，则要除去少量齐聚物。在换热器中冷却后，被送入齐聚物分离罐，气体与冷凝的齐聚物得到分离，气体返回流化床反应器内，定期在程序"齐聚物的排出"控制下，或手动按程序步骤进行，将齐聚物间断送至溶剂回收单元。

流化床反应器的开车，需要有初始量的粉料，该粉料从粉料储仓通过来自流化气体压缩机出口侧的部分气体做为输送动力，送入流化床反应器。

5）聚合物的抽出

聚合物侧向出料是由程序"聚合反应器的侧向出料"控制的，聚合物连同工艺气体一起流入第一脱气斗，气体和聚合物在此得到分离，第一脱气斗内气体经过滤器，再经三段往复式循环压缩机增压到反应器操作压力，返回到流化气体压缩机出口侧回收利用；粉料通过由第一脱气斗料位计控制转速的回转阀流入第二脱气斗，为了除去粉料中的工艺气体，用氮气对该斗进行吹扫，第二脱气斗排出的气体经过滤器后排入火炬系统。粉料通过由第二脱气斗料位计控制转速的回转阀，送入气流输送系统。

聚合物的底部抽出是由程序"聚合反应器底部出料"控制，室内自动或手动操作完成。聚合物进入锁紧斗，然后使斗减压，气相流入第一脱气斗，然后用氮气吹扫锁紧斗，气体排入粉末排气系统，粉料靠重力流入振动筛，将较大的结块料从粉料中分离出来，送入废料斗。粉料经回转阀送至气流输送系统。

6）粉料的输送和调理

底部抽出和侧线抽出系统经过各自的回转阀送来的聚合物粉料，借助于氮气风机，使粉料既可以通过换向阀输送到粉料仓顶部旋风分离器，经分离器后气体和粉料分离，气体经过滤器和直接经换向阀进入过滤器的粉料分离出来的气体一起，返回氮气风机入口，而粉料落入开车聚合物粉料储仓，作为下次开车用粉料。也可以经过换向阀将粉末通过过滤器，经回转阀流入振动筛，将较大的块料从粉末中分离出来，送到废料斗，大部分粉料靠重力通过回转阀落入调理罐，用来自流化风机提供的流化空气通过调理罐顶部出来经旋风分离器后排入大气。旋风分离器内分离出的细粉，在过滤器底部回收，返回给料斗，经调理的粉料，溢流通过降料管上回转阀送到造粒进料斗。积累在调理罐分布板中心不流化的块料，定期由程序"除去聚合物调理罐内结块料"控制或手动开关阀门排入给料斗，给料斗内粉料经回转阀进入空气增压机的空气流中，送入挤压造粒单元。

5.2.5.2 开车前的准备

确认所有机械、电气、仪表设备和程序均已进行调试、试运行工作，系统内各设备及管网内部都清洁而干燥。核实公用工程电、水、汽、仪表空气、氮气均已供应；乙烯、1－丁烯、氢气、预聚物、三乙基铝已准备就绪；终止剂二氧化碳注入系统调试完毕。检查各调节回路、各仪表软件参数是否校对好，各程序正常，系统联锁各参数调校正确，投入各仪表；检查所有管线、人孔等均已复位；检修后开车，要先拆除盲板，用氮气对系统进行试漏、试压；检查各运转设备润滑情况，对运转设备进行手动盘车，具备开车条件。

5.2.5.3 预聚物注入系统开停车及正常操作

1. 预聚物注入系统开车

（1）确认精制氮气压力正常，打通流程，用氮气将预聚物接受罐、中间储斗、预聚物第一加料斗增压到操作压力，关闭氮气阀，保持工艺要求的时间，进行试压，查漏；合格后，再引氮气进行置换，直至氧和水含量合格。

（2）用氮气将第一加料斗、中间储斗充至操作压力，然后将中间储斗压力调为自动；将预聚物接受罐压力排放至微正压；流化床反应器试压的压力达到一定值时，对预聚物注入程序四条注入线进行试验和检查，进行时应一条一条，不能同时进行。

（3）确认中间储斗和第一加料斗是空的，将两台加料电机离合器啮合。

（4）从A线开始，打通流程，但流化床反应器活塞阀关着。启动程序，将A线调到"吹洗"方式，首次吹洗时表明堵塞故障，程序自动开始第二次吹洗，这时开流化床反应器活塞阀，程序表明吹洗正常，吹洗完成后，停A线，关闭活塞阀和上游手动阀，同样方法对B、C、D线进行吹洗。

（5）确认预聚物接收器压力合适，通知预聚合单元，接收预聚物，观察接收器料面，确认接收器已接收足够的预聚物或接收器料位高报警动作，通知预聚合单元，停预聚物的输送。

（6）确定预聚合单元送料已停，检查没有报警动作，启动程序自动进行预聚物接收器输送到预聚物中间储斗的操作或手动按程序进行。

手动程序如下：确认精制氮气压力正常。将预聚物接收器压力升到工艺要求的压力时，打开下料阀，当中间储斗料位高报时，关闭下料阀；将接收器压力释放至微正压。

（7）确认预聚物接收器、中间储斗和第一加料斗系统流程打通，中间储斗和第一加料内压力不低，核实没有报警动作，启动程序自动进行操作，或手动按程序进行，注意确保氮气压力不低。

（8）开启各注入线除活塞阀和该阀上游手动阀外所有手动阀；选用不同对的一或两条注入线，啮合所选注入线离合器，开所选线离合器，开所选线活塞阀和上游手动阀。

（9）给控制系统输入小时注入率；核实没有报警动作，启动程序；设定所选注入线为吹扫，吹扫数次后启动所选注入线电机，程序自动由吹扫变注入。

（10）室外操作人员通过倾听预聚物在管道内流动的声音，核实预聚物是否正常注入流化床反应器；根据要求调整预聚物注入率。

2. 预聚物注入系统正常操作

（1）定期联系预聚合单元，接受预聚物。

（2）根据经验，在预聚物中间储斗指示料位低时进行预聚物接收器到中间储斗的下料工作，避免依靠中间储斗低料位报警，在中间储斗低料位报警时，要及时进行接收器到中间储斗的下料操作。

（3）定期启用程序或手动按程序进行，以保证中间储斗内粉末流动良好。

（4）及时调整不正常工艺参数。报警时，应弄清情况，迅速处理。

（5）定期监视高压精制氮气储罐内压力变化周期，开、关阀的程序工作是否良好；定期确认各程序工作是否正确。

（6）监视中间储斗内物料流动情况，若不好，室外操作人员用橡皮榔头经常敲击中间储斗下锥体；监视预聚物注入清况，定期倾听声音，观察反应变化，出现问题及时调整。

3. 预聚物注入系统停车

通知预聚合单元，停接预聚物；启动程序或手动按程序将预聚物接收器内预聚物倒入中间储斗；接收器倒空后，使接收器压力在微正压下隔离；中间储斗倒空后隔离；第一加料斗倒空后，在较高压力下隔离；停注入线电机，程序自动对注入线吹扫，吹扫结束后，关闭注入线活塞阀和上游手动阀。

5.2.5.4 反应器系统开停车和正常操作

1. 反应器的开车

（1）按下述步骤开启流化气前、后冷却器冷却水泵各一台：①确认系统已灌满循环水，水压正常；核实备用泵隔离；蒸汽喷射器隔离。②将泵的流量控制阀调手动位置关闭；将温度控制调到手动位置；关闭冷却水各回水阀。③启动泵流化气前、后冷却器冷却水泵各一台；缓慢打开泵出口手动阀，对回路置换，消除气窝。④缓慢打开流量控制阀以达到所要求的循环量，不能造成换热管振动，然后将它们调自动。⑤缓慢打开冷却水各回水阀，投用蒸汽喷射器，直到所要求的温度，将温度控制调自动。

（2）1－丁烯计量罐接受原料精制单元来的1－丁烯，充至操作液位。

（3）打开氮气去流化气压缩机密封系统各阀，用氮气做压缩机密封。将反应器用氮气增压到一定压力，对所打开过的法兰试漏，保压规定的时间，压降小于规定值，则试漏合格，将流化床反应器放压至稍高于大气压力，再用氮气加压至一定值。

（4）调流化气压缩机入口导向叶片为最小，按要求启动压缩机：①核实润滑油系统阀门位置正确；核实冷却水系统阀门位置正确；核实密封油气系统阀门位置正确；②用白油充装密封罐；检查油槽油位并核实没有异物和水。③启动主油泵。调整润滑油供应压力。④在油冷却器和油过滤器排气阀打开时，置换管网内气体，然后关上排气阀；确认润滑油高位槽充满油,且各部位流动正常和平稳;打开气体系统倒淋阀,确认管网没有异常现象,然后关闭倒淋阀。⑤对流化气压缩机进行手动盘车;投用油冷却器。⑥给压缩机供密封油,调整密封油流量正常;确认密封油下降罐充油至顶部。⑦确认密封油高位槽的液位正常;确认密封油气压差在允许的范围内;确认脱气罐补加油工作已完成,给脱气罐加热器供电并将氮气供应该罐。⑧打开流化气压缩机去喷射器、流化床反应器底部工艺管线上手动阀和喷射器上下游及喷射器下料手动阀。⑨对流化气压缩机做假动作试联锁;启动压缩机主电机;调整流化速度为工艺要求值。

(5) 将分析仪与回路连通,记录氧和水含量;调整给定值将流化回路加热至工艺要求的温度。确认旋风分离器底部以及喷射器是畅通的。

(6) 建立齐聚物冷凝器→齐聚物分离罐→再返回流化床反应器流程。

(7) 使反应器排气,压力降至微正压,分析系统氧和水含量,使反应器增压至一定值,然后排气至微正压,重复该项操作,直到水、氧含量合格。

(8) 反应器打开接触空气后的开车,必须在完成第(7)步置换合格后,用氮气将反应器加压至一定压力后,维持反应器温度稳定情况下,将规定量的三乙基铝注入反应器,注入后维持规定的时间,然后使反应器释压至微正压,测定系统水和氧含量。若反应器内水和氧含量仍高,则用氮气使反应器压力再次增高并再次注入三乙基铝,重复操作,直至水、氧含量合格。

(9) 将反应器压力重新提高,稳定流化速度。

(10) 进行开车粉料送往流化床反应器的操作:① 拆除流化气压缩机→粉料储仓→流化床反应器管线中的盲板;打通流程。首先来自流化床反应器的气体因压力高会使粉料储仓中所存粉料产生反冲并疏松,然后打开粉料储仓和流化气压缩机输送气平衡线粉料储仓顶部、底部手动阀。② 缓慢打开粉料储仓排料阀,检查粉料流动情况。③输送结束后,关闭粉料储仓排料阀,及粉料储仓和流化气压缩机之间平衡管线,输送管线上的阀门,关闭流化床反应器活塞阀和各自动阀,在管线泄压后加盲板,将粉料储仓压力降到微正压,维持该压力下隔离。

(11) 流化床反应器压力降至微正压,重新检查氧和水含量,如果不合适,重复步骤(7)的操作,若经再次置换氧和水含量仍不能降到规定值,可注入三乙基铝,详见第(8)条。

(12) 启用色谱仪,增加流化速度至要求值。

(13) 通知原料精制单元,流化床反应器要接乙烯、氢、1-丁烯;使侧向出料、输送、调理系统开车。

(14) 进行气相组成调整:①乙烯、氢气、1-丁烯供应管线上盲板拆除。②如果开车粉料没有活性时,使流化床反应器温度稳定在气相调整要求的较高温度,若开车粉料有活性,则使反应器温度稳定在气相调整要求的较低温度。③根据生产牌号,引入所需分压的氮气;用乙烯作为流化气压缩机密封吹扫;根据生产牌号,选择对应的氢气流量计,引入所需分压氢气;根据生产牌号,引入所需的乙烯。④通过程序控制,将所需分压1-丁烯缓慢加到反应器内。⑤组分加完后,检查最终气相组成,若需要的话,通过排气以及加1-丁烯、乙烯、氢气,使气相组成正确。⑥将反应器温度调至注入温度。

(15) 反应器气相组成确立后,要确认 CO_2 储存罐的压力是否正常,二氧化碳注入进反应器手动阀应开着,反应器条件均已稳定时按下述步骤注入预聚物:

① 启动程序,以设定的速度注入;反应器出口温度将开始升高,控制反应器温度维持正确值;反应开始时,反应器出入口温度将开始变化,缓慢调整两个喷射器蒸汽流量,维持

反应温度稳定。

② 在反应器出入口温度开始变化时，反应器总压就降低，此时应手动操作，使乙烯实际流量和所要求的流量一致；将 $H_2/C_2^=$ 比、$C_4^=/C_2^=$ 比控制器设为自动，启用程序；建立齐聚物冷凝器水回路。

③ 当乙烯进气量达到一定值时，调整预聚物注入量，使生产稳定在该负荷，然后将乙烯进料调自动；当产率超过该负荷时，将温度控制调自动，关闭两个喷射器蒸汽，使蒸汽隔离。

④ 缓慢增加预聚物注入量，使产量达到需要值并维持该产量 24h：A. 密切注意各温度点的变化，及底部大块料情况；B. 让流化床上升到正常操作高度，然后选用一或二条抽出线，输入抽出次数值给 DCS 程序，该系统运转稳定时，将床高控制器调为自动；C. 通过底部出料所取的样品，分析粉料密度、指数、粒度分布、残钛及结块料的情况，根据测定结果，平稳地调整 $C_4^=/C_2^=$、$H_2/C_2^=$ 比；D. 24h 后，手动使预聚物注入量平稳地增加，使产量逐步增加，直到所要求的产量为止。

（16）按下述方法粉料重新装入粉料储仓：① 核实粉料储仓是隔离的，粉料储仓顶部分离器到粉料储仓的下料阀及平衡阀是关的；给粉料储仓泄压到粉料储仓内压力与氮气风机系统压力相等为止；打开粉料储仓顶部分离器和粉料储仓及平衡线上的各手动阀。② 核实侧向出料是停的，将换向阀换向到粉料储仓顶部分离器，并打开粉料储仓顶部分离器去过滤器的手动阀，核实反应器底部出料没有运转。③ 将所需数量粉料装入粉料储仓中，分析和记录粉料储仓中粉料密度和指数，为下次开车用；粉料储仓装入所需粉料后就将换向阀切换到粉料调理系统，并将分离器去过滤器的手动阀半闭，关闭分离器到粉料储仓的两个手动阀，以及平衡线上的两个手动阀；将所拆盲板加上，用氮气使粉料储仓在一定压力下保存。

2. 流化床反应器系统正常操作

（1）借助于记录和 DCS 系统密切监视各参数的变化，出现偏差及时调整。

（2）定期取样分析了解生产情况；对反应器上各压差计接口定期用高压氮气进行吹扫，特殊情况适当增加次数。

（3）监视 CO_2 注入系统的压力是正常的，保证该系统处于良好状态。

（4）注意各报警器报警，在发生报警时，操作人员应迅速采取措施。

（5）注意底部出料的结块料变化，及时掌握流化床反应器内工况。

（6）定期监视压缩机油系统液位，压力、温度、电机温度和压缩机振动情况，监视各操作参数是否正常。

3. 牌号切换

1）HDPE 和 LLDPE、LLDPE 和 HDPE 之间的牌号切换

（1）总的原则

①注入系统：使预聚物接收器、预聚物中间储斗、第一加料斗倒空。②反应系统：使流化床反应器停车并倒空床层。对反应器内部进行检查，根据对反应器在空气还是氮气气氛下的检查情况，使用不同的方法重新使反应器开车。③侧向出料、底部出料和调理系统：倒空前一个牌号所生产的残余粉料，用新牌号使该系统重新开车。

（2）切换步骤

①停预聚物的注入，对注入管线吹扫 10 次，然后关闭注入管线上活塞阀和上游手动阀；维持反应器温度、压力、床高和气相组成恒定，直到产率降到 1t/h 以下时为止。②停各进

料，将流化气压缩机密封吹扫切换成氮气；将反应器床高降到 5m；使反应器温度迅速降到 55℃，停循环压缩机，并将第一脱气斗底部吹扫工艺气体改为氮气；在反应器温度 55℃ 情况下，使反应器释压至所切牌号计算要求压力值。③引入氮气，达到新牌号所要求的分压；引入所需分压的氢气；引入所要求分压的乙烯后，引入所需的 1－丁烯；检查最终气相组成，如不正常则进行必要的调整。④将反应器温度升至新牌号切换时要求的温度，以 50 次／h 的速度注入预聚物，检查注入是否正常；维持这个注入率和气相组成，直到床层出入口温度出现温差。⑤在乙烯进料速度达 4t／h 时，降低预聚物注入速度来稳定反应的进行，同时维持反应温度和气相组成正常；床高接近 10m 时，使侧向出料系统运行；使循环气压缩机开车。⑥产率在 5t／h 以下，系统稳定时，以每小时 4% 的增加速度来提高注入次数，以达到 5t／h 的产率；产量达到 5t／h 时，维持 5t／h 生产 24h，以每小时增加 4 次预聚物注入量的频率来提高产量至要求值。

2）HDPE 牌号之间的切换

如果新老牌号的密度和熔融指数彼此相差不太大时，则采用下述方法：（1）切换牌号之前 8h，以每小时降低 4 次预聚物注入量的频率来降低产量至 5t／h，将床高降至 9.0m。（2）然后停侧向抽出，改变气相组成，若新牌号的熔融指数是低于老牌号的熔融指数时，使 $H_2／C_2^=$ 比的调节维持在自动方式，逐渐降低给定值，使之达到要求值，若新牌号的熔融指数高于老牌号的熔融指数时，以手动的方式加氢气，使之达到要求。（3）使床层增加到 10m，然后开侧向出料。

如果新老牌号的密度和熔融指数相差不大的情况时，采用下述步骤切换：（1）老牌号生产还余 50t 时，改变 $C_4^=／C_2^=$ 比到新牌号所要求的比值。（2）老牌号生产还余 25t 时，在自动方式下改变 $H_2／C_2^=$ 比的给定值到新牌号所要求的比值；（3）在切换牌号过渡期间，对熔融指数的分析控制次数要增加。

3）LLDPE 牌号之间的切换：

（1）在老牌号生产还余 60t 时，以每小时降低 4 次预聚物注入量的频率来降低产量至 5t／h，调整气相组成到新牌号所要求的值。

（2）达到新牌号所要求的气相组成后，以每小时增加 4 次预聚物注入量的频率来提高产量至正常值。

降低密度过程：①每小时增加 0.01 的 $C_4^=／C_2^=$ 比，直到密度达到 0.920 时为止；②当密度小于 0.920 时，每二小时增加 0.01 的 $C_4^=／C_2^=$ 比，在 $C_4^=／C_2^=$ 比达到 0.4 时，维持这个比值恒定 12h；③当密度达到 0.9185 时，维持这时的产量恒定 24h，然后将产量逐渐提高到正常值。

增加密度的过程：①2h 降低 0.01 的 $C_4^=／C_2^=$ 比，直到密度大于 0.920 为止；②当密度大于 0.920 时，以每小时降低 0.01 的 $C_4^=／C_2^=$ 比（均为摩尔比）。

4. 流化床反应器系统的正常停车

（1）通知各单元，流化床反应器停车；停止预聚物注入进行吹扫，关闭各活塞阀和上游侧手动阀。

（2）使气相组成、反应器温度、压力保持正常值，直到乙烯消耗量达到规定值为止（在这期间，注意让 $C_4^=／C_2^=$ 比保持稳定），让流化气压缩机切换成氮气做密封吹扫气体。

（3）停 1－丁烯计量泵；关闭乙烯、1－丁烯、氢气供应线各手动阀，并加盲板。

（4）将反应器温度给定降至适当值；保证流化速度稳定；将床高保持在正常值，如果粉料储仓是空仓，要进行粉料储仓充装开车用粉料；如果侧向出料困难时，则用底部出料来代替。

（5）停侧向出料，关闭各线活塞阀；本步骤用于使反应器停车转入备用状态，在处于备用状态时，气体回路循环保持着，但预聚物注入、反应物的进料和侧向出料都是隔离的。

下面的步骤是反应器停车完全倒空流化床操作。

（6）停止齐聚物冷却器冷却水；打开第一脱气斗底部吹扫氮气，然后停循环气压缩机，使第一脱气斗的排气放火炬。

（7）借助于侧向出料，降低流化床高度；通过反应器底部的氮气，维持反应器压力为要求值，继续维持反应器排放以除去烃；继续通过侧向抽出来降低床高，直到由侧向抽出 B 线中粉料量很少时为止，关闭各个活塞阀，使出料管线隔离，侧向出料系统停车。

（8）维持反应器压力，调整入口导向叶片到最小；停蒸汽喷射器蒸汽；通过排气使反应器内压力降到微正压，维持流入反应器底部的氮气；重新用反应器底部的氮气将反应器加压，检查核实烃浓度是否适于排放大气，直到烃小于2%，则隔离火炬系统；反应器继续置换和排大气，直到烃浓度小于1%时为止，这时使反应器压力降到微正压。

（9）让反应器温度冷却并保持在一定温度；通过底部送入小流量吹扫氮气，保持反应器压力；通过底部出料腿进行反应器最后的倒空，借助于反应器上各差压计，监视倒空的进展；倒空结束后，使安全联锁恢复；停底部出料旋转加料阀和振动筛。

（10）按流化气压缩机停车要求停车：关闭压缩机入口导向叶片；停压缩机；压缩机停车后，继续保持油泵运转；确认轴承温度已经降到适当的温度，停油泵，并确认再没有温度异常的上升，如果温度上升较高时，就要再开启油泵。

（11）停止将氮气送入反应器底部，停止氮气送到流化气压缩机密封；关闭反应器通大气排气阀，用氮气保持反应器压力在微正压。

（12）如果需要对反应器内部进行不入内的检查，就进行下面步骤：核实反应器压力是处于大气压力下，排大气阀开着，然后打开分布板上方的人孔，人孔打开时，关闭排大气阀。

5. 床层沉积在分布板上时反应器系统的停车

（1）将反应器温度给定降至适当值；保证流化速度稳定；将床高保持在正常值，如果粉料储仓是空仓，要进行粉料储仓充装开车用粉料；如果侧向出料困难时，则用底部出料来代替。

（2）停侧向出料，关闭各线活塞阀；本步骤用于使反应器停车转入备用状态，在处于备用状态时，气体回路循环保持着，但预聚物注入，反应物的进料和侧向出料都是隔离的。

（3）停止齐聚物冷却器冷却水；打开第一脱气斗底部吹扫氮气，然后停循环气压缩机，使第一脱气斗的排气放火炬。

（4）借助于侧向出料，降低流化床高度；通过反应器底部的氮气，维持反应器压力为要求值，继续维持反应器排放以除去烃；继续通过侧向抽出来降低床高至适当值，关闭各个活塞阀，使出料管线隔离，侧向出料系统停车。

（5）维持反应器压力，调整入口导向叶片到最小；停蒸汽喷射器蒸汽；通过排气使反应器内压力降到微正压，维持流入反应器底部的氮气；重新用反应器底部的氮气将反应器加压，检查核实烃浓度是否适于排放大气，直到烃小于2%，则隔离火炬系统；反应器继续置换和排大气，直到烃浓度小于1%时为止，这时使反应器压力降到微正压。

（6）让反应器温度冷却并保持在一定温度；打开通大气排气阀，借助于反应器底部通入的氮气，保持反应器微正压的压力；核实流化气压缩机密封气正常，然后停流化气压缩机。

5.2.5.5 输送和调理系统的开停车及正常操作

1. 成品输送和调理系统的开车

（1）核实各阀门处于关闭状态，给回转阀轴承供密封氮气；核实挤压单元已为接收粉料做好准备；检查没有报警促动。

（2）打通去粉料调理罐和造粒进料斗流程；核实从空气增压机到造粒进料斗、粉料调理罐然后到挤压单元的管路均已正确建立；空气增压机运转正常后启动造粒进料斗底部回转阀、粉料调理罐底部回转阀和振动筛底部回转阀；按照开车程序启动其余的回转阀、振动筛、分离器等；打通送料流程。

（3）启动振动筛上游回转阀，手动调整转速；启用程序"从粉料调理罐中除去结块料"或手动按程序进行操作。

（4）启动过滤器和分离器反吹程序；核实废料斗底阀是关的；调整流化风机风门位置以及调理罐溢流堰高度，确保调理罐内良好流化及有效地脱气。

2. 成品输送和调理系统的正常操作

及时调整不正常工艺参数，定期进行"从调理罐中除去结块料"操作；检查造粒进料斗内料位变化情况；检查振动筛、流化风机的运转情况及润滑情况。检查各回转阀的运转及润滑情况；检查振动筛流到废料斗大块料的情况；及时和挤出单元联系，使生产稳定；注意系统内报警器，如果报警则迅速采取措施。

3. 成品输送和调理系统的正常停车

核实侧向出料系统及氮气风机系统均停车并倒空；将调理罐上的堰打到全开，让粉料倒空；使振动筛上游回转阀以手动方式控制下继续运转，将过滤器倒空；振动筛倒空后，停振动筛及下游回转阀；调理罐倒空后停流化风机及调理罐下游回转阀；停"从调理罐除去结块料"程序；造粒进料斗顶部过滤器倒空后停进料回转阀；造粒进料斗倒空后停下游回转阀，关闭管路上各阀门。

5.2.5.6 粉料输送系统开停车及正常操作

1. 粉料输送系统开车

核实所有管路阀门处于关闭状态，各回转阀已供轴承密封氮气；建立氮气风机输送回路，换向阀通向粉料调理罐(如果进行开车粉料的输送，则换向阀通向粉料储仓)；核实没有报警器报警；核实调理和成品输送系统均已开车。系统氮气置换，以除去系统内冷凝的齐聚物、烃和氧，直到氧含量、烃含量合格，将系统充至合适压力；启动氮气风机，并核实氮气风机出入口差压是处于空载时的数值。

2. 粉料输送系统正常操作

及时调整不正常工艺参数；监视烃、氧含量，如超标及时处理；检查氮气风机压差，注意系统报警；定期检查和清理振动筛上游过滤器和氮气风机出入口过滤器。

3. 粉料输送系统正常停车

核实侧向出料已停车。使脱气部分粉料倒空，通过料位指示器，监视粉料流动情况；倒空后，氮气风机出入口压差恢复无负荷时的正常值；检查管线畅通，然后停氮气风机，关闭管路各阀。

5.2.5.7 侧向出料系统开停车及正常操作

1. 侧向出料系统开车

(1) 核实各阀门处于关闭状态，粉料输送、调理、成品输送系统均开车。

(2) 将氮气送到回转阀的密封，投用第一脱气斗排放过滤器，建立第一、第二脱气斗放火炬系统；用来自第一脱气斗底部氮气对该系统置换，直到第一脱气斗和第二脱气斗氧含量达到要求，开启循环气压缩机置换，直至氧含量合格。

(3) 核实系统没有报警，打开第二脱气斗出口手阀，启动下游回转阀，手动调节转速，打开回转阀和脱气斗平衡管线阀门；设定脱气斗压力；投用第二脱气斗底部吹扫氮气，并调整流量合适；启用第二脱气斗排放过滤器氮气反吹程序。

(4) 启动第一脱气斗底部回转阀；投用第一脱气斗排放过滤器反吹氮气。

(5) 给控制系统输入抽出次数，打开所选活塞阀；启动程序按要求自动进行"倒空"和"抽出"；投用第一脱气斗底部工艺气供给阀，停底部氮气吹扫；切换第一脱气斗排放过滤器反吹为工艺气。

(6) 按开车要求启动循环气压缩机：① 核实压缩机入口侧管路和第一脱气斗排放过滤器相通，但阀门是关闭的；打开压缩机油系统的阀门，启动辅助油泵，使系统润滑一段时间；停止油槽加热器。② 投用冷却水系统，使段间冷却器的冷却水接通。③ 检查曲轴箱中的油位，应在油视镜的中部；检查冷却器和消音器上的液体导淋正常。④ 对压缩机盘车，核实正常；启动压缩机，通过油压计证实，随着速度增加，油压上升正常；打开排火炬阀，使气体排火炬。⑤ 压缩机运转后，由它的载荷卸荷机构控制；调整第一脱气斗压力设定，对压缩机系统置换，氧含量合格后，关闭排火炬阀，打开去流化气压缩机系统阀。

(7) 逐渐增加出料次数，在反应器床高稳定时，将抽出程序调为床高控制回路自动控制；核实第一脱气斗中的压力高于第二脱气斗的压力，而第二脱气斗中的压力高于气流输送系统的压力。

2. 侧向抽出系统正常操作

及时调整异常工艺参数，核实程序运行；注意各报警，出现问题要迅速采取措施处理。调整参数确保第一、第二脱气斗之间压差，及第二脱气斗和气流输送系统压差正常；稳定第二脱气斗排气及氮气进气量在正常值；确保第二脱气斗氧含量、第二脱气斗和输送系统氧含量达到要求；确保第二脱气斗和输送系统烃含量达到要求。定期检查循环气压缩机各段压力、温度；油系统压力、温度；冷却水温度、压力。及时调整不正常工艺参数；监视电机电流，定期检查是否正常；定期排放各段间分离器中液体。

3. 侧向出料系统正常停车

将程序控制各抽出侧线调到吹洗方式，对抽出管线进行吹扫，停程序，关闭各线活塞阀。按停车要求停循环气压缩机：(1)停压缩机电机，泄压至常压。(2)打开油槽加热器，将各段间回收罐内的冷凝液排掉。(3)将第一脱气斗底部吹扫工艺气切换为氮气；将第一脱气斗排放过滤器反吹改为氮气。(4)监视粉料流动情况。第一、第二脱气斗料面低时，使回转阀在手动控制下倒空粉料。(5)第一脱气斗倒空后过停下游回转阀；第二脱气斗继续倒空，在第二脱气斗倒空后停下游旋转阀。

5.2.5.8 底部出料系统开停车及正常操作

1. 底部出料系统开车

用氮气置换系统，使底部出料锁紧斗氧含量合格；给振动筛下游回转阀轴承密封供氮气；核实没有报警，且氮气风机和振动筛处在运行状态。启动程序自动进行底部出料，或手动按程序进行如下：（1）确认系统阀门位置正确；确认高压氮气压力正常。（2）打开出料阀，让阀门打开要求的时间。（3）对出料腿反吹。（4）使底部出料锁紧斗释压至第一脱气斗，当锁紧斗压力达要求时，用高压氮置换锁紧斗。（5）启动振动筛下游回转阀，锁紧斗压力低于要求值时，将粉料排至气流输送系统。将振动筛的块料排出，记录块料数量。

2. 底部出料正常操作

核实程序进行过程是否正确；底部出料次数要根据大块料多少；对每次出料振动筛后的大块料计量；配合取样分析粉料密度、粒度分布、残钛；注意任何报警，并迅速处理。

3. 底部出料正常停车

停出料程序或手动停止出料；核实锁紧斗和振动筛是空的，锁紧斗压力在要求值以下，关闭相关阀门；停振动筛下游回转阀，但轴承密封氮气继续供应；振动筛中的块料全部倒空。

5.2.5.9 齐聚物分离系统开停车及正常操作

生产高密度聚乙烯时使用该系统，而线型低密度聚乙烯时不使用。

1. 齐聚物分离开车

（1）接通齐聚物储斗蒸汽伴热。用氮气对系统进行置换，使氧和水含量合格；核实系统阀门位置正确；核实没有报警触动。将冷却水送入齐聚物冷凝器；设定齐聚物储罐压力。

（2）启动程序，程序自动进行齐聚物的分离，或手动按程序进行如下：①打开齐聚物储斗进料阀，直到储斗料位高报警。②齐聚物进料至储罐；若储罐料位高报警，则进行储罐的倒空，而储斗停在这一步等待，直到储罐倒空为止，然后停齐聚物离心泵；若储罐料位未高报警进料至储罐，这时齐聚物离心泵是处于停的状态。③等待储斗料位低报警，则关闭储罐进料阀，启动齐聚物离心泵，将齐聚物送往溶剂回收单元，直到储罐料位低报警，停齐聚物离心泵。④当关闭储罐进料阀后，储罐料位未高报警，则回到储斗的继续充装，直到储斗料位高报警，重复进行。

2. 齐聚物分离系统正常操作

调整异常工艺参数，核实程序工作情况；来自循环气压缩机和流化气压缩机过滤器的排放液使预聚物料位液面高时，启动程序使储罐中物料送入溶剂回收单元。控制系统压力、液位、温度处于正常操作范围，定期接收循环气压缩机段间排放冷凝液和流化气压缩机过滤器来的冷凝液。注意该系统报警，并迅速及时处理。

3. 齐聚物分离系统正常停车

让程序继续运转一定时间后停程序，使预聚物储斗和储罐均倒空，并处于氮气压力下；关闭各手动阀；使预聚物储斗上游和储罐下游及气体入口管线和出口管线阀门关闭，根据情况加盲板，隔离系统。

5.2.5.10 1-丁烯系统开停车及正常操作

1. 1-丁烯系统开车

用氮气置换系统使氧含量合格；将1-丁烯计量罐压力控制投自动，设定好压力；拆除来自精制单元1-丁烯管线上的盲板，打通流程，通知原料精制单元接收1-丁烯。打开计量罐进料阀，等待有一定液面后将料位控制调为自动，调整料位设定值；调整1-丁烯计量泵冲程，确认流程正确，启动1-丁烯计量泵；核实没有报警促动，输入小时注入量。启动程序自动将所需1-丁烯注入反应器。流化床反应器控制正常后，将1-丁烯/乙烯比回路投串级，程序按要求自动改变1-丁烯加入量。

2. 1-丁烯系统正常操作

定期核实1-丁烯加入程序是否工作正常；密切注意1-丁烯计量罐压力、液面和泵送清况，及时调整不正常工艺参数；注意系统报警，若报警要及时处理。

3. 1-丁烯系统正常停车

通知精制单元，停止接1-丁烯；将计量罐料位控制调手动并关闭计量罐进料流程；关闭接1-丁烯流程；停1-丁烯加料程序和计量泵；打开泵放火炬阀，使泵泄压，然后关闭该阀，将计量罐在一定压力下氮封隔离。

5.2.5.11 三乙基铝系统开停车及正常操作

1. 三乙基铝系统开车

用氮气置换系统，使氧含量合格；将三乙基铝计量罐压力调自动，设定好压力；核实各倒淋和排气阀是关的，通知催化剂单元开启三乙基铝罐搅拌；将计量罐进料阀调手动打开上游手动阀。打通进料流程，接到所要求高度后，将计量罐压力调自动，设定好压力；调整三乙基铝计量泵冲程，打通流程启动三乙基铝计量泵。关闭循环线手动阀，同时打通注入线流程，通过观察泵的工作压力来判断三乙基铝是否注入反应器。

2. 三乙基铝系统正常操作

密切注意计量罐压力、液面和泵送情况，及时调整不正常工艺参数。定期联系接收三乙基铝；注意该系统报警，若有要及时处理。

3. 三乙基铝系统正常停车

关闭计量罐进料流程；关闭注入流化床反应器流程，打开循环线阀；将计量罐，计量泵隔离；将计量罐在一定压力下氮气隔离。

5.2.6 挤压造粒单元

5.2.6.1 生产原理及工艺流程说明

1. 生产原理

聚乙烯粉料及各种添加剂在挤压机中，在螺杆机械功和筒体外部热源的作用下，成为一种均匀的融熔状态，通过调整隙距可改变聚乙烯树脂的融熔程度，融熔物料通过螺杆输送，在熔融泵加压下，通过滤网从模板挤出，在热水中被切成粒子。

2. 工艺流程说明

各种固体物料由挤压机加料斗加入挤压机中，液体添加剂直接加入料筒内，通过螺杆的进料段、混炼段、排出段到球阀，再由熔融泵加压后经过滤网从模板挤出，用脱盐水冷却后由水下切粒机切成均一的粒子。粒子由脱盐水带出水室送至离心干燥器中分离，水返回到水槽中，由颗粒水水泵加压后循环使用，粒子经过振动筛，筛分出大粒子，合格粒子落入送料料斗，由输送风机将粒子送至掺混单元。

5.2.6.2 开停车及正常操作

本挤压机操作有两种模式，"手动"和"自动"模式。

在"自动"模式启动时将操作模式开关转到"自动"位置，并将相互联锁开关转到"接通"位置，如果自动启动条件"就绪"的指示灯亮，这时按下自动启动按钮，挤压机就会按自动启动程序自动启动。在开车过程中或正常生产中若发生异常现象触动联锁，挤压机就会联锁按自动停车程序自动停车。

1. 开车前的准备

（1）检查确认整个挤压造粒系统及机、电、仪和公用工程均达到开车条件；确认主减速齿轮箱处于"高档"还是"低档"，按要求设定好。

（2）确认冷却水已通至凸轮离合器，料斗处的机筒及机架，各润滑油系统的换热器，挤压机的压盖密封，机筒冷却水的换热器；确认各设备油液面是否在规定范围。

（3）操作阀站开始对筒体用中压蒸汽加热；确认筒体冷却水系统水罐水位正常，启动水泵；确认热油流程正确后，启动热油单元对机身进行加热，逐步提高油温至工艺要求的温度，确认自控状况良好。

（4）开启主电机的主齿轮箱、熔融泵减速齿轮箱及单动的传动齿轮箱的润滑油系统，并确认该系统正常，油温油压流量满足工艺指标；启动主电机冷却风机，并确认风压满足工艺指标。

（5）确认颗粒水槽中水位正常，启动颗粒水泵，使粒料冷却水小回路循环，并用低压蒸汽加热至工艺需要的温度；启动用于球阀和换网器的液压油油泵，使其油压保持在正常压力；启动用于间隙调节的液压油系统，将隙距调在较大的位置；将氮气通至压盖密封，料斗、热油罐并确认流量及压力满足工艺指标。

（6）启动相关设备，并通知室内和母料制备、掺混单元做好开车准备。

（7）切粒机具备开车条件，间隙调整正常，进刀系统要进行详细检查，确保该系统处于良好状态。

（8）粉料和颗粒输送系统已开启，运行正常，具备供料和送料条件；确认挤压机现场盘内的联锁和 DCS 内具有的联锁投用正常。

2. 开车

（1）检查机身及筒体温度，确保所有的加热区均已达到规定的温度并对螺杆和熔融泵进行盘车。确认挤压机造出的粒子流程是进入过渡料仓。

（2）将操作开关模式打到"手动"位置，相互联锁开关拨到"断开"位置，熔融泵操作模式打到"手动"位置。

（3）调整摩擦离合器压力；确认球阀在旁通位置，打开此处的冷却水。通知母料配制及添加剂单元将母料补充加料器设定量降至较低。

（4）启动启动电机，在球阀处排料；当启动电机电流满足要求时，启动主电机，开母料补充加料器下料，启动电机自停。

（5）球阀处排料熔融均匀时开熔融泵，球阀打直通，在模板上出料；视模板上出料均匀且无气泡时，球阀旁通，停熔融泵在球阀处排料。

（6）刮尽水室中及模板上的聚乙烯树脂，在刀片和模板上涂硅油后，关闭水室门并锁死；启动切粒机；粒料冷却水直通；视水室中颗粒水通入时，切粒机轴前伸，启动熔融泵，球阀直通。

（7）调整摩擦离合器压力，将联锁开关拨到"接通"位置，熔融泵操作模式拨到"自动"位置，关闭球阀处的冷却水。

（8）逐渐提高负荷至需要量，根据产量设定添加剂加入量。

（9）视粒子外观调节熔融泵转速、切粒机转速，切刀与模面的距离，隙距及水温等直至生产出合格的产品，立即建立供料工艺流程；检查产品质量和外观均合格，将输送粒子流程切为均化仓任意一个。

274

3. 停车

1) 临时停车

(1) 通知母料制备单元及DCS进行停车操作；打开球阀处的冷却水；系统处于"手动操作模式"，相互联锁处于"断开状态"。(2) 停机组供料加料器；主电机电流稍降后停主电机；球阀旁通；停熔融泵；停切粒机，退刀；颗粒水走旁通；排尽水室中水，打开水室门清理刀片和模板上的余料并涂硅油。(3) 启动启动电机向地面排料，视球阀处无料排出时停启动电机并关冷却水。(4) 停离心干燥器、振动筛等附属设备。(5) 降低热油系统温度设定，对机身保温；机筒保温，若原为调温水则切换为蒸汽加热；其他辅助系统均保持运转状态以再次开车。

2) 长期停车

长期停车在临时停车的基础上还须做下工作：(1) 停颗粒水泵，将管线和颗粒料槽中的水排尽。(2) 停热油系统、筒体冷却水系统、润滑油系统、主电机冷却风机。(3) 停所有设备的电、氮、冷却水等公用工程，并将设备内的冷却水排尽。

4. 正常操作

运转期间需调整和检查的项目：(1) 凸轮离合器系统冷却水流量和温度；主电机的润滑油装置泵的压力、管网压力、温度、冷却水温度；挤压机减速齿轮箱的润滑油装置泵的压力、管网压力、温度、冷却水温度；挤压机的减速齿轮箱轴承温度、油位；摩擦离合器空气压力。(2) 挤压机氮气通至压盖填料和料斗的流量；机筒夹套温度；压盖密封水的流量；机筒冷却水泵的出口压力、水槽的水位、管线内的流量和温度。(3) 熔融泵轴承温度；熔融泵的减速齿轮箱轴承温度。(4) 润滑油系统泵的压力、管线压力、油温、油位。(5) 换网器网前网后压差；模头夹套温度；切粒装置润滑油流量；间隙控制油压；球形阀和换网器油温、油压；热油装置泵的压力、管线压力、油罐内油位；球形阀、熔融泵、换网器、模头、管线压力、油罐内油位等。

5.2.7 添加剂和母料制备单元

5.2.7.1 工艺流程说明

1. 聚乙烯粉料部分

由聚合部分输送来的粉料可直接送入原料仓排气过滤器，也可送粉料缓冲料仓后再送至原料仓排气过滤器，在原料仓排气过滤器内的粉料大部分经螺旋输送器计量后加入挤压机进料斗内；小部分作为母料，经过螺旋计量器计量后送至掺混原料仓。

2. 母料部分(间歇式生产)

粉料由掺混原料仓放入掺混器，各类添加剂在掺混器内经搅拌混合均匀后送入母料输送器，母料输送器中的母料由空气送入母料分离器；经过母料储存旋转阀及换向阀送到母料储仓，母料经母料补充加料器流入换向阀(废料由此排出)，加入到母料称重加料器计量后送至挤压机加料斗内。

3. 颗粒添加剂部分

将粒料添加剂手动拆袋，装入装卸斗中，物料由卸料旋转阀下料，由空气风机通过换向阀进入颗粒添加剂料仓中，再由螺旋计量器计量后送至挤压机加料斗内。

4. 液体添加剂部分

聚异丁烯：其储罐用电加热器加热后，物料用气体压入储罐内(夹套用低压蒸汽加热)，再由计量泵计量后送至挤压机机体筒体内(计量罐用于标定液面计)。

二叔丁基过氧化物：储罐内物料用气体压入储罐中（带搅拌），再通过加料罐及计量泵计量后送至挤压机机体筒体内（计量罐用于标定液面计）。注意输送管线必须伴有冷却水管，以防止过氧化物分解。

5. 返回颗粒料部分

返回颗粒料仓内物料有两部分来源，一是进来经过造粒后的物料；二是由掺混单元送来（用作掺混不合格料），物料经螺旋计量器计量后送至挤压机加料斗。

5.2.7.2 开、停车及正常操作

1. 聚乙烯粉料部分开、停车及正常操作

1）开车前准备

清理各设备及物料管线，并检查有无泄漏；检查公用工程水、电、仪表风、氮气等；检查各阀门、加料器情况，润滑部分加注润滑油；设备盘车并试运转；检查输送风机前后消音器、冷却器、过滤器等，给冷却器通入循环冷却水；检查系统操作联锁和安全联锁是否动作可靠，并接通；确认系统各阀门位置正确。

2）开车

（1）由造粒进料斗经过原料仓排气过滤器向挤压机加料斗送料：确认各阀门位置正确，投用过滤器反吹，启动输送风机；启动造粒进料斗下游回转阀后通知聚合准备送料；启动排气过滤器下游螺旋计量器，打开下料阀。

（2）由造粒进料斗向粉料缓冲料仓送料：当挤压机停车或减量操作时，粉料缓冲料仓送料起缓冲作用。送料前，首先确认好送料流程；启动输送风机；启动进料斗下游回转阀后通知聚合准备送料。

（3）由粉料缓冲料仓经过原料仓排气过滤器向挤压机加料斗送料：检查流程各阀门位置，打开过滤器、缓冲料仓底部氮气反吹和顶部反吹；启动输送风机，启动缓冲料仓下游加料器；启动过滤器下游加料器。

3）停车

（1）造粒进料斗经过原料仓排气过滤器向挤压机加料斗送料停车：通知聚合停止送料，停进料斗下游加料器；管线干净后停输送风机；停过滤器下游加料器；停过滤器反吹。

（2）由造粒进料斗向粉料缓冲料仓送料停车：通知聚合停止送料，停进料斗下游加料器；换向阀打到去过滤器方向。

（3）粉料缓冲料仓经过原料仓排气过滤器向挤压机加料斗送料停车：关闭缓冲料仓底部反吹；停缓冲料仓下游加料器，通知聚合停止送料，停进料斗下游加料器；管线干净后停输送风机；关闭过滤器底部氮气反吹阀；停下游加料器。

4）正常操作

密切联系挤压机部分和聚合单元；掌握缓冲料仓、排气过滤器料面情况；注意过滤器压差。

2. 母料配制部分开、停车及正常操作

1）开车前准备

清理系统螺旋计量器、各储仓、过滤器等设备及物料管线内的杂质，并检查有无泄漏；给仪表设备送气、送电，给母料掺混机夹套送冷水；试运转各设备；检查计量系统，校验其准确性和输送情况，检查各添加剂计量用的台秤；检查各阀门动作正常；将所需添加剂放置现场以备拆袋投料。

2）开车及正常操作

投用排气过滤器底部和顶部反吹，启动去掺混原料仓螺旋计量器；掺混原料仓内物料到设定值时停计量器；启动母料掺混机，将掺混原料仓中物料和称量好的添加剂一起加入到母料掺混机，搅拌规定的时间，将母料输送器和母料掺混机调至"送料"状态；打通流程向母料储仓中送料；按挤压单元要求送料时依顺序启动储仓下游设备将母料加入挤压机加料斗。

3. 颗粒添加剂部分开、停车及正常操作

1）开车前准备

清理系统各设备及物料管线，检查各仪表情况；将各粒料添加剂堆放在装卸斗入口处，拆袋装入装卸料斗；给运转设备加注润滑油，送电试运转各设备，给风机冷却器通入循环冷却水。

2）开车

由装卸料斗向颗粒添加剂料仓送料：确定换向阀方向启动卸料旋转阀和输送风机，将添加剂卸入颗粒添加剂料仓。

由颗粒添加剂料仓向挤压机加料斗送料：启动添加剂料仓下游螺旋计量器将添加剂加入挤压机加料斗。

3）停车

由装卸料斗向颗粒添加剂料仓送料停车：停卸料旋转阀；几分钟后等管线内无物料冲刷声停输送风机。

由颗粒添加剂料仓向挤压机加料斗送料停车：停止添加剂料仓下游螺旋计量器。

4）正常操作

由装卸料斗向颗粒添加剂料仓送料正常操作：定期检查添加剂就地备料情况，并定期给卸料旋转阀等设备加注润滑油，掌握颗粒添加剂料仓罐面情况，严格避免将两种添加剂送错罐。

由颗粒添加剂料仓向挤压机加料斗送料正常操作：定期校验螺旋计量器计量系统，定期分析罐内物料，确保向挤压机部分的正常供料。

4. 液体添加剂部分开、停车及正常操作

1）开车前准备

（1）叔丁基过氧化物：清理叔丁基过氧化物储罐、计量槽及物料管线，系统试漏，用氮气吹扫置换系统直至氧含量合格；检查设备状况，计量系统调试校验，并试运转储罐搅拌器；将冷却水通入物料管线夹套内。

（2）聚异丁烯：清理聚异丁烯储罐、计量槽及物料管线。系统试漏，用氮气吹扫置换系统直至氧含量合格；检查设备状况，公用工程、仪表正常，计量系统调试校验；检查罐装聚异丁烯的加热系统，并按要求指标加热，同时检查伴热管加热情况，加热计量槽。

2）开车

叔丁基过氧化物用气泵将物料送入储罐中，启动搅拌器，启动计量泵将物料送入挤压机筒体内。聚异丁烯用气泵将物料送入储罐中，启动计量泵将物料送入挤压机筒体内。

3）停车

叔丁基过氧化物系统停计量泵；停搅拌器；如果停车时间过长，要排净管线内的物料。聚异丁烯系统停计量泵；如果停车时间过长，要排净管线内物料并关闭计量槽的低压蒸汽保温。

4）正常操作

（1）叔丁基过氧化物：检查液位计，特别是发现储罐内液位低时要及时补充；同时必须注意开车时，管线夹套必须通入冷却水。

（2）聚异丁烯：检查液位计，特别是发现储罐内液位低时要及时补充；同时保证计量槽的保温。

5. 返回颗粒料部分开、停车

（1）开车前准备：清理返回颗粒料仓、螺旋计量器及管线内物料；检查公用工程，试运转螺旋计量器；核实返回颗粒料仓料面情况，确保有料送来。

（2）开车：启动螺旋计量器，打开下料阀。

（3）停车：关闭下料阀，停螺旋计量器。

5.2.8 掺混单元

5.2.8.1 生产原理和工艺流程

1. 均化原理

由于各种因素影响，生产过程中产品质量的均一性不能完全保证，不同熔融指数的产品在一起掺混均匀，使产品质量达到均一，产品的性能就能够得到保证。其均化原理是利用在不同高度开有若干物料流孔的重力导管，充分地抽取不同高度处的颗粒而使它们混合均匀。

2. 工艺流程说明

由造粒单元送来的颗粒料经过换向阀分别送入掺混器或缓冲料斗，掺混器中的物料利用循环风机进行罐内循环掺混（罐间掺混也可），经分析完全合格后粒料方可用循环风机经换向阀分别送入成品储仓中。同时，掺混器或者缓冲料斗内的粒子也可用循环风机通过换向阀送入返回颗粒料仓中供挤压机二次造粒。

5.2.8.2 开停车及正常操作

1. 开车前准备

清理掺混器、缓冲料斗及所有物料管线，并检查连接处有无漏料的可能性；检查输送风机加注润滑油，试运转，试车过程中检查出口过滤器情况，给冷却器通循环冷却水；检查各加料器加注润滑油，试运转，试车过程中可检查所有换向阀的换向位置可靠性；检查公用工程情况；校验所有的仪表联锁，核实其可靠性；确认各换向阀的方向正确。

2. 开车

1）接料部分

根据分析的熔融指数值及各罐所装物料的情况来决定将物料接入哪个罐：（1）合格粒料在掺混范围，接入掺混罐。（2）粒料不在掺混范围，接入缓冲料斗中。（3）挤出机开车时必须将料接入缓冲料斗，确认外观正常后接入掺混罐。

2）掺混部分

根据接料情况决定要均化的料仓，切换好均化料仓各阀的位置；启动循环风机；打开要掺混料仓下的旋转阀；打开要掺混料仓的下料阀；掺混开始进行直至化验室取样分析的各项指标均合格为止。

3）罐间倒料

（1）掺混罐之间相互倒料：根据料面情况和物料的质量情况决定倒料的送入量；切换好倒料的各罐之间的阀门位置；启动循环风机；启动倒料料仓下的旋转阀；打开倒料料仓的下料阀。

278

（2）缓冲料斗向掺混罐倒料：严格控制各牌号的质量，送入量要依化验室取样分析指标为准，不能影响合格料的质量；切换好倒料的各罐之间的阀门位置；启动循环风机；启动倒料料仓下的旋转阀；打开倒料料仓的下料阀。

4）掺混罐向返回颗粒料仓送料

确认何罐向返回颗粒料仓送料，所送物料的取样分析指标如何；切换好送料阀门的位置；启动循环风机；启动送料罐下的旋转阀；打开送料罐的下料阀。

3. 停车

1）接料部分

如果挤压单元停车或者几个料仓均已接满，则进行正常停车：挤压单元停车，停止送料；停送料料斗下游加料器；停循环风机。

2）掺混部分

如果化验室取样分析各项指标合格后，则进行正常停车：关掺混料仓下料阀；停掺混料仓下的旋转阀；停循环风机。

3）罐间倒料

如果倒料结束，则进行正常停车：关闭倒料料仓下的下料阀；停倒料料仓下的旋转阀；关闭好倒料各罐间的阀门，并停循环风机。

4）掺混罐向返回颗粒料仓送料

如果送料结束，则进行正常停车：关闭送料仓下的自动阀；停送料仓下的旋转阀；关闭向返回颗粒料仓送料各阀门，并停循环风机。

4. 掺混罐或缓冲罐向颗粒储仓送料开停车

1）开车前准备

清理颗粒储仓及所有物料管线，并检查连接处有无漏料的可能性；检查公用工程情况；检查换向阀动作是否到位；核实仪表联锁的可靠性。

2）开车

正确切换换向阀；启动循环风机；启动掺混料仓下的旋转阀；打开下料阀。

3）停车

关闭掺混料仓的下料阀；停掺混料仓下的旋转阀；停循环风机。

5.3 线型低密度聚乙烯工艺的有关计算

1. 催化剂理论活性、树脂理论灰分的估算

$$催化剂活性(kg \ 树脂/kg \ 催化剂) = \frac{生产负荷(kg \ 树脂/h)}{催化剂加入量(kg \ 催化剂/h)}$$

$$灰分(\%) = \frac{催化剂加入量(kg/h)}{生产负荷(kg/h)} = \frac{1}{催化剂产率}$$

例1　已知生产负荷为15t/h，催化剂用量为3kg/h，求催化剂的理论活性、树脂的理论灰分。

解：

$$催化剂活性 = \frac{生产负荷}{催化剂加入量} = \frac{15000}{3} = 5000(kg \ 树脂/kg \ 催化剂)$$

279

$$\text{灰分} = \frac{\text{催化剂加入量}}{\text{生产负荷}} = \frac{3}{15000} = 0.02\%$$

2. 树脂的停留时间、时空产率的计算

$$\text{停留时间(h)} = \frac{[\text{床层体积}(m^3)][\text{流化松密度}(kg/m^3)]}{\text{生产负荷}(kg/h)} = \frac{\text{床层质量}(kg)}{\text{生产负荷}(kg/h)}$$

$$\text{时空产率}(kg/h \cdot m^3) = \frac{\text{生产负荷}(kg/h)}{\text{床层体积}(m^3)}$$

例2 已知反应器床层体积为100m^3，床层松密度为200kg/m^3，生产负荷为10t/h，求床层质量、树脂的停留时间、时空产率。

解：

$$\text{床层质量} = \text{床层体积} \times \text{流化松密度} = 100 \times 200 = 20000(kg)$$

$$\text{停留时间} = \frac{\text{床层质量}}{\text{生产负荷}} = \frac{20000}{10000} = 2(h)$$

$$\text{时空产率} = \frac{\text{生产负荷}}{\text{床层体积}} = \frac{10000}{100} = 100(kg/h \cdot m^3)$$

3. 反应气相组分分压的计算

$$\text{组分分压}(MPa) = [\text{反应器压力}(MPa) + \text{大气压}(MPa)] \times \text{组分浓度}$$

例3 已知反应器压力为2.1MPa，乙烯浓度为0.35，试计算反应器中乙烯分压。

解：乙烯分压 = (反应器压力 + 大气压) × 乙烯浓度 = (2.1 + 0.1) × 0.35 = 0.77(MPa)

4. 树脂添加剂加入量的计算

$$\text{添加剂的加入量} = \text{造粒负荷} \times \text{添加剂的加料比}$$

例4 DFDA - 7042 树脂的添加剂配方为：抗氧剂1076为0.025%（质量分数）；预混剂8#为0.1%（质量分数）；水合硅酸镁0.300%（质量分数）；芥酸酰胺0.025%（质量分数），现在造粒负荷为15t/h，求各添加剂的加入量？

解：抗氧剂1076加入量 = 造粒负荷 × 抗氧剂1076加料比

$$= 15000 \times 0.025\% = 3.75(kg)$$

同理可得：预混剂8#的加入量 = 15000 × 0.1% = 15(kg)

水合硅酸镁的加入量 = 15000 × 0.3% = 45(kg)

芥酸酰胺的加入量 = 15000 × 0.025% = 3.75(kg)

第6章　装置故障判断与处理

6.1　催化剂配制单元的故障判断与处理

6.1.1　工艺方面的故障判断与处理

1. 硅胶活化炉压力超高故障处理

故障原因：在硅胶活化过程中存在以下问题时，活化炉压力将发生高报：①排放过滤器堵塞。②流化气量指示偏低，造成表观气速超高。③反吹阀门动作（即反吹程序）不正常。④反吹氮气流量大。⑤手动升温时，升温速率快或200℃恒温时间短。

处理措施：①若硅胶在活化炉内活化时，压力发生高报，应先检查过滤器反吹程序是否运行正常，四个反吹阀是否正常动作，如果发现程序不运行或阀位动作不正常，要及时查找原因或联系仪表人员进行维修，直到活化炉内部压力恢复正常。②检查是否存在升温速率快、恒温时间短的问题，特别在手动控制升温时，若出现这种情况要及时纠正。③如果硅胶含水量过高，就应保持较低的升温速率，以便脱出的水蒸气被活化器排空气体带走。如果升温速率快，应手动调节降低升温速率，使硅胶脱出的水能及时排出，防止水在活化炉内凝积，堵塞过滤器。④如果反吹 N_2 流量大，或流化气量与表观气速不一致，应立即查找原因，直至调节到表观气速与设定值相等。⑤如果过滤器发生堵塞，当堵塞不严重时，增大反吹气量进行清扫，直到过滤器正常、活化正常进行。如果过滤器堵塞严重，应立即停止活化程序，降温后将硅胶卸入载体吹送罐，更换过滤器的过滤棒后再重新进行活化。

2. 催化剂储罐超压故障处理

故障状态下应急措施：巡检时若发现储罐内的压力上升或壁温上升，应首先打开储罐的排空管线泄压，观察储罐的压力是否下降，并检查安全阀及压力表工作状况，保证储罐不超压。若储罐压力和壁温持续上升，应立即打开储罐的所有排放点，泄放过高的压力。用消防水向储罐外壁洒水降温防止爆炸，并立即停止各种操作，查找原因，疏散人员，避免人身伤亡。

3. 烷基铝泄漏故障处理

烷基铝系统故障状态下的操作要点：在故障状态下，以减少对反应装置和催化剂配制系统的影响，并保证设备及人员安全为原则，防止事态扩大。主要是：应仔细查找故障原因，对于易处理部位，应将其隔离，尽早进行处理；对于较难处理的部位，要挂牌明示，专人负责，重点监护，以选择合适时机，进行处理。要尽量以最快速度，恢复系统运行。处理过程中要注意防护用品的穿戴。

6.1.2　电气、仪表与设备方面的故障判断与处理

1. 三乙基铝泵突然停

故障原因：①电源故障。②泵隔膜压力高报，联锁停车。③反应终止逻辑触发，联锁停车。④误动泵室内及室外开关。

处理措施：①迅速通知电气人员送电。②首先启动备用泵，然后通知仪表人员确认，如属假报，由仪表人员进行调整；如属实，查找出高报原因，对泵体进行置换，准备维修。

③如反应终止逻辑触发，操作人员应迅速到现场将三乙基铝泵开关打至"STOP"位置，将系统压力泄至零压后，确保三乙基铝钢瓶→三乙基铝泵→反应器流程上所有阀门关闭。④如属误操作，对系统进行检查后，重新启动 三乙基铝泵。

2. 三乙基铝泵不上量

生产中三乙基铝泵不上量的原因及处理措施见表6-1。

表6-1 三乙基铝泵不上量的原因及处理措施

故障原因	处理措施
启泵前未充分灌泵	启泵前，进行充分灌泵
三乙基铝泵白油不足	给三乙基铝泵补充白油
冲程调节不正常	调节冲程，使其恢复正常
泵隔膜破裂	隔膜破裂则对故障泵进行置换，以具备维修条件，更换隔膜
泵出入口单向阀故障	若单向阀故障，需清理出入口单向阀
隔膜上下的密封"O"形环破裂	检查系统压力及三乙基铝缓冲罐液位

3. 催化剂单元停电

故障现象：催化剂单元所有运行设备停止。

处理措施：①切断母液罐和配制罐的一切进料。②母液罐和配制罐分别用氮气保压。③把各设备的运行开关打至"关"位。④定时打开母液罐和配制罐底部氮气吹扫，防止发生沉淀。⑤长时间停电后，启动各运行设备前要盘车。

6.2 原料精制单元的故障判断与处理

6.2.1 工艺方面的故障判断与处理

1. 精制单元停蒸汽

故障现象：①乙烯脱 CO 预热器出口温度下降，乙烯脱 CO 器床温下降，乙烯脱氧器床温下降。②氮气脱氧器床温下降。

处理措施：短期停蒸汽应迅速恢复。若停汽时间较长，应将各加热器出入口阀门关闭，停各蒸汽拌热管线，并将凝液排尽。

2. 精制单元冷却水停

故障现象：①氮气压缩机冷却水流量低报警且停。②氮气干燥器入口温度升高。③界区冷却水无压力或压力偏低。

处理措施：①立即联系调度查找冷却水停的原因。②现场确认冷却水压力。③关闭氮压机出口阀。④停止正在运转的高速泵。⑤停氮气脱氧预热器加热蒸汽。⑥反应停车后，乙烯切换为高压氮后，关闭乙烯进料阀，停脱炔氢气，现场确认加氢自动阀的位置正确，关闭乙烯系统蒸汽用户的加热蒸汽，按临时停车处理。

3. 乙烯脱炔器飞温

故障原因：①联锁失灵，自动阀在联锁触发时不动作。②乙烯加氢阀手动阀及自动阀均有一定的内漏。③乙烯压力波动，压力低时造成氢气加入量过大，如不及时发现，会造成飞温。

处理措施：①紧急关闭加氢管线上所有阀门；旁通脱 CO_2 器并泄压，用冷氮气置换；停脱 CO 器和脱氧器加热蒸汽。②如温升较快，必须停车，隔离脱炔器、脱 CO 器和脱氧器，排放其中热乙烯，并用冷乙烯（或冷氮气）置换。③解决仪表联锁及阀门内漏问题。系统正常后，重新投用。

6.2.2 电气、仪表与设备方面的故障判断与处理

1. 精制单元停电

故障现象：氮气压缩机停，1－丁烯/己烯输送泵停，1－丁烯/己烯高速泵停，氮气加热器断电。

处理措施：①立即与电气人员联系，将各设备重新送电；按照开车步骤重新启动各设备。②若干燥器再生时停电，立即联系电气人员送电；若电气短时间不能恢复供电，关闭氮压机、高速泵出口阀，与反应单元隔离，将再生干燥器的氮气出入口阀关闭，保压，待供电恢复后继续再生。③待反应单元完全停车后，关闭乙烯供料阀，停脱炔氢气，关闭乙烯系统蒸汽用户的加热蒸汽，按临时停车处理。

2. 精制单元仪表风突然停

故障现象：乙烯进料阀关，氮气加热器进料阀开，氮气加热器排放阀开，氮气脱氧预热器蒸汽阀关，共聚单体气提塔蒸汽阀关，乙烯脱 CO 预热器蒸汽阀关。

处理措施：①迅速设法恢复仪表风或将仪表风串入高压氮气，控制其压力在正常范围。②如反应单元仍正常生产，立即确认乙烯进料阀的状态，如不能打开，应找仪表人员强制打开，通过手阀控制乙烯压力。③若精制单元仪表风长时间不能恢复（串 HN 也无效），应关闭精制单元蒸汽用户的蒸汽出入口阀，排净系统中凝液。④检查脱炔氢系统阀门状态，如长期不能恢复，关闭截止阀。

6.3 反应、回收单元的故障判断与处理

6.3.1 工艺方面的故障判断与处理

1. 反应器泄漏气体着火

故障原因：由于高压可燃气突然外泄，铁器与铁器或铁器与气体夹带的粉料相互摩擦，产生静电火花，引发可燃气着火燃烧。

处理措施：出现着火故障时，尝试关闭截止阀，如确实无法关闭，迅速通知室内外人员作好以下工作：①拨打火警电话"119"，向车间及厂调度汇报，组织人员灭火。②迅速将反应系统进行"Ⅰ型终止"。也可以在室内利用小终止阀门组实施手动终止，并检查 CO 钢瓶压力变化情况及阀门动作情况。③停催化剂加料器程序，停止加入催化剂，关闭各原料进料自动阀，现场拔出催化剂注射管。④手动全开冷水阀给反应器降温；将乙烯切为 HN，现场关闭各原料进料手阀，停三乙基铝加料泵；终止后停出料系统，出料气切为氮气，将出料系统吹扫干净，保压。⑤如大火危及催化剂加料器，给加料器泄压；反应器降压至停压缩机压力时停压缩机，降至停密封油压力时停密封油，系统降压至零。灭火后检查各系统，准备开车。

2. 聚合反应突然停止

故障原因：毒物进入反应器；催化剂进料中断。

处理措施：①检查所有物料的在线分析仪曲线，是否出现波动；现场检查流程是否有窜料现象的发生；消除污染物的来源后，对反应器进行吹扫，重新建立反应。②迅速检查反应器，若属于加料器故障应尽快排除，恢复加料；若是催化剂用空，则应尽快输送，尽可能恢

复反应。

3. 反应器高料位

故障原因：出料系统堵塞；出料程序定时器故障；仪表取压口堵塞。

处理措施：对出料系统进行检查，查明故障并迅速处理；吹扫并钻通仪表取压口；若料位超高时，可采用微终止控制反应。

4. 反应器高温

故障原因：①冷却水中断，调温水系统出现故障。②温度控制系统出现故障。③时空产率过高。④压缩机停车或流化丧失。⑤树脂在热电偶探头上粘结熔融。

处理措施：①反应器温度若超过设定点7℃时，实施Ⅰ型终止。②检查调温水泵及冷却水系统，温度控制切手动，检查温控回路使其正常运行。③降低催化剂加入量，适当调整乙烯分压。④将反应器温度与其相应高度的其他热电偶对比，判断床层变化。若床层情况确实恶化，则应彻底终止反应。

5. 反应器结块

故障原因：催化剂加料不均匀；循环流化气速太低；操作温度过高；分布板堵塞；反应器内有结片。

处理措施：检查加料器的加料状况；调整流化气速；降低操作温度；若结片过多，应停车进行清床处理。

6. 分布板堵塞

故障原因：树脂过细或流化气速过高；细粉夹带量大；露点操作。

处理措施：对床层进行粒度分析，并及时调整参数，改变粒度分布；调整流化气速；调整冷却器出口温度，在离开冷凝点的状态下操作。

7. 回收单元停蒸汽

故障现象：脱气仓吹扫氮气加热器出口温度下降。

处理措施：短期停蒸汽可尽快恢复；停气时间较长，在冬天时应排尽凝液。

8. 回收单元停仪表风

故障现象：主要阀门动作如下：脱气仓吹扫氮气加热器蒸汽阀关，脱气仓侧线排放截止阀开，脱气仓顶部排火炬阀开，回收气缓冲罐排火炬阀开。

处理措施：①迅速手动切断回收气缓冲罐排火炬阀截止阀，保证缓冲罐中出料气压力。②手动关脱气仓侧线排放截止阀，适当手动控制脱气仓顶部排火炬截止阀，使脱气仓中气体压力不要太低，保证出料气体量，并迅速与调度联系，及时恢复仪表风。③如仪表风长期不能恢复，在冬天时要放净吹扫氮气加热器中凝液。

9. 回收系统停车置换时着火

故障原因：在停车时，系统打开，与大气接触。三乙基铝一旦接触大气，迅速燃烧，产生明火，成为一种名副其实的火源。

处理措施：一旦发生火灾，同时做两件事：①关闭上游截止阀，切断可燃气来源。②马上用邻近的灭火器灭火。若火势较大，拨打火警电话。同时观察好灭火位置，引导消防车进入。根据现场实际情况处理，防止火势蔓延。

6.3.2 电气、仪表与设备方面的故障判断与处理

1. 压缩机停车

故障现象：DCS大范围报警，循环气量、流化床料位、分布板压差、压缩机压差、冷

却器压差迅速下降；流化松密度指示迅速上升；压缩机功率降为零；原料进料、催化剂加料、树脂出料联锁停止。

故障原因：电气故障造成电网晃电、停电；仪表原因造成压缩机停。

处理措施：①现场确认压缩机停车，室内人员迅速将系统进行"Ⅱ型终止"。室内停各进料自动阀、催化剂加料阀。②若出现不能实行"Ⅱ"型终止或终止无法自动运行的特殊情况，室内人员迅速通过小、微终止开关实行室内手动终止，确保彻底终止反应。③确保 HN 压力合适，乙烯切为 HN，确保缓冲气流量；现场关闭乙烯、氢气、三乙基铝进料手阀；现场关闭催化剂加料器下料手阀，拔出注射管。④终止逻辑运行完后，打至"解除/复位"，用大流量氮气彻底吹扫床层，防止结块；如产品出料系统留有存料，立即将料送出，并吹扫出料系统。⑤确认各系统恢复后，组织压缩机开车，观察反应器各参数变化情况，根据实际情况决定继续开车或者卸床。

2. 回收单元停电

故障现象：冰机停，排放气压缩机停，各泵停。

处理措施：①迅速将 PDS 系统输送气切 N₂，保证出料正常。②迅速联系电气人员送电，按开车步骤重新启动各动设备。③如停机后脱气仓压力高，开大排放量；如长期设备不能恢复，系统保压待用。

6.4　造粒、风送单元的故障判断与处理

6.4.1　工艺方面的故障判断与处理

1. 混炼效果差、混炼故障

故障原因：①操作条件不符合要求。②原料供应不稳定：进料故障；进料段内表面粘附了物料。③粉料输送效果不好。④转子螺纹上粘附了物料。

处理措施：①可能为以下一项或几项操作条件的改变导致：进料速率；转子转速；闸口开度；熔融泵入口压力；加热/冷却情况。若故障不好排除，使用以下方法：降低进料速率；降低闸口开度；提高熔融泵吸入压力；改变转子速度。②检查加料段的冷却情况，冲洗加料段冷却水夹套提高制冷效果。③降低进料速率；增加转子速度；减少到尘封去的氮气流量。④停机，打开腔室，清理转子；在操作时冷却转子。

2. 混炼机突然停车

混炼机突然停车的故障原因及处理措施见表 6-2。

表 6-2　混炼机突然停车的故障原因及处理措施

故障原因	处理措施
电力故障	检查电力系统
仪表联锁触发	检查联锁和仪表系统，包括：轴承温度探头；熔融泵吸入压力探头；润滑油单元出口压力；腔室关闭靠近式探头
互相联锁触发	检查下游设备是否运行正常
混炼机电机过载	检查电机功率、电流和进料速率；检查是否有异物从上游进入混炼机；必要时打开腔室

3. 润滑油温度高

润滑油温度高的故障原因及处理措施见表 6-3。

表6-3　润滑油温度高的故障原因及处理措施

故障原因	处理措施
润滑油冷却器的冷却水量不足	检查冷却水的流量与温度
润滑油流量不足	检查并调整润滑油流量
润滑油冷却器故障	清理冷却器，如必要更换备件
润滑油泵损坏	检查油泵，如必要更换备件
温度控制阀损坏	检查温控阀，如必要更换损坏件
油质差，或油型号不合适	根据"润滑油和润滑脂列表"换油

4. 润滑油压力低

润滑油压力低的故障原因及处理措施见表6-4。

表6-4　润滑油压力低的故障原因及处理措施

故障原因	处理措施
润滑油罐内油量不足	检查油位，必要时注油
润滑油管线过滤器堵塞	清理油管线过滤器
吸入过滤器堵塞	清理吸入过滤器
润滑油冷却器堵塞	清理冷却器
润滑油泵损坏	检查泵，如必要更换备件

5. 润滑油无流量

润滑油无流量的故障原因及处理措施见表6-5。

表6-5　润滑油无流量的故障原因及处理措施

故障原因	处理措施
泵的旋转方向错误	检查泵的转动方向
流程上阀关闭	检查系统阀的开度
泵的吸入口高于油面	给油箱加油
泵吸入空气	给系统加油
旁通打开	关闭旁通阀
油的黏度太高	用加热器加热油
泵里吸入异物	解体检查泵

6. 切刀不正常磨损

切刀不正常磨损的故障原因及处理措施见表6-6。

表6-6　切刀不正常磨损的故障原因及处理措施

故障原因	处理措施
切粒机轴与模板间的垂直度不够	调整切粒机轴与模板间的垂直度
刀盘和每一把刀刃表面平行度不够	调整切刀的紧度
切粒机轴向前过大的压力	检查并修正刀刃和切刀与刀盘接触表面的平行度；调整切粒机轴向前的压力

7. 粒子形状不佳

粒子形状不佳的故障原因及处理措施见表6-7。

表 6 - 7　粒子形状不佳的故障原因及处理措施

故障原因	处理措施
切粒机轴与模板间的垂直度不够	调整切粒机轴与模板间的垂直度
到模板的蒸汽压力下降	调整蒸汽压力
模板凝液排出不畅	检查蒸汽凝液疏水器
不合适的切刀速度	调整切刀速度
切刀磨损	更换新切刀

8. 风速系统输送粒料过程中堵管

风送系统输送粒料过程中堵管的故障原因及处理措施见表 6 - 8。

表 6 - 8　风送系统输送粒料过程中堵管的故障原因及处理措施

故障原因	处理措施
输送管线法兰处泄漏	通知维修工进行把紧，打开吹扫风阀吹扫管线，如吹扫不通则需拆管线
输送管线长期振动，固定螺丝松动，管线断裂	通知维修工，固定把紧，断裂处焊接
输送风压力低	和调度联系，通知空压站，调整风压；也可在调度同意时用低压氮气补充；待输送风压回升后可及时停低压氮气

6.4.2　电气、仪表与设备方面的故障判断与处理

1. 混炼机电机不运转

混炼机电机不运转的故障原因及处理措施见表 6 - 9。

表 6 - 9　混炼机电机不运转的故障原因及处理措施

故障原因	处理措施
电路故障	请电气人员处理故障
润滑油单元未运行触发联锁	启动润滑油泵并检查运行正常
启动单元未运行	在混炼机电机启动前应将启动装置启动起来；检查启动电机电流是否高
腔室内的聚合物太硬	将机器加热并等到聚合物全部熔化；将启动单元开起来，检查电机电流是否高
仪表系统联锁	检查联锁和仪表系统

2. 混炼机闸口不能动作

混炼机闸口不能动作的故障原因及处理措施见表 6 - 10。

表 6 - 10　混炼机闸口不能动作的故障原因及处理措施

故障原因	处理措施
闸口受热膨胀	用冷却水将闸口冷却
液压油压力不足	检查液压油系统并调整压力
在闸口与腔室之间的间隙内有树脂	停机，解体闸口，将闸口上变硬的树脂除去
螺杆支撑卡住	停机，解体闸口更换螺杆支撑及调整螺杆；在操作期间定期往油封处加润滑脂

3. 熔融泵电机无法启动

熔融泵电机无法启动的故障原因及处理措施见表 6 - 11。

表 6－11　熔融泵电机无法启动的故障原因及处理措施

故障原因	处理措施
轴承温度低	加热熔融泵体并使温度合适，提高热油温度
熔融泵中传递段中的树脂硬	加热传递段并使温度合适
内部联锁电气回路	电气回路问题处理
电气回路故障	电气回路问题处理

4. 闸口液压马达不运转

故障原因：①过载。②无流体供应到马达或压力不足。③流体黏度不合适。④马达本身故障。

处理措施：①降低载荷或升高排放压力的设定值。②对系统阀和泵进行检查。检查排放阀，调整压力设定值。③调整系统使流体黏度保持在规定的范围内，或更换黏度合适的流体。④将马达壳体上位于底部的排放塞拆下，检查流体是否已经污染。如果流体内含有金属颗粒，表明马达轴承可能已损坏，尽快修复。

5. 颗粒干燥器振动过大

故障原因：①组装或平衡不当。②提升叶片破裂。③大块粘在转子上。④细粒积聚在转子内侧。⑤轴承故障。⑥转子速度太高或太低。

处理措施：①平衡转子。②更换破裂的提升叶片。③清除大块。④清洁转子。⑤更换有缺陷的轴承。⑥按规定调整其转速。

6. 颗粒干燥器正常运行时出现不正常声音

故障原因：①间隙问题。②轴承故障。

处理措施：①调整提升叶片底部和基板组件顶部的间隙为正常值。②调整顶部提升叶片和顶部组件底部的间隙为正常值。③调整转子滤网与转子之间的间隙为正常值。④底部轴承故障会使转子下沉并在底部基板的中心部分摩擦拖动，更换轴承。

7. 切粒机水室漏水

故障原因：机械密封部件损坏；水室视窗"O"型环损坏；在密封部件上粘有异物。

处理措施：更换新机械密封部件；更换"O"型环；清除异物并清洁密封件。

8. 熔融泵齿轮联轴器漏油

故障原因："O"型环损坏；齿轮联轴器对中不好；端盖螺栓松动。

处理措施：更换"O"型环；重新调整对中齿轮联轴器；上紧端盖螺栓。

9. 熔融泵齿轮联轴器有不正常的声音或振动

故障原因：缺油；油质劣化；齿轮联轴器对中不好；齿牙磨损。

处理措施：补油；换油；重新调整对中齿轮联轴器；检查齿牙表面，如有必要更换部件。

10. 风送单元停电

故障现象：各运行中的加料器停止运行。

处理措施：处理各故障并吹通堵管，等待供电恢复。

第7章　安全、环保与节能

7.1　线型低密度聚乙烯装置的安全

线型低密度聚乙烯装置的安全操作如下：

（1）开、停车操作严格按照操作法进行。

（2）操作烷基铝系统时，要穿涂铝防火服（包括头盔、靴子、手套等），有专人监护，并严格检查压力情况，禁止导淋排放，应向密封罐排放。

（3）如果烷基铝系统发生泄漏，首先要切断烷基铝的供给，少量的泄漏可让其自行烧完再进行处理。如果发生大的泄漏，在切断烷基铝的供给后迅速转移附近其他设备或隔离，对火势可用干粉灭火器或干沙进行控制，禁止使用其他类型灭火器。对扑灭的火源要及时处理，防止烷基铝的复燃。

（4）装置内各设备、容器需要打开或动火前按要求用 N_2 吹扫置换并且分析合格后才能打开。

（5）经常检查已投用及备用设备的状态及静电接地情况。

（6）抽吸硅胶时要戴护目镜、口罩、手套以便防尘。硅胶活化器加热炉周围要注意防烫和触电。在硅胶活化时要注意反吹程序阀的工作情况，防止活化器超压。巡检时注意清理各处环境烃分析仪的气体入口，以免在硅胶冷却时发生危险。

（7）加固体添加剂时，要穿戴好劳动保护，要注意防尘，不要使化学品沾在皮肤上。要注意保持化学品干燥，防止吸水后分解失效。

（8）原料精制系统引入物料前进行氮气置换，在系统氧含量不合格的情况下不允许排往火炬系统，以免发生事故，仔细确认流程，防止泄漏或串料事故；接收物料时，应缓慢进行。

（9）新增、打开或动火的设备、管线在开车前，用 N_2 置换干净，并作好气密试验，确保不泄漏。

（10）根据开车方案，严格按步骤进行精制床的再生、预负荷、充压等工作。防止在投用过程中发生危险。

（11）系统开车前，各容器、设备安全阀的截止阀要打开。

（12）平时应加强巡检，防止各可燃物料泄漏，避免火灾。泄漏严重情况下处理时，必须切断供料阀门。

（13）停车时物料排放必须按照规定排放，能排放入火炬的，尽量排入火炬。停车时将各种物料按照停车方案退出装置，并对设备、管线进行置换，分析合格后，在界区加装盲板，并指派专人负责。

（14）动设备停止运行后，通知电气断电，并挂牌明示。

（15）在操作过程中，应严格确认流程，防止各物料间的串料；乙烯脱炔时，严格控制 H_2 加入量，防止超温；氮气加热器操作时，应严格监视出口温度、氮气流量以及周围环境中烃含量。

（16）在处理有刺激性的物料及催化剂时，应该戴好呼吸面罩和胶皮手套，避免眼、皮肤的接触。

（17）各储罐液位不得高于85%；各物料排放时要排到火炬系统，严禁就地排放或排入到下水井口；冬季要做好防冻防凝工作，防止冻坏管线和容器。

（18）压缩机及其他转动设备在启动前必须进行盘车。

（19）打开反应器前，反应器所有进料全部切断并将与系统连接的各物料管线加设盲板或用双阀组隔离。反应器内可燃气浓度分析合格后，方可打开反应器。进入反应器前必须按规定办理进容器作业许可证方可进入。进入反应器作业时必须保证监护人到位。

（20）插入和拔出催化剂注射管，以及钻通注射套管时，应严格按操作步聚进行，避免和防止反应气体泄漏，引起火灾，在操作时应穿戴好保护用品。

（21）在出料系统维修前，应保证与反应器彻底隔离，且可燃气置换合格，维修完毕投用时，应进行彻底置换及消漏；对产品出料系统各阀门应定期进行检漏，发现泄漏立即处理。

（22）置换低压回收凝液罐和高压凝液回收罐时，必须接皮管从低点导淋引至安全区排放；回收管线或容器打开检修前应进行彻底置换，防止有可燃气或三乙基铝排出；更换脱气仓及回收入口保护过滤器的过滤袋时，必须先水解，并尽快将换下的旧袋转移至安全处用大量水进行水解，防止积聚的三乙基铝着火。

（23）在粉料取样时，取样前后都应该对取样罐进行氮气置换，防止粉料中夹带的三乙基铝遇到空气着火。

（24）一般情况下造粒机组均处于保温状态，温度很高，保温部分损坏后应及时修补，操作时应时刻防止烫伤，处理热树脂时应使用工具并穿戴好劳动保护用品；造粒机组主要用蒸汽加热，未经加热严禁启动混炼机组；严禁在不停车状态下进行混炼机高低速档的切换；换筛时应确认滑板、筛网就位，换筛时周围不得有人靠近；所有联轴节的护罩必须牢固可靠，不准任意挪用。

（25）打开切粒机水室侧窗前，应确认热水排净，在热水进入水室前应确认侧窗已关闭，防止烫伤事故发生；清理模板和切刀时必须穿戴相应的保护服并用专用工具小心操作，防止割伤手指。

（26）粉料仓过滤袋容易吸附细粉产生堵塞，造成料仓危险系数增大，应定期清理过滤袋；粉料输送过程中容易产生粉尘和静电，粉料仓在接受粉料时应该先通冷却风。

（27）在生产需要进行粉料包装时，由于树脂中易含有可燃气体，应加强对脱气仓下料口处粉料的可燃气体分析，及时调整吹扫氮气，确保脱除效果。

（28）根据使用情况检查料仓内的碎屑及丝状物状况，料仓内的碎屑以及丝状物较多时，及时安排冲洗料仓；巡检时检查粒料均化仓的均化风通入且流量正常，输送管线无泄漏且振动正常，检查料仓顶部过滤器运行是否正常；定期检查料仓静电接地及输送管线静电跨线等安全附件是否运行正常。

（29）会使用和保养消防器材，熟知消防器材的存放地点；掌握火灾报警器，可燃气体报警器的报警位置，清楚其工作原理。

7.2 线型低密度聚乙烯装置的环保

线型低密度聚乙烯装置的环保操作如下：

（1）原材料储存：配制催化剂的化学品采用定点存放、定期抽查的方式，防止外泄。一旦发生外泄，应用容器将其收集，严禁排入地沟、下水道。四氢呋喃、异戊烷等原料在确实需要排放时，应排至火炬。

（2）催化剂配制单元：在催化剂配制过程中，所有中间产物和催化剂都不得向大气中排放（包括取出的样品）。废母体、废催化剂不能随意排放，要放入指定地点处理，并注意防止自燃。

（3）配制好的催化剂在储存和输送过程中，严禁就地向大气排放，要用专门的桶收集起来，集中处理。

（4）乙烯精制系统：下列操作应向火炬排放，禁止排大气：①乙烯系统开车前，用乙烯吹扫时，要排火炬。②干燥器、脱氧器再生前泄压时，要排火炬。③乙烯系统停车后，置换吹扫时，要排火炬。

（5）共聚单体系统：下列操作禁止排大气：①共聚单体干燥器再生前，干燥器内共聚单体要压送干净，吹扫时要向火炬排放。②共聚单体系统停车后，各干燥器内共聚单体要压送干净，系统吹扫置换时要向火炬排放。

（6）异戊烷、四氢呋喃系统：下列操作禁止排大气：①异戊烷干燥器再生前，干燥器内异戊烷要通过干燥器旁通向催化剂单元压送干净，吹扫时要向火炬排放。②系统停车后，各系统异戊烷要通过干燥器旁通全部压至催化剂单元，系统吹扫置换时要向火炬排放。

（7）精制单元废催化剂处理：废催化剂要装入桶内，通知专业管理部门处理；废 NaOH 要通知安全环保部门处理，冲洗碱塔及地面的冲洗水要与弱酸中和后排放。

（8）反应单元停车时物料排放必须按照规定排放，能排放入火炬的，尽量排入火炬。对反应单元各系统应定期进行检漏，发现泄漏立即处理。

（9）粉料取样后，取样罐中残留的粉料要及时收集起来，防止粉尘污染。

（10）更换脱气仓顶部过滤器、侧线排放过滤器及回收入口保护过滤器的过滤袋时，必须先水解，处理后的过滤袋不准乱放，按规定处理。

（11）造粒用添加剂有一些有微毒，在运输、搬运、装填和使用的过程中要轻装轻卸，避免泄漏。

（12）造粒用颗粒水不得随意排放，应排放至澄清池，经过滤、分析后排放。

（13）对设备换下来的废油或设备泄漏的废油不能随意排放，要收集到废油桶，妥善处理。

（14）乙二醇的处理：废弃的乙二醇不能随意排放，要收集到桶内，通知安全环保部门处理。

7.3 线型低密度聚乙烯装置的节能

线型低密度聚乙烯装置的节能操作如下：

（1）对各种设备及工艺流程的操作，要严格遵守操作规程，避免误操作引起的原料及能量损失。

（2）在配制催化剂的过程中，各种物料的配比和用量应严格计量，避免浪费。

（3）蒸汽凝液不能就地排放，应统一收集到凝液回收罐进行二次利用。

（4）由于催化剂的配制是间歇的，在停止期间，各设备和公用工程原料应尽可能停用，以免造成浪费。

（5）各换热设备应加强保温，定期检查，防止泄漏和结垢。

（6）精制单元的精制床层所用催化剂的选择是在保证原料精制效果的情况下，尽可能选用选择性高、副产物少、操作简便的催化剂。

（7）在确保原料精制效果的情况下，如脱炔氢气的加入量、1－丁烯气提塔和冷凝剂气提塔的排放量应尽可能小，避免浪费。

（8）应根据不同原料以及生产任务的实际情况，确定设备合理的负荷率。

（9）精制单元各系统的精制反应器要定期进行泄漏检查并及时消漏，降低消耗。

（10）尽量避免不合格料的产生，同时尽量减少系统排放，造成物料的浪费。

（11）加强计量管理，避免由于计量表不准确造成原材料的浪费。

（12）反应单元各系统的泄漏会造成反应平稳率下降，同时造成物耗、能耗增加，因此要定期对反应单元的反应器、循环管线、出料系统、乙烯反吹系统等进行泄漏检查，并及时消漏。

（13）造粒机组在正常运行时，能够进行绝热操作的部分在不影响产品质量的情况下，尽量采用绝热操作，以降低能耗。

（14）精心操作，发现问题及时处理，避免停车，提高装置各单元开工率。

（15）应根据造粒机组的产率和料仓的实际情况，在确保送料及时的情况下，尽量使用密相输送，并将工厂风调整到合适的流量；没有送料任务的加料器应停掉，并确认输送风关闭。各加料器和输送管线要定期检查泄漏情况，一旦有泄漏，不仅会造成工业风的浪费，而且会对产品质量造成影响，发现漏点及时消除。

参 考 文 献

1　潘祖仁主编. 高分子化学(第二版). 北京：化学工业出版社，1997
2　赵德仁，张慰盛主编. 高聚物合成工艺学(第二版). 北京：化学工业出版社，1997
3　史子瑾主编. 聚合反应工程基础. 北京：化学工业出版社，1991
4　洪定一主编. 塑料工业手册/聚烯烃. 北京：化学工业出版社，1998
5　黄伯琴主编. 合成树脂. 北京：中国石化出版社，2005
6　邵泽波主编. 化工机械及设备(第二版). 北京：化学工业出版社，2000
7　崔克清，陶刚主编. 化学工艺及安全. 北京：化学工业出版社，2004
8　武君，李和平编. 高分子物理及化学. 北京：中国轻工业出版社，2001
9　陈宇主编. 塑料助剂产供销指南. 北京：化学工业出版社，2001